Maschinendynamik – Aufgaben und Beispiele

Michael Beitelschmidt • Hans Dresig (Hrsg.)

Maschinendynamik – Aufgaben und Beispiele

Herausgeber
Michael Beitelschmidt
Inst. für Festkörpermechanik
TU Dresden
Dresden, Deutschland

Hans Dresig
Technische Universität Chemnitz
Chemnitz, Deutschland
hdresig@web.de und www.dresig.de

ISBN 978-3-662-47235-4   ISBN 978-3-662-47236-1 (eBook)
DOI 10.1007/978-3-662-47236-1

Die Deutsche Nationalbibliothek verzeichnet diese Publikation in der Deutschen Nationalbibliografie; detaillierte bibliografische Daten sind im Internet über http://dnb.d-nb.de abrufbar.

Springer Vieweg
© Springer-Verlag Berlin Heidelberg 2015
Das Werk einschließlich aller seiner Teile ist urheberrechtlich geschützt. Jede Verwertung, die nicht ausdrücklich vom Urheberrechtsgesetz zugelassen ist, bedarf der vorherigen Zustimmung des Verlags. Das gilt insbesondere für Vervielfältigungen, Bearbeitungen, Übersetzungen, Mikroverfilmungen und die Einspeicherung und Verarbeitung in elektronischen Systemen.
Die Wiedergabe von Gebrauchsnamen, Handelsnamen, Warenbezeichnungen usw. in diesem Werk berechtigt auch ohne besondere Kennzeichnung nicht zu der Annahme, dass solche Namen im Sinne der Warenzeichen- und Markenschutz-Gesetzgebung als frei zu betrachten wären und daher von jedermann benutzt werden dürften.
Der Verlag, die Autoren und die Herausgeber gehen davon aus, dass die Angaben und Informationen in diesem Werk zum Zeitpunkt der Veröffentlichung vollständig und korrekt sind. Weder der Verlag noch die Autoren oder die Herausgeber übernehmen, ausdrücklich oder implizit, Gewähr für den Inhalt des Werkes, etwaige Fehler oder Äußerungen.

Springer Berlin Heidelberg ist Teil der Fachverlagsgruppe Springer Science+Business Media
(www.springer.com)

Vorwort

Die vorliegenden Aufgaben und Beispiele umfassen das Wissensgebiet, das in der *Maschinendynamik* von Dresig/Holzweißig [22] behandelt wird. Sie sind analog zu den Kapiteln der *Maschinendynamik* geordnet, also von der Modellbildung über die *starre Maschine* bis zu den speziellen Kapiteln der Maschinenschwingungen. Einige der 60 Aufgaben wurden aus den vergriffenen Aufgabensammlungen [18] und [34] übernommen und überarbeitet.

Die acht Autorinnen und Autoren, deren Kurzbiografien im Anhang angegeben sind, haben mit ihren jahrelangen Erfahrungen aus Lehre und Forschung, die sie auf verschiedenen Gebieten des Maschinenbaues und der Fahrzeugtechnik sammelten, dafür gesorgt, dass ein breites Spektrum an praktischen Problemstellungen erfasst wird.

Die Aufgaben sind sowohl hinsichtlich der angewandten Lösungswege, als auch wegen der verschiedenen aufgezeigten physikalischen Effekte lehrreich und interessant. Der Schritt vom Realsystem zum Berechnungsmodell wird vielfach erläutert. Alle Ansätze und analytischen Lösungswege werden bei jeder Aufgabe ausführlich beschrieben. Zur Lösung wird oft auf Berechnungs-Software zurückgegriffen, deren Einsatz in Lehre und Praxis eine immer größere Rolle spielt. Die zunehmenden Möglichkeiten komplizierter Berechnungen verlangen jedoch vom Ingenieur eine verständnisvolle Interpretation der Ergebnisse, wobei die exemplarisch behandelten Standardfälle hilfreich sind. Maschinenbauingenieure, welche im Studium die Grundlagen der Technischen Mechanik kennenlernten, bekommen die Möglichkeit, sich in spezifische Fragestellungen der Maschinendynamik einzuarbeiten.

Die aus der Ingenieurpraxis stammenden Beispiele berücksichtigen reale Parameterwerte konkreter Maschinen, so dass nicht nur der mathematische Lösungsweg von Interesse ist, sondern u. a. auch die im Maschinenbau vorkommenden Parameterbereiche, z. B. der Frequenzen freier und erzwungener Schwingungen, der kritischen Drehzahlen und der dynamische Kräfte und Momente. Jede Aufgabe wird als typisches Beispiel einer Problemgruppe aufgefasst, die einleitend und in der Zusammenfassung erläutert wird. Die Verweise auf weiterführende Literatur bei vielen Lösungen werden vor allem diejenigen interessieren, welche sich in ein Gebiet weiter einarbeiten wollen.

Im Namen aller Autoren danken wir Herrn Dr.-Ing. Dr. h.c. Zhirong Wang (王志荣), der uns wertvolle fachlich-inhaltliche Hinweise zu einzelnen Aufgaben gab und mit außergewöhnlichem Engagement die druckreife Fassung des Buchmanuskripts gestaltete.

Prof. Dr.-Ing. Michael Beitelschmidt   Prof. Dr.-Ing. habil. Hans Dresig

Inhaltsverzeichnis

Vorwort   v

1 Modellbildung und Kennwertermittlung   1
    1.1 Kennwertermittlung mit Hilfe von Ausschwingversuchen   1
    1.2 Trägheitsmomente bei Antrieben mit großen Übersetzungen   5
    1.3 Trägheitsparameter/Rollpendel   10
    1.4 Dämpfungsvermögen einer Fräsmaschinenspindel   14
    1.5 Dämpfungsbestimmung aus einem Frequenzgang   21
    1.6 Dämpfungs- und Steifigkeitseigenschaften eines Viskodämpfers . .   28
    1.7 Antriebsleistung von Schwingförderer mit belastungsunabhängiger Amplitude   34
    1.8 Bestimmung des Trägheitstensors starrer Maschinenkomponenten .   39

2 Dynamik der starren Maschine   45
    2.1 Antriebsleistung und Schwungrad einer Presse   45
    2.2 Massenkräfte und Massenausgleich an einem Luftverdichter   54
    2.3 Massenausgleich bei einer Schneidemaschine   61
    2.4 Veränderliche Zahnkräfte bei einem Kolbenverdichter   69
    2.5 Ausgleichswellen im Verbrennungsmotor   78
    2.6 Stoß bei Kolbenquerbewegung   85
    2.7 Auswuchten eines starren Rotors   92
    2.8 Momentenverlauf im Verbrennungsmotor   97
    2.9 Lastdrehen am Hubseil   103
    2.10 Freie Massenkräfte und –momente in einem Fünfzylindermotor . . .   108

3 Fundamentierung und Schwingungsisolierung   113
    3.1 Motoraufstellung auf einer Wippe   113
    3.2 Aufstellung einer Nähmaschine   117
    3.3 Schwingungsisolierte Aufstellung eines Steuerschrankes   126
    3.4 Federung für konstante Eigenfrequenz   129
    3.5 Doppelte Schwingungsisolierung   134
    3.6 Laufkatze stößt gegen Puffer   140
    3.7 Resonanzfreier Betriebsbereich   145

4 Torsionsschwinger und Längsschwinger   151
    4.1 Überlastschutz an einer Reibspindelpresse   151
    4.2 Schwingungstilgung in einem Planetengetriebe   155
    4.3 Verzahnungsfehler als Schwingungserregung   160
    4.4 Schwingungen in einem Antriebssystem mit Kurvengetriebe   169
    4.5 Anlaufvorgang eines Antriebssystems mit elastischer Kupplung . .   176
    4.6 Schützenantrieb einer Webmaschine   180

5 Biegeschwinger   187
    5.1 Einflüsse konstruktiver Parameter auf die Grundfrequenz einer Getriebewelle   187

5.2	Stabilität der Biegeschwingungen einer unrunden Welle	195
5.3	Stabilität eines starren Rotors in anisotropen Lagern	200
5.4	Riemenschwingungen	205
5.5	Fluidgedämpfte Schwingungen des Rotors einer Kreiselpumpe	211
5.6	Kreiselpumpe mit innerer Dämpfung	217
5.7	Schlag und Unwucht am LAVAL-Rotor	225
5.8	Lagereinfluss auf das Eigenverhalten einer Spindel	234

6 Lineare Schwinger mit Freiheitsgrad N — 241

6.1	Schwingungen eines Versuchsstandes	241
6.2	Elastisch aufgehängter Motorblock mit Freiheitsgrad 6	248
6.3	Stationäre Schwingungen einer Nadelbarre mit elastischem Antrieb	256
6.4	Eigenverhalten einer elastisch gelagerten Maschinenwelle	266
6.5	Abschätzung der unteren Eigenfrequenzen eines WZM-Tischantriebs	274
6.6	Digitaldruckmaschine	281
6.7	Kreiselkorrekturerreger	288
6.8	Gezielte Änderung von Eigenfrequenzen	293

7 Nichtlineare und selbsterregte Schwinger — 299

7.1	Zur Kinetik einer Kardanwelle	299
7.2	Reibungsschwingungen in einem Positionierantrieb	307
7.3	Nichtlineare Schwingungen eines Vibrationstisches	314
7.4	Resonanzdurchfahrt einer unwuchtig beladenen Waschmaschine	319
7.5	Selbstsynchronisation von Unwuchterregern an einem Schwingtisch	328
7.6	Höhere Harmonische bei einem unwuchterregten Versuchsstand	334
7.7	Periodische Bewegungen eines Bodenverdichters	343
7.8	Stabilität der Gleichgewichtslagen eines Rührwerkes	348
7.9	Vergleich zweier Dämpfungsansätze	356
7.10	Kontrolle des Superpositionsprinzips an einem Beispiel	362

8 Geregelte Systeme (Systemdynamik/Mechatronik) — 367

8.1	Stehendes Pendel	367
8.2	Magnetgelagerte Werkzeugspindel	375
8.3	Fliehkraftregelung einer Schleifmaschine mit Luftmotor	383

Autorenbiographien — 393

Literatur — 395

Sachverzeichnis — 401

1 Modellbildung und Kennwertermittlung

1.1 Kennwertermittlung mit Hilfe von Ausschwingversuchen

Mittels Ausschwingversuchen können die Parameterwerte einfacher Schwingungsmodelle bestimmt werden. Durch eine Messung im Originalzustand und eine Messung bei bekannter Veränderung eines Parameterwertes, z. B. durch eine Zusatzträgheit oder eine Zusatzsteifigkeit, können Masse, Federsteifigkeit und Dämpfung des Systems bestimmt werden. [‡]

Für die im Bild 1a dargestellte Baugruppe eines Maschinenantriebs sind die Feder- und Dämpfungskonstante sowie das Massenträgheitsmoment des Berechnungsmodells (Bild 1b) mit einem Freiheitsgrad aus experimentell ermittelten Ausschwingkurven zu bestimmen. Das Antriebssystem wurde dazu festgesetzt und dann ohne und mit einer Zusatzmasse zu Schwingung angeregt und das Ausschwingverhalten aufgezeichnet.

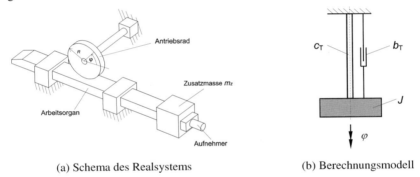

(a) Schema des Realsystems (b) Berechnungsmodell

Bild 1: Schematische Darstellung des Antriebs (a) und Berechnungsmodell (b)

Gegeben:

$R = 54\,\text{mm}$ Teilkreisradius des Antriebszahnrades

$m_Z = 2\,\text{kg}$ Zusatzmasse

Der Dämpfungsgrad D wird aus dem Logarithmischen Dekrement Λ einer Schwingungsgröße $q(t)$ (Auslenkungen, Geschwindigkeiten, Beschleunigungen) berechnet (siehe [22]):

$$\Lambda = \frac{1}{n} \cdot \ln\left|\frac{q(t_k)}{q(t_k + nT)}\right|, \tag{1}$$

$$D = \frac{\Lambda}{\sqrt{4\pi^2 + \Lambda^2}} \tag{2}$$

[‡] Autor: Jörg-Henry Schwabe, Quelle [18, Aufgabe 1]

mit t_k Zeitpunkt eines Extremums der Ausschwingkurve,
T Periodendauer,
n Anzahl voller Schwingungszyklen.

Der Schwingungsaufnehmer am Arbeitsorgan liefert Signale $a(t)$, die proportional zur Beschleunigung $\ddot{\varphi}(t)$ sind. In den Bildern 2 und 3 sind die Ausschwingvorgänge ohne und mit Zusatzmasse dargestellt.

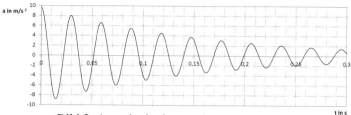

Bild 2: Ausschwingkurve ohne Zusatzmasse

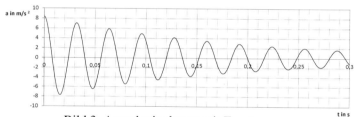

Bild 3: Ausschwingkurve mit Zusatzmasse

Gesucht:

1) Dämpfungsgrad D (LEHRsches Dämpfungsmaß) des Originalsystems
2) Periodendauer ohne und mit Zusatzmasse
3) Parameterwerte c_T, b_T und J des Berechnungsmodells

Lösung:

Zu 1):

Die Schwingungsmaxima der Ausschwingkurve nehmen nichtlinear mit der Zeit ab. Die exponentielle Tendenz dieser Verringerung deutet an, dass das Schwingungssystem angenähert als geschwindigkeitsproportional gedämpft betrachtet werden kann.

Da es sich um Messwerte handelt, ist zur statistischen Absicherung die Bestimmung über mehrere Maximaverhältnisse in einer Ausschwingkurve sowie anhand mehrerer Messkurven sinnvoll. Für die Identifikation der Dämpfung des Originalsystems sollen hier drei Dekremente aus der Ausschwingkurve in Bild 2 herangezogen werden.

1.1 Kennwertermittlung mit Hilfe von Ausschwingversuchen

Praktisch können die benötigten Messwerte aus den digitalen Messdaten ausgelesen werden:

$$\Lambda_{n=3} = \frac{1}{3} \cdot \ln \left| \frac{a(t \approx 0{,}03\,\text{s})}{a(t \approx 0{,}118\,\text{s})} \right| = \frac{1}{3} \cdot \ln \left| \frac{8}{4{,}5} \right| = 0{,}192 \,,$$

$$\Lambda_{n=7} = \frac{1}{7} \cdot \ln \left| \frac{a(t \approx 0{,}03\,\text{s})}{a(t \approx 0{,}235\,\text{s})} \right| = \frac{1}{7} \cdot \ln \left| \frac{8}{2{,}0} \right| = 0{,}198 \,, \qquad (3)$$

$$\Lambda_{n=9} = \frac{1}{9} \cdot \ln \left| \frac{a(t \approx 0{,}03\,\text{s})}{a(t \approx 0{,}294\,\text{s})} \right| = \frac{1}{9} \cdot \ln \left| \frac{8}{1{,}5} \right| = 0{,}186 \,.$$

Für den Dämpfungsgrad ergibt sich ein Mittelwert von

$$\underline{\underline{D = 0{,}0305}}\,. \qquad (4)$$

Zu 2):

Die Schwingungsdauer sollte in den Messschrieben vorteilhaft über mehrere Perioden ausgelesen werden. Aus zehn Schwingungen von $t = 0$ s bis $0{,}294$ s im Bild 2 ergibt sich die Periodendauer ohne Zusatzmasse zu

$$\underline{\underline{T}} = \frac{1}{10} \cdot 0{,}294\,\text{s} = \underline{\underline{0{,}0294\,\text{s}}} \qquad (5)$$

und aus neun Schwingungen von $t = 0$ s bis $0{,}287$ s mit Zusatzmasse (vgl. Bild 3) zu

$$\underline{\underline{T_Z}} = \frac{1}{9} \cdot 0{,}287\,\text{s} = \underline{\underline{0{,}0319\,\text{s}}}\,. \qquad (6)$$

Zu 3):

Bei der Bildung des Berechnungsmodells wurde ein System mit einem Freiheitsgrad zugrunde gelegt, dessen generalisierte Koordinate der Winkel φ ist.

Alle reibenden und dämpfenden Elemente des Realsystems (Zahnrad, Gleitlager, Material) werden im Berechnungsmodell durch einen viskosen Dämpfer mit der Dämpferkonstante b_T erfasst. Die gemessenen Ausschwingkurven werden somit durch das Berechnungsmodell gedeutet, das in Bild 1b angegeben ist.

Die Bewegungsgleichung für das Berechnungsmodell bei Berücksichtigung der Zusatzmasse nach Bild 1b lautet

$$(J + m_Z R^2)\ddot{\varphi} + b_T \dot{\varphi} + c_T \varphi = 0\,. \qquad (7)$$

Die Periodendauer wird nur unwesentlich von der Dämpferkonstante beeinflusst. Sie wird aus der Eigenkreisfrequenz berechnet und ihr Quadrat lautet für den Schwinger ohne Zusatzmasse und mit Zusatzmasse

$$T^2 = \frac{4\pi^2 J}{c_T} \quad \text{sowie} \quad T_Z^2 = \frac{4\pi^2 (J + m_Z R^2)}{c_T}\,. \qquad (8)$$

Damit stehen zwei Gleichungen zur Bestimmung von J und c_T zur Verfügung und es ergibt sich:

$$c_T = \frac{m_Z R^2}{T^2} \cdot \frac{4\pi^2}{(T_Z/T)^2 - 1} \approx 1500\,\text{N\,m}, \qquad (9)$$

$$J = \frac{m_Z R^2}{(T_Z/T)^2 - 1} \approx 0{,}033\,\text{kg\,m}^2. \qquad (10)$$

Die Dämpfungskonstante des Berechnungsmodells lässt sich unter Verwendung des mittleren Dämpfungsgrades berechnen

$$b_T = \frac{4\pi D J}{T} \approx 0{,}429\,\text{Nms}. \qquad (11)$$

Die Genauigkeit der Ergebnisse für die Masse- und Federparameter hängt insbesondere von der Genauigkeit der Messung der Schwingungsdauer und der Zusatzmasse ab.

Verfahren, die auf einer Messung im Originalzustand und einer Messung bei bekannter Veränderung eines Parameters beruhen (z. B. durch das Anbringen einer Zusatzfeder oder einer Zusatzträgheit), sind bei einfachen Schwingungssystemen geeignet, Parameterwerte zu bestimmen.

1.2 Trägheitsmomente bei Antrieben mit großen Übersetzungen

Bei der Bestimmung der Trägheitseigenschaften von Maschinen müssen die Anteile von translatorisch und rotatorisch bewegten Massen in Betracht gezogen werden. Dabei können schnell rotierende kleine Massen, wenn eine große Übersetzung vorhanden ist, im Vergleich zu massereichen Abtriebsgliedern einen dominanten Einfluss bekommen. ‡

Das vereinfachte Berechnungsmodell eines Roboters besteht aus zwei identischen Armen der Masse m_a und der Länge l, die jeweils von einem Motor angetrieben werden, siehe Bild 1. Die Arme können als homogene, stabförmige, starre Körper betrachtet werden. Der erste Arm, dessen Auslenkung durch den Winkel q_1 beschrieben wird, ist im Punkt O gelagert. Ein Getriebemotor treibt den Arm an. Der Motor, bestehend aus Rotor, hochübersetzendem Getriebe und Statorgehäuse, hat die Masse m_m. Das Motorgehäuse hat das Trägheitsmoment J_G und der Rotor das Trägheitsmoment J_R bezüglich der Drehachse. Das Motorgehäuse des ersten Arms ist an der Aufstellung montiert, der Rotor ist mit der Übersetzung i am Arm befestigt.

Im Punkt A ist der zweite Arm befestigt, dessen Auslenkung bezüglich des ersten Arms mit dem Relativwinkel q_2 beschrieben wird. Der zweite Motor ist mit seinem Gehäuse konzentrisch zur Drehachse durch den Punkt A auf dem ersten Arm montiert und sein Rotor ist mit dem Getriebe mit der Übersetzung i am zweiten Arm befestigt.

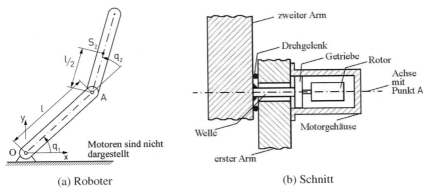

Bild 1: Roboter und der Schnitt des Antriebs an Punkt A

---

‡ Autor: Michael Beitelschmidt

Gegeben:

$m_a = 100\,\text{kg}$ Masse eines Roboterarms
$l = 1\,\text{m}$ Länge eines Roboterarms
$m_m = 4\,\text{kg}$ Masse eines Antriebsmotors
$J_G = 0{,}004\,\text{kg}\,\text{m}^2$ Trägheitsmoment eines Motorgehäuses
$J_R = 0{,}0025\,\text{kg}\,\text{m}^2$ Trägheitsmoment eines Motorrotors
$i = 160$ Übersetzung (kann z. B. mit einem Umlaufrädergetriebe wie Planetengetriebe, Cyclo-Getriebe oder Harmonic Drive® Getriebe realisiert werden, vgl. [46])

Massen und Trägheitsmomente der Getriebe sind in den Motorparametern enthalten.

Gesucht:

1) Die kinetische Energie des Roboters in Abhängigkeit von q_1, q_2, $\dot{q}_1$ und $\dot{q}_2$
2) Massenmatrix des Roboters bei dem Drehwinkel $q_2 = 45°$ in Zahlenwerten

Lösung:

<u>Zu 1):</u>

Das System hat den Freiheitsgrad zwei. Die Lage des Robotermodells wird durch zwei voneinander unabhängige, generalisierte Koordinaten q_1 und q_2 beschrieben.

Die generalisierte Massenmatrix des Roboters kann aus der kinetischen Energie berechnet werden. Ist die gesamte kinetische Energie $W_{\text{kin ges}}(q_1, q_2, \dot{q}_1, \dot{q}_2)$ bekannt, ist die Massenmatrix $\boldsymbol{M}$ in der quadratischen Form

$$W_{\text{kin ges}} = \frac{1}{2}\begin{bmatrix}\dot{q}_1 & \dot{q}_2\end{bmatrix}\boldsymbol{M}\begin{bmatrix}\dot{q}_1 \\ \dot{q}_2\end{bmatrix} = \frac{1}{2}\left(m_{11}\dot{q}_1^2 + (m_{12}+m_{21})\dot{q}_1\dot{q}_2 + m_{22}\dot{q}_2^2\right) \quad (1)$$

enthalten. Die Massenmatrix besteht aus vier Elementen

$$\boldsymbol{M} = \begin{bmatrix} m_{11} & m_{12} \\ m_{21} & m_{22} \end{bmatrix}, \quad (2)$$

die aus den partiellen Ableitungen der kinetischen Energie $W_{\text{kin ges}}$ bestimmt werden können. Es gilt dann

$$m_{11} = \frac{\partial^2 W_{\text{kin ges}}}{\partial \dot{q}_1^2}, \quad m_{22} = \frac{\partial^2 W_{\text{kin ges}}}{\partial \dot{q}_2^2}, \quad m_{12} = m_{21} = \frac{\partial^2 W_{\text{kin ges}}}{\partial \dot{q}_2 \partial \dot{q}_1}, \quad (3)$$

wobei aus Symmetriegründen $m_{12} = m_{21}$ gelten muss. Aus Gleichung (1) kann zudem abgelesen werden, dass $\boldsymbol{M}$ positiv definit sein muss, da immer $W_{\text{kin ges}} > 0$ gilt.

1.2 Trägheitsmomente bei Antrieben mit großen Übersetzungen

Aus den Elementen von **M** kann der Einfluss der einzelnen Baugruppen auf das Trägheitsverhalten abgelesen werden. Insbesondere das Element m_{12} ist ein Maß für die gegenseitige Beeinflussung der Bewegungen der beiden Arme durch Trägheitseffekte.

Kinetische Energie des ersten Arms bei Rotation um Achse O:

$$W_{\text{kin1}} = \frac{1}{2}\left(\frac{1}{3}m_a l^2\right)\dot{q}_1^2. \tag{4}$$

Kinetische Energie des Rotors des ersten Motors bei Rotation um Achse O:

$$W_{\text{kinR1}} = \frac{1}{2}J_R(i\,\dot{q}_1)^2. \tag{5}$$

Da das Gehäuse des ersten Motors an der Aufstellung fest montiert ist, haben seine Masse und Gehäuseträgheit keinen Einfluss auf die kinetische Energie.

Der zweite Motor ist im Punkt A am ersten Arm befestigt. Die kinetische Energie der Bewegung seiner Masse lautet

$$W_{\text{kin m2}} = \frac{1}{2}m_m l^2 \dot{q}_1^2. \tag{6}$$

Das Gehäuse führt dieselbe Rotation wie der erste Arm aus, es gilt demnach

$$W_{\text{kinG2}} = \frac{1}{2}J_G \dot{q}_1^2. \tag{7}$$

Die Rotation des Motor-Rotors setzt sich aus zwei Anteilen zusammen. Einerseits dreht sich der Motor, selbst wenn das Gelenk im Punkt A einen konstanten Drehwinkel hat, mit dem ersten Arm mit. Dazu kommt eine Drehung aus der Drehgeschwindigkeit $\dot{q}_2$ mit der Übersetzung i. Somit ergibt sich

$$W_{\text{kinR2}} = \frac{1}{2}J_R(\dot{q}_1 + i\,\dot{q}_2)^2. \tag{8}$$

Das Vorzeichen zwischen $\dot{q}_1$ und $i\,\dot{q}_2$ hängt davon ab, ob das Getriebe zwischen Motor und Arm gleichlaufend oder gegenlaufend ist. Ein gegenlaufendes Getriebe könnte durch $i = -160$ ausgedrückt werden.

Die kinetische Energie des zweiten Arms muss über die Translation des Schwerpunkts und die Rotation um diesen berechnet werden. Der Ortsvektor zum Schwerpunkt lautet

$$\boldsymbol{r}_{S2} = l\begin{bmatrix}\cos q_1 + \frac{1}{2}\cos(q_1 + q_2)\\ \sin q_1 + \frac{1}{2}\sin(q_1 + q_2)\end{bmatrix}. \tag{9}$$

Die Geschwindigkeit ergibt sich durch die Zeitableitung

$$\boldsymbol{v}_{S2} = \dot{\boldsymbol{r}}_{S2} = l\begin{bmatrix}-\dot{q}_1 \sin q_1 - \frac{1}{2}(\dot{q}_1 + \dot{q}_2)\sin(q_1 + q_2)\\ \dot{q}_1 \cos q_1 + \frac{1}{2}(\dot{q}_1 + \dot{q}_2)\cos(q_1 + q_2)\end{bmatrix}. \tag{10}$$

Für die kinetische Energie muss $|v_{S2}|^2$ gebildet werden. Dieser Term lässt sich mit Hilfe geeigneter trigonometrischer Umformungen zu

$$|v_{S2}|^2 = l^2 \left(\dot{q}_1^2 + \frac{1}{4}\dot{q}_1^2 + \frac{1}{2}\dot{q}_1\dot{q}_2 + \frac{1}{4}\dot{q}_2^2 + \dot{q}_1^2 \cos q_2 + \dot{q}_1\dot{q}_2 \cos q_2 \right)$$
$$= l^2 \left(\dot{q}_1^2 + \frac{1}{4}(\dot{q}_1 + \dot{q}_2)^2 + \dot{q}_1(\dot{q}_1 + \dot{q}_2) \cos q_2 \right) \tag{11}$$

zusammenfassen. Damit ergibt sich für die kinetische Energie des zweiten Arms

$$W_{\text{kin2}} = \frac{1}{2} m_a l^2 \left(\left(\frac{5}{4} + \cos q_2 \right) \dot{q}_1^2 + \left(\frac{1}{2} + \cos q_2 \right) \dot{q}_1\dot{q}_2 + \frac{1}{4}\dot{q}_2^2 \right) + \\ + \frac{1}{2} \left(\frac{1}{12} m_a l^2 \right) (\dot{q}_1 + \dot{q}_2)^2 , \tag{12}$$

wobei der letzte Term aus der Rotation des Arms folgt. Die gesamte kinetische Energie lautet:

$$W_{\text{kin ges}} = W_{\text{kin1}} + W_{\text{kinR1}} + W_{\text{kin m2}} + W_{\text{kinG2}} + W_{\text{kinR2}} + W_{\text{kin2}} . \tag{13}$$

Zu 2):

Nun können die verallgemeinerten Massen (die Elemente der Massenmatrix) gemäß (3) bestimmt werden:

$$m_{11} = \frac{1}{3} m_a l^2 + i^2 J_R + m_m l^2 + J_G + J_R + \left(\frac{5}{4} + \cos q_2 \right) m_a l^2 + \frac{1}{12} m_a l^2 \\ = \left(\frac{5}{3} + \cos q_2 \right) m_a l^2 + m_m l^2 + J_G + (1 + i^2) J_R , \tag{14}$$

$$m_{22} = i^2 J_R + \frac{1}{4} m_a l^2 + \frac{1}{12} m_a l^2 = i^2 J_R + \frac{1}{3} m_a l^2 , \tag{15}$$

$$m_{12} = i J_R + \frac{1}{2} m_a l^2 \left(\frac{1}{2} + \cos q_2 \right) + \frac{1}{12} m_a l^2 = i J_R + m_a l^2 \left(\frac{1}{3} + \frac{\cos q_2}{2} \right) . \tag{16}$$

Es sei erwähnt, dass sich die kinetischen Antriebsmomente M_1 und M_2 vom Motor 1 und 2 aus den verallgemeinerten Massen und den kinematischen Größen in diesem Falle aus folgenden Gleichungen berechnen lassen, vgl. [23, Abs. 2.2]:

$$M_1 = m_{11} \ddot{q}_1 + m_{12} \ddot{q}_2 + \frac{\partial m_{11}}{\partial q_2} \dot{q}_1 \dot{q}_2 + 2 \frac{\partial m_{12}}{\partial q_2} \dot{q}_2^2 , \tag{17}$$

$$M_2 = m_{12} \ddot{q}_1 + m_{22} \ddot{q}_2 - \frac{\partial m_{11}}{\partial q_2} \dot{q}_1^2 . \tag{18}$$

Eingesetzt mit Zahlenwerten ergibt sich für die Stellung $q_2 = 45°$:

$$m_{11} = (237{,}4 + 4 + 0{,}004 + 64)\,\text{kg\,m}^2 = 305{,}4\,\text{kg\,m}^2 , \tag{19}$$

$$m_{22} = (64 + 33{,}3)\,\text{kg\,m}^2 = 97{,}3\,\text{kg\,m}^2 , \tag{20}$$

$$m_{12} = (0{,}4 + 60{,}36)\,\text{kg\,m}^2 = 60{,}76\,\text{kg\,m}^2 . \tag{21}$$

1.2 Trägheitsmomente bei Antrieben mit großen Übersetzungen

Bei der gewählten Konfiguration zeigt sich, dass die beiden Rotoren der Antriebe trotz ihres sehr geringen Trägheitsmoments von nur 0,0025 kgm² durch die Übersetzung eine extrem große kinetische Energie und demzufolge einen dominierenden Trägheitseffekt verursachen. Wird in (15) der zweite Arm isoliert betrachtet, ist das resultierende Trägheitsmoment des Motors mit 64 kgm² größer als das Trägheitsmoment des Arms mit 33,3 kgm², der immerhin eine Masse von 100 kg hat, vgl. (20). Zudem ist zu beachten, dass die Massenmatrix mit dem Winkel q_2 von der Stellung des Roboters abhängig ist. So gilt z. B. $m_{11}(q_2 = 0°) = 334$ kgm² und $m_{11}(q_2 = 180°) = 134$ kgm².

Zusammenfassung

Die in der Massenmatrix enthaltenen generalisierten Massen liefern Auskunft über die wesentlichen kinetischen Eigenschaften eines angetriebenen Systems. Das lässt sich nur verstehen, wenn die Gleichungen (14) bis (16) gesehen werden. Motoren mit Getrieben mit großen Übersetzungen können trotz einer vermeintlich geringen Masse und daraus folgendem kleinen Trägheitsmoment einen großen Einfluss auf die kinetische Energie und damit die Trägheitseigenschaften eines Systems haben. Systeme wie Roboter und ungleichförmig übersetzende Mechanismen haben stellungsabhängige generalisierte Massen.

Weiterführende Literatur

[23] Dresig, H. und I. I. Vul'fson: *Dynamik der Mechanismen*. VEB Deutscher Verlag der Wissenschaften Berlin und Springer Verlag Wien, 1989.

[46] Luck, K. und K.-H. Modler: *Getriebetechnik*. 2. Aufl. Berlin, Heidelberg: Springer Verlag, 1995.

1.3 Trägheitsparameter/Rollpendel

Zur experimentellen Bestimmung von Massenträgheitsmomenten können Pendelverfahren dienen. Für große Zylinder wird das Abrollen auf Schneiden angewendet, wobei durch eine an einem prismatischen Stab angebrachte Zusatzmasse ein Pendel mit bewegtem Aufhängepunkt entsteht. ‡

Es soll das Trägheitsmoment bezüglich der Mittelachse eines Druckzylinders experimentell bestimmt werden, um den Schwerpunktabstand und das Trägheitsmoment bezüglich Schwerpunktsachse zu bestimmen. Dazu wird der Zylinder der Masse m mit seinen Lagerzapfen auf parallelen, als reibungsfrei angenommenen, horizontalen Schneiden gelagert und an seiner Stirnseite ein homogener Stab der Länge ℓ_{St} zur Befestigung der Zusatzmasse m_z angeschraubt (Bild 1).

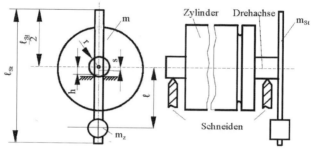

Bild 1: Prinzipskizze des Rollpendelversuchs

Da Druckzylinder stets eine Restunwucht haben, müssen zwei Pendelungen durchgeführt werden, um den Schwerpunktabstand und das Trägheitsmoment bezüglich der Schwerpunktachse zu bestimmen. Die Vorgehensweise ist wie folgt: Zunächst wird der Zylinder ohne Zusatzunwucht auf die Schneiden gelegt. Dabei pendelt er sich bei Vorgabe eines kleinen Ausschlages φ so ein, dass sein Schwerpunkt senkrecht unter der Zylinderachse liegt. Die Periodendauer dieser Pendelung sei T_1. In dieser Stellung wird der Stab senkrecht in Stabmitte an einem Achsschenkel befestigt und die Zusatzmasse m_Z im Abstand ℓ angebracht. Wiederum bei Vorgabe eines kleinen Anfangswinkels φ als Anfangsbedingung schwingt das System mit der Periodendauer T_2 aus. Der unbekannte Schwerpunktabstand des Druckzylinders ist s. Mit h wird der Schwerpunktabstand bei den *Pendelungen* bezeichnet, die eigentlich Abrollbewegungen des Zylinders auf den Schneiden sind.

Gegeben:

$m = 190\,\text{kg}$ Masse des Zylinders
$m_Z = 1{,}43\,\text{kg}$ Zusatzmasse
$m_{St} = 0{,}13\,\text{kg}$ Masse des homogenen Stabes
$r = 40\,\text{mm}$ Rollradius (Radius des Achsschenkels)
$\ell_{St} = 600\,\text{mm}$ Länge des Stabes

‡Autor: Michael Scheffler, Quelle [18, Aufgabe 4]

1.3 Trägheitsparameter/Rollpendel

$\ell = 250$ mm   Abstand zwischen Schwerpunkt der Zusatzmasse und Achsmittelpunkt
$T_1 = 4{,}89$ s   Periodendauer ohne Zusatzmasse
$T_2 = 3{,}58$ s   Periodendauer mit Zusatzmasse m_z
$g = 9{,}81$ m/s²   Fallbeschleunigung

Gesucht:

1) Periodendauer T der Pendelung allgemein für kleine Ausschläge
2) Schwerpunktsabstand s des Zylinders zur Zylindermittelachse
3) Auf die Schwerpunktachse bezogenes Massenträgheitsmoment J_S

Lösung:

Zu 1):

Zunächst soll die Bewegungsgleichung des Rollpendels abgeleitet werden. Das kann direkt über die Auswertung der kinetischen Energie W_{kin} und der potentiellen Energie W_{pot} geschehen.

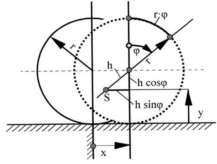

Bild 2: Prinzipskizze des Rollpendelversuchs

Wird von der ausgelenkten Lage in Bild 2 ausgegangen, so werden zunächst zwei Koordinaten x und y der Verschiebung des Gesamtschwerpunktes S und eine Drehkoordinate φ eingeführt. Da das System bei reinem Rollen den Freiheitsgrad $n = 1$ hat, müssen zwei Zwangsbedingungen vorliegen. Sie lauten

$$x = r \cdot \varphi - h \cdot \sin\varphi, \qquad (1)$$
$$y = r - h \cdot \cos\varphi. \qquad (2)$$

Zeitableitung liefert die Komponenten der Schwerpunktgeschwindigkeit:

$$\dot{x} = r \cdot \dot{\varphi} - h \cdot \dot{\varphi}\cos\varphi, \qquad (3)$$
$$\dot{y} = h \cdot \dot{\varphi}\sin\varphi. \qquad (4)$$

Als generalisierte Koordinate wird $q = \varphi$ gewählt. Für die kinetische Energie gilt:

$$W_{kin} = \frac{1}{2}\left[m_G\left(\dot{x}^2 + \dot{y}^2\right) + J_S\dot{\varphi}^2\right]. \qquad (5)$$

Dabei ist J_S das Massenträgheitsmoment der Gesamtmasse m_G bezogen auf die durch seinen Schwerpunkt gehende Achse. Einsetzen der nach der Zeit abgeleiteten Zwangsbedingungen (3), (4) in die kinetische Energie nach (5) und teilweises Umstellen liefert

$$W_{\text{kin}} = \frac{1}{2}\left[m_G\left(r^2 + h^2 - 2hr\cos\varphi\right) + J_S\right]\dot\varphi^2. \tag{6}$$

Die potentielle Energie W_{pot} ergibt sich unter Beachtung von (2) zu

$$W_{\text{pot}} = m_G g \cdot y = m_G g \cdot (r - h\cos\varphi). \tag{7}$$

Die Gesamtenergie bilanziert sich aus (6) und (7) zu:

$$\begin{aligned}W &= W_{\text{kin}} + W_{\text{pot}} = \text{const} \\ &= \frac{1}{2}\left[m_G\left(r^2 + h^2 - 2hr\cos\varphi\right) + J_S\right]\dot\varphi^2 + m_G g(r - h\cos\varphi) = \text{const}.\end{aligned} \tag{8}$$

Da die Gesamtenergie konstant ist, wird ihre Zeitableitung Null:

$$\frac{dW}{dt} = \left\{\left[m_G(r^2 + h^2 - 2hr\cos\varphi) + J_S\right]\ddot\varphi + m_G g h \sin\varphi\right\}\dot\varphi = 0. \tag{9}$$

Aus dem Ausdruck in der geschweiften Klammer in (9) folgt unter Voraussetzung kleiner Ausschläge $\sin\varphi \approx \varphi$ und $\cos\varphi \approx 1$:

$$\left[J_S + m_G \cdot (r - h)^2\right]\ddot\varphi + m_G g h \varphi = 0. \tag{10}$$

Die Periodendauer beträgt dann allgemein

$$\underline{\underline{T = \frac{2\pi}{\omega} = 2\pi\sqrt{\frac{J_S + m_G(r-h)^2}{m_G g h}}}}. \tag{11}$$

Zu 2):

Für die Pendelungen ergeben sich unter Beachtung von (11) folgende Parameter:

Pendelung 1: $m_G = m$; $h = s$; $J_S = J - ms^2$

$$\frac{T_1^2 g}{4\pi^2} = Y_1 = \frac{J + mr\cdot(r - 2s)}{ms}. \tag{12}$$

Pendelung 2: $m_G = m + m_Z + m_{\text{St}}$; $h = (m_Z \ell + ms)/m_G$
$$J_S = J + J_{\text{St}} + m_Z\ell^2 - (m_Z\ell + ms)^2/m_G$$

$$\frac{T_2^2 g}{4\pi^2} = Y_2 = \frac{1}{m_Z\ell + ms}\left[J + J_{\text{St}} + m_Z\ell^2 + \frac{(m_G r - m_Z\ell - ms)^2 - (m_Z\ell + ms)^2}{m_G}\right], \tag{13}$$

$$Y_2 = \frac{1}{m_Z\ell + ms}\left[J + J_{\text{St}} + m_Z\ell^2 + m_G r^2 - 2r\cdot(m_Z\ell + ms)\right]. \tag{14}$$

1.3 Trägheitsparameter/Rollpendel

Dabei ist J_{St} das Massenträgheitsmoment des Stabes um seine Schwerpunktachse:

$$J_{St} = \frac{m_{St}\ell_{St}^2}{12}. \tag{15}$$

Werden die Gleichungen (12) und (14) nach J_S umgestellt, so ergibt sich mit den Abkürzungen Y_1 und Y_2:

$$J_S = Y_1 ms - mr \cdot (r - 2s), \tag{16}$$

$$J_S = Y_2(m_Z\ell + ms) - m_G r^2 + 2r \cdot (m_Z\ell + ms) - m_Z\ell^2 - J_{St}. \tag{17}$$

Daraus folgt der Schwerpunktabstand s:

$$s = \frac{1}{m(Y_1 - Y_2)}\left[(m - m_G)\cdot r^2 + m_Z\ell\cdot(Y_2 + 2r) - m_Z\ell^2 - J_{St}\right]. \tag{18}$$

Für die angegebenen Zahlenwerte gelten:

$$Y_1 = \frac{T_1^2 g}{4\pi^2} = 5{,}9419\,\text{m} \quad Y_2 = \frac{T_2^2 g}{4\pi^2} = 3{,}1847\,\text{m}. \tag{19}$$

Hiermit ergibt sich für den Schwerpunktabstand s:

$$\underline{\underline{s = 2{,}0451\cdot 10^{-3}\,\text{m} \approx 2\,\text{mm}}}. \tag{20}$$

<u>Zu 3):</u>

Nun lässt sich das Massenträgheitsmoment J_S mit einer der beiden Gleichungen (16) oder (17) mit den gegebenen Größen berechnen. Es berechnen sich zunächst für den Schwerpunkt:

$$J_{St} = 0{,}0039\,\text{kg}\,\text{m}^2, \quad m_z\ell^2 = 0{,}0894\,\text{kg}\,\text{m}^2, \quad m_G = 191{,}56\,\text{kg} \tag{21}$$

und für das auf die Schwerpunktachse bezogene Massenträgheitsmoment J_S folgt schließlich

$$\underline{\underline{J_S = 2{,}0359\,\text{kg}\,\text{m}^2 \approx 2{,}04\,\text{kg}\,\text{m}^2}}. \tag{22}$$

Wenn die Schwerpunktlage eines Bauteils nicht bekannt ist, sind zur experimentellen Ermittlung von Massenträgheitsmomenten auf der Basis von Pendelverfahren stets zwei Pendelungen erforderlich, da die Schwerpunktlage mit bestimmt werden muss.

Bei diesen Verfahren tritt die Differenz der Quadrate der Periodendauern auf. Daher sollten diese genau gemessen werden und aus numerischen Gründen weit genug auseinander liegen. Um zufällige Fehler bei der Versuchsdurchführung zu minimieren, ist die Pendelung mindestens drei Mal durchzuführen und die Ergebnisse der gemessenen Periodendauern T_1 und T_2 sind zu mitteln.

1.4 Dämpfungsvermögen einer Fräsmaschinenspindel

Hauptspindeln von Werkzeugmaschinen müssen Zerspankräfte aufnehmen und übertragen, wobei oft auch Schwingungen angeregt werden. Die Amplituden dieser Schwingungen hängen in Resonanznähe entscheidend von der Dämpfung der Spindel und ihrer Lager ab. [‡]

Zur Erfassung und Beschreibung des Dämpfungsverhaltens einer Fräsmaschinenspindel wurden experimentelle Untersuchungen vorgenommen. Dabei wurde der Spindelflansch mit einer Amplitude $\hat{x}$ und mit einer Frequenz $f = \Omega/(2\pi)$ (beide Größen einstellbar) harmonisch bewegt und die dafür erforderliche Erregerkraft $F(t)$ gemessen (stationärer Zustand), vgl. Bild 1. Aus diesen beiden Größen wurde dann durch Integration die dabei zugeführte Energie pro Periode bestimmt, vgl. Tabelle 1.

Tabelle 1: Zugeführte Energie pro Periode: $W \cdot 10^4$ / (Nm)

		Frequenz f / Hz				
		20	40	50	60	80
$\hat{x}$/mm	0,01	2,7	5,5	7,8	8,8	11,0
	0,02	12,3	25,7	31,6	35,6	43,6
	0,03	26,6	53,3	69,5	79,9	99,5
	0,04	47,5	97,2	118,6	138,6	179,4

Von den unten aufgeführten Dämpfungsmodellen ist dasjenige zu identifizieren, welches das gemessene Verhalten am besten widerspiegelt, wobei dafür der in Bild 1 gezeigte Einfachschwinger zu Grunde gelegt werden kann, denn andere Gestellresonanzen zeigten bei den untersuchten Frequenzen keinen Einfluss.

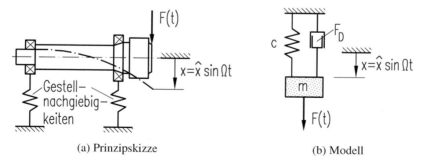

(a) Prinzipskizze (b) Modell

Bild 1: Prinzipskizze und Berechnungsmodell der Spindel

[‡] Autor: Ludwig Rockhausen, Quelle [18, Aufgabe 4]

1.4 Dämpfungsvermögen einer Fräsmaschinenspindel

Gegeben:

$c = 1{,}26 \cdot 10^8$ N/m   gemessene Steifigkeit an der Einleitungsstelle der Kraft

$f_0 = 406$ Hz   experimentell ermittelte Eigenfrequenz der Spindel

W Zugeführte Energie pro Periode $T = 2\pi/\Omega$ in Abhängigkeit der Frequenz $f = 1/T$ und der Amplitude $\hat{x}$ entsprechend Tabelle 1.

Die zu untersuchenden Dämpfungsmodelle (b_1, b_2, F_R sind Konstanten) finden sich in Bild 2.

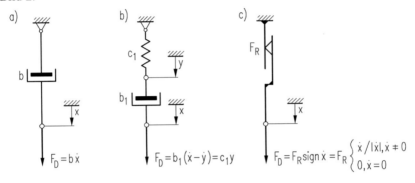

Bild 2: Dämpfungsmodelle

Gesucht:

1) Formeln für die Verlustenergie W_V der drei Dämpfungsmodelle a) bis c) bei vorgegebener Bewegung der Masse m des Berechnungsmodells

2) Auswahl desjenigen Dämpfungsmodells, welches die gemessenen Werte am besten wiedergibt; Bestimmung der Parameterwerte des betreffenden Modells

Lösung:

Zu 1):

Freischneiden der Masse m und Aufstellung der Gleichgewichtsbedingungen unter Beachtung der entgegen der positiv definierten Koordinatenrichtung anzutragenden Trägheitskraft (vgl. Bild 3) liefert die Bewegungsgleichung für die Koordinate x:

$$m\ddot{x} + cx + F_D = F(t). \tag{1}$$

Einführung der *dimensionslosen Zeit*

$$\tau = \Omega t \tag{2}$$

sowie Nutzung der Strichableitung

$$\frac{d(\ldots)}{dt} = (\ldots)^{\cdot} = \Omega \frac{d(\ldots)}{d\tau} = \Omega(\ldots)', \quad (\ldots)^{\cdot\cdot} = \Omega^2 (\ldots)'' \tag{3}$$

führt auf

$$c(\eta^2 x'' + x) + F_D = F(t) \qquad (4)$$

mit dem Abstimmungsverhältnis

$$\eta = \frac{\Omega}{\omega_0} = \frac{\Omega}{\sqrt{c/m}}, \qquad \omega_0^2 = \frac{c}{m} = (2\pi f_0)^2. \qquad (5)$$

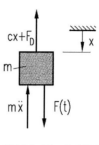

Bild 3: Kräftebild

Wegen der vorgegebenen Bewegung (vgl. Bild 1)

$$x(\tau) = \hat{x} \sin \tau, \quad x'(\tau) = \hat{x} \cos \tau, \quad x''(\tau) = -\hat{x} \sin \tau \qquad (6)$$

ergibt sich aus (4) nach Multiplikation mit

$$dx = \hat{x} \cos \tau \, d\tau \qquad (7)$$

und anschließender Integration über eine Erregerperiode $T = 2\pi/\Omega$:

$$c\hat{x}(1-\eta^2) \int_0^{2\pi} \sin \tau \cos \tau \, d\tau + \int_0^{2\pi} F_D \, \hat{x} \cos \tau \, d\tau = \int_0^{2\pi} F(\tau) \hat{x} \cos \tau \, d\tau \equiv W. \qquad (8)$$

Das erste Integral wird identisch null, und das zweite stellt die Arbeit der Dämpfungskraft F_D bei der vorgegebenen harmonischen Bewegung von m dar, d. h. im stationären Zustand ist die Verlustenergie W_V infolge Dämpfung (Dissipation) gleich der durch die Erregerkraft $F(t)$ zugeführten Energie W:

$$W_V \equiv \int_0^{2\pi} F_D(\tau) \hat{x} \cos \tau \, d\tau = \int_0^{2\pi} F(\tau) \hat{x} \cos \tau \, d\tau \equiv W. \qquad (9)$$

Dieser Sachverhalt bildet die Grundlage für die folgenden Betrachtungen zur Auswahl eines geeigneten Dämpfungsmodells. Dazu werden die Gln. für die Verlustenergie der drei zur Auswahl stehenden Dämpfungsmodelle benötigt.

- Variante a):

$$F_D(\tau) = b\dot{x} = b\Omega x' = b\Omega \hat{x} \cos \tau \qquad (10)$$

$$\Rightarrow \underline{\underline{W_V = b\Omega \hat{x}^2 \int_0^{2\pi} \cos^2 \tau \, d\tau = \pi b \eta \omega_0 \hat{x}^2}}. \qquad (11)$$

- Variante b):

$$F_D(\tau) = b_1(\dot{x} - \dot{y}) = b_1 \Omega(x' - y') = b_1 \eta \omega_0 (\hat{x} \cos \tau - y'(\tau)). \qquad (12)$$

1.4 Dämpfungsvermögen einer Fräsmaschinenspindel

Hier wird noch die Änderung $y'(\tau)$ der *inneren Variablen* $y(\tau)$ benötigt, vgl. [1]. Die dafür geltende Gleichung folgt aus dem Gleichgewicht der in Reihe geschalteten Elemente (Feder c_1 und Dämpfer b_1):

$$c_1 y = b_1(\dot{x} - \dot{y}) = b_1 \Omega(x' - y') = \underline{b_1 \eta \omega_0 (\hat{x} \cos\tau - y')}. \tag{13}$$

Die unterstrichenen Terme dieser Beziehung bilden eine lineare, inhomogene DGL. erster Ordnung für $y(\tau)$:

$$\frac{b_1 \omega_0}{c} \eta y' + \frac{c_1}{c} y = \frac{b_1 \omega_0}{c} \eta \hat{x} \cos\tau \tag{14}$$

Werden zweckmäßigerweise noch die dimensionslosen Größen

$$\frac{b_1 \omega_0}{c} = 2D; \quad \frac{c_1}{c} = \gamma \tag{15}$$

eingeführt, so ergibt sich

$$2D\eta y' + \gamma y = 2D\eta \hat{x} \cos\tau. \tag{16}$$

Diese Differentialgleichung hat die stationäre Lösung (Ansatz: $y(\tau) = A\cos\tau + B\sin\tau$):

$$y(\tau) = \hat{x} \frac{2D\eta}{\gamma^2 + (2D\eta)^2} (\gamma \cos\tau + 2D\eta \sin\tau), \tag{17a}$$

$$y'(\tau) = \hat{x} \frac{2D\eta}{\gamma^2 + (2D\eta)^2} (-\gamma \sin\tau + 2D\eta \cos\tau). \tag{17b}$$

Gemäß (12) wird dann die Dämpferkraft zu

$$F_D(\tau) = \frac{b_1 \eta \omega_0 \hat{x} \gamma}{\gamma^2 + (2D\eta)^2} (\gamma \cos\tau + 2D\eta \sin\tau). \tag{18}$$

Damit ergibt sich für die mechanische Verlustenergie

$$\underline{\underline{W_V}} = \int_0^{2\pi} F_D(\tau) \hat{x} \cos\tau \, d\tau = 2\pi c \underline{\underline{\frac{D\eta \gamma^2 \hat{x}^2}{\gamma^2 + (2D\eta)^2}}}. \tag{19}$$

- Variante c):

$$F_D(\tau) = F_R \, \text{sign}(\dot{x}) = F_R \, \text{sign}(x')$$

$$= F_R \cdot \begin{cases} +1; & 0 \le \tau < \frac{\pi}{2} \quad \text{und} \quad \frac{3\pi}{2} \le \tau < 2\pi \\ -1; & \frac{\pi}{2} \le \tau < \frac{3\pi}{2} \end{cases} \tag{20}$$

Daraus ergibt sich

$$\underline{\underline{W_V}} = \int_0^{\frac{\pi}{2}} F_R \hat{x} \cos\tau \, d\tau + \int_{\frac{\pi}{2}}^{\frac{3\pi}{2}} (-F_R) \hat{x} \cos\tau \, d\tau + \int_{\frac{3\pi}{2}}^{2\pi} F_R \hat{x} \cos\tau \, d\tau \tag{21}$$

$$= \underline{\underline{4 F_R \hat{x}}}.$$

Zu 2):

Um eine Auswahl eines Dämpfungsmodells treffen zu können, werden die aus der Messung gewonnenen Werte der zugeführten Energie W hinsichtlich ihres Verhaltens bezüglich der Amplituden- und Frequenzänderungen untersucht. Wird die Energie W pro Periode gemäß Tabelle 1 für jede Amplitude $\hat{x}$ über der Frequenz aufgetragen, so entstehen die Verläufe in Bild 4a; das Auftragen derselben für jede Frequenz f über der Schwingungsamplitude $\hat{x}$ liefert Bild 4b (zur besseren Veranschaulichung wurden die Messpunkte durch Geradenabschnitte miteinander verbunden).

Es ist zu erkennen, dass W mit der Frequenz f geringfügig degressiv und mit der Amplitude $\hat{x}$ deutlich progressiv wächst.

Werden diese Abhängigkeiten mit den einzelnen Formeln für W_V verglichen, so fällt der Reibungsdämpfer (Modell c) sofort heraus, denn seine Charakteristik ist nach (21) unabhängig von der Frequenz, und die Verlustenergie W_V wächst linear mit der Amplitude.

Um entscheiden zu können, ob Variante a) oder b) zur Beschreibung des gemessenen Verhaltens geeignet ist, werden die freien Parameter dieser Modelle mittels Minimum der Fehlerquadratsumme bestimmt und anschließend die Werte dieser Fehler verglichen.

- Variante a)

$$\Phi_a = \sum_{i=1}^{4} \sum_{k=1}^{5} (W(\hat{x}_i, \eta_k) - W_V(\hat{x}_i, \eta_k, b))^2 \Rightarrow \text{Min.!} \qquad (22)$$

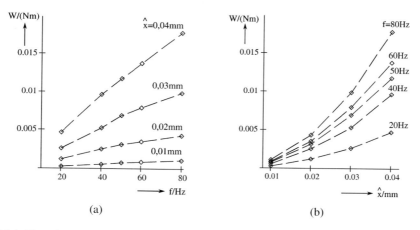

Bild 4: Zugeführte Energie W über (a) Frequenz f bzw. (b) über Schwingungsamplitude $\hat{x}$

1.4 Dämpfungsvermögen einer Fräsmaschinenspindel

Die notwendige Bedingung für das Auftreten eines Minimums der Fehlerfunktion

$$\frac{\partial \Phi_a}{\partial b} = 2 \sum_{i=1}^{4} \sum_{k=1}^{5} \left(W(\hat{x}_i, \eta_k) - \pi b \eta_k \omega_0 \hat{x}_i^2 \right) (-\pi \eta_k \omega_0 \hat{x}_i^2) \stackrel{!}{=} 0 \qquad (23)$$

liefert die Dämpferkonstante

$$\underline{\underline{b = \frac{\sum_{i=1}^{4} \sum_{k=1}^{5} W(\hat{x}_i, \eta_k) \eta_k \hat{x}_i^2}{\pi \omega_0 \sum_{i=1}^{4} \sum_{k=1}^{5} \eta_k^2 \hat{x}_i^4} \approx 7{,}313 \cdot 10^3 \text{ Ns/m}}}\,. \qquad (24)$$

Das ergibt einen Dämpfungsgrad von

$$D = \frac{b\omega_0}{2c} \approx 0{,}074\,. \qquad (25)$$

Die Fehlerfunktion hat dafür dann den Wert

$$\underline{\underline{\Phi_a \approx 1{,}33 \cdot 10^{-6} \text{ (Nm)}^2}}\,. \qquad (26)$$

- Variante b)

$$\Phi_b = \sum_{i=1}^{4} \sum_{k=1}^{5} (W(\hat{x}_i, \eta_k) - W_V(\hat{x}_i, \eta_k, \gamma, D))^2 \Rightarrow \text{Min.!} \qquad (27)$$

Hier ist die Fehlerfunktion abhängig von γ und D, d. h. es sind jetzt die partiellen Ableitungen nach diesen beiden Variablen null zu setzen:

$$\frac{\partial \Phi_b}{\partial \gamma} = -2 \sum_{i=1}^{4} \sum_{k=1}^{5} \left(W(\hat{x}_i, \eta_k) - W_V(\hat{x}_i, \eta_k, \gamma, D) \right) \frac{\partial W_V(\hat{x}_i, \eta_k, \gamma, D)}{\partial \gamma} \stackrel{!}{=} 0, \qquad (28a)$$

$$\frac{\partial \Phi_b}{\partial D} = -2 \sum_{i=1}^{4} \sum_{k=1}^{5} \left(W(\hat{x}_i, \eta_k) - W_V(\hat{x}_i, \eta_k, \gamma, D) \right) \frac{\partial W_V(\hat{x}_i, \eta_k, \gamma, D)}{\partial D} \stackrel{!}{=} 0. \qquad (28b)$$

Die partiellen Ableitungen von W_V ergeben sich hierbei zu:

$$\left.\begin{array}{l} \dfrac{\partial W_V}{\partial \gamma} = \dfrac{16\pi \hat{x}^2 c \gamma D^3 \eta^3}{(\gamma^2 + (2D\eta)^2)^2}\,, \\[2ex] \dfrac{\partial W_V}{\partial D} = -2\pi \hat{x}^2 c \gamma^2 \eta \dfrac{(2D\eta)^2 - \gamma^2}{(\gamma^2 + (2D\eta)^2)^2}\,. \end{array}\right\} \qquad (29)$$

Die beiden Bedingungen in (28a) und (28b) bilden ein nichtlineares Gleichungssystem für die Größen γ und D, welches mittels geeigneter Mathematik-Software bei Vorgabe von geschätzten Näherungswerten gelöst wird. Es ergibt sich:

$$\gamma \approx 0{,}09445\,, \quad D \approx 0{,}0795\,. \qquad (30)$$

Hieraus folgt wegen (15) für die Parameter dieses Dämpfungsmodells:

$$\underline{\underline{c_1}} = \gamma\, c \approx 1{,}19 \cdot 10^7\,\text{N/m}, \quad \underline{\underline{b_1}} = \frac{c\, D}{\pi f_0} \approx 7{,}85 \cdot 10^3\,\text{N s/m}. \tag{31}$$

Der zugehörige Fehlerfunktionswert hat die Größe von

$$\underline{\underline{\Phi_b}} \approx 2{,}58 \cdot 10^{-7}\,(\text{Nm})^2. \tag{32}$$

Der Vergleich der Fehlerfunktionswerte Φ_a und Φ_b zeigt, dass das Dämpfungsmodell b) die gemessenen Verläufe etwas besser widerspiegelt, wenn auch Modell a) im betrachteten Frequenzbereich als einfache und praktikable Näherung brauchbar ist.

Zur Veranschaulichung der Ergebnisse sind in den Bildern 5a und 5b die Verläufe von W_V des Modells b) gezeigt, wobei die Messwerte als Punkte mit eingetragen wurden.

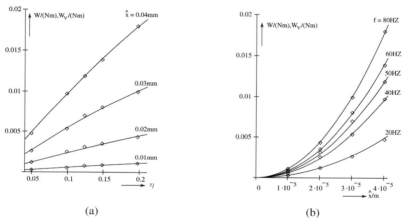

Bild 5: Verlustenergie über Abstimmungsverhältnis η (a) bzw. über Amplitude $\hat{x}$ (b)

Die Art des Dämpfungsmodells und die Größe der zugehörigen Parameter lassen sich für ein Berechnungsmodell eines Schwingers bestimmen, wenn das zu untersuchende Objekt in vorgegebener Weise bewegt und die dafür erforderliche Kraft gemessen wird.

Weiterführende Literatur

[1] Ahrens, R.: „Innere Freiheitsgrade in linear-viskoelastischen Schwingungssystemen". In: *Dämpfung und Nichtlinearität*. VDI Berichte 1082. Düsseldorf: VDI-Verlag, 1993.

[58] Ottl, D.: *Schwingungen mechanischer Systeme mit Strukturdämpfung*. VDI-Forschungsheft: Verein Deutscher Ingenieure. VDI-Verlag, 1981.

1.5 Dämpfungsbestimmung aus einem Frequenzgang

Für Schwingungsberechnungen von Leichtbaustrukturen sind Dämpfungskennwerte, die aus dissipativen Effekten im Material resultieren, wichtige Eingangsparameter, insbesondere bei der Charakterisierung von Mikrovibrationen. Mittels Frequenzgangmessung können die Dämpfungskennwerte bestimmt werden. Dabei wird das Bauteil im interessierenden Frequenzbereich mit bekanntem Signal – im vorliegenden Beispiel mit einer sinusförmigen Stützenerregung – angeregt und eine Messung des Antwortsignals vorgenommen. Eine Krafterregung ist am Balken schlecht realisierbar, da das Messobjekt, insbesondere für Dämpfungsmessungen, ungünstig beeinflusst wird. Aus dem gleichen Grund eignen sich für die Antwortmessung insbesondere berührungslose Messsysteme wie Laser, da so die Probe am wenigsten verstimmt und in ihrem Dämpfungsverhalten beeinflusst wird. Das Antwortsignal ist – bedingt durch das auf dem DOPPLER-Effekt basierende Messprinzip eines Laservibrometers – die Schwinggeschwindigkeit an den Messpunkten. ‡

Für die im Bild 1 dargestellte balkenförmige Probe aus glasfaserverstärktem Kunststoff (GFK) sind die modalen Abklingkonstanten für die ersten Biegeschwingungsformen zu bestimmen. Dazu wird die Probe über einen Schwingungserreger, in den sie eingespannt ist, mit dem Signal $s(t) = \hat{s} \sin \Omega t$ stützenerregt und für jeden Messpunkt werden die Antwortsignale – hier die Schwinggeschwindigkeit $\dot{x}_k$ (k ist die Nummer des Messpunktes) – über ein Laservibrometer ermittelt. Der aus der Überlagerung aller so erhaltenen Frequenzgänge entstehende gemittelte Frequenzgang soll mit oft benutzen Methoden aus der Maschinendynamik ausgewertet werden.

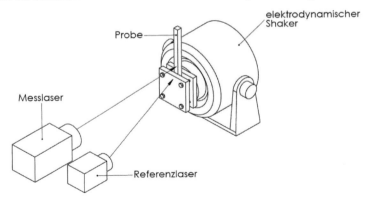

Bild 1: Versuchsaufbau zur Bestimmung von Dämpfungsparametern mittels Laservibrometrie (der Referenzlaser dient der Messung der Stützenerregung)

---

‡ Autor: Michael Scheffler

Gegeben:

Punktweise Frequenzgänge einer GFK-Probe, siehe Bild 2

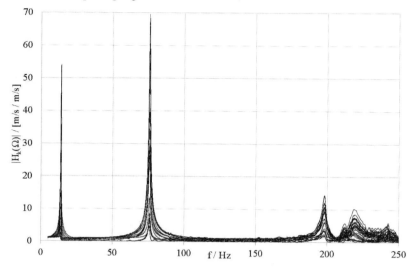

Bild 2: Beispielhafte Amplitudenfrequenzgänge der Schwinggeschwindigkeit H_k aus der Frequenzgangmessung an den Messstellen auf der Symmetrielinie der Struktur

Resonanzfrequenzen: $f_1 = 13{,}9\,\text{Hz}$, $f_2 = 76{,}2\,\text{Hz}$, $f_3 = 197{,}9\,\text{Hz}$

Gesucht:

1) Anwendung des Verfahrens für stützenerregte Systeme bei Annahme von RAYLEIGH-Dämpfung

2) Gemittelter Frequenzgang

3) Dämpfungsgrade der ersten Biegeeigenschwingungsformen und modale Abklingkonstanten

Lösung:

Zu 1):

Zunächst soll am Beispiel eines mit reiner Werkstoffdämpfung viskos gedämpften stützenerregten Biegeschwingungssystems mit Freiheitsgrad n (siehe Bild 3) kurz nachgewiesen werden, dass die Vorgehensweise für praktische Dämpfungsbestimmungen gerechtfertigt ist. Dazu wird das System mit Punktmassen $m_k = m$ diskretisiert.

Die Bewegungsgleichung ergibt sich in Matrizenform zu

$$\boldsymbol{M\ddot{q}} + \boldsymbol{B\dot{q}} + \boldsymbol{Cq} = \boldsymbol{C}\boldsymbol{e}s(t) + \boldsymbol{B}\boldsymbol{e}\dot{s}(t) = \boldsymbol{Q}(t). \tag{1}$$

1.5 Dämpfungsbestimmung aus einem Frequenzgang

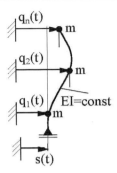

Bild 3: Viskos gedämpftes stützenerregtes System mit Freiheitsgrad n

Die Matrizen können mittels Energiemethode unter Verwendung des Vektors der generalisierten Koordinaten $\boldsymbol{q} = [q_1, q_2, \ldots, q_n]^T$ lt. Bild 3 und eines dimensionslosen Vektors $\boldsymbol{e} = [1, 1, \ldots, 1]^T$ gleicher Dimension aus der kinetischen Energie W_{kin}, der potenziellen Energie W_{pot} und der RAYLEIGH-Dissipationsfunktion R geschrieben werden:

$$2W_{\text{kin}} = \dot{\boldsymbol{q}}^T \boldsymbol{M} \dot{\boldsymbol{q}}, \tag{2}$$

$$2W_{\text{pot}} = (\boldsymbol{q} - s\boldsymbol{e})^T \boldsymbol{C} (\boldsymbol{q} - s\boldsymbol{e}), \tag{3}$$

$$2R = (\dot{\boldsymbol{q}} - \dot{s}\boldsymbol{e})^T \boldsymbol{B} (\dot{\boldsymbol{q}} - \dot{s}\boldsymbol{e})^T . \tag{4}$$

Die Dämpfungsmatrix $\boldsymbol{B}$ wird unter Verwendung der RAYLEIGH-Dämpfung

$$\boldsymbol{B} = \beta \cdot \boldsymbol{C} \tag{5}$$

angenommen. Damit wird reine Materialdämpfung unterstellt, d. h. die Dämpfung resultiere nur aus der Deformation und nicht aus äußerer Dämpfung.

Es ergibt sich unter den oben gemachten Voraussetzungen

$$\boldsymbol{M}\ddot{\boldsymbol{q}} + \beta \cdot \boldsymbol{C} \dot{\boldsymbol{q}} + \boldsymbol{C}\boldsymbol{q} = \boldsymbol{C}\boldsymbol{e}\hat{s} \left(\sin \Omega t + \beta \cdot \Omega \cos \Omega t\right). \tag{6}$$

Anschließende Modaltransformation $\boldsymbol{q} = \boldsymbol{V}\boldsymbol{p}$ unter Verwendung der Modalmatrix $\boldsymbol{V}$ und des Vektors der Hauptkoordinaten $\boldsymbol{p}$ mit den Eigenkreisfrequenzen des ungedämpften Systems ω_{0i}, $i = 1, \ldots, n$ und zugehörigen modalen Dämpfungsgraden D_i liefert

$$\ddot{p}_i + 2D_i\omega_{0i}\dot{p}_i + \omega_{0i}^2 p_i = \omega_{0i}^2 \kappa_i \, \hat{s} \cdot (\sin \Omega t + 2D_i\eta_i \cos \Omega t). \tag{7}$$

Dabei ist $\eta_i = \frac{\Omega}{\omega_{0i}}$ das Abstimmungsverhältnis der Erregerkreisfrequenz Ω des Shakers zur i-ten Eigenkreisfrequenz ω_{0i}. κ_i und γ_i berechnen sich aus dem i-ten Eigenvektor zu:

$$\kappa_i = \frac{1}{\gamma_i} \cdot \boldsymbol{v}_i \boldsymbol{C}\boldsymbol{e}; \quad \gamma_i = \boldsymbol{v}_i^T \boldsymbol{C} \boldsymbol{v}_i. \tag{8}$$

Zur stationären Lösung der Gleichung (7) wird der Gleichtaktansatz für die i-te Hauptkoordinate

$$p_i = A_i \cos \Omega t + B_i \sin \Omega t \qquad (9)$$

eingeführt.

Einsetzen und Koeffizientenvergleich führt auf

$$\begin{pmatrix} 1 - \eta_i^2 & 2D_i\eta_i \\ -2D_i\eta_i & 1 - \eta_i^2 \end{pmatrix} \begin{pmatrix} A_i \\ B_i \end{pmatrix} = \hat{s} \cdot \kappa_i \begin{pmatrix} 2D_i\eta_i \\ 1 \end{pmatrix}. \qquad (10)$$

Aus der Lösung dieser Gleichungen ergibt sich

$$\begin{pmatrix} A_i \\ B_i \end{pmatrix} = \frac{\hat{s}\,\kappa_i}{(1 - \eta_i^2)^2 + (2D_i\eta_i)^2} \begin{pmatrix} -2D_i\eta_i^3 \\ \eta_i^2(4D_i^2 - 1) + 1 \end{pmatrix}. \qquad (11)$$

Das führt mit Übergang auf die generalisierten Koordinaten q_j und Schwinggeschwindigkeiten $\dot{q}_k$ zu:

$$q_k = \sum_{i=1}^{n} v_{ki} (A_i \cos \Omega t + B_i \sin \Omega t), \qquad (12)$$

$$\dot{q}_k = \Omega \sum_{i=1}^{f} v_{ki} (-A_i \sin \Omega t + B_i \cos \Omega t). \qquad (13)$$

Die Amplituden ergeben sich zu

$$\hat{q}_k = \sqrt{\left(\sum_{i=1}^{n} v_{ki} A_i\right)^2 + \left(\sum_{i=1}^{f} v_{ki} B_i\right)^2}. \qquad (14)$$

Einsetzen der Gleichung (11) in (14) ergibt

$$\frac{\hat{q}_k}{\hat{s}} = \frac{\hat{\dot{q}}_k}{\hat{s}\Omega} = \sqrt{\left(\sum_{i=1}^{n} v_{ki}\kappa_i \frac{(2D_i\eta_i^3)}{(1-\eta_i^2)^2+(2D_i\eta_i)^2}\right)^2 + \left(\sum_{i=1}^{n} v_{ki}\kappa_i \frac{\eta_i^2(4D_i^2-1)+1}{(1-\eta_i^2)^2+(2D_i\eta_i)^2}\right)^2}$$

(15)

und zeigt die Anwendbarkeit der Vorgehensweise für stützenerregte Systeme bei schwacher Dämpfung. Der gemeinsame Nenner – Frequenzgang – in (15) beinhaltet die Eigenwerte des untersuchten Systems mit der gesuchten Dämpfung. Die Zähler können bei der Auswertung bei schwacher Dämpfung vernachlässigt werden. Die praktische Ermittlung des Frequenzgangs erfolgt unter Nutzung verschiedener Leistungsdichtespektren. Eine weitere Forderung für die vorgestellte Verfahrensweise ist, dass die Eigenschwingungsformen nicht gekoppelt sind, also ihre Resonanzstellen weit enfernt voneinander liegen. Dies wird in der Theorie der experimentellen Modalanalyse als SDOF-Verfahren (single degree of freedom) bezeichnet.

1.5 Dämpfungsbestimmung aus einem Frequenzgang

Gleichung (15) in Matrizenform lässt sich unter Verwendung der Frequenzgangmatrix $H(\Omega)$ allgemein anschreiben:

$$q = H(\Omega)\,Q. \tag{16}$$

Zu 2):

Um die Dämpfung bestimmen zu können, werden die Freqenzgänge nach [26] an den Resonanzstellen (*peaks*) ausgewertet und die zugehörigen Eigenschwingungsformen identifiziert. Die ersten vier Eigenschwingungsformen sind in Bild 4 zu sehen. Zu erkennen ist, dass nur die ersten drei reine Biegeeigenschwingungsformen nach den oben gemachten Annahmen sind. Die verschiedenen Grautöne beschreiben die Größe der Amplituden der Schwingungsform senkrecht zur Zeichenebene. An der Anzahl der Knotenlinien kann man die verschiedenen Eigenschwingungsformen erkennen. Da die Verhältnisse der Eigenfrequenzen nicht denen eines eingespannten Balkens entsprechen, lässt sich schließen, dass die Probe am Versuchsstand nicht ideal eingespannt war.

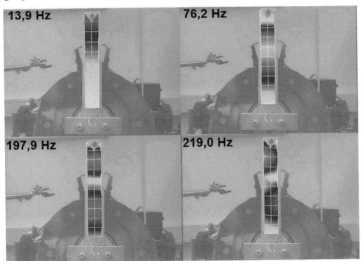

Bild 4: Erste vier identifizierte Eigenschwingungsformen zu den Frequenzgängen nach Bild 2 mit Messpunktgitter

Zur Dämpfungsermittlung an der Probe ist der gemittelte Frequenzgang der Probe zu berechnen, dabei werden die interessierenden Frequenzgänge – hier für die Symmetrielinie – berücksichtigt, [26].

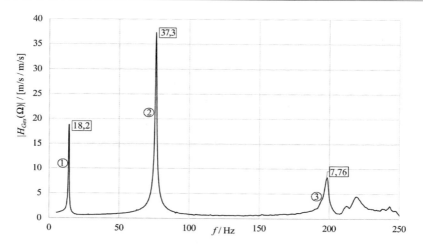

Bild 5: Gemittelter Frequenzgang der Schwinggeschwindigkeit (die Zahlen in Kästchen neben den Peaks stellen die abgelesenen Amplituden dar)

Zu 3):

Passend zur Eigenschwingungsform kann die modale Abklingkonstante aus dem Amplitudenfrequenzgang berechnet werden, wenn die Resonanzstellen der einzelnen Eigenschwingungsformen weit genug auseinander liegen. Dann kann das Verfahren der Halbwertsbreite angewendet werden [22]. Dabei berechnet sich der Dämpfungsgrad nach Bild 6 aus

$$D_i \approx \frac{(f_{iB} - f_{iA})}{2 f_{iRes}} = \frac{\Delta f_i}{2 f_{iRes}} \qquad (17)$$

mit der Resonanzfrequenz f_{iRes}. Δf_i ist die Differenz der beiden Frequenzpunkte f_{iA} und f_{iB}, die sich aus den Abszissenwerten der Halbwertsbreite für die Resonanzamplitude der Schwinggeschwindigkeit $\hat{q}_i$ entsprechend $\frac{\hat{q}_i}{\sqrt{2}}$ ergeben.

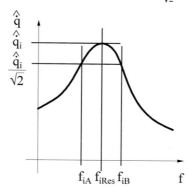

Bild 6: Schema zur Berechnung des Dämpfungsgrades aus der Halbwertsbreite

1.5 Dämpfungsbestimmung aus einem Frequenzgang

Die modale Abklingkonstante δ_i ergibt sich zu

$$\delta_i = D_i \omega_i = D_i \cdot 2\pi f_i. \tag{18}$$

In Tabelle 1 sind die gesuchten Dämpfungskennwerte für die ersten drei Eigenfrequenzen ausgewiesen.

Tabelle 1: Schwingungskennwerte für die ersten drei Eigenfrequenzen

Frequenz i	f_i in Hz	$\hat{q}_i$ in m/s	$(\Delta f)_i$ in Hz	$\hat{q}_i/\sqrt{2}$ in m/s	D_i	δ_i in s^{-1}
1	13,9	18,2	0,2	12,9	0,0072	0,63
2	76,2	37,3	0,8	26,4	0,0052	2,51
3	197,9	7,76	2,8	5,48	0,0071	8,85

Aus der Auswertung von Frequenzgangmessungen lassen sich Dämpfungskennwerte eines mechanischen Systems gewinnen. Der Lösungsweg ist mit einer heuristischen Vorgehensweise verbunden. Bei der Auswertung von Frequenzgängen müssen die Frequenzgänge aller Messpunkte aufsummiert bzw. gemittelt werden, um dann die Auswertung der Eigenschwingungsformen und zugehörigen modalen Dämpfungen zu ermöglichen. Eine Hilfe dabei ist die Identifikation der Eigenschwingungsformen anhand von Grafiken oder Animationen, um Unregelmäßigkeiten im Frequenzgang auszuschließen, die aus Messungen resultieren können. Bei weit auseinander liegenden Resonanzstellen kann das Verfahren der Halbwertsbreite zur Bestimmung der Dämpfung angewendet werden. In der Praxis muss der gemessene Frequenzgang zunächst gemittelt und in der Umgebung der Resonanzstelle durch eine Funktion angepasst werden, die dann den Ausgangspunkt für das Halbwertsbreitenverfahren bildet.

1.6 Dämpfungs- und Steifigkeitseigenschaften eines Viskodämpfers

Zur Schwingungsreduktion an Maschinen, Anlagen oder auch Gebäuden werden häufig Schwingungsdämpfer aus hochviskosen Flüssigkeiten oder Gummielementen eingesetzt. Diese Materialien verhalten sich meist frequenz- und oft auch amplitudenabhängig. Die Steifigkeits- und Dämpfungseigenschaften von Schwingungsdämpfern werden in Schwingungstests ermittelt und durch sogenannte rheologische Ersatzmodelle abgebildet. ‡

Ein mit einer hochviskosen Flüssigkeit gefüllter Dämpfertopf (wie in Abbildung 1.22a des Lehrbuches [22]) wird stationären Schwingungstests mit Vorgabe einer harmonischen Wegschwingung $s(t) = \hat{s}\sin(\Omega t)$ unterzogen. Der Dämpfer zeigt ein ausschließlich frequenzabhängiges Verhalten; die gemessene Dämpferkraft beträgt $F(t) = \hat{F}\sin(\Omega t + \varphi)$. Das Testprogramm berechnet aus den Messdaten automatisch für jede Anregungsfrequenz die dynamische Steifigkeit $c_{dyn} = \hat{F}/\hat{s}$ sowie die Phasenverschiebung φ zwischen den Kraft- und den Wegschwingungen.

Das dynamische Verhalten des Dämpfertopfes soll durch ein möglichst einfaches lineares rheologisches Ersatzmodell abgebildet werden. Rheologische (Ersatz-)Modelle sind Verschaltungen von idealen Strukturelementen wie Federn, viskosen Dämpfern oder Reibelementen, die durch die Federsteifigkeiten, Dämpfungskoeffizienten und Reibkennzahlen als Systemparameter charakterisiert werden. Zur Abbildung eines rein frequenzabhängigen, linearen Verhaltens genügt eine Kombination aus Federn und Dämpfern; amplitudenabhängiges, nichtlineares Verhalten kann mit Reibelementen angenähert werden.

Für den getesteten Dämpfer sollen zunächst folgende Zwei-Parameter-Modelle auf ihre Eignung zur Abbildung des dynamischen Verhaltens geprüft werden: Das KELVIN-VOIGT-Modell als Parallelschaltung und das MAXWELL-Modell als Reihenschaltung von einer Feder mit konstanter Federsteifigkeit c und einem viskosen Dämpfer mit der Dämpfungskonstanten b, siehe Bild 1.

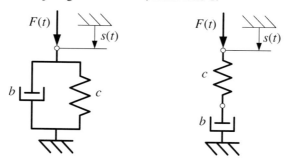

Bild 1: KELVIN-VOIGT-Modell (links) und MAXWELL-Modell (rechts)

---

‡ Autorin: Katrin Baumann

1.6 Dämpfungs- und Steifigkeitseigenschaften eines Viskodämpfers

Gegeben:

Die aufgezeichneten Messdaten sind in Tabelle 1 zusammengestellt.

Tabelle 1: Gemessene dynamische Steifigkeit c_{dyn} und gemessene Phasenverschiebung φ je Anregungsfrequenz f

f in Hz	2	4	6	8	10	12	14	16	18	20	22	24
c_{dyn} in N/mm	55	88	110	128	141	152	161	172	178	184	191	196
φ in °	59	54	50	47	44	42	40	38	37	35	34	33

Gesucht:

1) Kraft-Verformungs-Beziehungen für beide Modelle
2) Dynamische Steifigkeit und Phasenverschiebung für beide Modelle
   Hinweis für das MAXWELL-Modell: Lösen Sie dafür die Kraft-Verformungs-Gleichung!
3) Steifigkeits- und Dämpfungsparameter für beide Modelle aus der Approximation der Messwerte
4) Auswahl eines geeigneten Modells für das untersuchte Dämpferelement

Lösung:

Zu 1):

Die Federkraft $F_F(t)$ und die Dämpferkraft $F_D(t)$ betragen in beiden Modellen in Abhängigkeit vom Federweg $s_F(t)$ bzw. vom Dämpferweg $s_D(t)$

$$F_F(t) = c\, s_F(t) \quad \text{und} \quad F_D(t) = b\, \dot{s}_D(t). \tag{1}$$

Für die Parallelschaltung von Feder und Dämpfer im KELVIN-VOIGT-Modell gilt

$$F(t) = F_F(t) + F_D(t) \quad \text{und} \quad s(t) = s_F(t) = s_D(t). \tag{2}$$

Durch Einsetzen der Gleichungen (1) in die Gleichungen (2) ergibt sich die Kraft-Verformungs-Beziehung für das KELVIN-VOIGT-Modell zu

$$\underline{\underline{F(t) = c\, s(t) + b\, \dot{s}(t)}}. \tag{3}$$

Für die Reihenschaltung im MAXWELL-Modell gilt

$$F(t) = F_F(t) = F_D(t) \quad \text{und} \quad s(t) = s_F(t) + s_D(t). \tag{4}$$

Durch Ableiten der Weg-Beziehung aus Gleichung (4) und Ersetzen der Dämpfer- und Federgeschwindigkeiten durch die Gleichungen (1) bzw. deren erste Ableitung entsteht die Kraft-Verformungs-Beziehung für das MAXWELL-Modell zu

$$\underline{\underline{F(t) + \frac{b}{c}\, \dot{F}(t) = b\, \dot{s}(t)}}. \tag{5}$$

Zu 2):

Zur Herleitung der Gleichungen für die dynamische Steifigkeit und die Phasenverschiebung werden die harmonische Weganregung $s(t)$ aus der Aufgabenstellung und ihre erste Ableitung,

$$s(t) = \hat{s}\sin(\Omega t) \quad \text{und} \quad \dot{s}(t) = \hat{s}\Omega\cos(\Omega t), \tag{6}$$

in die Kraft-Verformungs-Beziehungen der beiden Modelle eingesetzt.

Für das KELVIN-VOIGT-Modell ergibt sich

$$\begin{aligned} F(t) &= c\,\hat{s}\sin(\Omega t) + b\,\Omega\hat{s}\cos(\Omega t) \\ &= \hat{s}\sqrt{c^2 + (b\,\Omega)^2}\sin\left(\Omega t + \arctan\frac{b\Omega}{c}\right) \\ &\stackrel{!}{=} \hat{F}\sin(\Omega t + \varphi). \end{aligned} \tag{7}$$

Daraus kann die Phasenverschiebung direkt abgelesen werden,

$$\underline{\underline{\varphi_{KV} = \arctan\frac{b\Omega}{c}}}. \tag{8}$$

Die gesuchte Phasenverschiebung muss im ersten Quadranten liegen, da sowohl der Sinus als auch der Cosinus der gegebenen Winkel positiv sind. Die dynamische Steifigkeit folgt definitionsgemäß zu

$$\underline{\underline{c_{dyn,KV} = \frac{\hat{F}}{\hat{s}} = \sqrt{c^2 + (b\,\Omega)^2}}}. \tag{9}$$

Für das MAXWELL-Modell folgt aus dem Einsetzen der ersten Ableitung der Weganregung (6) in die Kraft-Verformungs-Beziehung (5) eine Differentialgleichung (DGL) erster Ordnung für die Kraft,

$$F(t) + \frac{b}{c}\dot{F}(t) = b\,\hat{s}\,\Omega\cos(\Omega t). \tag{10}$$

Deren Partikulärlösung beschreibt den stationären Zustand während des Tests. Zur Berechnung der Partikulärlösung wird zunächst die homogene DGL

$$F(t) + \frac{b}{c}\dot{F}(t) = 0 \tag{11}$$

durch Trennung der Variablen gelöst:

$$\frac{dF}{F} = -\frac{c}{b}\,dt \quad \Longrightarrow \quad F_H(t) = C\cdot\exp\left(-\frac{c}{b}t\right). \tag{12}$$

Durch Variation der Integrationskonstante C sowie durch Einsetzen der harmonischen Weganregung (6) ergibt sich die Partikulärlösung zu

$$F_p(t) = \frac{\hat{s}\,cb\Omega}{\sqrt{c^2 + (b\Omega)^2}}\sin\left(\Omega t + \arctan\frac{c}{b\Omega}\right) \stackrel{!}{=} \hat{F}\sin(\Omega t + \varphi). \tag{13}$$

1.6 Dämpfungs- und Steifigkeitseigenschaften eines Viskodämpfers

Daraus kann die Phasenverschiebung abgelesen,

$$\varphi_{Mw} = \arctan \frac{c}{b\Omega}, \tag{14}$$

und die dynamische Steifigkeit berechnet werden,

$$c_{dyn,Mw} = \frac{\hat{F}}{\hat{s}} = \frac{c\,b\,\Omega}{\sqrt{c^2 + (b\Omega)^2}}. \tag{15}$$

Zu 3):

Nun können die Modellparameter c und b durch eine Regression zum Beispiel mit der Methode der kleinsten Fehlerquadrate ermittelt werden. Dazu wird als erstes die Zielfunktion als Summe der Fehlerquadrate über alle N Frequenzstützstellen $f_i = \Omega_i / 2\pi$ definiert. Um eine gleiche Gewichtung der dynamischen Steifigkeit und der Phasenverschiebung zu erreichen, werden nicht die absoluten, sondern die relativen Abweichungen der Approximation durch das Modell (Index A) von den Messwerten (Index M) berücksichtigt:

$$L = \sum_{i=1}^{N} \left(\left(\frac{c_{dyn,A}(f_i) - c_{dyn,M}(f_i)}{c_{dyn,M}(f_i)} \right)^2 + \left(\frac{\varphi_A(f_i) - \varphi_M(f_i)}{\varphi_M(f_i)} \right)^2 \right) \longrightarrow \min. \tag{16}$$

Die Parameteridentifikation kann z. B. mit dem *Solver* der Software Microsoft Excel erfolgen, siehe Bild 2. Dazu werden zunächst die Messdaten in ein Tabellenblatt übernommen. Für jede Frequenzstützstelle werden außerdem unter Vorgabe geeigneter Startwerte für die Modellparameter c und b die dynamische Steifigkeit c_{dyn} und die Phasenverschiebung φ aus den oben hergeleiteten Gleichungen berechnet. Aus den Messdaten lassen sich die relativen Fehler(quadrate) sowie deren Summe, d. h. die Zielfunktion L, berechnen. Der *Solver*-Funktion von Excel werden schließlich die Minimierung (*Minimum*) der Zielfunktion (*Ziel*) sowie die anzupassenden Modellparameter (*Variablenzellen*) vorgegeben.

Die ermittelten Modellparameter für das KELVIN-VOIGT-Modell und das MAXWELL-Modell betragen für die Messwerte aus Tabelle 1:

$$c_{KV} = 96.37\ \text{N/mm}, \quad b_{KV} = 0.90\ \text{Ns/mm}; \tag{17}$$

$$c_{Mw} = 218.99\ \text{N/mm}, \quad b_{Mw} = 3.16\ \text{Ns/mm}. \tag{18}$$

Zu 4):

Zur Auswahl eines geeigneten Modells werden die gemessenen und die approximierten dynamischen Steifigkeiten und Phasenverschiebungen in Bild 3 grafisch dargestellt.

Die Messdaten werden insgesamt recht gut durch das MAXWELL-Modell angenähert. Das KELVIN-VOIGT-Modell zeigt einen grundlegend anderen Verlauf von

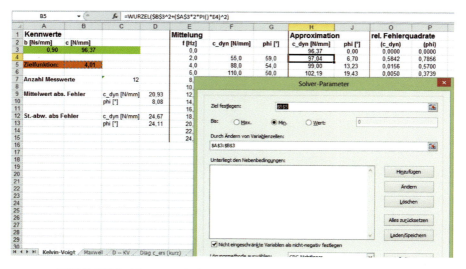

Bild 2: Bildschirmausschnitt während der Parameteridentifikation

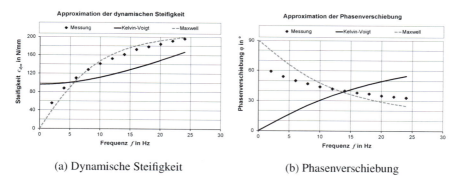

(a) Dynamische Steifigkeit (b) Phasenverschiebung

Bild 3: Gemessene und approximierte dynamische Steifigkeit (a) und Phasenverschiebung (b)

dynamischer Steifigkeit und Phasenverschiebung im gesamten Frequenzbereich und eignet sich daher nicht zur Modellierung des dynamischen Verhaltens dieses viskoelastischen Dämpfers.

Diskussion

Das frequenzabhängige dynamische Verhalten des getesteten visko-elastischen Bauelementes konnte bereits mit einem Zwei-Parameter-Modell gut abgebildet werden. Wird eine höhere Genauigkeit der Anpassung gewünscht, so muss das Modell auf drei oder mehr Parameter erweitert werden. In der Praxis muss dabei allerdings berücksichtigt werden, dass eine höhere Modellgröße zu längeren Rechenzeiten führt.

1.6 Dämpfungs- und Steifigkeitseigenschaften eines Viskodämpfers

Bei (zusätzlich) amplitudenabhängigem dynamischen Verhalten muss das Modell außerdem um Reibelemente erweitert werden. Eine allgemeine analytische Darstellung und eine Anleitung zur Implementierung der Parameteridentifikaton wird dafür von KARLSSON und PERSSON in [37] beschrieben.

Zur weiteren Verbesserung der Anpassungsgüte können die rheologischen Modelle außerdem durch sogenannte fraktionale Ableitungen erweitert werden. Beispielsweise verwendeten MAKRIS und CONSTANTINOU in [51] diese Methode zur Modellierung des dynamischen Verhaltens von visko-elastischen Dämpfern bei nichtperiodischer Erregung.

Bei der Abbildung des dynamischen Verhaltens von Dämpferelementen wird deren frequenz- und/oder amplitudenabhängiges Verhalten durch geeignete Modellelemente wie viskose Dämpfer oder Reibelemente berücksichtigt. In der Praxis muss dabei ein guter Kompromiss gefunden werden zwischen der Modellgröße und der erreichbaren Genauigkeit.

Weiterführende Literatur

[37] Karlsson, F. und A. Persson: *Modelling Non-Linear Dynamics of Rubber Bushings - Parameter Identification and Validation.* Master's Dissertation. Division of Structural Mechanics, LTH, Lund University, 2003.

[51] Makris, N. und M. C. Constantinou: *Viscous Dampers: Testing, Modeling and Application in Vibration and Seismic Isolation.* Techn. Ber. NCEER-90-0028, 20. Dez. 1990.

1.7 Antriebsleistung von Schwingförderer mit belastungsunabhängiger Amplitude

Bei der Konstruktion und Auslegung schwingungstechnischer Arbeitsmaschinen, wie z. B. Rüttelverdichtern, Vibrationsförderern oder Schwingsieben ist auch die Berechnung der Antriebsleistung von Interesse. Sie hängt nicht nur von den technologischen Kräften, sondern auch von den Feder- und Massenkräften ab. Das Beispiel des Schwingantriebs eines Schwingförderers wird analysiert. ‡

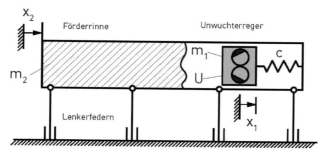

Bild 1: Skizze des Schwingförderers (Struktur des Schwingers von [43])

Gegeben:

$n = 950\,\text{min}^{-1}$	Drehzahl des Unwuchtantriebs
$U = 1\,\text{kg m}$	Unwucht des Schwingungserregers
$m_1 = 100\,\text{kg}$	Gegenschwingmasse
$m_2 = 300\,\text{kg}$	Masse der Förderrinne
$D = 0{,}1$ bis $0{,}4$	LEHRscher Dämpfungsgrad für Dissipation des Fördergutes

Gesucht:

1) Bewegungsgleichungen für das Zweimassenmodell eines durch Unwuchten erregten Schwingförderers

2) Amplituden und Phasenwinkel der Wege der Massen m_1 und m_2

3) Amplituden beider Massen und die Federkonstante für die Bedingung, dass die Amplitude der Förderrinne unabhängig von der Dämpfung ist

4) Antriebsleistung, Blind - und Wirkleistung

---

‡ Autor: Hans Dresig

1.7 Antriebsleistung von Schwingförderer mit belastungsunabhängiger Amplitude

Lösung:

Zu 1):

Die Masse der Schwingrinne m_2 wird von leicht biegsamen (in Bild 1 vereinfacht dargestellten) Lenkerfedern getragen, die in Wirklichkeit um einen Winkel geneigt sind. Die Lenkerfedern sind so weich, dass das Berechnungsmodell so behandelt werden kann, als ob die Masse m_2 in horizontaler Richtung frei beweglich wäre. Am Ende der Rinnenmasse sitzt ein Unwuchterreger, der sich innerhalb der beweglichen Masse m_1 mit der Federkonstante c abstützt und eine gerichtete Erregerkraft $F = U\Omega^2 \cos(\Omega t)$ erzeugt, hier ist $\Omega = \pi n/30 \, \mathrm{s}^{-1}$. Das Fördergut, welches durch Reibungs- und Stoßverluste der schwingenden Rinnenmasse Energie entzieht, wird als viskoser Dämpfer modelliert, dessen Kraft der absoluten Geschwindigkeit der Rinne proportional ist. Bild 2 zeigt das Kräftebild zum Berechnungsmodell des Schwingförderers.

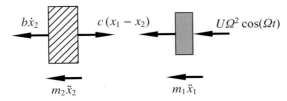

Bild 2: Kräftebild

Die Bewegungsgleichungen dieses Zweimassensystems lauten

$$m_1 \ddot{x}_1 + c(x_1 - x_2) = F = U\Omega^2 \cos \Omega t, \tag{1}$$

$$\underline{\underline{m_2 \ddot{x}_2 + b\dot{x}_2 - c(x_1 - x_2) = 0.}} \tag{2}$$

Zu 2):

Der Lösungsansatz für die stationäre Bewegung berücksichtigt die Phasenwinkel φ_1 und φ_2, die infolge der Dämpfung erwartet werden:

$$x_1 = \hat{x}_1 \cos(\Omega t - \varphi_1), \qquad x_2 = \hat{x}_2 \cos(\Omega t - \varphi_2). \tag{3}$$

Werden diese Ansätze in (1) und (2) eingesetzt, ergibt sich nach dem Ordnen der Terme

$$(c - m_1 \Omega^2)\hat{x}_1 \cos(\Omega t - \varphi_1) - c\hat{x}_2 \cos(\Omega t - \varphi_2) = U\Omega^2 \cos \Omega t, \tag{4}$$

$$(c - m_2 \Omega^2)\hat{x}_2 \cos(\Omega t - \varphi_2) - b\Omega \hat{x}_2 \sin(\Omega t - \varphi_2) - c\hat{x}_1 \cos(\Omega t - \varphi_1) = 0. \tag{5}$$

Aus diesen beiden Gleichungen sind die unbekannten Amplituden und Phasenwinkel bestimmbar. Für die weitere Lösung werden folgende Verhältniswerte eingeführt:

$$\omega^2 = c\left(\frac{1}{m_1} + \frac{1}{m_2}\right), \qquad 2D = \frac{b}{\omega m_2}, \qquad \eta = \frac{\Omega}{\omega},$$

$$\mu_1 = \frac{m_1}{m_1 + m_2}, \qquad \mu_2 = \frac{m_2}{m_1 + m_2}. \tag{6}$$

Nach dem Einsetzen dieser Ausdrücke in (4) und (5) wird daraus

$$(\mu_2 - \eta^2)\hat{x}_1 \cos(\Omega t - \varphi_1) - \mu_2 \hat{x}_2 \cos(\Omega t - \varphi_2) = \frac{U}{m_1}\eta^2 \cos \Omega t, \qquad (7)$$

$$(\mu_1 - \eta^2)\hat{x}_2 \cos(\Omega t - \varphi_2) - 2D\eta \hat{x}_2 \sin(\Omega t - \varphi_2) - \mu_1 \hat{x}_1 \cos(\Omega t - \varphi_1) = 0. \qquad (8)$$

Werden die Argumente der trigonometrischen Funktionen mit Hilfe der Additionstheoreme aufgelöst in Terme, die nur noch die Faktoren $\sin(\Omega t)$ und $\cos(\Omega t)$ haben, dann lassen sich die beiden Gleichungen so aufteilen, dass vier getrennte Bedingungen für die Unbekannten entstehen. Diese Bedingungen lauten:

$$\cos \Omega t: \quad (\mu_2 - \eta^2)\hat{x}_1 \cos \varphi_1 - \mu_2 \hat{x}_2 \cos \varphi_2 = \frac{U}{m_1}\eta^2, \qquad (9)$$

$$\sin \Omega t: \quad (\mu_2 - \eta^2)\hat{x}_1 \sin \varphi_1 - \mu_2 \hat{x}_2 \sin \varphi_2 = 0, \qquad (10)$$

$$\cos \Omega t: \quad (\mu_1 - \eta^2)\hat{x}_2 \cos \varphi_2 + 2D\eta \hat{x}_2 \sin \varphi_2 - \mu_1 \hat{x}_1 \cos \varphi_1 = 0, \qquad (11)$$

$$\sin \Omega t: \quad (\mu_1 - \eta^2)\hat{x}_2 \sin \varphi_2 - 2D\eta \hat{x}_2 \cos \varphi_2 - \mu_1 \hat{x}_1 \sin \varphi_1 = 0. \qquad (12)$$

Es sind vier lineare Gleichungen für vier Unbekannte, deren Lösung lautet:

$$\hat{x}_1 \cos \varphi_1 = \left[-4D^2\eta^2(\mu_2 - \eta^2) - \eta^2(\eta^2 - \mu_1 - \mu_2)(\mu_1 - \eta^2)\right] \frac{U\eta^2}{m_1 \Delta}, \qquad (13)$$

$$\hat{x}_1 \sin \varphi_1 = 2D\eta \mu_1 \mu_2 \cdot \frac{U\eta^2}{m_1 \Delta}, \qquad (14)$$

$$\hat{x}_2 \cos \varphi_2 = \mu_1 \left[(\mu_1 - \eta^2)(\mu_2 - \eta^2) - \mu_1 \mu_2\right] \frac{U\eta^2}{m_1 \Delta}, \qquad (15)$$

$$\hat{x}_2 \sin \varphi_2 = 2D\eta \mu_1 (\mu_2 - \eta^2) \cdot \frac{U\eta^2}{m_1 \Delta}. \qquad (16)$$

Dabei ist

$$\Delta = \left[(\mu_2 - \eta^2)(\mu_1 - \eta^2) - \mu_1 \mu_2\right]^2 + 4D^2\eta^2(\mu_2 - \eta^2)^2. \qquad (17)$$

Die Amplituden $\hat{x}_1$, $\hat{x}_2$ und Phasenwinkel φ_1, φ_2 der beiden Massen ergeben sich aus (13) bis (17) für allgemeine Parameterwerte.

Zu 3):

Bei der Bestimmung der Amplitude der Förderrinne tritt in (15) und (16) die Dämpfung jeweils nur im Produkt mit dem Ausdruck $(\mu_2 - \eta^2)$ auf.

Unter der wichtigen Bedingung $\eta^{*2} = \mu_2$ vereinfachen sich die Ausdrücke, z. B. ist dann $\Delta = (\mu_1 \mu_2)^2$ und die Amplitude der Förderrinne ergibt sich aus der Quadratsumme von (15) und (16):

$$\underline{\underline{\hat{x}_2 = \frac{U\eta^{*2}}{m_1}\left(1 + \frac{m_1}{m_2}\right) = 10\,\text{mm}.}} \qquad (18)$$

1.7 Antriebsleistung von Schwingförderer mit belastungsunabhängiger Amplitude

Ihre Unabhängigkeit von der Dämpfung, die vor allem durch Reib- und Stoßverluste des Förderguts verursacht wird, bedeutet, dass die Fördergeschwindigkeit für Parameterwerte der Konstruktion, welche diese Bedingung $\mu_2 = \eta^{*2}$ erfüllen, kaum von der Beladung abhängt!

Die Amplitude des Erregers ist aber von der Dämpfung abhängig und folgt nach dem Quadrieren der Ausdrücke (13) und (14):

$$\hat{x}_1 = \frac{U}{m_1\mu_1} \sqrt{(\mu_1 - \eta^{*2})^2 + 4D^2\eta^{*2}} \,. \tag{19}$$

Das zweckmäßige Abstimmungsverhältnis folgt zu $\eta^* = \sqrt{\mu_2} = \sqrt{0{,}75} = 0{,}866$. Die Amplitude der Erregermasse beträgt für

$$D = 0{,}1 : \quad \hat{x}_1 = 21{,}17\,\text{mm} \quad \text{und bei} \quad D = 0{,}4 : \quad \hat{x}_1 = 34{,}18\,\text{mm}\,. \tag{20}$$

In [43] wird berichtet, dass zahlreiche Versuche an ausgeführten Anlagen die vorteilhafte Tatsache bestätigten, dass unter der genannten Bedingung die Amplitude der Förderrinne von der Dämpfung unbeeinflusst blieb. Dies ist praktisch erwünscht, damit bei schwankender Belastung die Fördergeschwindigkeit erhalten bleibt. Aus der oben genannten Bedingung ergibt sich die Federkonstante:

$$c = m_1\Omega^2 = 9{,}896 \cdot 10^5\,\text{N/m}\,. \tag{21}$$

Zu 4):

Die momentane Antriebsleistung ist das Produkt der Antriebskraft aus (1) und der Geschwindigkeit $\dot{x}_1$, die sich nach der Zeitableitung aus (3) ergibt:

$$P(t) = F(t)\dot{x}_1(t) = -U\Omega^2 \cos(\Omega t)\,\hat{x}_1\Omega \sin(\Omega t - \varphi_1)\,. \tag{22}$$

Die Antriebsleistung setzt sich aus der Wirkleistung P_W und der Blindleistung P_B zusammen. Diese Komponenten lassen sich nach der Anwendung eines Additionstheorems der trigonometrischen Funktionen trennen. Aus der Umformung

$$\cos\Omega t \sin(\Omega t - \varphi_1) = \frac{1}{2}[-\sin\varphi_1 + \sin(2\Omega t - \varphi_1)] \tag{23}$$

wird ersichtlich, dass es eine konstante und eine zeitlich veränderliche Komponente gibt. Die Wirkleistung ist die konstante Komponente, die sich mit (14) ergibt zu

$$P_\text{W} = \frac{1}{2}U\Omega^3 \hat{x}_1 \sin\varphi_1 = U^2\Omega^3\eta^3 D\mu_1\mu_2/(m_1\Delta)\,. \tag{24}$$

Die sogenannte Blindleistung ist

$$P_\text{B}(t) = -\frac{1}{2}U\Omega^3 \hat{x}_1 \sin(2\Omega t - \varphi_1)\,. \tag{25}$$

Deren Energieanteil pulsiert *blind* mit der doppelten Erregerfrequenz und verrichtet keine mechanische Arbeit, denn es gilt

$$W = \int_0^T P_B(t)\,dt \sim \int_0^T \sin(2\Omega t - \varphi_1)\,dt = 0. \tag{26}$$

Die Leistungen sind von der Dämpfung abhängig:

$$D = 0{,}1: \quad P(t) = -20{,}84\,\text{kW}\cos\Omega t\sin(\Omega t - \varphi_1), \tag{27}$$

$$\underline{P_W = 3{,}41\,\text{kW}}, \qquad \underline{P_B = 10{,}42\,\text{kW}\sin(2\Omega t - \varphi_1)}, \tag{28}$$

$$D = 0{,}4: \quad P(t) = -33{,}65\,\text{kW}\cos\Omega t\sin(\Omega t - \varphi_1), \tag{29}$$

$$\underline{P_W = 13{,}64\,\text{kW}}, \qquad \underline{P_B = 17{,}39\,\text{kW}\sin(2\Omega t - \varphi_1)}. \tag{30}$$

Die Wirkleistung ist bei vielen schwingungstechnischen Arbeitsmaschinen kleiner als die effektive Blindleistung. Die Blindleistung ist dabei unvermeidlich, da große periodische Massenkräfte existieren.

Weiterführende Literatur

[39] Kuch, H., J.-H. Schwabe und U. Palzer: *Herstellung von Betonwaren und Betonfertigteilen*. Düsseldorf: Verlag Bau+Technik, 2009.

[43] Lehr, E.: *Schwingungstechnik. Ein Handbuch für Ingenieure. Band 2: Schwingungen eingliedriger Systeme mit ständiger Energiezufuhr*. Berlin: Verlag von Julius Springer, 1934.

[78] Weigand, A.: *Einführung in die Berechnung mechanischer Schwingungen*. Bd. 1. VEB Fachbuchverlag Leipzig, 1955.

1.8 Bestimmung des Trägheitstensors starrer Maschinenkomponenten

Der Trägheitstensor enthält zusammen mit der Masse und der Lage des Schwerpunktes die komplette Trägheitsinformation eines starren Körpers. Für überschlägige Berechnungen können die Trägheitseigenschaften komplexer Körper durch Zusammensetzen einfacher Körper gewonnen werden, wofür analytische Formeln existieren. ‡

Gegeben ist eine Motor-Getriebeeinheit, die aus zwei als homogen angenommenen Quadern zusammengesetzt ist. Längen und Massen sind in Bild 1 dargestellt. Das körperfeste Bezugssystem $\mathcal{K}(x-y-z)$ befindet sich an einer Ecke des Motorblocks. Die Getriebeeinheit ist in x-Richtung symmetrisch am Motorblock angebaut, die unteren Flächen beider Körper liegen beide in der x-y-Ebene.

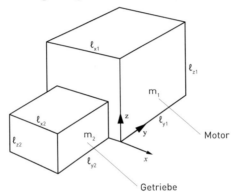

Bild 1: Motorblock aus zwei Komponenten

Gegeben:

$m_1 = 50\,\text{kg}$	Masse des Motorblocks
$m_2 = 30\,\text{kg}$	Masse des Getriebes
$l_{x1} = 0{,}3\,\text{m},\ l_{y1} = 0{,}5\,\text{m},\ l_{z1} = 0{,}4\,\text{m}$	Maße des Motorblock-Quaders
$l_{x2} = 0{,}2\,\text{m},\ l_{y2} = 0{,}3\,\text{m},\ l_{z2} = 0{,}2\,\text{m}$	Maße des Getriebe-Quaders

Gesucht:

1) Lage des Gesamtschwerpunkts

2) Trägheitstensor des Gesamtkörpers bezüglich des Gesamtschwerpunkts

3) Hauptachsensystem und die zugehörigen Hauptträgheitsmomente

---

‡Autor: Michael Beitelschmidt

Lösung:

Bei der Lösung dieser Aufgabe werden alle Größen zunächst in SI-Einheiten (Länge in Meter, Masse in Kilogramm) umgerechnet, so dass bei der Berechnung keine Einheiten zusätzlich anzugeben sind.

<u>Zu 1):</u>

Im x-y-z-Koordinatensystem lauten die Ortsvektoren zum Schwerpunkt des Motorblocks S_1 und der Getriebeeinheit S_2, siehe Bild 2:

$$\boldsymbol{r}_{OS_1} = (x_{S_1}, y_{S_1}, z_{S_1})^T = \frac{1}{2}(-l_{x1}, l_{y1}, l_{z1})^T = (-0{,}15 \quad 0{,}25 \quad 0{,}20)^T \,, \tag{1}$$

$$\boldsymbol{r}_{OS_2} = (x_{S_2}, y_{S_2}, z_{S_2})^T = \frac{1}{2}(-l_{x1}, -l_{y2}, l_{z2})^T = (-0{,}15 \quad -0{,}15 \quad 0{,}10)^T \,. \tag{2}$$

Der Ortsvektor zum Gesamtschwerpunkt S ist damit

$$\underline{\underline{\boldsymbol{r}_{OS}}} = \frac{m_1 \boldsymbol{r}_{OS_1} + m_2 \boldsymbol{r}_{OS_2}}{m_1 + m_2} = \frac{1}{m_1 + m_2} \left(\frac{m_1}{2} \begin{bmatrix} -l_{x1} \\ l_{y1} \\ l_{z1} \end{bmatrix} + \frac{m_2}{2} \begin{bmatrix} -l_{x1} \\ -l_{y2} \\ l_{z2} \end{bmatrix} \right)$$

$$= \frac{1}{2(m_1 + m_2)} \begin{bmatrix} -(m_1 + m_2)l_{x1} \\ m_1 l_{y1} - m_2 l_{y2} \\ m_1 l_{z1} + m_2 l_{z2} \end{bmatrix} = \begin{bmatrix} -0{,}15 \\ 0{,}10 \\ 0{,}1625 \end{bmatrix}. \tag{3}$$

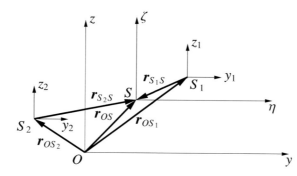

Bild 2: Koordinatensystem und Lage der Schwerpunkte: S_1 - Teilkörper Motor, S_2 - Teilkörper Getriebe, S - Schwerpunkt des Gesamtsystems

<u>Zu 2):</u>

Die Trägheitstensoren der beiden Teilkörper werden bezüglich ihrer Schwerpunkte aufgestellt. Als Koordinatenrichtungen werden körperfeste lokale Systeme mit dem

1.8 Bestimmung des Trägheitstensors starrer Maschinenkomponenten

Ursprung im Schwerpunkt verwendet, die achsparallel und gleich orientiert zum x-y-z-Koordinatensystem sind, vgl. Bild 2.

Da sowohl Motor als auch Getriebe homogene Quader mit Symmetrieebenen in ihren lokalen Koordinatenebenen sind, lauten die Trägheitstensoren für den Motor

$$\boldsymbol{J}_1^{S_1} = \frac{m_1}{12} \begin{bmatrix} l_{y1}^2 + l_{z1}^2 & 0 & 0 \\ 0 & l_{x1}^2 + l_{z1}^2 & 0 \\ 0 & 0 & l_{x1}^2 + l_{y1}^2 \end{bmatrix} = \begin{bmatrix} 1{,}7083 & 0 & 0 \\ 0 & 1{,}0417 & 0 \\ 0 & 0 & 1{,}4167 \end{bmatrix} \text{kg m}^2 \quad (4)$$

und für die Getriebeeinheit

$$\boldsymbol{J}_2^{S_2} = \frac{m_2}{12} \begin{bmatrix} l_{y2}^2 + l_{z2}^2 & 0 & 0 \\ 0 & l_{x2}^2 + l_{z2}^2 & 0 \\ 0 & 0 & l_{x2}^2 + l_{y2}^2 \end{bmatrix} = \begin{bmatrix} 0{,}325 & 0 & 0 \\ 0 & 0{,}2 & 0 \\ 0 & 0 & 0{,}325 \end{bmatrix} \text{kg m}^2 \, . \quad (5)$$

Um die beiden Trägheitstensoren addieren zu können, müssen diese bezüglich identischer Koordinatensysteme angegeben sein. Hierzu wird das $(\xi-\eta-\zeta)$-Koordinatensystem mit dem Ursprung im Gesamtschwerpunkt S festgelegt. Da die Systeme $(x_1-y_1-z_1)$, $(x_2-y_2-z_2)$ und das $(\xi-\eta-\zeta)$-System achsparallel sind, ist keine zusätzliche Verdrehung der Trägheitstensoren erforderlich, jedoch müssen sie mit Hilfe des STEINERschen Satzes transformiert werden. Im räumlichen Fall lautet der Satz (Gln. (2.67) und (2.68) in [22]) für eine Verschiebung vom Schwerpunkt S zu einem beliebigen Punkt P

$$\boldsymbol{J}^P = \boldsymbol{J}^S + m \tilde{\boldsymbol{r}}_{SP}^T \tilde{\boldsymbol{r}}_{SP} \quad (6)$$

mit dem Tilde-Operator des Ortsvektors von S nach P, wobei der Tilde-Operator (Tensor des Kreuzproduktes) von einem Vektor $\boldsymbol{r} = (x, y, z)^T$ wie folgt definiert ist:

$$\tilde{\boldsymbol{r}} = \begin{bmatrix} 0 & -z & y \\ z & 0 & -x \\ -y & x & 0 \end{bmatrix} . \quad (7)$$

Damit lautet der STEINERsche Satz ausführlich:

$$\boldsymbol{J}^P = \boldsymbol{J}^S + m \begin{bmatrix} y^2 + z^2 & -xy & -xz \\ -xy & x^2 + z^2 & -yz \\ -xz & -yz & x^2 + y^2 \end{bmatrix} . \quad (8)$$

Mit den Ortsvektoren von den Teilkörper-Schwerpunkten zum Gesamtschwerpunkt

$$\boldsymbol{r}_{S_1 S} = \boldsymbol{r}_{OS_1} - \boldsymbol{r}_{OS} = \begin{bmatrix} x_{S_1} - x_S \\ y_{S_1} - y_S \\ z_{S_1} - z_S \end{bmatrix} = \begin{bmatrix} 0 \\ 0{,}15 \\ 0{,}0375 \end{bmatrix} \text{ m}, \qquad (9)$$

$$\boldsymbol{r}_{S_2 S} = \boldsymbol{r}_{OS_2} - \boldsymbol{r}_{OS} = \begin{bmatrix} x_{S_2} - x_S \\ y_{S_2} - y_S \\ z_{S_2} - z_S \end{bmatrix} = \begin{bmatrix} 0 \\ -0{,}25 \\ -0{,}0625 \end{bmatrix} \text{ m} \qquad (10)$$

ergibt sich für die Trägheitstensoren

$$\boldsymbol{J}_1^S = \boldsymbol{J}_1^{S_1} + m_1 \, \tilde{\boldsymbol{r}}_{S_1 S}^{\mathrm{T}} \, \tilde{\boldsymbol{r}}_{S_1 S} = \begin{bmatrix} 2{,}9036 & 0 & 0 \\ 0 & 1{,}1120 & -0{,}2813 \\ 0 & -0{,}2813 & 2{,}5417 \end{bmatrix} \text{ kg m}^2, \qquad (11)$$

$$\boldsymbol{J}_2^S = \boldsymbol{J}_2^{S_2} + m_2 \, \tilde{\boldsymbol{r}}_{S_2 S}^{\mathrm{T}} \, \tilde{\boldsymbol{r}}_{S_2 S} = \begin{bmatrix} 2{,}3172 & 0 & 0 \\ 0 & 0{,}3172 & -0{,}4688 \\ 0 & -0{,}4688 & 2{,}2000 \end{bmatrix} \text{ kg m}^2. \qquad (12)$$

Diese werden addiert zu

$$\boldsymbol{J}^S = \boldsymbol{J}_1^S + \boldsymbol{J}_2^S = \begin{bmatrix} J_{\xi\xi}^S & J_{\xi\eta}^S & J_{\xi\zeta}^S \\ J_{\xi\eta}^S & J_{\eta\eta}^S & J_{\eta\zeta}^S \\ J_{\xi\zeta}^S & J_{\zeta\eta}^S & J_{\zeta\zeta}^S \end{bmatrix} = \begin{bmatrix} 5{,}2208 & 0 & 0 \\ 0 & 1{,}4292 & -0{,}75 \\ 0 & -0{,}75 & 4{,}7417 \end{bmatrix} \text{ kg m}^2. \qquad (13)$$

Zu 3):

Die Motor-Getriebeeinheit besitzt eine Symmetrieebene, im vorliegenden Fall ist dies die $\eta\zeta$-Ebene. Die senkrecht auf der $\eta\zeta$-Ebene stehende ξ-Achse ist somit automatisch eine Hauptträgheitsachse. Dies wird auch vom Berechnungsergebnis (13) durch die verschwindenden Deviationsmomente bestätigt. Die anderen zwei Hauptachsen liegen orthogonal zueinander in der $\eta\zeta$-Ebene und können durch eine Rotation des Koordinatensystems um die ξ-Achse gefunden werden.

Wenn der Rotationswinkel β folgende Bedingung erfüllt

$$\tan 2\beta = \frac{2 J_{\eta\zeta}^S}{J_{\eta\eta}^S - J_{\zeta\zeta}^S}, \qquad (14)$$

1.8 Bestimmung des Trägheitstensors starrer Maschinenkomponenten

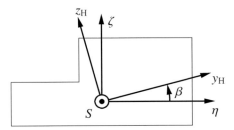

Bild 3: Bestimmung der Hauptträgheitsmomente und der Trägheitshauptachse

dann sind die Achsen y_H bzw. z_H die Hauptachsen[22]. Die zugehörigen Hauptträgheitsmomente sind

$$J_{yH}^S = \frac{1}{2}(J_{\eta\eta}^S + J_{\zeta\zeta}^S) + \frac{1}{2}(J_{\eta\eta}^S - J_{\zeta\zeta}^S)\cos 2\beta + J_{\eta\zeta}^S \sin 2\beta,$$
$$J_{zH}^S = \frac{1}{2}(J_{\eta\eta}^S + J_{\zeta\zeta}^S) - \frac{1}{2}(J_{\eta\eta}^S - J_{\zeta\zeta}^S)\cos 2\beta - J_{\eta\zeta}^S \sin 2\beta. \tag{15}$$

Mit Einsetzen der Zahlenwerte folgt aus

$$\tan 2\beta = \frac{2J_{\eta\zeta}^S}{J_{\eta\eta}^S - J_{\zeta\zeta}^S} = \frac{-0{,}75 \cdot 2}{1{,}4292 - 4{,}7417} = \frac{-1{,}5}{-3{,}3125}$$

das Ergebnis

$$\beta = -77{,}82°.$$

Die zugehörigen Hauptträgheitsmomente folgen nach (15)

$$J_{yH}^S = 4{,}9036 \,\text{kg}\,\text{m}^2, \quad J_{zH}^S = 1{,}2673 \,\text{kg}\,\text{m}^2.$$

Eine universell einsetzbare Methode zur Bestimmung von Hauptachsen sowie den zugehörigen Hauptträgheitsmomenten ist die Diagonalisierung des Trägheitstensors, was auf ein Eigenwertproblem führt. Die Hauptträgheitsmomente sind die drei Eigenwerte des Eigenwertproblems von J^S

$$\left(J^S - \lambda E\right)v = 0. \tag{16}$$

Die Eigenwerte sind die Wurzeln (Nullstellen) des charakteristischen Polynoms

$$\det\left(J^S - \lambda E\right) = \det\begin{bmatrix} 5{,}2208 - \lambda & 0 & 0 \\ 0 & 1{,}4292 - \lambda & -0{,}75 \\ 0 & -0{,}75 & 4{,}7417 - \lambda \end{bmatrix}$$

$$= (5{,}2208 - \lambda) \cdot \det\begin{bmatrix} 1{,}4292 - \lambda & -0{,}75 \\ -0{,}75 & 4{,}7417 - \lambda \end{bmatrix}$$

$$= (5{,}2208 - \lambda)\left[(1{,}4292 - \lambda)(4{,}7417 - \lambda) - 0{,}75^2\right] = 0.$$

Diese Gleichung lässt sich von Hand oder mittels Mathematik-Software (z. B. Matlab, GNU Octave o. ä.) numerisch lösen. Es folgen die Hauptträgheitsmomente

$$\boldsymbol{J}_H^{(S)} = \begin{bmatrix} J_I & 0 & 0 \\ 0 & J_{II} & 0 \\ 0 & 0 & J_{III} \end{bmatrix} = \begin{bmatrix} 5{,}2208 & 0 & 0 \\ 0 & 4{,}9036 & 0 \\ 0 & 0 & 1{,}2673 \end{bmatrix} \text{kg m}^2 . \tag{17}$$

Die den drei Eigenwerten λ_i zugehörigen drei Eigenvektoren $\boldsymbol{v}_i$ definieren die Lage der Hauptachsen im (ξ–η–ζ)-Bezugssystem

$$\boldsymbol{V} = [\boldsymbol{v}_1, \boldsymbol{v}_2, \boldsymbol{v}_3] = \begin{bmatrix} 1 & 0 & 0 \\ 0 & 0{,}2110 & 0{,}9775 \\ 0 & -0{,}9775 & 0{,}2110 \end{bmatrix} . \tag{18}$$

Der Eigenvektor $\boldsymbol{v}_1 = [1, 0, 0]^T$ zu J_I entspricht dem Basisvektor der ξ-Achse, das heißt, dass die ξ-Achse die zugehörige Hauptachse ist. Dies deckt auch die Aussage *die Achsen senkrecht zu Symmetrieebenen sind immer Hauptachsen*. Die anderen zwei Eigenvektoren $\boldsymbol{v}_2$ und $\boldsymbol{v}_3$ stellen die anderen zwei zueinander orthogonalen Hauptachsen dar. In der η-ζ-Ebene verkörpert dies die Drehung des (η-ζ)-Systems um den Winkel β (siehe Bild 3):

$$\underline{\underline{\beta}} = \arctan\left(\frac{-0{,}9775}{0{,}2110}\right) = -1{,}3582 \,\text{rad} = \underline{\underline{-77{,}82°}} . \tag{19}$$

Trägheitsmomente komplexer Körper lassen sich überschlägig durch das Zusammensetzen einfacher Teilkörper bestimmen. Die Trägheitstensoren von Körpern mit einfacher Geometrie (Quader, Zylinder, Prismen) lassen sich Tafelwerken entnehmen. Zur Bestimmung des gesamten Trägheitstensors müssen die Tensoren der Teilkörper zunächst in Koordinatensystemen mit gleicher Achsenrichtung dargestellt werden, wozu ggf. eine Drehung (Gleichung (2.69) in [22]) erforderlich sein kann. Anschließend müssen die Teiltensoren mit Hilfe des Satzes von STEINER in den Gesamtschwerpunkt des Körpers verschoben werden, wo sie dann aufaddiert werden können.

2 Dynamik der starren Maschine

2.1 Antriebsleistung und Schwungrad einer Presse

Die Antriebsleistung für einen Mechanismus (ungleichmäßig übersetzendes Getriebe) hängt vom Verlauf des reduzierten Massenträgheitsmomentes und der Kennlinie des Motors ab. Durch die Wahl der Parameter, speziell mit der Schwungradauslegung, können die Schwankungen des Antriebsmomentes und der Winkelgeschwindigkeit beeinflusst werden, womit sich auch die elektrische Verlustleistung reduzieren lässt. [‡]

Eine Kurbelpresse nach Bild 1a mit dem Kurbelwinkel φ und einem reduzierten Massenträgheitsmoment $J(\varphi)$, das sich näherungsweise gemäß

$$J(\varphi) = J_m - \Delta J \, \cos 2\varphi \tag{1}$$

wie im Bild 1c verändert, wird von einem Elektromotor angetrieben, dessen Drehmomentenkennlinie im stationären Zustand durch

$$M = M_0 \left(1 - \frac{\dot{\varphi}}{\Omega_s}\right) \tag{2}$$

angenähert wird. Das entspricht einer Linearisierung im Arbeitspunkt um die mittlere Synchron-Winkelgeschwindigkeit Ω_s des Motors im Leerlauf, wie im Bild 1b zu sehen ist. Es wird das Modell des „zwangläufigen ebenen Starrkörper-Mechanismus" zu Grunde gelegt. Vereinfacht wirken hier nur wechselnde Trägheitskräfte (kinetische Kräfte und Momente) und das Motormoment, d. h. keine technologischen Kräfte, keine Potenzialkräfte, keine Reibung.

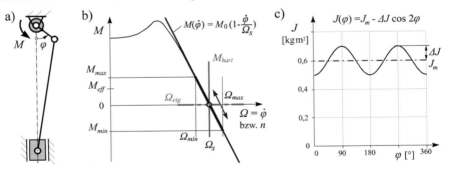

Bild 1: a) Schubkurbel, b) Motorkennlinie, c) reduziertes Massenträgheitsmoment

---

[‡] Autor: Thomas Thümmel, Quelle [34, Aufgabe 10]

Gegeben:

$J_m = 0{,}6\,\mathrm{kg\,m^2}$ mittleres reduziertes Massenträgheitsmoment

$\Delta J = 0{,}1\,\mathrm{kg\,m^2}$ Amplitude des veränderlichen reduzierten Massenträgheitsmomentes

$\Omega_s = 50\,\mathrm{s^{-1}}$ Synchron-Winkelgeschwindigkeit des Motors im Leerlauf ($n_o = 477{,}5\,\mathrm{min^{-1}}$)

$M_0 = 6000\,\mathrm{N\,m}$ Verhältnis von Nennmoment M_N zu Nennschlupf S_N (Ordinatenabschnitt der linearisierten Motorkennlinie)

$\eta = 0{,}75$ Wirkungsgrad des Motors (Leerlauf)

Gesucht:

Es gilt die Annahme schwacher Änderungen von J_{red} und $\dot\varphi$: $\Delta J/J_m \ll 1$ und $\Delta\varphi/\varphi_m \ll 1$.

1) Näherungslösung für die Bewegung $\dot\varphi(\varphi)$

2) Ungleichförmigkeitsgrad δ

3) Effektivwert des Motormomentes M_{eff}

4) Effektivwert der kinetischen Leistung P_{eff}

5) Elektrische Verlustleistung P_V

6) Zahlenwerte zu Punkt 2) bis 5)

7) Trägheitsmoment J_m des Schwungrades für den Ungleichförmigkeitsgrad $\delta = 0{,}04$

Welchen Betrag erreicht die mechanische Blindleistung P_{eff} durch die Schwungradanordnung entsprechend Punkt 7)? Um wieviel Prozent verringert sich die Verlustleistung P_V?

Lösung:

Zu 1):

Den Ausgangspunkt bildet die Bewegungsgleichung des *zwangläufigen ebenen Starrkörper-Mechanismus* mit einem Antrieb gemäß [22, Kapitel 2.4.2.1] in der Form

$$J(\varphi)\,\ddot\varphi + \frac{1}{2} J'(\varphi)\,\dot\varphi^2 = M_{\mathrm{red}}(\varphi,\dot\varphi,t). \qquad (3)$$

Bei Berücksichtigung des Massenträgheitsmomentes nach (1) und des Motormomentes M nach (2) als einziger Anteil in M_{red} ergibt sich die Differentialgleichung

$$(J_m - \Delta J \cos 2\varphi)\,\ddot\varphi + (\Delta J \sin 2\varphi)\,\dot\varphi^2 = M_0\left(1 - \frac{\dot\varphi}{\Omega_s}\right). \qquad (4)$$

2.1 Antriebsleistung und Schwungrad einer Presse

Diese nichtlineare Differentialgleichung mit veränderlichen Koeffizienten lässt sich analytisch nur näherungsweise lösen. Dazu wird der Ansatz

$$\dot{\varphi} = \Omega_s \left(1 + a\,\sin 2\varphi + b\,\cos 2\varphi\right) \tag{5}$$

verwendet, der von der Dominanz der 2. Harmonischen entsprechend $J(\varphi)$ (im Leerlauf) ausgeht. Im Ansatz gilt

$$|a| \ll 1 \quad \text{und} \quad |b| \ll 1, \tag{6}$$

weil die Winkelgeschwindigkeit $\dot{\varphi}$ nur wenig um die Leerlaufdrehzahl schwankt. Aus (5) folgt durch Quadrieren näherungsweise

$$\dot{\varphi}^2 \approx \Omega_s^2 \left(1 + 2a\,\sin 2\varphi + 2b\,\cos 2\varphi\right) \tag{7}$$

und durch Differenzieren

$$\ddot{\varphi} = \Omega_s(2a\,\cos 2\varphi - 2b\,\sin 2\varphi)\,\dot{\varphi} \approx \Omega_s^2(2a\,\cos 2\varphi - 2b\,\sin 2\varphi). \tag{8}$$

Bei den Näherungen werden Terme mit a^2, b^2 und ab wegen ihrer Kleinheit vernachlässigt.

Werden die Ausdrücke von (7) und (8) in (4) eingesetzt, so entsteht

$$2\Omega_s^2 J_m \left(1 - \frac{\Delta J}{J_m}\cos 2\varphi\right)(a\cos 2\varphi - b\sin 2\varphi) +$$
$$+ \Delta J\, \Omega_s^2 \sin 2\varphi(1 + 2a\sin 2\varphi + 2b\cos 2\varphi) \tag{9}$$
$$= M_0[1 - (1 + 2a\sin 2\varphi + 2b\cos 2\varphi)]$$
$$= -M_0(2a\sin 2\varphi + 2b\cos 2\varphi).$$

Es werden die dimensionslosen Kenngrößen

$$\alpha = \frac{M_0}{\Omega_s^2 J_m} \quad \text{und} \quad \beta = \frac{\Delta J}{J_m} \tag{10}$$

eingeführt, welche entsprechend Bild 1 die linearisierte Motorkennlinie und das veränderliche reduzierte Trägheitsmoment charakterisieren. Durch Umordnung der Terme in (9) nach den trigonometrischen Funktionen und Benutzung der Additionstheoreme

$$\sin 4\varphi = 2\sin 2\varphi \cos 2\varphi \quad \text{und} \quad \cos 4\varphi = \cos^2 2\varphi - \sin^2 2\varphi \tag{11}$$

folgt nach kurzer Rechnung

$$0 = (-2b + \beta + \alpha a)\sin 2\varphi + (2a + \alpha b)\cos 2\varphi + 2\beta b\sin 4\varphi - 2\beta a\cos 4\varphi. \tag{12}$$

Die Funktion in (12) enthält linear unabhängige Terme der 2. und 4. Harmonischen und kann nur erfüllt werden, wenn deren Koeffizienten bzw. die Amplituden A_2 und A_4 einzeln verschwinden:

$$A_2 = \sqrt{(-2b + \beta + \alpha a)^2 + (2a + \alpha b)^2} \Rightarrow 0, \tag{13}$$

$$A_4 = 2\beta \sqrt{a^2 + b^2} \Rightarrow 0. \tag{14}$$

Aus der Lösungsmenge sollen a und b bei gegebenen Konstanten α und β ermittelt werden. Eine explizite Lösung zu (12) existiert nicht, weil A_4 nur für $a = 0$ und $b = 0$ verschwinden würde. Als Näherung kann der Quadratmittelwert $Q_m = Q_m(a, b)$ aus A_2 und A_4 minimiert werden:

$$Q_m = A_2^2 + A_4^2 = (-2b + \beta + \alpha a)^2 + (2a + \alpha b)^2 + 4\beta^2(a^2 + b^2) \Rightarrow 0. \tag{15}$$

Durch Nullsetzen der partiellen Ableitungen von Q_m nach a und b:

$$0 = \frac{\partial Q_m}{\partial a} = 2(-2b + \beta + \alpha a)\alpha + 2(2a + \alpha b)2 + 8\beta^2 a, \tag{16}$$

$$0 = \frac{\partial Q_m}{\partial b} = 2(-2b + \beta + \alpha a)(-2) + 2(2a + \alpha b)\alpha + 8\beta^2 b, \tag{17}$$

ergeben sich die beiden gesuchten Größen a und b für $\dot{\varphi}(\varphi)$ nach Ansatz (5):

$$a = \frac{-\alpha\beta}{4 + \alpha^2 + 4\beta^2} \quad \text{und} \quad b = \frac{2\beta}{4 + \alpha^2 + 4\beta^2}. \tag{18}$$

Zu 2):

Der Ungleichförmigkeitsgrad ist entsprechend [22, Kap.2.4.4] definiert durch

$$\delta = \frac{\dot{\varphi}_{\max} - \dot{\varphi}_{\min}}{\dot{\varphi}_{\text{mittel}}} \approx 2 \frac{\dot{\varphi}_{\max} - \dot{\varphi}_{\min}}{\dot{\varphi}_{\max} + \dot{\varphi}_{\min}}. \tag{19}$$

Die Winkelgeschwindigkeit nach (5) besitzt die Extremwerte

$$\dot{\varphi}_{\max} = \Omega_s (1 + \sqrt{a^2 + b^2}) \quad \text{und} \quad \dot{\varphi}_{\min} = \Omega_s (1 - \sqrt{a^2 + b^2}). \tag{20}$$

Mit diesen Ausdrücken folgt der Ungleichförmigkeitsgrad

$$\delta = 2\sqrt{a^2 + b^2}. \tag{21}$$

Das weitere Einsetzen der Lösung für a und b aus (18) und der Abkürzungen aus (10) liefert schließlich den gesuchten Ungleichförmigkeitsgrad

$$\delta = 2\frac{\beta\sqrt{4 + \alpha^2}}{4 + \alpha^2 + 4\beta^2} \approx 2\frac{\beta}{\sqrt{4 + \alpha^2}} = 2\frac{\Delta J\,\Omega_s^2}{\sqrt{4J_m^2\,\Omega_s^4 + M_0^2}}. \tag{22}$$

Diese Beziehung erweitert die Formeln in [22, Kapitel 2.4.4], da dort der Einfluss des Motors durch dessen Drehmoment $M = M(M_0, \Omega_s)$ wie hier mit dem linearen Ansatz nach (2) nicht einbezogen ist.

2.1 Antriebsleistung und Schwungrad einer Presse

Zu 3):

Das Antriebsmoment des Motors ergibt sich nach dem Einsetzen von $\dot{\varphi}$ nach (5) in (2) zu

$$M = M(\varphi) = -M_0 \left(a \sin 2\varphi + b \cos 2\varphi \right) \quad (23)$$

als winkelabhängige Funktion. Deren Effektivwert (über eine Kurbelumdrehung) lautet demzufolge

$$M_{\text{eff}} = \sqrt{\frac{1}{2\pi} \int_0^{2\pi} M(\varphi)^2 \, d\varphi} = \frac{M_0}{\sqrt{2}} \sqrt{a^2 + b^2} \, . \quad (24)$$

Diese Formel lässt sich mit Hilfe von (21) und (22) umformen zu

$$M_{\text{eff}} = \frac{\sqrt{2}}{4} M_0 \, \delta \approx \frac{\sqrt{2}}{2} M_0 \frac{\Delta J \, \Omega_s^2}{\sqrt{4 J_m^2 \, \Omega_s^4 + M_0^2}} \, . \quad (25)$$

Das erforderliche Effektivmoment des Elektromotors sinkt also mit größer werdendem Massenträgheitsmoment J_m, welches durch ein Schwungrad erhöht werden kann. Das erforderliche Effektivmoment entspricht dem Moment M_{kin} wegen der vorausgesetzten alleinigen Wirkung der wechselnden Trägheitskräfte bzw. der kinetischen Energie.

Zu 4):

Mit der Annahme $\dot{\varphi} \approx \Omega_s$ = const folgt die kinetische Leistung $P_{kin} \approx M_{kin} \Omega_s$, deren Effektivwert einer mechanischen Blindleistung entspricht.

Die momentane Antriebsleistung folgt näherungsweise aus (23) ebenfalls als winkelabhängige Funktion

$$P = P(\varphi) = M \dot{\varphi} \approx -M_0 \, \Omega_s (a \sin 2\varphi + b \cos 2\varphi) \, . \quad (26)$$

Für den Effektivwert der Motorleistung gilt damit schließlich

$$P_{\text{eff}} = M_{\text{eff}} \, \Omega_s = \frac{\sqrt{2}}{4} M_0 \, \Omega_s \, \delta \approx \frac{\sqrt{2}}{2} M_0 \Omega_s \frac{\Delta J \, \Omega_s^2}{\sqrt{4 J_m^2 \, \Omega_s^4 + M_0^2}} \, . \quad (27)$$

Das Diagramm im Bild 2 veranschaulicht die hergeleiteten Näherungslösungen für M_{eff} und P_{eff}, wobei die beiden Kurven nach der Normierung identisch sind:

$$\bar{M} = \frac{M_{\text{eff}}}{J_m \Omega_s^2} = \bar{P} = \frac{P_{\text{eff}}}{J_m \Omega_s^3} = \frac{\sqrt{2}}{4} \alpha \, \delta \approx \frac{\sqrt{2}}{2} \frac{\alpha \beta}{\sqrt{4 + \alpha^2}} \, . \quad (28)$$

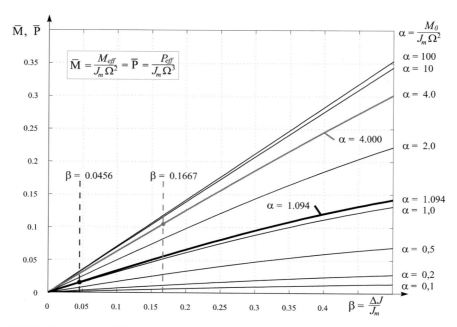

Bild 2: Normierte Effektivwerte von Moment und Leistung in Abhängigkeit von den eingeführten Kenngrößen α und β entsprechend (10)

Zu 5):

Die mechanische Blindleistung muss vom Elektromotor aufgebracht werden, das bedeutet es fließt ein Motorstrom und es treten Verluste auf (Erwärmung), ohne dass nach außen mechanische Arbeit verrichtet wird. Die elektrische Verlustleistung wird durch den Wirkungsgrad η erfasst und folgt aus der mechanischen Blindleistung zu

$$P_V = P_V(P_{\text{eff}}, \eta) = \frac{1-\eta}{\eta} P_{\text{eff}}. \tag{29}$$

Die elektrische Verlustleistung nach (29) entspricht der erforderlichen Antriebsleistung im Leerlauf unter den oben gemachten Annahmen (keine Reibung, keine Berücksichtigung des Eigengewichts der Getriebeglieder). Mehr Details zum Leistungsausgleich sind unter [73, Kap.4] zu finden.

2.1 Antriebsleistung und Schwungrad einer Presse

Zu 6):

Mit den gegebenen Zahlenwerten aus der Aufgabenstellung werden folgende Resultate erreicht:

aus (10): $\quad \alpha = \dfrac{6000}{50^2 \cdot 0{,}6} = 4, \quad \beta = \dfrac{0{,}1}{0{,}6} = 0{,}1667,$

aus (18): $\quad a = \dfrac{-4 \cdot 0{,}1667}{4 + 4^2 + 0{,}1667^2} = -0{,}033\,15,$

$\quad\quad\quad\quad\; b = \dfrac{2 \cdot 0{,}1667}{4 + 4^2 + 0{,}1667^2} = 0{,}016\,58,$

aus (21): $\quad \underline{\underline{\delta = 2\sqrt{a^2 + b^2} = 0{,}074\,12,}}$

aus (25): $\quad \underline{\underline{M_{\text{eff}} = \dfrac{\sqrt{2}}{4} M_0 \delta = 157{,}2\,\text{N\,m},}}$

aus (27): $\quad \underline{\underline{P_{\text{eff}} = M_{\text{eff}}\, \Omega_s = 157{,}2 \cdot 50 = 7{,}862\,\text{kW},}}$

aus (29): $\quad \underline{\underline{P_V = \dfrac{1-\eta}{\eta} P_{\text{eff}} = \dfrac{1-0{,}75}{0{,}75} \cdot 7{,}862\,\text{kW} = 2{,}621\,\text{kW}.}}$

Bild 2 veranschaulicht die spezielle Parameterkombination mit der Kurve $\alpha = 4{,}0$ und hilft bei der folgenden Schwungradauslegung.

Zu 7):

Der Ungleichförmigkeitsgrad δ hängt gemäß (21) auch von J_m ab. Durch Umstellung dieser Formel kann für die Schwungraddimensionierung das mittlere reduzierte Massenträgheitsmoment als Funktion des Ungleichförmigkeitsgrades ausgedrückt werden:

$$J_m = \Delta J \sqrt{\dfrac{1}{\delta^2} - \dfrac{M_0^2}{4\Delta J^2\, \Omega_s^4}} = \Delta J \sqrt{\dfrac{1}{8}\dfrac{M_0^2}{M_{\text{eff}}^2} - \dfrac{M_0^2}{4\Delta J^2\, \Omega_s^4}}. \qquad (30)$$

Damit kann die Größe des Schwungrades abgeschätzt werden, wenn bei einer gegebenen Motorkennlinie (M_0, Ω_s) und gegebener Trägheitsmomentenschwankung ΔJ ein geforderter Ungleichförmigkeitsgrad δ oder ein einzuhaltendes Effektivmoment M_{eff} verwirklicht werden soll.

Nach Einsetzen der Zahlenwerte liefert (30) für den in der Aufgabenstellung geforderten Wert $\delta = 0{,}04$ einen Mittelwert von

$$\underline{\underline{J_m = 0{,}1\, \sqrt{\dfrac{1}{0{,}04^2} - \dfrac{6000}{4 \cdot 0{,}1^2 \cdot 50^4}} = 2{,}193\,\text{kg\,m}^2.}} \qquad (31)$$

Bild 3 veranschaulicht den Einfluss des Schwungrades auf die Verläufe des reduzierten Massenträgheitsmomentes, des Motormomentes und die Schwankung der Winkelgeschwindigkeit (Drehzahl) während einer Kurbelumdrehung.

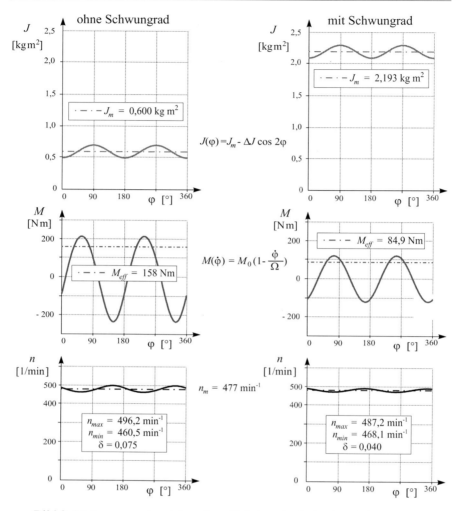

Bild 3: Motormoment und J_{red} ohne (links) und mit (rechts) Schwungrad

Interessant ist auch der Vergleich mit dem ursprünglichen vorgeschriebenen Wert von $J_m^o = 0{,}6\,\text{kg}\,\text{m}^2$ und dem sich hierfür ergebenden Ungleichförmigkeitsgrad von $\delta^o = 0{,}0741$. Erwartungsgemäß bewirkt das größere mittlere Massenträgheitsmoment den geringeren Ungleichförmigkeitsgrad $\delta = 0{,}04$.

An Hand der normierten Darstellung von Bild 2 können mögliche Parameteränderungen bewertet werden. Das Bild enthält neben der Kurve für $\alpha = 4{,}0$ bzw. $J_m^o = 0{,}6\,\text{kg}\,\text{m}^2$ auch eine Kurve für $\alpha = 1{,}094$, welche der Variante mit Schwungrad ($J_m = 2{,}193\,\text{kg}\,\text{m}^2$) entspricht.

Die mechanische Blindleistung bzw. der Effektivwert der Motorleistung erreicht mit

2.1 Antriebsleistung und Schwungrad einer Presse

dem neuen Schwungrad entsprechend (27) den Betrag von

$$P_{\text{eff}} = \frac{\sqrt{2}}{4} M_0 \, \Omega_s \, \delta = \frac{\sqrt{2}}{4} 6000 \cdot 50 \cdot 0{,}4 = 4{,}2423 \, \text{kW} \,. \tag{32}$$

Die elektrische Verlustleistung beträgt dann mit $\eta = 0{,}75$ gemäß (29)

$$P_V = 1{,}414 \, \text{kW} \,. \tag{33}$$

Der Vergleich mit dem ursprünglichen Wert von $P_V^o = 2{,}621$ kW ergibt eine Reduktion auf 54 % und zeigt, dass bei dem größeren Massenträgheitsmoment eine geringere Antriebsleistung (kleinerer Motor) benötigt wird.

Im Allgemeinen lässt sich durch ein Schwungrad das mittlere Massenträgheitsmoment eines Mechanismus erhöhen und damit die mechanische Blindleistung und die elektrische Verlustleistung reduzieren. Da das Schwungrad nicht unbegrenzt groß werden kann und das Anlauf- und Bremsverhalten der Maschine beachtet werden muss, ist durch den Konstrukteur ein sinnvoller Kompromiss zu schließen.

Weiterführende Literatur

[73] VDI-Richtlinie 2149: *Getriebedynamik, Blatt 1 - Starrkörper-Mechanismen*. Beuth Verlag. 2008.

2.2 Massenkräfte und Massenausgleich an einem Luftverdichter

Kolbenmaschinen wirken oft mit erheblichen Massenkräften auf den Boden. Diese können durch Massenausgleich verringert werden. Durch diese Maßnahme des primären Vibrationsschutzes kann erheblicher Aufwand beim späteren sekundären Vibrationsschutz (Schwingungsisolation) gespart werden. ‡

Für einen zweistufigen Kolbenverdichter in V-Anordnung nach Bild 1 sind die auf das Fundament wirkenden Massenkräfte zu bestimmen. Die Auswirkung einer zusätzlichen Gegenunwucht an der Kurbelwelle auf die resultierenden vertikalen und horizontalen Bodenkräfte soll untersucht werden.

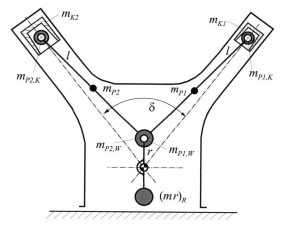

Bild 1: Vereinfachte Darstellung eines Luftverdichters

Gegeben:

r	$= 80\,\text{mm}$	Kurbelradius
l	$= 400\,\text{mm}$	Pleuellänge
λ	$= 1/5 = 0{,}2$	relative Kurbellänge $\lambda = r/l$ (Schubstangenverhältnis)
n	$= 950\,\text{min}^{-1}$	Drehzahl der Kurbelwelle ($\Omega = 99{,}484\,\text{s}^{-1}$)
m_1	$= 4{,}95\,\text{kg}$	Masse des 1. Kolbens ($m_1 = m_{K1} + m_{P1,K}$)
m_2	$= 22{,}50\,\text{kg}$	Masse des 2. Kolbens ($m_2 = m_{K2} + m_{P2,K}$)
μ	$= 0{,}22$	Massenverhältnis ($\mu = m_1/m_2$)
δ	$= 75°$	V-Winkel des Zylinders (symmetrisch zur Vertikalen)

Für das physikalische Modell wird vorab die Trägheitswirkung jedes Pleuels (m_P und J_{SP}) durch jeweils zwei Punktmassen ersetzt, die dem Kolben als $m_{P,K}$ und der

---
‡ Autor: Thomas Thümmel, Quelle [34, Aufgabe 11]

2.2 Massenkräfte und Massenausgleich an einem Luftverdichter

Kurbelwellenkröpfung als $m_{P,W}$ zugeschlagen werden. Ergänzende Hinweise dazu gibt [22, Aufg. 2.6].

Durch eine Gegenunwucht $(mr)_R$ an der Kurbelwelle werden die der Kurbelwellenkröpfung zugeschlagenen Punktmassen ($m_{P1,W}$, $m_{P2,W}$) sowie die Masse der Kurbelwelle ausgeglichen (Bild 1). Die Kurbelwelle einschließlich Massenzuschlag von jedem Pleuel erzeugt dadurch keine trägheitsbedingten Lagerkräfte (sondern höchstens Lagerkräfte durch ihr Eigengewicht). Das entspricht einer idealen Auswuchtung der Kurbelwelle (mit $m_{P1,W}$, $m_{P2,W}$). Der Ausgleich der restlichen Massen (Masse der Kolben einschließlich Zuschlag vom Pleuel) kann deshalb mit den wenigen gegebenen Größen (ohne $(mr)_R$) und dem physikalischen Modell im Bild 2 durchgeführt werden.

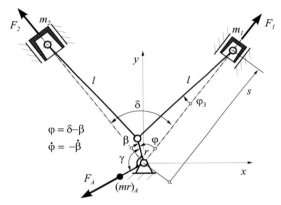

Bild 2: Physikalisches Modell des Verdichters für den Massenausgleich

Allgemein wird das Modell des *zwangläufigen ebenen Starrkörper-Mechanismus* zu Grunde gelegt. Es werden nur Massenkräfte und keine Verdichterkräfte berücksichtigt (Leerlauf), welche als innere Kräfte paarweise auftreten und sich ohnehin innerhalb des Gehäuses kompensieren würden. Die Winkelgeschwindigkeit Ω wird als konstant über die Kurbelumdrehung angenommen.

Gesucht:

Es sollen die resultierenden freien Massenkräfte der Kolben F_1 und F_2 berechnet werden. Die daraus resultierende Kraft ist in ihre horizontale bzw. vertikale Komponente F_x bzw. F_y zu zerlegen und als FOURIER-Reihe bis zur 2. Harmonischen bzw. bis zur 2. Erregerordnung (1. EO und 2. EO) zu beschreiben.

Anschließend sollen die Kräfte F_{Ax} und F_{Ay} infolge der Zusatzunwucht $(mr)_A$ formuliert werden. Zum vollständigen Ausgleich der ersten Harmonischen der Bodenkraft in vertikaler Richtung sind die Bedingungen für die Auslegungsgrößen $(mr)_A$ und γ anzugeben. Als Teilschritte sind im Detail zu bestimmen:

1) Schubweg $s(\varphi)$ und Beschleunigung $\ddot{s}(\varphi)$ für den ersten Kolben in allgemeiner Form
2) Freie Massenkräfte F_1 und F_2 und deren Resultierende, beschrieben durch die Komponenten F_x bzw. F_y in Abhängigkeit von den gegebenen Größen (δ, λ, μ)
3) Betrag und Phase der ersten und zweiten Harmonischen der resultierenden Bodenkräfte F_x bzw. F_y und die entsprechenden Zahlenwerte
4) Zusätzliche Unwucht $(mr)_A$ und deren Versetzungswinkel γ (auch Zahlenwerte) für die Bedingung, dass die erste Harmonische der (durch Massenkräfte verursachten) vertikalen Bodenkraft ausgeglichen ist
5) Die nach dem Ausgleich der vertikalen Bodenkraft verbleibende Kraft in horizontaler Richtung und dazu die Zahlenwerte
6) Bewertung der Maßnahme des Massenkraftausgleiches in seiner Gesamtwirkung auf die resultierende Bodenkraft hinsichtlich horizontaler und vertikaler Anteile und in Bezug auf deren Erregerordnungen

Lösung:

Zu 1):

Den Ausgangspunkt bildet die geometrische Zwangsbedingung mit dem Schubweg s und den Größen entsprechend Bild 2 in der Form

$$s(\varphi, \varphi_3) = r\cos\varphi + l\cos\varphi_3 . \tag{1}$$

Mit der weiteren Zwangsbedingung $\sin\varphi_3 = \frac{r}{l}\sin\varphi = \lambda \sin\varphi$ für den Winkel φ_3 und somit

$$\cos\varphi_3 = \sqrt{1 - \sin^2\varphi_3} = \sqrt{1 - \lambda^2 \sin^2\varphi} \tag{2}$$

ergibt sich die nur noch von φ abhängige Lagefunktion

$$s(\varphi) = r\cos\varphi + l\sqrt{1 - \lambda^2 \sin^2\varphi} . \tag{3}$$

Mit der TAYLOR-Reihe

$$\sqrt{1-x^2} \approx 1 - \frac{1}{2}x^2 - \frac{1}{8}x^4 - \ldots \tag{4}$$

für kleine Größen x bzw. bei kleiner relativer Kurbellänge ($\lambda^2 \ll 1$) und mit der weiteren Substitution $\sin^2\varphi = \frac{1}{2}(1 - \cos 2\varphi)$ folgt schließlich die Näherung für den Schubweg s durch eine FOURIER-Reihe bis zur 2. Harmonischen [22, Tab.1 Kap.2.4.7 und Kap.2.6.5], [73, Kap.4.2 und Beispiel 9]:

$$s(\varphi) \approx r\left(\frac{1}{\lambda} - \frac{1}{4}\lambda + \cos\varphi + \frac{1}{4}\lambda\cos 2\varphi\right) . \tag{5}$$

2.2 Massenkräfte und Massenausgleich an einem Luftverdichter

Für die gesuchte Trägheitskraft F_1 des Kolbens wird die Kolbenbeschleunigung benötigt, diese folgt aus (5) mit den folgenden Schritten:

$$s' = -r \sin\varphi - \frac{1}{2} r \lambda \sin 2\varphi = \frac{\partial s}{\partial \varphi}, \tag{6}$$

$$s'' = -r \cos\varphi - \lambda r \cos 2\varphi \tag{7}$$

und wegen $\dot{\varphi} = \Omega = $ const. gelten $\dot{s} = s'\,\Omega$ und $\ddot{s} = s''\,\Omega^2$ und damit [22, A 2.11]

$$\underline{\underline{\ddot{s} = -r\,\Omega^2\,(\cos\varphi + \lambda\,\cos 2\varphi)}}. \tag{8}$$

Zu 2):

Die Trägheitskraft F_1 des Kolbens lautet damit

$$F_1(\varphi) = -m_1 \ddot{s} = m_1\, r\, \Omega^2\, (\cos\varphi + \lambda \cos 2\varphi). \tag{9}$$

In analoger Weise lässt sich unter Verwendung des Kurbelwinkels $\beta = \delta - \varphi$ die Trägheitskraft des zweiten Kolbens angeben:

$$F_2(\beta) = m_2\, r\, \Omega^2\, (\cos\beta + \lambda \cos 2\beta). \tag{10}$$

Die resultierenden Trägheitskräfte werden in x- und y-Richtung zusammengefasst:

$$F_x = (F_1 - F_2) \sin\frac{\delta}{2}, \quad F_y = (F_1 + F_2) \cos\frac{\delta}{2}. \tag{11}$$

Mit der Winkelbeziehung für den Kosinus von β

$$\cos\beta = \cos(\delta - \varphi) = \cos\delta \cos\varphi + \sin\delta \sin\varphi \tag{12}$$

und den Kräften F_1 aus (9), F_2 aus (10) folgt für die resultierenden Trägheitskräfte

$$F_x = r\,\Omega^2 \sin\tfrac{\delta}{2} \Big\{ m_1(\cos\varphi + \lambda \cos 2\varphi) - m_2(\cos\delta \cos\varphi + \sin\delta \sin\varphi) \\ - m_2\lambda\,(\cos 2\delta \cos 2\varphi + \sin 2\delta \sin 2\varphi) \Big\}, \tag{13}$$

$$F_y = r\,\Omega^2 \cos\tfrac{\delta}{2} \Big\{ m_1(\cos\varphi + \lambda \cos 2\varphi) + m_2(\cos\delta \cos\varphi + \sin\delta \sin\varphi) \\ + m_2\lambda\,(\cos 2\delta \cos 2\varphi + \sin 2\delta \sin 2\varphi) \Big\}. \tag{14}$$

Diese Trägheitskräfte hängen nur noch von der Minimalkoordinate φ und den gegebenen Größen ab. Die Formeln (13) und (14) können noch vereinfacht und umsortiert werden, damit die Koeffizienten der ersten und zweiten Harmonischen separiert sind.

Zusätzlich wird das Massenverhältnis $\mu = m_1/m_2$ eingeführt.

$$\frac{F_x}{m_2 r \Omega^2} = \sin\frac{\delta}{2}\Big\{(\mu - \cos\delta)\cos\varphi - \sin\delta\sin\varphi$$
$$+ (\lambda\mu - \lambda\cos 2\delta)\cos 2\varphi - \lambda\sin 2\delta\sin 2\varphi\Big\} \qquad (15)$$

$$\frac{F_y}{m_2 r \Omega^2} = \cos\frac{\delta}{2}\Big\{(\mu + \cos\delta)\cos\varphi + \sin\delta\sin\varphi$$
$$+ (\lambda\mu + \lambda\cos 2\delta)\cos 2\varphi + \lambda\sin 2\delta\sin 2\varphi\Big\} \qquad (16)$$

Zu 3):

Die in den Gleichungen (15) bzw. (16) angegebenen Kräfte haben die Form einer FOURIER-Reihe mit den Koeffizienten A_k bzw. B_k für den Cosinus- bzw. Sinusanteil. Diese werden wie folgt zusammengefasst:

$$x_k(t) = C_k \sin(k\Omega t + \alpha_k) = A_k \cos k\Omega t + B_k \sin k\Omega t, \qquad (17)$$

$$C_k = \sqrt{A_k^2 + B_k^2} \quad \text{und} \quad \tan\alpha_k = \frac{A_k}{B_k}. \qquad (18)$$

Mit den gegebenen Zahlenwerten $\delta = 75°$, $\mu = 0{,}22$ und $\lambda = 0{,}2$ folgt aus den Gleichungen (15) bzw. (16)

$$\frac{F_x}{m_2 r \Omega^2} = -0{,}0236\cos\varphi - 0{,}5880\sin\varphi + 0{,}1322\cos 2\varphi - 0{,}0609\sin 2\varphi, \qquad (19)$$

$$\frac{F_y}{m_2 r \Omega^2} = 0{,}3799\cos\varphi + 0{,}7663\sin\varphi - 0{,}1025\cos 2\varphi + 0{,}0793\sin 2\varphi \qquad (20)$$

oder

$$\frac{F_x}{m_2 r \Omega^2} = -0{,}5885\sin(\varphi + 2{,}3°) + 0{,}1456\sin(2\varphi + 114{,}7°), \qquad (21)$$

$$\frac{F_y}{m_2 r \Omega^2} = 0{,}8553\sin(\varphi + 26{,}4°) + 0{,}1296\sin(2\varphi - 52{,}3°). \qquad (22)$$

Die erste Harmonische besitzt damit die Beträge $|F_x| = 10{,}484$ kN und $|F_y| = 15{,}237$ kN.

Zu 4):

Die mit der Kurbel verbundene Ausgleichsmasse der Unwucht $(m\,r)_A$ erzeugt eine Fliehkraft mit den Komponenten

$$F_{Ax} = (m \cdot r)_A\, \Omega^2\, \cos\left(\varphi + \gamma + \frac{\pi}{2} - \frac{\delta}{2}\right), \qquad (23)$$

$$F_{Ay} = (m \cdot r)_A\, \Omega^2\, \sin\left(\varphi + \gamma + \frac{\pi}{2} - \frac{\delta}{2}\right). \qquad (24)$$

2.2 Massenkräfte und Massenausgleich an einem Luftverdichter

Mit Additionstheoremen und der Substitution

$$\varepsilon = \gamma + \frac{\pi}{2} - \frac{\delta}{2} \tag{25}$$

folgt

$$F_{Ax} = (m \cdot r)_A \, \Omega^2 (\cos\varepsilon \cos\varphi - \sin\varepsilon \sin\varphi), \tag{26}$$

$$F_{Ay} = (m \cdot r)_A \, \Omega^2 (\sin\varepsilon \cos\varphi + \cos\varepsilon \sin\varphi). \tag{27}$$

Die vertikalen Trägheitskräfte an den Kolben lassen sich durch die Unwucht $(m\,r)_A$ nur in der ersten Harmonischen ausgleichen, denn F_{Ay} erzeugt als Fliehkraft um die Kurbelwelle nur eine 1. Harmonische. Dafür muss die folgende Bedingung gelten:

$$F_{Ay} + F_y \Rightarrow 0 \quad \text{(nur Ausgleich der 1. Harmonischen)}, \tag{28}$$

$$\begin{aligned} F_{Ay} + F_y &= (m \cdot r)_A \, \Omega^2 \, (\sin\varepsilon \cos\varphi + \cos\varepsilon \sin\varphi) \\ &\quad + m_2 \, r \, \Omega^2 \cos\frac{\delta}{2} \left[(\mu + \cos\delta) \cos\varphi + \sin\delta \sin\varphi \right] \\ &\quad + m_2 \, r \, \Omega^2 \cos\frac{\delta}{2} \left[(\lambda\mu + \lambda \cos 2\delta) \cos 2\varphi + \lambda \sin 2\delta \sin 2\varphi \right]. \end{aligned} \tag{29}$$

Durch Koeffizientenvergleich der 1. Harmonischen ergibt sich

$$\frac{(m \cdot r)_A}{m_2 \, r} \sin\varepsilon = -\cos\frac{\delta}{2} (\mu + \cos\delta), \tag{30}$$

$$\frac{(m \cdot r)_A}{m_2 \, r} \cos\varepsilon = -\cos\frac{\delta}{2} \sin\delta \tag{31}$$

und mit den Zahlenwerten $\delta = 75°$ und $\mu = 0{,}22$ folgt

$$\underline{\tan\varepsilon = \frac{\mu + \cos\delta}{\sin\delta}} = 0{,}4957 \;\to\; \varepsilon = 206{,}37° \;\to\; \underline{\gamma = 153{,}9°}, \tag{32}$$

$$\underline{(m \cdot r)_A = \cos\frac{\delta}{2} \sin\delta \, m_2 \, r \, \frac{1}{\cos\varepsilon}} = 0{,}8553 \, m_2 \, r = \underline{1539{,}5 \, \text{kg mm}}. \tag{33}$$

Zu 5):

Nach dem Ausgleich der 1. Harmonischen der vertikalen Bodenkraft durch die mit der Kurbel verbundene Ausgleichsmasse der Unwucht $(m\,r)_A$ wird die Auswirkung auf die horizontale Schwingungserregung berechnet:

$$\begin{aligned} F_{Ax} + F_x &= (m \cdot r)_A \, \Omega^2 \, (\cos\varepsilon \cos\varphi - \sin\varepsilon \sin\varphi) \\ &\quad + m_2 \, r \, \Omega^2 \sin\frac{\delta}{2} \left((\mu - \cos\delta) \cos\varphi - \sin\delta \sin\varphi \right) \\ &\quad + m_2 \, r \, \Omega^2 \cos\frac{\delta}{2} \left[(\lambda\mu - \lambda \cos 2\delta) \cos 2\varphi - \lambda \sin 2\delta \sin 2\varphi \right], \end{aligned} \tag{34}$$

$$F_{x,\text{ges}} = \left[(m \cdot r)_A \Omega^2 \cos \varepsilon + m_2 r \Omega^2 \sin \frac{\delta}{2} (\mu - \cos \delta)\right] \cos \varphi$$
$$- \left[(m \cdot r)_A \Omega^2 \sin \varepsilon + m_2 r \Omega^2 \sin \frac{\delta}{2} \sin \delta\right] \sin \varphi \qquad (35)$$
$$+ m_2 r \Omega^2 \cos \frac{\delta}{2} [(\lambda \mu - \lambda \cos 2\delta) \cos 2\varphi - \lambda \sin 2\delta \sin 2\varphi] .$$

Mit Zahlenwerten beträgt die erste Harmonische der resultierenden Bodenkraft

$$\frac{F_{x,\text{ges}}}{m_2 r \Omega^2} = -0{,}7900 \cos \varphi - 0{,}2081 \sin \varphi = \underline{0{,}8169 \sin(\varphi + 75{,}24°)} . \qquad (36)$$

Die erste Harmonische der horizontalen Kraft erlangt damit nach dem Ausgleich $|F_y| = 0$ den Betrag $|F_x| = 14{,}553$ kN gegenüber $|F_x| = 10{,}484$ kN ohne den Massenausgleich.

Zu 6):

Der Ausgleich der ersten Harmonischen der vertikalen Bodenkraft durch die Unwucht $(m\,r)_A$ führt entsprechend (36) auf eine deutlich erhöhte horizontale Bodenkraft und damit Schwingungserregung in horizontaler Richtung. Gegenüber dem Ausgangszustand nach (21) steigt die erste Harmonische der horizontalen Bodenkraft auf 138,8 % an.

Die zweite Harmonische der vertikalen Bodenkraft lässt sich durch die zusätzliche Unwucht $(m\,r)_A$ an der Kurbelwelle nicht beeinflussen.

Für einen optimalen primären Vibrationsschutz ist unbedingt die Gesamtheit der resultierenden Kraftwirkungen des Verdichters auf den Boden zu beachten. Der Ausgleich in einer Richtung kann in der dazu orthogonalen Richtung die resultierende Kraft erhöhen. Bei einer praktischen Realisierung des Massenausgleiches sollte außerdem die Erhöhung einzelner innerer Gelenkkräfte infolge der Zusatzmassen kontrolliert werden. Ergänzende Hinweise und Beispiele liefern [22, A2.11] und [73, Tab. 4].

Weiterführende Literatur

[73] VDI-Richtlinie 2149: *Getriebedynamik, Blatt 1 - Starrkörper-Mechanismen.* Beuth Verlag. 2008.

2.3 Massenausgleich bei einer Schneidemaschine

Schneidemaschinen werden z. B. zum Beschneiden polygrafischer Erzeugnisse benötigt. Die erforderliche Messerbewegung wird dabei meist über Kurbelmechanismen erzeugt, deren massebehaftete Glieder (einschließlich Messer) veränderliche Gestellkräfte hervorrufen, die den technologischen Ablauf infolge Schwingungsanregung erheblich stören können. Mit Maßnahmen zum Massenausgleich lassen sich diese Einflüsse oft deutlich reduzieren. [‡]

Im Vorfeld geplanter Drehzahlsteigerungen erfolgten Beschleunigungsmessungen am Maschinengestell. Diese zeigten, dass vor allem die erste Harmonische der vertikalen Gestellkraft eine Hauptursache der störenden Gestellschwingungen darstellte. Zum Ausgleich dieser Anregungskraft soll an der Kurbelwelle eine Ausgleichsmasse m_A in Form eines Kreisringabschnitts aus Weißmetall angebracht werden, deren Größe und Winkellage zu bestimmen ist. Bild 1 zeigt das kinematische Schema des Messerantriebs der Maschine. Alle Getriebeglieder bewegen sich in zueinander parallelen Ebenen, so dass der Messerantrieb als ebene Kurbelschwinge behandelt werden kann. Da die Länge der Schwinge wesentlich größer als der Kurbelradius ist ($l_4 \gg l_2$), kann vereinfachend angenommen werden, dass sich der Schwerpunkt von Schwinge und Messer, der sich im Gelenk (3,4) befindet, auf einer Geraden bewegt (gemittelte Tangente an den Kreis mit Radius l_4). Vorausgesetzt wird weiterhin eine konstante Antriebswinkelgeschwindigkeit $\dot{\varphi}_2 = \Omega$ der Kurbel.

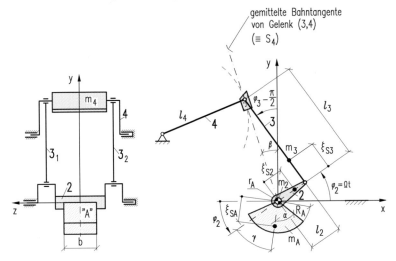

Bild 1: Kinematisches Schema des Mechanismus

[‡] Autor: Ludwig Rockhausen, Quelle [34, Aufgabe 12]

Gegeben:

$l_2 = 50$ mm
$l_3 = 750$ mm $\Big\}$ Längen von Kurbel und Koppel

$\xi_{S_2} = 33{,}4$ mm
$\xi_{S_3} = 252$ mm $\Big\}$ Schwerpunktkoordinaten von Kurbel und Koppel

$\beta = \pi/12 (\hat{=} 15°)$ Winkel zwischen y-Achse und mittlerer Bahntangente des Messers m_4

$m_2 = 16{,}3$ kg Masse der Kurbelwelle

$m_3 = 36{,}7$ kg Masse beider Koppeln ($m_3 = m_{31} + m_{32}$)

$m_4 = 56{,}3$ kg Masse des Messers

$r_A = 23$ mm
$b = 300$ mm $\Big\}$ Innenradius und Dicke der Ausgleichsmasse

$\rho_A = 9800$ kg/m^3 Dichte von Weißmetall

$R_{A\max} = 150$ mm maximaler Außenradius der Ausgleichsmasse

$\Omega \sim n = 300$ min^{-1} Antriebswinkelgeschwindigkeit der Kurbel

Gesucht:

1) Schubweg s des Gelenks (3,4)
   Hinweis: Zweckmäßigerweise sind die Schwerpunktkoordinaten x_{S_i} und y_{S_i} ($i = 2, 3, 4, A$) als weitere Lagekoordinaten einzuführen.

2) Darstellung der Schwerpunktkoordinaten in Form von FOURIER-Reihe; Bestimmung der FOURIER-Koeffizienten

3) Gestellkraftkomponenten $F_x(\varphi_2)$ und $F_y(\varphi_2)$ unter Berücksichtigung der Ausgleichsmasse m_A in FOURIER-Reihe-Darstellung

4) Ausgleichsbedingungen dafür, dass die 1. Harmonische von F_y verschwindet

5) Parameterwerte der Ausgleichsmasse: $m_A, \xi_{SA}, \gamma, \alpha, R_A$

6) Auf $m_4 l_2 \Omega^2$ bezogene Gestellkraftverläufe (grafische Darstellung für 2 Umdrehungen) ohne und mit Ausgleichsmasse im Vergleich; Maximalwerte der Kraftkomponenten bei der gegebenen Drehzahl

Lösung:

<u>Zu 1):</u>

Gemäß Bild 2 werden die 12 Lagekoordinaten $\varphi_2, \varphi_3, \kappa, s, x_{S_i}$ und y_{S_i} ($i = 2, 3, 4, A$) eingeführt, d. h. es sind 11 Zwangsbedingungen zu formulieren:

$$x_{S_2} = \xi_{S_2} \cos\varphi_2, \quad y_{S_2} = \xi_{S_2} \sin\varphi_2, \tag{1}$$

$$x_{S_3} = l_2 \cos\varphi_2 + \xi_{S_3} \cos(\varphi_3), \quad y_{S_3} = l_2 \sin\varphi_2 + \xi_{S_3} \sin(\varphi_3), \tag{2}$$

2.3 Massenausgleich bei einer Schneidemaschine

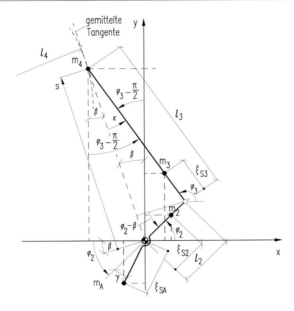

Bild 2: Definition der Koordinaten

$$x_{S_4} = -s \sin\beta, \quad y_{S_4} = s \cos\beta, \tag{3}$$

$$s = l_2 \sin(\varphi_2 - \beta) + l_3 \cos\kappa, \tag{4}$$

$$l_3 \sin\kappa = l_2 \cos(\varphi_2 - \beta), \tag{5}$$

$$\kappa + \beta = \varphi_3 - \pi/2, \tag{6}$$

$$\left.\begin{array}{l} x_{SA} = -\xi_{SA} \cos(\varphi_2 + \gamma) = -\xi_{SA}(\cos\gamma\cos\varphi_2 - \sin\gamma\sin\varphi_2), \\ y_{SA} = -\xi_{SA} \sin(\varphi_2 + \gamma) = -\xi_{SA}(\sin\gamma\cos\varphi_2 + \cos\gamma\sin\varphi_2). \end{array}\right\} \tag{7}$$

Die Beziehungen (1) und (7) geben bereits explizit die Abhängigkeit vom Kurbelwinkel φ_2 (generalisierte Koordinate) wieder.

Um die restlichen 7 Lagekoordinaten als Funktion von φ_2 zu ermitteln, wird von (5) ausgegangen:

$$\sin\kappa = \frac{l_2}{l_3} \cos(\varphi_2 - \beta) = \lambda \cos(\varphi_2 - \beta); \quad \lambda = \frac{l_2}{l_3} = \frac{1}{15}. \tag{8}$$

Wegen $|\kappa| < \frac{\pi}{2}$ (d. h. $\cos\kappa > 0$) folgt daraus (*Pythagoras*)

$$\cos\kappa = +\sqrt{1 - \sin^2\kappa} = \sqrt{1 - \lambda^2 \cos^2(\varphi_2 - \beta)}. \tag{9}$$

Mit (6) und Additionstheoremen für Winkelsummen ergibt sich aus (2)

$$\left.\begin{array}{l} x_{S_3} = l_2\left(\cos\varphi_2 - \dfrac{\xi_{S_3}}{l_2}(\sin\kappa\cos\beta + \cos\kappa\sin\beta)\right), \\ y_{S_3} = l_2\left(\sin\varphi_2 + \dfrac{\xi_{S_3}}{l_2}(\cos\kappa\cos\beta - \sin\kappa\sin\beta)\right). \end{array}\right\} \tag{10}$$

Hierbei sind $\cos\kappa$ und $\sin\kappa$ aus (8) und (9) als Funktion von φ_2 bekannt.

Mit (9) ist auch der *Schubweg* $s(\varphi_2)$ gemäß (4) berechenbar:

$$s = l_2\left(\sin(\varphi_2 - \beta) + \frac{1}{\lambda}\sqrt{1 - \lambda^2\cos^2(\varphi_2 - \beta)}\right). \tag{11}$$

Einsetzen in (3) liefert dann $x_{S_4}(\varphi_2)$ und $y_{S_4}(\varphi_2)$.

Damit sind alle Lagekoordinaten durch die generalisierte Koordinate φ_2 eindeutig beschrieben.

Zu 2):

Um den Ausgleich einzelner Harmonischer der Gestellkräfte vornehmen zu können, ist eine Darstellung der periodischen Abhängigkeiten (insbesondere die der Schwerpunktkoordinaten) mittels FOURIER-Reihe erforderlich. Wegen $\varphi_2 = \Omega t$ kann hier die Reihenentwicklung bezüglich des Kurbelwinkels φ_2 erfolgen (was für $\dot\varphi_2 \neq$ const nicht zum Ziel führen würde).

Da die Schwerpunktkoordinaten der einzelnen Getriebeglieder 2π-periodische Funktionen sind, gilt für ihre Darstellung als FOURIER-Reihe mit $i = 2, 3, 4, A$ (vgl. Abschn. 1.5 in [22])

$$x_{S_i}(\varphi_2) = l_2 \sum_{k=0}^{\infty}(a_{xik}\cos k\varphi_2 + b_{xik}\sin k\varphi_2), \tag{12}$$

$$y_{S_i}(\varphi_2) = l_2 \sum_{k=0}^{\infty}(a_{yik}\cos k\varphi_2 + b_{yik}\sin k\varphi_2). \tag{13}$$

Die Summanden für $k = 0$ stellen die arithmetischen Mittelwerte der Funktionen dar, die jedoch beim Differenzieren (es werden bei den Kräften die Beschleunigungen benötigt!) wegfallen und daher nicht weiter gebraucht werden.

Die FOURIER-Koeffizienten für $k \geq 1$ werden durch numerische Integration über eine Periode bestimmt:

$$a_{xik} = \frac{1}{\pi}\int_0^{2\pi}\frac{x_{S_i}(\varphi_2)}{l_2}\cos k\varphi_2\,\mathrm{d}\varphi_2, \quad b_{xik} = \frac{1}{\pi}\int_0^{2\pi}\frac{x_{S_i}(\varphi_2)}{l_2}\sin k\varphi_2\,\mathrm{d}\varphi_2,$$

$$a_{yik} = \frac{1}{\pi}\int_0^{2\pi}\frac{y_{S_i}(\varphi_2)}{l_2}\cos k\varphi_2\,\mathrm{d}\varphi_2, \quad b_{yik} = \frac{1}{\pi}\int_0^{2\pi}\frac{y_{S_i}(\varphi_2)}{l_2}\sin k\varphi_2\,\mathrm{d}\varphi_2. \tag{14}$$

Für die konkrete Auswertung dieser Integrale wird mathematische Software (z. B. Matlab) genutzt. Praktisch braucht diese Berechnung lediglich für $i = 3$ und $i = 4$ durchgeführt zu werden, da die Schwerpunktkoordinaten von Kurbel und Ausgleichsmasse nur die erste Harmonische ($k = 1$) aufweisen, vgl. (1) und (7). Da aber ξ_{SA}

2.3 Massenausgleich bei einer Schneidemaschine

und γ noch unbekannt sind, können die numerischen Werte für die Ausgleichsmasse noch nicht angegeben werden.

Es ergibt sich z. B. für $k = 1$ bis $k = 4$

$$a_{yik} \approx \begin{bmatrix} -0{,}084 & 4{,}96 \cdot 10^{-3} & 0 & -7{,}54 \cdot 10^{-7} \\ -0{,}25 & -0{,}014 & 0 & -2{,}24 \cdot 10^{-6} \end{bmatrix} \begin{matrix} i = 3 \\ i = 4 \end{matrix} , \qquad (15)$$

$$b_{yik} \approx \begin{bmatrix} 0{,}9775 & -2{,}708 \cdot 10^{-4} & 0 & -1{,}306 \cdot 10^{-6} \\ 0{,}9330 & -8{,}058 \cdot 10^{-3} & 0 & -3{,}886 \cdot 10^{-6} \end{bmatrix} \begin{matrix} i = 3 \\ i = 4 \end{matrix} . \qquad (16)$$

Entsprechend der zweiten Gleichung von (1) ist $b_{y21} = \xi_{S_2}/l_2 = 0{,}668$ der einzige von null verschiedene Koeffizient der Kurbel für die y-Richtung.

Auf die explizite Angabe der a_{xik} und b_{xik} wird hier aus Platzgründen verzichtet.

Wie die numerischen Ergebnisse zeigen, werden die Beträge der Koeffizienten für $k \geq 4$ sehr klein (im Vergleich zu denen für $k = 1$), so dass die Summation in den Reihen (12) und (13) maximal bis $k = K = 4$ (evtl. auch nur $K = 2$) zu erfolgen braucht.

<u>Zu 3):</u>

Für die Gestellkräfte gilt mit $\dot{\varphi} \equiv \Omega$ und bei Abwesenheit äußerer eingeprägter Kräfte gemäß Abschn. 2.5 in [22]

$$\underline{\underline{F_x(\varphi_2)}} = -\sum_{i=2}^{4} m_i \ddot{x}_{S_i}(\varphi_2) - m_A \ddot{x}_{S_A}(\varphi_2) = -l_2 \Omega^2 \left(\sum_{i=2}^{4} m_i \frac{x''_{S_i}(\varphi_2)}{l_2} + m_A \frac{x''_{S_A}(\varphi_2)}{l_2} \right)$$

$$= l_2 \Omega^2 \left(\underline{\sum_{i=2}^{4} \sum_{k=1}^{K} m_i k^2 (a_{xik} \cos k\varphi_2 + b_{xik} \sin k\varphi_2)} \right. \qquad (17)$$

$$\left. \underline{- m_A \frac{\xi_{SA}}{l_2} (\cos \gamma \cos \varphi_2 - \sin \gamma \sin \varphi_2)} \right),$$

$$\underline{\underline{F_y(\varphi_2)}} = -\sum_{i=2}^{4} m_i \ddot{y}_{S_i}(\varphi_2) - m_A \ddot{y}_{S_A}(\varphi_2) = -l_2 \Omega^2 \left(\sum_{i=2}^{4} m_i \frac{y''_{S_i}(\varphi_2)}{l_2} + m_A \frac{y''_{S_A}(\varphi_2)}{l_2} \right)$$

$$= l_2 \Omega^2 \left(\underline{\sum_{i=2}^{4} \sum_{k=1}^{K} m_i k^2 (a_{yik} \cos k\varphi_2 + b_{yik} \sin k\varphi_2)} \right. \qquad (18)$$

$$\left. \underline{- m_A \frac{\xi_{SA}}{l_2} (\sin \gamma \cos \varphi_2 + \cos \gamma \sin \varphi_2)} \right).$$

Hierbei wurde die zweite Zeitableitung gemäß $(\ldots)\ddot{} = \dfrac{\mathrm{d}^2(\ldots)}{\mathrm{d}\varphi_2^2}\Omega^2 = \Omega^2 (\ldots)''$ durch die zweite Ableitung nach φ_2 (Strichableitung) ersetzt.

Zu 4):

Entsprechend der Forderung für das Verschwinden der ersten Harmonischen ($k = 1$) von $F_y(\varphi_2)$ folgt aus (18)

$$\sum_{i=2}^{4} m_i(a_{yi1}\cos\varphi_2 + b_{yi1}\sin\varphi_2) - m_A \frac{\xi_{SA}}{l_2}(\sin\gamma\cos\varphi_2 + \cos\gamma\sin\varphi_2) \stackrel{!}{=} 0. \tag{19}$$

Der Koeffizientenvergleich bei $\cos\varphi_2$ und $\sin\varphi_2$ liefert die beiden Ausgleichsbedingungen zur Ermittlung von $U_A \equiv m_A\xi_{SA}$ und γ:

$$\underline{\underline{\frac{U_A}{l_2}\sin\gamma = \sum_{i=2}^{4} m_i a_{yi1}}}, \quad \underline{\underline{\frac{U_A}{l_2}\cos\gamma = \sum_{i=2}^{4} m_i b_{yi1}}}. \tag{20}$$

Zu 5):

Quadrieren, addieren der beiden Bedingungen (20) und das Ziehen der Quadratwurzel liefert die erforderliche Ausgleichsunwucht

$$U_A \equiv m_A\xi_{SA} = l_2\sqrt{\left(\sum_{i=2}^{4} m_i a_{yi1}\right)^2 + \left(\sum_{i=2}^{4} m_i b_{yi1}\right)^2} = 5{,}0381\,\text{kg}\,\text{m}. \tag{21}$$

Aus (20) folgt dann für den Winkel γ

$$\left.\begin{aligned}\sin\gamma &= \frac{l_2}{U_A}\sum_{i=2}^{4} m_i a_{yi1} = -0{,}170\,28, \\ \cos\gamma &= \frac{l_2}{U_A}\sum_{i=2}^{4} m_i b_{yi1} = 0{,}9854, \\ \implies \gamma &= -9{,}804°.\end{aligned}\right\} \tag{22}$$

Zur Dimensionierung der Ausgleichsmasse, die ein Hohlzylindersegment darstellt, werden die allgemeinen Formeln für Masse und Schwerpunktlage benötigt. In Taschenbüchern (vgl. z. B. [82]) ist zu finden:

$$m_A = \rho_A bA = \rho_A b(R_A^2 - r_A^2)\alpha, \quad \xi_{SA} = \frac{2}{3}\frac{R_A^3 - r_A^3}{R_A^2 - r_A^2}\frac{\sin\alpha}{\alpha}. \tag{23}$$

Das Produkt von beiden Größen liefert die Formel für die Ausgleichsunwucht U_A (oder auch *statisches Moment*), deren erforderlicher Wert ja aus (21) bekannt ist:

$$m_A\xi_{SA} = \frac{2}{3}\rho_A b(R_A^3 - r_A^3)\sin\alpha \stackrel{!}{=} U_A. \tag{24}$$

2.3 Massenausgleich bei einer Schneidemaschine

Sie enthält noch die beiden Unbekannten R_A und α. Wird (24) nach $\sin \alpha$ aufgelöst und beachtet, dass der Sinus nicht größer als eins werden kann, ergibt sich

$$\sin \alpha = \frac{3 U_A}{2 \rho_A b (R_A^3 - r_A^3)} \stackrel{!}{\leq} 1. \tag{25}$$

Aus dieser Ungleichung folgt für R_A in Verbindung mit der Beschränkung laut Aufgabenstellung

$$R_{A\min} = \sqrt[3]{r_A^3 + \frac{3 U_A}{2 \rho_A b}} = \underline{\underline{0{,}1372\,\text{m} \leq R_A \leq R_{A\max} = 0{,}15\,\text{m}}}. \tag{26}$$

Es wird $R_A = 140$ mm gewählt, womit sich entsprechend (25) $\sin \alpha = 0{,}940\,93$ ergibt. Das liefert die beiden möglichen halben Öffnungswinkel

$$\alpha = \begin{cases} 1{,}225\,38 \,\hat{=}\, 70{,}2°\,, \\ 1{,}916\,22 \,\hat{=}\, 109{,}8°\,. \end{cases} \tag{27}$$

Da nach (23) für die Masse $m_A \sim \alpha$ gilt, wird der kleinere der beiden Werte genutzt:

$$\underline{\underline{\alpha = 70{,}2°}}. \tag{28}$$

Masse und Schwerpunktlage lassen sich nun mit den Beziehungen (23) berechnen:

$$\underline{\underline{m_A = 9{,}84\,\text{kg}}}, \quad \underline{\underline{\xi_{SA} = 73{,}3\,\text{mm}}}. \tag{29}$$

Zu 6):

Mit Hilfe von (17) und (18) können jetzt die Kraftverläufe $F_x(\varphi_2)$ und $F_y(\varphi_2)$ sowohl ohne ($m_A = 0$) als auch mit Ausgleichsmasse berechnet und dargestellt werden, vgl. Tabelle 1 und Bilder 3 und 4.

Tabelle 1: Maximale Gestellkräfte

	$m_A = 0$	$m_A = 9{,}84$ kg
$\|F_x\|_{\max}$	2157,7 N	3437,9 N
$\|F_y\|_{\max}$	5187,4 N	218,6 N

Wie unschwer aus Tabelle 1 und aus Bild 4 zu ersehen ist, hat der Ausgleich bei F_y eine Reduzierung auf ca. 4,2 % des ursprünglichen Maximalwertes zur Folge. Allerdings wird dieser Rückgang bei F_y mit einer Erhöhung der horizontalen Gestellkraftkomponente F_x um etwa den Faktor 1,6 „erkauft". Auch muss bei solchen Ausgleichsmaßnahmen bedacht werden, dass sich einzelne Gelenkkräfte erhöhen können und dass das auf den Antrieb reduzierte Trägheitsmoment größer wird, was sich bei Anfahr- und Bremsvorgängen negativ auswirken kann.

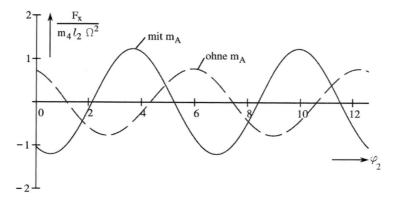

Bild 3: Kraftvergleich bei F_x (Horizontalkraft)

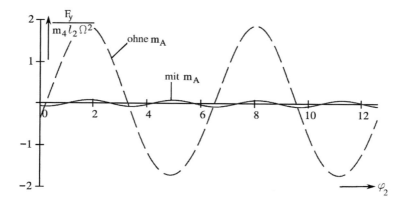

Bild 4: Kraftvergleich bei F_y (Vertikalkraft)

Durch eine mit dem Antrieb umlaufende Ausgleichsmasse lässt sich bei einem Mechanismus nur die erste Harmonische einer Gestellkraftkomponente ausgleichen. Für den Ausgleich mehrerer Kraftkomponenten und evtl. auch mehrerer Harmonischer sind aufwendigere Maßnahmen erforderlich, vgl. [73]. Bevor eine derartige Ausgleichsmaßnahme realisiert wird, sollten alle möglichen Nebenwirkungen beachtet werden.

Weiterführende Literatur

[73] VDI-Richtlinie 2149: *Getriebedynamik, Blatt 1 - Starrkörper-Mechanismen*. Beuth Verlag. 2008.

2.4 Veränderliche Zahnkräfte bei einem Kolbenverdichter

Kolbenverdichter dienen zur Komprimierung gasförmiger Medien (z. B. Erzeugung von Druckluft). Der Antrieb kann durch einen Asynchronmotor erfolgen, der über ein Rädergetriebe wirksam wird. Infolge des veränderlichen, auf den Kurbelwinkel φ reduzierten Trägheitsmoments sowie der Gaskräfte kommt es auch im stationären Betrieb zu schwankenden Belastungen. Der zeitliche Verlauf der Umfangskräfte bei den im Eingriff stehenden Stirnrädern wird z.B. für die Auslegung und Lebensdauerberechnung der Verzahnung benötigt. [‡]

Für einen liegenden Kolbenverdichter gemäß Bild 1, der über eine Zahnradstufe von einem Asynchronmotor angetrieben wird, sind die zeitlichen Bewegungsabläufe und die im Wälzpunkt der Stirnräder angreifende Umfangskraft F_u für den stationären Zustand zu ermitteln. Die Masse des Pleuels sei bereits auf die benachbarten Glieder aufgeteilt, sein Trägheitsmoment sei gegenüber J_2 (Kurbel) vernachlässigbar. Die Reibung werde summarisch durch ein auf Rad 2 wirkendes, konstant vorausgesetztes Reibmoment M_R erfasst. Spieleinflüsse seien vernachlässigbar.

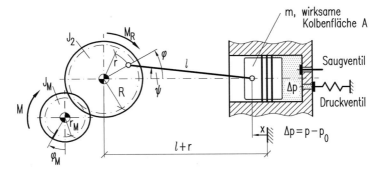

Bild 1: Prinzipielle Struktur des Verdichters

Das Motormoment M kann im stationären Zustand durch die linearisierte statische Kennlinie

$$M(\dot{\varphi}_M) = \frac{M_N}{1 - n_N/n_s}\left(1 - \frac{\dot{\varphi}_M}{2\pi n_s}\right) \tag{1}$$

berücksichtigt werden. Dabei sind n_s die Synchrondrehzahl, n_N die Nenndrehzahl und M_N das Nennmoment.

Der auf den Kolbenboden wirkende Differenzdruck Δp zum Umgebungsdruck p_0 ist durch das in Bild 2 gezeigte und in (2) formulierte idealisierte Arbeitsdiagramm (isotherme Zustandsänderung) in die Berechnung einzubeziehen, wobei $\xi = x/r$

[‡] Autor: Ludwig Rockhausen, Quelle [34, Aufgabe 13]

der auf den Kurbelradius r bezogene Schubweg und κ_0 eine den Schadraum des Verdichters charakterisierende Größe ist.

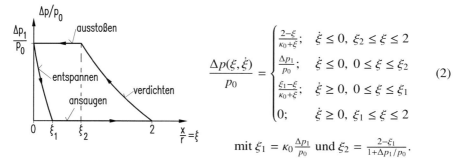

$$\frac{\Delta p(\xi,\dot\xi)}{p_0} = \begin{cases} \frac{2-\xi}{\kappa_0+\xi}; & \dot\xi \leq 0,\ \xi_2 \leq \xi \leq 2 \\ \frac{\Delta p_1}{p_0}; & \dot\xi \leq 0,\ 0 \leq \xi \leq \xi_2 \\ \frac{\xi_1-\xi}{\kappa_0+\xi}; & \dot\xi \geq 0,\ 0 \leq \xi \leq \xi_1 \\ 0; & \dot\xi \geq 0,\ \xi_1 \leq \xi \leq 2 \end{cases} \quad (2)$$

mit $\xi_1 = \kappa_0 \frac{\Delta p_1}{p_0}$ und $\xi_2 = \frac{2-\xi_1}{1+\Delta p_1/p_0}$.

Bild 2: Idealisiertes Arbeitsdiagramm

Gegeben:

$r = 60\,\text{mm}$	Kurbelradius
$R = 63\,\text{mm}$	Teilkreisradius des Zahnrades auf der Kurbelwelle
$r_M = 25\,\text{mm}$	Teilkreisradius des Ritzels (Motorläufer)
$l = 175\,\text{mm}$	Länge des Pleuels
$m = 2{,}8\,\text{kg}$	Kolbenmasse
$J_2 = 3{,}9 \cdot 10^{-3}\,\text{kg}\,\text{m}^2$	Trägheitsmoment der Kurbelwelle mit Zahnrad
$J_M = 0{,}3 \cdot 10^{-3}\,\text{kg}\,\text{m}^2$	Trägheitsmoment des Motorläufers mit Ritzel
$A = 3848{,}5\,\text{mm}^2$	wirksame Kolbenfläche
$p_0 = 10{,}1325 \cdot 10^{-2}\,\text{MPa}$	Umgebungsdruck
$\Delta p_1 = 3 p_0$	Maximaler Differenzdruck
$\kappa_0 = 1/20$	Schadraumkonstante
$n_N = 1430\,\text{min}^{-1}$	Nenndrehzahl
$n_s = 1500\,\text{min}^{-1}$	Synchrondrehzahl
$M_N = 16{,}3\,\text{Nm}$	Nennmoment
$M_R = 35\,\text{Nm}$	Reibmoment

Gesucht:

1) Bewegungsgleichung für den Kurbelwinkel $\varphi(t)$ (Voraussetzung: $\dot\varphi > 0$)

   1.1) Zwangsbedingungen; Darstellung von $\xi(\varphi)$ als FOURIER-Reihe

   1.2) Auf Kurbelwinkel φ reduziertes Trägheitsmoment $J(\varphi)$ und dessen erste Ableitung $J'(\varphi)$ nach φ

   1.3) Auf Kurbelwinkel φ reduziertes Moment $M_{\text{red}}(\varphi,\dot\varphi)$ der eingeprägten Größen

2.4 Veränderliche Zahnkräfte bei einem Kolbenverdichter

    1.4) Gleichung zur Berechnung der Umfangskraft F_u der Verzahnung

2) Integration der Bewegungsgleichung mit entsprechender Mathematik-Software (stationärer Zustand!) bei Nutzung einer zweckmäßig zu wählenden „dimensionslosen Zeit" τ

    2.1) Verlauf der „dimensionslosen Drehgeschwindigkeit" $d\varphi(\tau)/d\tau$ für die Fälle ① $\Delta p \geq 0$ und ② $\Delta p \equiv 0$

    2.2) Umfangskraft $F_u(\tau)$ für die Fälle ① $\Delta p \geq 0$, mit Motorkennlinie; ② $\Delta p \geq 0$, $\dot\varphi \equiv \Omega = 2\pi n_N r_M/R$ und ③ $\Delta p \equiv 0$, $\dot\varphi \equiv \Omega = 2\pi n_N r_M/R$

Lösung:

Zu 1.1):

Es wurden im Bild 1 die 4 Lagekoordinaten φ_M, φ, ψ und x (gemessen von der oberen Totlage) eingeführt. Da das System nur einen einzigen Freiheitsgrad aufweist, müssen drei Zwangsbedingungen existieren:

$$r_M \varphi_M = R\varphi \quad \text{(Abrollbedingung)}, \tag{3}$$

$$l + r = r\cos\varphi + l\cos\psi + x \quad \text{(horizontale Längenbilanz)}, \tag{4}$$

$$r\sin\varphi = l\sin\psi \quad \text{(gleiche Höhe in beiden Dreiecken)}. \tag{5}$$

Aus (5) folgt mit dem Kurbel-Koppelverhältnis $\lambda = r/l = 12/35 < 1$

$$\sin\psi = \frac{r}{l}\sin\varphi = \lambda \sin\varphi. \tag{6}$$

Mit der Beziehung $\sin^2\psi + \cos^2\psi = 1$ und wegen $|\psi| < \pi/2$ ergibt sich

$$\cos\psi = +\sqrt{1 - \sin^2\psi} = \sqrt{1 - \lambda^2 \sin^2\varphi}. \tag{7}$$

In (4) eingesetzt liefert das

$$x = x(\varphi) = r\left(1 - \cos\varphi + \frac{1}{\lambda}\left(1 - \sqrt{1 - \lambda^2 \sin^2\varphi}\right)\right). \tag{8}$$

Diese gerade periodische Funktion $x(\varphi) = x(\varphi + 2j\pi)$, $j \in \mathbb{Z}$, lässt sich zweckmäßigerweise als FOURIER-Reihe schreiben. Nach Tab. 1.5 in [23] gilt

$$\begin{aligned} l + r - x &= r\left(a_0 + \cos\varphi + \sum_{k=2,4,6,\ldots}^{\infty} a_k \cos k\varphi\right) \\ &\approx r\left(\frac{1}{\lambda} - \frac{\lambda}{4} - \frac{3\lambda^3}{64} + \cos\varphi + \frac{\lambda}{4}\left(1 + \frac{\lambda^2}{4}\right)\cos 2\varphi - \frac{\lambda^3}{64}\cos 4\varphi\right). \end{aligned} \tag{9}$$

Letztere Beziehung ist wegen $\lambda = 12/35$ (d.h. $\lambda^3 \approx 0{,}0403$) für die hier vorzunehmenden Untersuchungen genügend genau, so dass für den bezogenen Schubweg die Näherung

$$\xi(\varphi) = \frac{x(\varphi)}{r} \approx 1 + \frac{\lambda}{4}\left(1 + \frac{3\lambda^2}{64}\right) - \cos\varphi - \frac{\lambda}{4}\left(1 + \frac{\lambda^2}{4}\right)\cos 2\varphi + \frac{\lambda^3}{64}\cos 4\varphi \quad (10)$$

genutzt werden kann. Eine numerische Ermittlung der FOURIER-Koeffizienten wäre auch möglich, vgl. dazu die Aufgaben 2.3 und 3.3.

Mit der Vereinbarung

$$\frac{d(\ldots)}{d\varphi} \equiv (\ldots)' \tag{11}$$

sowie wegen $(\ldots)^\cdot = (\ldots)'\dot\varphi$ lassen sich die im Weiteren benötigten Ableitungen der Lagekoordinaten nach dem Kurbelwinkel φ angeben:

$$\varphi' \equiv 1, \quad \varphi'' \equiv 0, \quad \varphi'_M = \frac{R}{r_M}, \quad \varphi''_M \equiv 0, \tag{12}$$

$$\left.\begin{array}{l}\xi'(\varphi) \approx \sin\varphi + \dfrac{\lambda}{2}\left(1 + \dfrac{\lambda^2}{4}\right)\sin 2\varphi - \dfrac{\lambda^3}{16}\sin 4\varphi, \\[2mm] \xi''(\varphi) \approx \cos\varphi + \lambda\left(1 + \dfrac{\lambda^2}{4}\right)\cos 2\varphi - \dfrac{\lambda^3}{4}\cos 4\varphi.\end{array}\right\} \tag{13}$$

Die Größen ψ', ψ'' werden nicht benötigt (Drehträgheit des Pleuels vernachlässigbar, vgl. Aufgabenstellung).

Zu 1.2) und 1.3):

Das auf den Kurbelwinkel φ reduzierte Trägheitsmoment und seine erste Ableitung können nun konkret formuliert werden, vgl. [22]:

$$\begin{aligned}J(\varphi) &= J_M\varphi'^2_M + J_2\varphi'^2 + mx'^2 = mr^2\left(\frac{J_M}{mr^2}\varphi'^2_M + \frac{J_2}{mr^2}\varphi'^2 + \xi'^2(\varphi)\right) \\ &\approx mr^2\left[\frac{J_M}{mr^2}\left(\frac{R}{r_M}\right)^2 + \frac{J_2}{mr^2} + \left(\sin\varphi + \frac{\lambda}{2}\left(1 + \frac{\lambda^2}{4}\right)\sin 2\varphi + \frac{\lambda^3}{16}\sin 4\varphi\right)^2\right],\end{aligned} \tag{14}$$

$$\begin{aligned}J'(\varphi) &= 2\left(J_M\varphi'_M\varphi''_M + J_2\varphi'\varphi'' + mx'x''\right) = 2mr^2\xi'(\varphi)\xi''(\varphi) \\ &\approx 2mr^2\left[\sin\varphi + \frac{\lambda}{2}\left(1 + \frac{\lambda^2}{4}\right)\sin 2\varphi - \frac{\lambda^3}{16}\sin 4\varphi\right] \\ &\quad \cdot\left[\cos\varphi + \lambda\left(1 + \frac{\lambda^2}{4}\right)\cos 2\varphi - \frac{\lambda^3}{4}\cos 4\varphi\right].\end{aligned} \tag{15}$$

Die Verläufe von $J(\varphi)/(mr^2)$ und $J'(\varphi)/(mr^2)$ sind in Bild 3 aufgetragen.

2.4 Veränderliche Zahnkräfte bei einem Kolbenverdichter

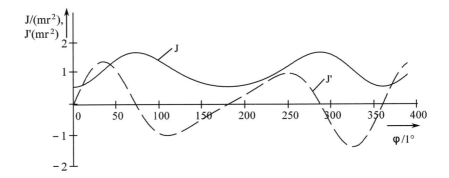

Bild 3: Auf Kurbelwinkel reduziertes Trägheitsmoment und seine erste Ableitung

Zur Erfassung der am Energiehaushalt des Systems beteiligten eingeprägten Kräfte und Momente wird deren virtuelle Arbeit aufgeschrieben:

$$\delta W^{(e)} = M\delta\varphi_M - M_R\delta\varphi + \Delta p A \delta x \\ = \left(M\varphi'_M - M_R + \frac{\Delta p(\xi,\dot\xi)}{p_0} A p_0 r \xi'(\varphi) \right) \delta\varphi \stackrel{!}{=} M_{\text{red}}\delta\varphi. \quad (16)$$

Demnach wird unter Beachtung von $\dot\xi = \xi'\dot\varphi$ das auf den Kurbelwinkel φ reduzierte Moment wie folgt erhalten:

$$M_{\text{red}}(\varphi,\dot\varphi) = M\frac{R}{r_M} - M_R + \frac{\Delta p(\xi(\varphi),\xi'(\varphi)\dot\varphi)}{p_0} A p_0 r \xi'(\varphi). \quad (17)$$

Da $\dot\varphi > 0$ vorausgesetzt wurde, werden aus $\dot\xi = \xi'\dot\varphi \leq 0$ bzw. $\dot\xi = \xi'\dot\varphi \geq 0$ die Bedingungen $\xi' \leq 0$ bzw. $\xi' \geq 0$, so dass sich gemäß Aufgabenstellung der Druckverlauf in Abhängigkeit von φ wie folgt darstellt:

$$\frac{\Delta p(\xi(\varphi),\xi'(\varphi)\dot\varphi)}{p_0} = \frac{\Delta p(\varphi)}{p_0} = \begin{cases} \frac{2-\xi}{\kappa_0+\xi}; & \xi' \leq 0, \; \xi_2 \leq \xi \leq 2, \\ \frac{\Delta p_1}{p_0}; & \xi' \leq 0, \; 0 \leq \xi \leq \xi_2, \\ \frac{\xi_1-\xi}{\kappa_0+\xi}; & \xi' \geq 0, \; 0 \leq \xi \leq \xi_1, \\ 0; & \xi' \geq 0, \; \xi_1 \leq \xi \leq 2. \end{cases} \quad (18)$$

Also lautet entsprechend Abschn. 2 in [22] die Bewegungsgleichung für den betrachteten Mechanismus („Bewegungsgleichung der starren Maschine")

$$J(\varphi)\ddot\varphi + \frac{1}{2}J'(\varphi)\dot\varphi^2 = M_{\text{red}}(\varphi,\dot\varphi). \quad (19)$$

Im Falle, dass unter Berücksichtigung von (3) das Motormoment $M = M(\dot{\varphi})$ als Kennlinie entsprechend (1) in die Rechnung bei (17) einbezogen wird, ist die nichtlineare Differentialgleichung zweiter Ordnung (19) numerisch zu integrieren, um $\varphi(t)$, $\dot{\varphi}(t)$ zu erhalten. $\ddot{\varphi}(t)$ lässt sich anschließend direkt aus (19) berechnen.

Bei einer vorgegebenen Bewegung $\varphi(t)$ stellt (19) jedoch eine algebraische Gleichung dar, aus der das für diese Bewegung des Systems erforderliche Motormoment $M(t)$ bestimmt werden kann.

Zu 1.4):

Zur Ermittlung der Umfangskraft $F_u(t)$ der Verzahnung wird zweckmäßigerweise der Motorläufer frei geschnitten und das dynamische Gleichgewicht aufgestellt, vgl. Bild 4.

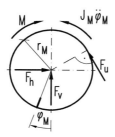

Bild 4: Freigeschnittener Motorläufer (Kräftebild)

Das Momentengleichgewicht bezüglich der Achse durch das Lager liefert

$$-M + F_u r_M + J_M \ddot{\varphi}_M(t) = 0. \qquad (20)$$

Also folgt mit (3) für den Zeitverlauf der Umfangskraft

$$F_u(t) = \frac{1}{r_M}\left(M - J_M \frac{R}{r_M}\ddot{\varphi}(t)\right). \qquad (21)$$

Bei der Rechnung mit Motorkennlinie ist $M = M(t) = M(\dot{\varphi}(t))$ entsprechend (1) nach erfolgter Integration in die Bewegungsgleichung (19) einzusetzen.

Für den Fall einer angenommenen konstanten Drehgeschwindigkeit des Motors (also nicht die Kennlinie gemäß (1), sondern die eines Synchronläufers), z. B. $\dot{\varphi}_M = 2\pi n_N$, $\ddot{\varphi}_M \equiv 0$, gilt wegen (3) für die Drehgeschwindigkeit der Kurbel

$$\dot{\varphi}(t) = \frac{r_M}{R}2\pi n_N = \Omega = \text{const} \quad (\text{also } \ddot{\varphi} \equiv 0 \text{ und } \varphi = \Omega t). \qquad (22)$$

Das dafür erforderliche Motormoment $M(t)$ kann dann direkt aus (19) in Verbindung mit (17) bestimmt werden:

$$M(t) = \frac{r_M}{R}\left(M_R + \frac{1}{2}J'(\Omega t)\Omega^2 - \frac{\Delta p(\Omega t)}{p_0}A p_0 r \xi'(\Omega t)\right). \qquad (23)$$

2.4 Veränderliche Zahnkräfte bei einem Kolbenverdichter

Die entsprechende Umfangskraft ist unter Beachtung von $\ddot{\varphi} \equiv 0$ wieder mit (21) berechenbar.

Zu 2.1):

Zur Bestimmung der stationären Lösung der Bewegungsgleichung (19) unter Berücksichtigung der Motorkennlinie (1) und des Druckverlaufs (18) muss bei entsprechend gewählten Anfangsbedingungen so lange numerisch integriert werden, bis sich der stationäre Zustand (periodische Lösung) mit genügender Genauigkeit eingestellt hat. Dafür ist es zweckmäßig, eine „dimensionslose Zeit"

$$\tau = \Omega t \quad \text{mit} \quad \Omega = 2\pi n_N \frac{r_M}{R} \tag{24}$$

einzuführen (für den Sonderfall $\dot{\varphi}_M = 2\pi n_N = \text{const}$ gilt dann $\varphi = \tau$).

Die Zeitableitungen schreiben sich somit gemäß

$$(\ldots)^{\cdot} = \Omega \frac{d(\ldots)}{d\tau}, \quad (\ldots)^{\cdot\cdot} = \Omega^2 \frac{d^2(\ldots)}{d\tau^2} \tag{25}$$

und das in M_{red} erfasste Motormoment (1) erhält unter Beachtung von (3) die Form

$$M\left(\frac{d\varphi}{d\tau}\right) = \frac{M_N}{1 - n_N/n_s}\left(1 - \frac{\Omega}{2\pi n_s}\frac{d\varphi}{d\tau}\frac{R}{r_M}\right)$$
$$= \frac{M_N}{1 - n_N/n_s}\left(1 - \frac{n_N}{n_s}\frac{d\varphi}{d\tau}\right). \tag{26}$$

Nach Division von (19) durch $mr^2\Omega^2$ kann nun die zu integrierende Bewegungsgleichung wie folgt angegeben werden:

$$\frac{J(\varphi)}{mr^2}\frac{d^2\varphi}{d\tau^2} + \frac{1}{2}\frac{J'(\varphi)}{mr^2}\left(\frac{d\varphi}{d\tau}\right)^2 = \frac{1}{mr^2\Omega^2}M_{\text{red}}\left(\varphi, \frac{d\varphi}{d\tau}\right). \tag{27}$$

Als Anfangsbedingungen werden

$$\varphi(\tau = 0) = 0, \quad \frac{d\varphi}{d\tau}(\tau = 0) = 1 \quad (\hat{=} \dot{\varphi}(t = 0) = \Omega) \tag{28}$$

gewählt, denn es ist zu erwarten, dass die Drehgeschwindigkeit $\dot{\varphi}$ im stationären Zustand nur geringfügig um den Wert Ω herum schwankt.

Die Integration wird mit dafür geeigneter mathematischer Software so lange fortgeführt, bis die Periodizität

$$\frac{d\varphi}{d\tau}(\varphi) = \frac{d\varphi}{d\tau}(\varphi + 2\pi) \tag{29}$$

ausreichend genau erfüllt wird, was aber wegen der geringen Drehgeschwindigkeitsschwankung quasi bereits nach einer Kurbelumdrehung erreicht ist, vgl. Bild 5.

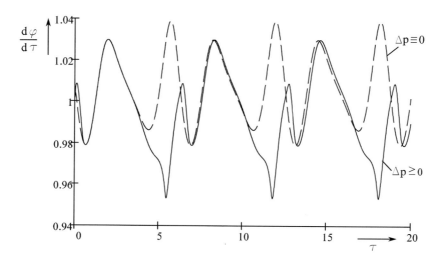

Bild 5: Verläufe der Drehgeschwindigkeit der Kurbel mit bzw. ohne Verdichtung

Zu 2.2):

Mit den nach der Integration bekannten Funktionen $\varphi(\tau)$, $\frac{d\varphi}{d\tau}(\tau)$ und $\frac{d^2\varphi}{d\tau^2}(\tau)$ können nun das Motormoment $M(\tau)$ nach (26) sowie die Umfangskraft $F_u(\tau)$ entsprechend (21) gemäß

$$F_u(\tau) = \frac{1}{r_M}\left(M(\tau) - J_M \frac{R}{r_M}\Omega^2 \frac{d^2\varphi}{d\tau^2}(\varphi)\right) \qquad (30)$$

berechnet werden.

Die Umfangskraft für den Fall konstanter Drehgeschwindigkeit folgt auch aus (21), jedoch mit dem Motormoment (23) und mit $\ddot\varphi \equiv 0$:

$$F_u(\tau) = \frac{1}{R}\left(M_R + \frac{1}{2}J'(\tau)\Omega^2 - \frac{\Delta p(\tau)}{p_0}Ap_0 r\xi'(\tau)\right). \qquad (31)$$

Bei den Berechnungsvarianten ohne Verdichtung ist einfach $\Delta p/p_0 \equiv 0$ zu setzen.

Die sich mit den gegebenen Parametern ergebenden Verläufe für die in der Aufgabenstellung vorgegebenen Fälle zeigen die Bilder 5 und 6.

Infolge des wirkenden Antriebsmoments gemäß (26) stellen sich die in Bild 5 dargestellten Kurbeldrehgeschwindigkeiten ein (stationärer Zustand). Deren Schwankungen sind relativ zu Ω gering (maximal ca. 7,6 %), was auf den hier vorliegenden Anstieg der Motorkennlinie zurückzuführen ist. Der Einfluss der Verdichtungskraft ist aus dem Vergleich beider Kurven deutlich zu sehen.

2.4 Veränderliche Zahnkräfte bei einem Kolbenverdichter

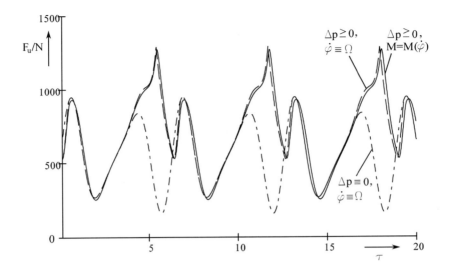

Bild 6: Umfangskraftverläufe in der Verzahnung

Die in Bild 6 dargestellten Umfangskraftverläufe mit Verdichtung ($\Delta p \geq 0$) der beiden Varianten

- mit Motorkennlinie ($\dot\varphi \neq$ const)
- konstante Kurbeldrehgeschwindigkeit ($\dot\varphi = \Omega =$ const)

unterscheiden sich nur geringfügig, so dass die Rechnung mit $\dot\varphi \equiv \Omega$ als der *härtere* Fall eine gute Abschätzung für die auftretenden Kräfte liefert. Die Kraftspitze von ca. 1293 N wird durch den Verdichtungsvorgang hervorgerufen.

Die Variante $\dot\varphi \equiv \Omega$ bei $\Delta p \equiv 0$ zeigt vor allem den Einfluss des veränderlichen reduzierten Trägheitsmomentes (bzw. dessen Ableitung J') auf die Umfangskraft. Infolge des wirkenden Reibmoments gibt es keinen Vorzeichenwechsel.

Auf eine numerische Integration der Bewegungsgleichung eines Starrkörpermechanismus kann oft dann verzichtet werden, wenn der Antriebsmotor so leistungsstark ist, dass nur eine geringe Schwankung der Drehgeschwindigkeit der Antriebswelle zu erwarten ist. Eine Berücksichtigung der technologischen Kräfte ist aber meist erforderlich.

Weiterführende Literatur

[23] Dresig, H. und I. I. Vul'fson: *Dynamik der Mechanismen*. VEB Deutscher Verlag der Wissenschaften Berlin und Springer Verlag Wien, 1989.

2.5 Ausgleichswellen im Verbrennungsmotor

Die periodische Hubbewegung der Kolben in Verbrennungsmotoren verursacht Massenkräfte in Zylinderachsenrichtung. Die periodischen Kräfte haben vor allem Anteile in der ersten, der zweiten und der vierten Drehzahlordnung für den betrachteten 4-Zylinder-Reihenmotor. In Mehrzylindermaschinen können sich, abhängig von Zylinderzahl und Geometrie der Kurbelwelle, die Massenkräfte für einzelne Ordnungen gegenseitig aufheben. Ist dieser bauartbedingte Ausgleich nicht möglich, kann durch zusätzliche Ausgleichswellen, die gezielt Unwuchtkräfte erzeugen, für eine vorgegebene Ordnung der Massenausgleich realisiert werden. [‡]

Der Viertakt-Vierzylinder-Reihenmotor ist ein im PKW sehr weit verbreitetes Motorenkonzept. Bei der klassischen Kurbelwellengeometrie für die vier Zylinder (0°–180°–180°–0°, siehe Bild 1b) verbleibt eine unausgeglichene Massenkraft aller vier Zylinder in Richtung der Zylinderachse (y-Richtung) mit der zweifachen Drehzahlordnung

$$F = -(4\lambda_p + \lambda_p^3)m_s r \Omega^2 \cos 2\varphi, \tag{1}$$

wobei $\varphi(t) = \Omega t + \varphi_0$ der Drehwinkel der Kurbelwelle, Ω die Winkelgeschwindigkeit und φ_0 eine beliebige Anfangsverdrehung ist. Die Größen λ_p, m_s und r sind im folgenden Abschnitt angegeben.

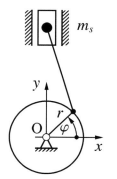
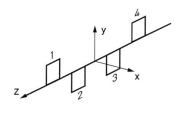

(a) Ersatzmodell ungeschränkter Kurbeltrieb

(b) Kurbelanordnung der Vierzylinder-Viertakt-Maschine

Bild 1: Kurbeltrieb und Kurbelanordnung

Die freie Massenkraft (1) kann durch Ausgleichswellen, die mit doppelter Drehzahl umlaufen, ausgeglichen werden. In dieser Aufgabe sind die Ausgleichswellen auszulegen.

[‡] Autor: Michael Beitelschmidt

2.5 Ausgleichswellen im Verbrennungsmotor

Gegeben:

m_s	$= 1\,\text{kg}$	oszillierende Kolbenmasse inkl. Pleuelanteil
n	$= 5000\,\text{min}^{-1}$	Motordrehzahl
r	$= 0{,}05\,\text{m}$	Kurbelzapfenradius
λ_p	$= 0{,}3$	Pleuelstangenverhältnis
D	$= 0{,}05\,\text{m}$	Durchmesser der Ausgleichs-Halbzylinder der Ausgleichswelle
ρ	$= 7800\,\text{kg/m}^3$	Dichte von Stahl

Gesucht:

1) Kraftwirkung einer auf einer Kreisbahn (siehe Bild 2) mit konstanter Drehzahl umlaufenden Unwuchtmasse m_u mit dem Abstand $e = |\mathbf{r}|$ zwischen Schwerpunkt und Drehachse.

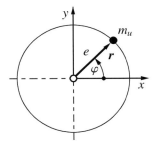

Bild 2: Unwuchtiges Drehteil

2) Resultierende Kraft von zwei gegenläufig rotierenden identischen Unwuchtwellen mit parallelen Achsen und beliebiger Drehstellung ψ zueinander.

3) Lage der Ausgleichs-Unwuchten im Motor bzgl. des Motorschwerpunktes

4) Erforderliche Länge der Halbzylinder, wenn die Kraftamplitude der zweiten Ordnung der Massenkraft ausgeglichen werden soll. Die Ausgleichs-Unwuchten seien Halbzylinder aus Stahl, die um deren Zylinderachse rotieren.

5) Masse der Ausgleichselemente sowie die Kraftamplitude beider Ausgleichswellen bei einer Motordrehzahl von $5000\,\text{min}^{-1}$.

6) Die Ausgleichswellen dienen in erster Linie dem Schwingungs- und Akustik-Komfort des Triebwerks. Nennen Sie Nachteile der Ausgleichswellen, die dafür sorgen, dass dieses Konzept nur bei einer geringen Zahl von Motoren zur Anwendung kommt.

Lösung:

Zu 1):

In Koordinaten des Inertialsystems gilt der Ortsvektor der auf einer Kreisbahn umlaufenden Masse

$$\boldsymbol{r} = e \begin{bmatrix} \cos\varphi \\ \sin\varphi \end{bmatrix}. \tag{2}$$

Die Geschwindigkeit ergibt sich durch Differentiation der Gleichung (2) nach der Zeit:

$$\boldsymbol{v} = \dot{\boldsymbol{r}} = e\dot{\varphi} \begin{bmatrix} -\sin\varphi \\ \cos\varphi \end{bmatrix}. \tag{3}$$

Die absolute Beschleunigung wird in gleicher Weise gewonnen:

$$\boldsymbol{a} = \dot{\boldsymbol{v}} = \ddot{\boldsymbol{r}} = e\ddot{\varphi} \begin{bmatrix} -\sin\varphi \\ \cos\varphi \end{bmatrix} + e\dot{\varphi}^2 \begin{bmatrix} -\cos\varphi \\ -\sin\varphi \end{bmatrix}, \tag{4}$$

wobei der erste Term bei konstanter Drehzahl ($\dot{\varphi} = \Omega = $ const) entfällt und schließlich

$$\boldsymbol{a} = -\Omega^2 \boldsymbol{r} \tag{5}$$

verbleibt. Der Betrag der Beschleunigung ist

$$|\boldsymbol{a}| = e\Omega^2. \tag{6}$$

Die Zentripetalbeschleunigung $\boldsymbol{a}$ wirkt nach innen gerichtet auf den Drehpunkt. Umgekehrt übt die rotierende Masse die Kraft

$$\boldsymbol{F}_u = -m\boldsymbol{a} = m\Omega^2 \boldsymbol{r} \tag{7}$$

auf den Drehpunkt aus. Der Betrag der Zentripetalkraft beträgt dann

$$\underline{\underline{|\boldsymbol{F}_u| = m e \Omega^2 = u\Omega^2.}} \tag{8}$$

Zu 2):

Die beiden identischen Ausgleichs-Körper berühren sich im Punkt O und drehen gegenläufig. Für $\varphi_1 = 0$ gilt auch $\varphi_2 = 0$. Der Durchmesser der Körper beträgt D. Die Unwucht in Körper 1 liegt so, dass sie bei $\varphi_1 = 0$ auf der x-Achse liegt. In Körper 2 liegt sie für $\varphi_2 = 0$ auf einer Linie, die gegenüber der x-Achse um den Winkel ψ verdreht ist, vgl. Bild 3.

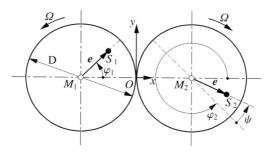

Bild 3: Körper 1 und Körper 2 drehen gegenläufig

2.5 Ausgleichswellen im Verbrennungsmotor

Die Unwuchtkräfte sind gemäß (7) und (2)

$$\boldsymbol{F}_1 = m\,e\,\Omega^2 \begin{bmatrix} \cos\varphi_1 \\ \sin\varphi_1 \end{bmatrix}, \quad \boldsymbol{F}_2 = m\,e\,\Omega^2 \begin{bmatrix} \cos(\varphi_2 + \psi) \\ \sin(\varphi_2 + \psi) \end{bmatrix}. \tag{9}$$

Aus der Beziehung $\varphi_1 = 2\pi - \varphi_2$ für gegenläufige Wellen ergibt sich

$$\boldsymbol{F}_2 = me\Omega^2 \begin{bmatrix} \cos\varphi_1 \cos\psi + \sin\varphi_1 \sin\psi \\ -\sin\varphi_1 \cos\psi + \cos\varphi_1 \sin\psi \end{bmatrix}. \tag{10}$$

Die daraus resultierende Gesamtkraft folgt zu

$$\boldsymbol{F}_{\text{ges}} = \boldsymbol{F}_1 + \boldsymbol{F}_2 = u\Omega^2 \begin{bmatrix} \cos\varphi_1(1 + \cos\psi) + \sin\varphi_1 \sin\psi \\ \sin\varphi_1(1 - \cos\psi) + \cos\varphi_1 \sin\psi \end{bmatrix}. \tag{11}$$

Unter Ausnutzung der trigonometrischen Doppelwinkelfunktionen

$$1 + \cos 2\alpha = 2\cos^2\alpha, \ 1 - \cos 2\alpha = 2\sin^2\alpha, \ \sin 2\alpha = 2\sin\alpha\cos\alpha$$

lässt sich die Gleichung (11) umformulieren als

$$\boldsymbol{F}_{\text{ges}} = u\Omega^2 \begin{bmatrix} \cos\varphi_1 \cdot 2\cos^2(\psi/2) + \sin\varphi_1 \cdot 2\cos(\psi/2)\sin(\psi/2) \\ \sin\varphi_1 \cdot 2\sin^2(\psi/2) + \cos\varphi_1 \cdot 2\cos(\psi/2)\sin(\psi/2) \end{bmatrix}$$

$$= u\Omega^2 \begin{bmatrix} 2\cos(\psi/2)(\cos\varphi_1 \cdot \cos(\psi/2) + \sin\varphi_1 \cdot \sin(\psi/2)) \\ 2\sin(\psi/2)(\sin\varphi_1 \cdot \sin(\psi/2) + \cos\varphi_1 \cdot \cos(\psi/2)) \end{bmatrix},$$

was schließlich zum Endergebnis führt:

$$\boldsymbol{F}_{\text{ges}} = 2u\Omega^2 \cos(\varphi_1 - \psi/2) \begin{bmatrix} \cos(\psi/2) \\ \sin(\psi/2) \end{bmatrix}. \tag{12}$$

Für einen allgemeinen Differenzwinkel ψ entsteht eine resultierende, harmonische Unwuchtkraft, die in einer Richtung mit dem Winkel $\psi/2$ gegenüber der x-Achse wirkt. Es werden zwei Fälle betrachtet.

Fall 1: $\psi = 0$

$$\boldsymbol{F}_{\text{ges}} = 2u\Omega^2 \cos\varphi_1 \begin{bmatrix} 1 \\ 0 \end{bmatrix}. \tag{13}$$

Es entsteht eine Unwuchtkraft, die ausschließlich in Richtung der x-Achse wirkt.

Fall 2: $\psi = \pi$

$$\boldsymbol{F}_{\text{ges}} = 2u\Omega^2 \sin\varphi_1 \begin{bmatrix} 0 \\ 1 \end{bmatrix}. \tag{14}$$

Es entsteht eine Unwuchtkraft, die ausschließlich in Richtung der y-Achse wirkt.

Zu 3):

Für die Positionierung der Ausgleichswellen muss zunächst das entstehende Moment der beiden Unwuchtkräfte (9) bezüglich der z-Achse betrachtet werden. Dieses ergibt sich zu

$$M_z = -\frac{D}{2}F_{1y} + \frac{D}{2}F_{2y} = -\frac{Du\Omega^2}{2}(\sin\varphi_1 - \sin(\varphi_2 + \psi)) \\ = -\frac{Du\Omega^2}{2}(\sin\varphi_1 + \sin(\varphi_1 - \psi)). \tag{15}$$

Die beiden Fälle aus Teilaufgabe 2) führen zu:

$$M_z = -\frac{Du\Omega^2}{2} 2\sin\varphi_1 \qquad \text{für} \quad \psi = 0, \tag{16}$$

$$M_z = 0 \qquad \text{für} \quad \psi = \pi. \tag{17}$$

Bei der Anordnung mit $\psi = \pi$, bei der sich die Schwerpunkte der Unwuchtmassen bei $\varphi_1 = \varphi_2 = 0$ genau gegenüberstehen, entsteht eine momentenfreie, harmonische Unwuchtkraft in y-Richtung. Dieser Fall kann für den gewünschten Massenausgleich in y-Richtung genutzt werden. Der andere Fall $\psi = 0$ scheidet aus.

Der Viertakt-Vierzylinder-Reihenmotor ist bezüglich seiner Momente ausgeglichen. Die Unwuchtwellen müssen in der Mitte der Kurbelwelle so platziert werden, dass der Punkt O genau in der Zylindermittenebene liegt. Üblicherweise werden die Ausgleichswellen des Motorblocks unterhalb positioniert, siehe Bild 4. Dabei liegt die Annahme zugrunde, dass der Motorschwerpunkt in der y-z-Ebene liegt.

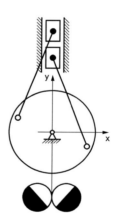

Bild 4: Positionierung der Ausgleichswellen

Zu 4):

Die Unwucht u eines Halbzylinders ergibt sich aus Masse und Schwerpunktlage eines Halbzylinders bezüglich des Halbkreis-Mittelpunktes:

$$e = \frac{4}{3\pi}\frac{D}{2} = \frac{2}{3\pi}D, \tag{18}$$

$$u = m \cdot e = \rho\frac{1}{2}\pi\frac{D^2}{4}l\frac{2}{3\pi}D = \frac{2}{3}\rho l\frac{D^3}{8} = \frac{1}{12}\rho lD^3, \tag{19}$$

wobei l die Länge, ρ die Dichte und D der Durchmesser des Halbzylinders sind.

Um Massenkräfte der zweiten Motorordnung auszugleichen, müssen die Ausgleichswellen mit der doppelten Winkelgeschwindigkeit der Kurbelwelle rotieren. Aus

2.5 Ausgleichswellen im Verbrennungsmotor

der Summe beider Wellen für den Fall $\psi = \pi$, siehe (14), ergibt sich somit für die Kraftamplitude beider Ausgleichswellen

$$\hat{F}_{\text{aw}} = 2u(2\Omega)^2 = 8u\Omega^2 \,. \tag{20}$$

Diese muss gleich der Kraftamplitude der Massenkräfte der Kolben sein:

$$\hat{F} = (4\lambda_p + \lambda_p^3)m_s r\Omega^2 \,. \tag{21}$$

Mit $\hat{F} = \hat{F}_{\text{aw}}$ ergibt sich

$$8u\Omega^2 = (4\lambda_p + \lambda_p^3)m_s r\Omega^2 \,. \tag{22}$$

Durch Kürzung von Ω^2 aus der obigen Gleichung ergibt sich

$$u = \frac{(4\lambda_p + \lambda_p^3)m_s r}{8} \tag{23}$$

und schließlich unter Berücksichtigung von (19)

$$l = \frac{3(4\lambda_p + \lambda_p^3)m_s r}{2\rho D^3} \,. \tag{24}$$

Einsetzen der Zahlenwerte ergibt die Länge der Halbzylinder $l = 9{,}4\,\text{cm}$.

Zu 5):

Die Motordrehzahl $n = 5000\,\text{min}^{-1}$ entspricht einer Drehwinkelgeschwindigkeit von

$$\Omega = \frac{n}{60}2\pi = 532{,}6\,\text{rad/s} \,. \tag{25}$$

Werden die Zahlenwerte in die Gleichungen (19) und (20) eingesetzt, ergibt sich

$$u = \frac{1}{12}\rho D^3 l = 7{,}66 \cdot 10^{-3}\,\text{kg\,m}\,, \tag{26}$$

$$\hat{F}_{\text{aw}} = 8u\Omega^2 = 16{,}8\,\text{kN} \,. \tag{27}$$

Dies zeigt, dass bereits sehr kleine Unwuchtmassen zu sehr großen Kraftamplituden führen, um die unausgeglichene zweite Ordnung aufzuheben.

Zu 6):

Nachteile des Massenausgleiches mit Ausgleichswellen sind z. B.:

- zusätzliche Masse im Motor,
- zusätzliches Trägheitsmoment, das mit Faktor 4(!) zu multiplizieren ist,
- zusätzliche Lager im Motor, die zudem sehr hohen Drehzahlen standhalten müssen (mehrfache Motordrehzahl),

- zusätzlicher Bauraumbedarf und weitere Bauteile,
- problematischer Antrieb durch Ketten oder Verzahnungen, die aufgrund der geringen aber hochdynamischen Lasten rasselanfällig sind,
- mehr Reibung im Motor durch weitere Lager, und
- Ausgleich ist nur für eine Welle möglich.

Ausgleichswellen sind ein Bauelement, mit dem Massenkräfte einer Anregungsordnung in einer Maschine, z.B. einem Verbrennungsmotor ausgeglichen werden können. Besonders geeignet ist dabei eine symmetrische Anordnung von zwei gegenläufigen, identischen Wellen. Diese erzeugen eine resultierende harmonische Massenkraft in der Symmetrieebene, die zudem momentenfrei ist.

2.6 Stoß bei Kolbenquerbewegung

Schubglieder, die sich in parallelen Führungsbahnen bewegen, können infolge des stets vorhandenen Spiels unerwünschte Quer- und Kippbewegungen ausführen. Diese stören z. B. bei Kolben in Verbrennungsmotoren und Kompressoren, denn beim Anschlagen an die Führungsbahn entstehen Stoßkräfte, welche Lärm und Verschleiß verursachen. Mit einem einfachen ebenen Starrkörpermodell soll der Einfluss einiger Parameter auf die Querbewegung des Kolbens und die dadurch verursachten Kontaktkräfte untersucht werden. [‡]

Bei diesem einfachen Modell werden als wesentliche Parameter nur diejenigen des Schubkurbelgetriebes, die konstante Winkelgeschwindigkeit, der Kantenabstand, der Schwerpunktabstand, Masse und Trägheitsmoment des Kolbens sowie das Spiel berücksichtigt. Die anteilige Masse des Pleuels, die einen Einfluss auf die Querbewegung des Kolbens hat, ist in der Kolbenmasse enthalten.

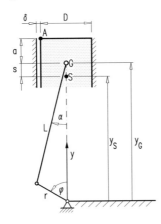

Bild 1: Geometrische Größen des Schubkurbelgetriebes und des Kolbens

Gegeben:

$r = 88\,\text{mm}$	Kurbellänge
$L = 400\,\text{mm}$	Koppellänge
$s = 8\,\text{mm}$	Abstand zwischen Schwerpunkt S und Drehgelenk G
$a = 40\,\text{mm}$	Abstand des Drehgelenkes G vom Kolbenboden (Ecke A)
$D = 60\,\text{mm}$	Kolbendurchmesser
$\delta = 0{,}1\,\text{mm}$	Spiel zwischen Kolben und Führungsbahn
$m = 2{,}0\,\text{kg}$	Kolbenmasse
$J_S = 0{,}0005\,\text{kg}\,\text{m}^2$	Trägheitsmoment des Kolbens um seinen Schwerpunkt
$c = 20\,\text{MN/m}$	Kontaktsteifigkeit zwischen Kolben und Führungsbahn
$n = 1000\,\text{min}^{-1}$	Drehzahl der Kurbel

[‡] Autor: Hans Dresig

Gesucht:

1) Beschleunigung des Kolbens als Funktion des Kurbelwinkels eines spielfreien Schubkurbelgetriebes

2) Bewegungsgleichungen für die drei Koordinaten x_S, y_S und β des frei beweglichen Kolbens in der Umgebung der oberen Totlage

3) Lösung der Bewegungsgleichungen in der Umgebung der oberen Totlage und Berechnung der Koordinaten des Punktes A und als Funktion der Zeit

4) Zeit t_1, Kurbelwinkel φ_1 und Kolbenweg nach dem Durchlaufen des Spiels und Auftreffgeschwindigkeit an der Gegenseite

5) Kinetische Energie beim Auftreffen der Kolbenkante (Punkt A) auf die Führungsbahn

6) Stoßkraft und Eindringtiefe nach dem Aufprall

Lösung:

<u>Zu 1):</u>

Aus Bild 1 ist zu entnehmen, dass folgende geometrischen Beziehungen den Zusammenhang der Glieder des spielfreien Schubkurbelgetriebes ausdrücken:

$$y_G = y_S + s = r\cos\varphi + L\cos\alpha, \tag{1}$$

$$L\sin\alpha = r\sin\varphi. \tag{2}$$

Aus dem Satz des Pythagoras ergibt sich aus (2) mit dem Kurbelverhältnis $\lambda = r/L$ die Abhängigkeit des Koppelwinkels α vom Antriebswinkel φ:

$$\sin\alpha = \lambda\sin\varphi, \tag{3}$$

$$\cos\alpha = \sqrt{1-\sin^2\alpha} = \sqrt{1-\lambda^2\sin^2\varphi} = 1 - \frac{1}{2}\lambda^2\sin^2\varphi + O(\lambda^4). \tag{4}$$

Damit gilt für (1) mit hinreichender Genauigkeit für die Lage des Drehgelenkes G und des Schwerpunktes S im spielfreien Getriebe

$$y_G = y_S + s \approx r\cos\varphi + L(1 - \frac{1}{2}\lambda^2\sin^2\varphi). \tag{5}$$

Bei konstanter Drehgeschwindigkeit ($\varphi = \Omega t$) folgt daraus die Geschwindigkeit

$$\dot{y}_S \approx -r\Omega(\sin\Omega t + \frac{1}{2}\lambda\sin 2\Omega t) \tag{6}$$

und die Beschleunigung des Schwerpunktes des Kolbens:

$$\underline{\underline{\ddot{y}_S \approx -r\Omega^2(\cos\Omega t + \lambda\cos 2\Omega t)}}. \tag{7}$$

2.6 Stoß bei Kolbenquerbewegung

Zu 2):

Bild 2 zeigt den Kolben und die auf ihn wirkenden Kräfte während der kurzen Flugphase, nachdem er sich von der Führungsbahn getrennt hat. Die Gleichgewichtsbedingungen am frei geschnittenen Körper lauten

$$m\ddot{x}_s = -F\sin\bar{\alpha}, \tag{8}$$

$$m\ddot{y}_s = -F\cos\bar{\alpha}, \tag{9}$$

$$J_S\ddot{\beta} = Fs\cos\bar{\alpha}\sin\beta + Fs\sin\bar{\alpha}\cos\beta. \tag{10}$$

Während der sehr kurzen Dauer der Flugetappe unterscheidet sich der Winkel $\bar{\alpha}$ des Pleuels von dem des spielfreien Schubkurbelgetriebes genau genommen um einen Winkel $\Delta\alpha$, der aber wegen des relativ kleinen Spiels $\delta/D \ll 1$ und der sehr kurzen Dauer der Flugetappe so klein ist, dass $\bar{\alpha} \approx \alpha$ gesetzt werden kann. Aus denselben Gründen gilt für den Drehwinkel β des Kolbens die Näherung

$$|\beta| \ll 1; \quad \cos\beta \approx 1; \quad \sin\beta \approx \beta \tag{11}$$

und für die y-Koordinaten und deren Beschleunigung kann

$$\bar{y}_S = \bar{y}_G - s\cos\beta \approx y_G - s; \quad \ddot{\bar{y}}_S \approx \ddot{y}_G \tag{12}$$

gesetzt werden. Werden in Anbetracht von (3) und (4) die Näherungen

$$\cos\bar{\alpha} \approx \cos\alpha \approx 1 \quad \text{und} \quad \sin\bar{\alpha} \approx \sin\alpha = \lambda\sin\varphi \tag{13}$$

übernommen, so ergibt sich aus der Bedingung für das Momenten-Gleichgewicht (10) folgender Zusammenhang zwischen der Pleuelkraft und dem Kippwinkel des Kolbens:

$$J_S\ddot{\beta} = Fs(\lambda\sin\varphi + \beta). \tag{14}$$

Es interessiert das Verhalten in der Nähe der oberen Totlage, d. h. bei kleinen Kurbelwinkeln $0 < \varphi = \Omega t \ll 1$. Für die trigonometrischen Funktionen gelten die Näherungen erster Ordnung

$$\sin\varphi = \sin\Omega t \approx \Omega t; \quad \cos\Omega t \approx 1; \quad \cos 2\Omega t \approx 1. \tag{15}$$

Aus (7) ergibt sich damit als Näherung eine konstante Beschleunigung

$$\underline{\ddot{y}_S \approx -r\Omega^2(1+\lambda)} \tag{16}$$

und aus (13) für den Koppelwinkel

$$\sin\alpha = \lambda\Omega t, \quad \cos\alpha = 1. \tag{17}$$

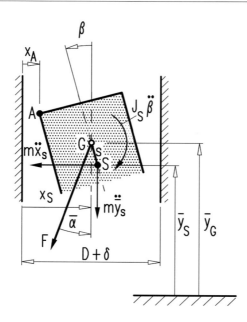

Bild 2: Kräfte und Momente am Kolben (Kräftebild)

In der Umgebung der oberen Totlage folgt aus (9), (16) und (17) für die Längskraft in der Pleuelstange

$$F = -m\ddot{y}_S / \cos\alpha = k = mr\Omega^2(1+\lambda) + O(\lambda^3) \tag{18}$$

und aus (8) die Bewegungsgleichung für die Querbewegung des Schwerpunkts S

$$\underline{m\ddot{x}_S = -F\sin\alpha = -k\lambda\Omega t}\,. \tag{19}$$

Aus (14) entsteht nach dem Einsetzen von F aus (18) und $\sin\varphi$ aus (15) nach Einführung der Abkürzungen k und $\varepsilon^2 = k\,s/J_S$ die Bewegungsgleichung für den Drehwinkel des Kolbens in der Form

$$\underline{\ddot{\beta} - \varepsilon^2\beta = \varepsilon^2\Omega\lambda t}\,. \tag{20}$$

Für die gegebenen Daten ist $k = 2355\,\text{N}$ und $\varepsilon = 194\,\text{s}^{-1}$.

<u>Zu 3):</u>

Zu Beginn der Bewegung liegt der Kolben an der Führungsbahn an. Somit lauten die Anfangsbedingungen

$$t = 0: \quad \beta(0) = 0\,, \quad \dot{\beta}(0) = 0\,. \tag{21}$$

2.6 Stoß bei Kolbenquerbewegung

Die Lösung der Differentialgleichung (20), welche diese Anfangsbedingungen erfüllt, lautet

$$\beta(t) = \frac{\Omega \lambda}{\varepsilon}(\sinh \varepsilon t - \varepsilon t). \tag{22}$$

Hier interessiert der Winkel $\beta(t)$ nur für einen kurzen Zeitbereich $\varepsilon t \ll 1$, d.h. bei den gegebenen Zahlenwerten für $t < 5$ ms. Die Reihenentwicklung des Sinus hyperbolicus lautet

$$\sinh \varepsilon t = \varepsilon t + \frac{(\varepsilon t)^3}{3!} + \frac{(\varepsilon t)^5}{5!} + O(\varepsilon t)^7. \tag{23}$$

Für eine Näherungslösung genügt es, nur die ersten beiden Summanden zu berücksichtigen. Somit folgt aus (22)

$$\beta(t) = \frac{1}{6}\Omega \lambda \varepsilon^2 t^3, \quad \dot{\beta}(t) = \frac{1}{2}\Omega \lambda \varepsilon^2 t^2. \tag{24}$$

Die Lösung der Differentialgleichung (19) interessiert für die Anfangsbedingungen

$$x_S(0) = \frac{1}{2}D + \delta, \qquad \dot{x}_S(0) = 0, \tag{25}$$

welche ausdrücken, dass die Bewegung bei der Anlage an der rechten Seite beginnt:

$$\ddot{x}_S = -\frac{k\lambda\Omega}{m}t, \tag{26}$$

$$\dot{x}_S = -\frac{k\lambda\Omega}{m}t^2/2, \tag{27}$$

$$x_S = D/2 + \delta - \frac{1}{6}\frac{k\lambda\Omega}{m}t^3. \tag{28}$$

Die Lage der Punkte A und G hängt bei kleinem Winkel β linear von den beiden Koordinaten x_S und β ab, vgl. Bild 2:

$$x_A = x_S - \beta(a+s) - D/2,$$
$$x_A(t) = \delta - \frac{1}{6}\left(\frac{1}{m} + \frac{s(a+s)}{J_S}\right)k\lambda\Omega t^3. \tag{29}$$

Zu 4):

Das Spiel wird zur Zeit t_1 durchlaufen, wenn die Kante A des Kolbens auf die Gegenseite trifft. Der Durchmesser D spielt dabei keine Rolle. Mit den Lösungen (24) ergibt sich nach kurzer Umformung aus (29)

$$x_A(t_1) = \delta - \left(\frac{1}{m} + \frac{s(a+s)}{J_S}\right)k\lambda\Omega t_1^3/6 = 0, \tag{30}$$

$$\frac{J_S + m(a+s)s}{6mJ_S}k\lambda\Omega t_1^3 = \delta. \tag{31}$$

Daraus folgt die Zeit bis zum Anstoßen allgemein und speziell mit den gegebenen Zahlenwerten:

$$t_1 = \sqrt[3]{\frac{6\delta m J_S}{k\lambda\Omega\,[J_S + m(a+s)s]}} = 2{,}06\,\text{ms}\,. \tag{32}$$

Interessant ist, dass der Schwerpunktabstand s einen größeren Einfluss als die anderen Parameter hat, da er unter der dritten Wurzel im Quadrat vorkommt. Zur Zeit t_1 erfüllt der Kurbelwinkel die vorausgesetzte Bedingung $\varphi_1 \ll 1$, denn er beträgt

$$\varphi_1 = \Omega t_1 = 0{,}215\,\text{rad} = 12{,}3°\,. \tag{33}$$

Während der Zeit t_1 hat sich der Kolben gemäß (5) um die kleine Strecke

$$y_G(0) - y_G(\varphi_1) \approx r(\cos 0 - \cos\varphi_1) = 0{,}088(1 - 0{,}9769)\,\text{m} = 2{,}04\,\text{mm} \tag{34}$$

verschoben.

Zu 5):

Die Translationsgeschwindigkeit der Querbewegung des Schwerpunktes und die Drehgeschwindigkeit des Kolbens betragen zu dieser Zeit gemäß (24) und (27)

$$\dot{x}_S(t_1) = -(k\lambda\Omega/m)t_1^2/2 = -0{,}0575\,\text{m/s}\,, \tag{35}$$

$$\dot{\beta}(t_1) = (sk\lambda\Omega/J_S)t_1^2/2 = 1{,}84\,\text{rad/s}\,. \tag{36}$$

Damit ist die kinetische Energie zur Zeit t_1

$$W_\text{kin} = \frac{1}{2}m\dot{x}_S^2(t_1) + \frac{1}{2}J_S\dot{\beta}^2(t_1) = \frac{1}{8}\left(\frac{1}{m} + \frac{s^2}{J_S}\right)k^2\lambda^2\Omega^2 t_1^4 = 4{,}15\,\text{Nm}\,. \tag{37}$$

Zur Kontrolle wird geprüft, ob diese Energie mit der Arbeit übereinstimmt, welche die Normalkraft F_N während der Zeit t_1 bei der Verschiebung des Punktes G verrichtete. Diese mechanische Arbeit der Normalkraft des Pleuels ergibt sich aus dem Integral

$$W = -\int_0^{x_{G1}} F\sin\alpha\,dx_G = -\int_0^{t_1} k\lambda\Omega t\,\dot{x}_G\,dt = \int_0^{t_1} k\lambda\Omega t(-\dot{x}_S + \dot{\beta}s)\,dt$$

$$= \int_0^{t_1} k\lambda\Omega t\left(\frac{1}{2m} + \frac{s^2}{2J_S}\right)kt^2\,dt = \frac{1}{8}\left(\frac{1}{m} + \frac{s^2}{J_S}\right)k^2\lambda^2\Omega^2 t_1^4\,. \tag{38}$$

Dies bestätigt das Ergebnis von (37).

Beim Aufprall auf die elastische Zylinderwand setzt sich die kinetische Energie in potentielle Energie um, die in diesem Falle die Formänderungsarbeit an der (linear elastisch angenommenen) Kontaktstelle zwischen Kolben und Führungsbahn ist:

$$W_\text{kin} = \frac{1}{2}F_\text{max}^2/c = \frac{1}{2}c(\Delta x_\text{max})^2\,. \tag{39}$$

2.6 Stoß bei Kolbenquerbewegung

Zu 6):

Aus (39) ergibt sich folgender Ausdruck für den Spitzenwert der Stoßkraft $F_{\max}$ auf die Zylinderwand und die maximale Eindringtiefe $\Delta x_{\max}$:

$$F_{\max} = \sqrt{2cW_{\mathrm{kin}}} = 407\,\mathrm{N}\,, \quad \Delta x_{\max} = \frac{F_{\max}}{c} = 0{,}02\,\mathrm{m}\,. \qquad (40)$$

Der weitere Verlauf der Kolbenbewegung nach dem Rückprall ist durch weitere Stöße gekennzeichnet, die hier nicht weiter verfolgt werden, vgl. [13, 31, 71]. Der kinetostatische Verlauf der horizontalen Komponente der Pleuelkraft, die auf die Führungsbahn wirkt, ergibt sich aus (7) und (8) unter Berücksichtigung von (3) zu

$$\begin{aligned} F_N(\Omega t) &= -F(\varphi)\sin\alpha \approx m\ddot{y}_S \sin\alpha \\ &= mr\Omega^2(\cos\Omega t + \lambda\cos 2\Omega t)\lambda\sin\Omega t\,. \end{aligned} \qquad (41)$$

Der Kolben wechselt demzufolge während einer Kurbelumdrehung bereits im spielfreien Antrieb zweimal seine Anlageseite. Die maximale Kontaktkraft tritt bei $\Omega t_2 = \varphi_2 \approx \frac{\pi}{2}$ auf und beträgt

$$F_N(\tfrac{\pi}{2}) \approx \frac{1}{2}mr\Omega^2\lambda = 212\,\mathrm{N}\,. \qquad (42)$$

Die Stoßkraft gemäß (40) überlagert sich dem kinetostatischen Verlauf gemäß (41) im Bereich $0 < \varphi < \varphi_1$. Sie ändert sich linear mit der Drehzahl, während die Kontaktkraft des starren spielfreien Kolbens quadratisch mit der Drehzahl steigt. Messergebnisse bestätigen quantitativ den qualitativen Verlauf, vgl. [13, 31, 71] und die Übersicht in [28].

Die Kräfte aus der Kolbenquerbewegung hängen von weiteren Einflussgrößen ab, wie den Kolbenringen, der Exzentrizität des Schubkurbelgetriebes (Desachsierung), der Körperform des Kolbens, dem Schmierfilm, der Elastizität des Kolbenkörpers u.a.. Durch Einbau vorgespannter biegeelastischer Glieder an Schubgliedern kann die Querbewegung verhindert werden.

Weiterführende Literatur

[13] Chucholowski, C.: *Simulationsrechnung der Kolbensekundärbewegung*. Diss. TU München, 1985.

[31] Hempel, W.: *Ein Beitrag zur Dynamik des Kurbeltriebs in komplan bewegten Bezugssystemen*. Diss. TU Berlin, 1965.

[71] Tschöke, H.: *Beitrag zur Berechnung der Kolbensekundärbewegung in Verbrennungsmotoren*. Diss. Universität Stuttgart, 1981.

2.7 Auswuchten eines starren Rotors

Bei schlecht ausgewuchteten Rotoren führen Fliehkräfte zu stärkeren Schwingungen und mithin erhöhten Lagerkräften mit der ersten Ordnung der Drehfrequenz Ω. Dies stellt sowohl ein Komfort- als auch ein Betriebsfestigkeitsproblem dar. Beim dynamischen Auswuchten eines starren Rotors wird die Massenverteilung in zwei Auswuchtebenen (I und II) so geändert, dass die dynamischen Lagerkräfte bei Betriebsdrehzahl in vorgegebenen Grenzen liegen. Dazu werden Ausgleichsmassen m_i in den Auswuchtebenen in den Radien r_i unter den Phasenwinkeln α_i ($i = I, II$) angebracht. [‡]

Ein starrer Rotor ist auf einer kraftmessenden Auswuchtmaschine auszuwuchten, siehe Bild 1. Es sind Größe und Lage der Auswuchtmassen zu ermitteln. Ein Rotor wird im Rahmen der Theorie der starren Maschine als starr betrachtet, wenn seine Betriebsdrehzahl kleiner als die Hälfte der ersten biegekritischen Drehzahl ist. Letztere ist stark von den Lagerungsbedingungen abhängig. Kraftmessende Auswuchtmaschinen werden üblicherweise für große und schwere Rotoren benutzt [64].

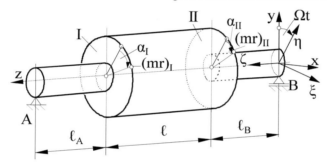

Bild 1: Prinzipskizze des Auswuchtens mit einer kraftmessenden Auswuchtmaschine mit raumfestem (x, y, z) und körperfestem (ξ, η, ζ) Koordinatensystem

Gegeben:

$\ell_A = 0{,}100\,\text{m}$	Abstand des Lagers A zur Auswuchtebene I des Rotors
$\ell_B = 0{,}065\,\text{m}$	Abstand des Lagers B zur Auswuchtebene II des Rotors
$\ell = 0{,}100\,\text{m}$	Abstand der Auswuchtebenen I und II
$\hat{F}_A = 105\,\text{N}$	Spitzenwert der gemessenen Lagerkraft in A
$\hat{F}_B = 51\,\text{N}$	Spitzenwert der gemessenen Lagerkraft in B
$\alpha_A = 43°$	Phasenwinkel der gemessenen Lagerkraft in A
$\alpha_B = 132°$	Phasenwinkel der gemessenen Lagerkraft in B
$n = 800\,\text{min}^{-1}$	Drehzahl

[‡] Autor: Michael Scheffler

2.7 Auswuchten eines starren Rotors

Gesucht:

1) Unwuchtgrößen $U_I = (mr)_I$ und $U_{II} = (mr)_{II}$
2) Phasenwinkel für die Ausgleichsmassen α_I und α_{II} in den beiden Ausgleichsebenen
3) Zahlenwerte für die unter 1) und 2) ermittelten Größen

Lösung:

Zu 1):

Die durch die Ausgleichsmassen $U_i = (mr)_i$ verursachten Fliehkräfte ergeben sich zu

$$F_I = U_I \Omega^2 \quad \text{und} \quad F_{II} = U_{II} \Omega^2. \tag{1}$$

Dabei sind m_i die Masse der Unwucht und r_i ihr Abstand von der Drehachse.

Für die Momentenbilanz werden die Lagerkräfte in A und B aus Bild 2 in Komponentenschreibweise benötigt. Die so verwendete Komponentenschreibweise ermöglicht die Reduktion der Anzahl der Gleichungen um den Faktor 2.

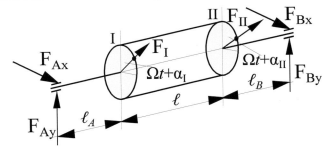

Bild 2: Kräfte am starren Rotor

Zunächst errechnen sich die Beträge der Lagerkräfte zu

$$\hat{F}_A = \sqrt{F_{Ax}^2 + F_{Ay}^2}; \quad \hat{F}_B = \sqrt{F_{Bx}^2 + F_{By}^2}. \tag{2}$$

Die Phasenwinkel ergeben sich zu

$$\tan \alpha_A = \frac{F_{Ay}}{F_{Ax}}; \quad \tan \alpha_B = \frac{F_{By}}{F_{Bx}}. \tag{3}$$

Die Zerlegung der Lagerkraft F_A in ihre Komponenten ergibt sich beispielhaft nach Bild 3 in x- und y-Richtung des raumfesten Koordinatensytems zu

$$F_{Ax} = \hat{F}_A \cos \alpha_A; \quad F_{Ay} = \hat{F}_A \sin \alpha_A. \tag{4}$$

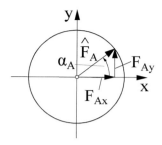

Bild 3: Beispielhafte Zerlegung der Lagerkraft in A

Die Zerlegung der Lagerkraft in B erfolgt analog zu der in A:

$$F_{Bx} = \hat{F}_B \cos \alpha_B, \qquad F_{By} = \hat{F}_B \sin \alpha_B. \qquad (5)$$

Das Gleichgewicht für die Auswuchtebenen wird in Form von Momentenbilanzen (Drehimpulsbilanzen) für die Auswuchtebenen geschrieben. Berücksichtigt werden hierfür die Fliehkräfte der Ausgleichsmassen mit Betrag und Phasenwinkel. Zunächst wird die Momentenbilanz für die Ebene I geschrieben:

$$\hat{F}_A \cos(\Omega t + \alpha_A)\ell_A - \hat{F}_B \cos(\Omega t + \alpha_B)(\ell + \ell_B) = U_{II}\Omega^2 \cos(\Omega t + \alpha_{II})\,\ell. \qquad (6)$$

Die Momentenbilanz für die Ebene II ergibt sich zu

$$\hat{F}_A \cos(\Omega t + \alpha_A)(\ell_A + \ell) - \hat{F}_B \cos(\Omega t + \alpha_B)\,\ell_B = -U_I \Omega^2 \cos(\Omega t + \alpha_I)\,\ell. \qquad (7)$$

Die Verwendung des Additionstheorems

$$\cos(\Omega t + \alpha) = \cos\Omega t \cos\alpha - \sin\Omega t \sin\alpha \qquad (8)$$

führt auf folgende Gleichungen für die einzelnen Auswuchtebenen.

Auswuchtebene I:

$$\frac{\hat{F}_A \ell_A}{\Omega^2}[\cos(\Omega t)\cos\alpha_A - \sin(\Omega t)\sin\alpha_A]$$
$$-\frac{\hat{F}_B(\ell_B + \ell)}{\Omega^2}[\cos(\Omega t)\cos\alpha_B - \sin(\Omega t)\sin\alpha_B]$$
$$= U_{II}\,l\,[\cos(\Omega t)\cos\alpha_{II} - \sin(\Omega t)\sin\alpha_{II}]. \qquad (9)$$

Auswuchtebene II:

$$\frac{\hat{F}_A(\ell_A + \ell)}{\Omega^2}[\cos(\Omega t)\cos\alpha_A - \sin(\Omega t)\sin\alpha_A]$$
$$-\frac{\hat{F}_B \ell_B}{\Omega^2}[\cos(\Omega t)\cos\alpha_B - \sin(\Omega t)\sin\alpha_B]$$
$$= -U_I\,\ell\,[\cos(\Omega t)\cos\alpha_I - \sin(\Omega t)\sin\alpha_I]. \qquad (10)$$

Der Koeffizientenvergleich für die Sinusglieder $\sin \Omega t$ in (9) und (10) liefert:

$$\sin \Omega t : \quad \frac{\hat{F}_A \ell_A}{\Omega^2 \ell} \sin \alpha_A - \frac{\hat{F}_B (\ell_B + \ell)}{\Omega^2 \ell} \sin \alpha_B = U_{II} \sin \alpha_{II}, \qquad (11)$$

$$\frac{\hat{F}_A (\ell_A + \ell)}{\Omega^2 \ell} \sin \alpha_A - \frac{\hat{F}_B \ell_B}{\Omega^2 \ell} \sin \alpha_B = -U_I \sin \alpha_I. \qquad (12)$$

Analog ergibt sich für den Koeffizientenvergleich der Kosinusglieder $\cos \Omega t$ in (9) und (10):

$$\cos \Omega t : \quad \frac{\hat{F}_A \ell_A}{\Omega^2 \ell} \cos \alpha_A - \frac{\hat{F}_B (\ell_B + \ell)}{\Omega^2 \ell} \cos \alpha_B = U_{II} \cos \alpha_{II}, \qquad (13)$$

$$\frac{\hat{F}_A (\ell_A + \ell)}{\Omega^2 \ell} \cos \alpha_A - \frac{\hat{F}_B \ell_B}{\Omega^2 \ell} \cos \alpha_B = -U_I \cos \alpha_I. \qquad (14)$$

Mit den Gleichungen (12) und (14) kann die Größe der Unwucht U_I berechnet werden:

$$U_I^2 = \frac{\hat{F}_A^2 (\ell_A + \ell)^2 + \hat{F}_B^2 \ell_B^2 - 2\hat{F}_A \hat{F}_B \ell_B (\ell_A + \ell)(\sin \alpha_A \sin \alpha_B + \cos \alpha_A \cos \alpha_B)}{\ell^2 \Omega^4},$$

$$U_I^2 = \frac{\hat{F}_A^2 (\ell_A + \ell)^2 + \hat{F}_B^2 \ell_B^2 - 2\hat{F}_A \hat{F}_B \ell_B (\ell_A + \ell) \cos(\alpha_A - \alpha_B)}{\ell^2 \Omega^4}. \qquad (15)$$

Für U_{II} ergibt sich analog

$$U_{II}^2 = \frac{\hat{F}_A^2 \ell_A^2 + \hat{F}_B^2 (\ell_B + \ell)^2 - 2\hat{F}_A \hat{F}_B \ell_A (\ell_B + \ell) \cos(\alpha_A - \alpha_B)}{\ell^2 \Omega^4}. \qquad (16)$$

Zu 2):

Für die Lage von U_I und U_{II} ergibt sich überdies aus den Gleichungen (11) und (13):

$$\tan \alpha_I = \frac{\sin \alpha_I}{\cos \alpha_{II}} = \frac{\hat{F}_A (\ell_A + \ell) \sin \alpha_A - \hat{F}_B \ell_B \sin \alpha_B}{\hat{F}_A (\ell_A + \ell) \cos \alpha_A - \hat{F}_B \ell_B \cos \alpha_B}, \qquad (17)$$

$$\tan \alpha_{II} = \frac{\sin \alpha_{II}}{\cos \alpha_{II}} = \frac{\hat{F}_A \ell_A \sin \alpha_A - \hat{F}_B (\ell_B + \ell) \sin \alpha_B}{\hat{F}_A \ell_A \cos \alpha_A - \hat{F}_B (\ell_B + \ell) \cos \alpha_B}. \qquad (18)$$

Zu 3):

Die Zahlenwerte führen mit den gegebenen Werten für die Auswuchtebene I zu:

$$\tan \alpha_I = 0{,}675, \quad U_I^2 = 0{,}0009 \, (\text{kgm})^2 \qquad (19)$$

und damit wird

$$U_I = 0{,}0302 \, \text{kg m}, \qquad \alpha_I = 34{,}0°. \qquad (20)$$

Und für die zweite Auswuchtebene folgt

$$\tan \alpha_{II} = 0{,}068\,, \quad U_{II}^2 = 0{,}0004\,(\text{kgm})^2\,, \tag{21}$$

weiterhin

$$\underline{\underline{U_{II} = 0{,}0190\,\text{kg m}}}\,, \quad \underline{\underline{\alpha_{II} = 3{,}9°}}\,. \tag{22}$$

Das Auswuchten von Rotoren ist im Sinne der Betriebssicherheit und des Komforts unerlässlich. Der Ausgleich durch Unwuchten in den Ausgleichsebenen kann dabei durch Hinzufügen von Masse (positiver Ausgleich) oder Abtrag von Masse (negativer Ausgleich) erfolgen. Wie groß die Ausgleichsmassen im Einzelfall sind, hängt von der zu erreichenden Wuchtgüte ab, die von der Größe des Rotors, seiner Drehzahl und seinem Einsatzzweck abhängt. Die Toleranzen für das Auswuchten sind in DIN ISO 1940-1 standardisiert[16], da theoretisch sehr niedrige Wuchtgüten erreicht werden können, dies in den meisten Fällen aber sehr unwirtschaftlich ist.

Weiterführende Literatur

[16] DIN ISO 1940-1: *Mechanische Schwingungen - Anforderungen an die Auswuchtgüte von Rotoren in konstantem (starrem) Zustand - Teil 1: Festlegung und Nachprüfung der Unwuchttoleranz (ISO 1940-1:2003)*. Norm. 2004.

[64] Schneider, H.: *Auswuchttechnik*. (VDI-Buch). Deutsch. 7., neu bearb. Aufl. Springer Verlag, 2007.

2.8 Momentenverlauf im Verbrennungsmotor

Das von einem Verbrennungsmotor an der Abtriebswelle erzeugte Moment setzt sich aus einem konstanten Grundmoment und überlagerten, periodischen Momentenschwankungen zusammen. Diese Schwankungen resultieren aus den Massenkräften der periodisch oszillierenden Kolben, den aus Verdichtung und Expansion resultierenden periodischen Gaskräften sowie den zeitlich instationären Gaskräften in den Zylindern infolge des Verbrennungszyklus. In einem Mehrzylinderaggregat überlagern sich diese Effekte aus jedem Zylinder phasenverschoben. In dieser Aufgabe soll das periodische Moment der Gaskräfte an zwei unterschiedlichen Motorkonfigurationen mit Hilfe des Ausgleichstheorems untersucht werden. [‡]

Das periodische Gasmoment eines Einzylindermotors in einem bestimmten Betriebspunkt ist in Bild 1a über dem Kurbelwinkel für zwei Umdrehungen dargestellt. Das Amplitudenspektrum des Gasmomentenverlaufs zeigt Bild 1b. Da der Gasmomentenverlauf steile Anstiege enthält, sind viele höhere Harmonische im Signal enthalten.

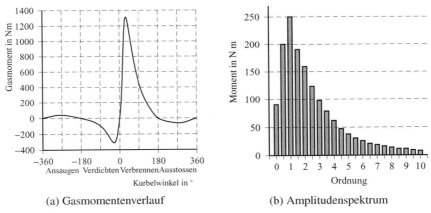

(a) Gasmomentenverlauf   (b) Amplitudenspektrum

Bild 1: Gasmomentenverlauf und zugehöriges Amplitudenspektrum bis zur 10. Ordnung

Bei der Betrachtung des resultierenden Momentes an der Kurbelwelle spielt die tatsächliche Motorgeometrie und Zündfolge keine Rolle, es ist lediglich die Abfolge der Winkelstellung bei der Zündung der einzelnen Zylinder entscheidend.

Da der volle Gasmomentenzyklus eines 4-Takt Motors 720° lang ist, treten in einem auf eine Umdrehung des Motors bezogenen Ordnungsspektrum auch die „halben" Ordnungen auf.

[‡] Autor: Michael Beitelschmidt

Gegeben:

- 4-Zylinder Reihenmotor mit konstantem Zündabstand von 180°
- 10-Zylinder V-Motor mit 90° Bankwinkel und einem wechselnden Zündabstand der Form 54°–90°–54°–90°–...

Gesucht:

1) Harmonische Ordnungen im Antriebsmoment der beiden Motorkonfigurationen

2) Allgemeine Aussagen zum Ausgleich solcher Motoren

3) Amplituden der vorhandenen, periodischen Momente. Die Amplituden des einzelnen Zylinders sollen aus Bild 1b näherungsweise abgelesen werden.

Lösung:

Zu 1):

Das Moment eines einzelnen Zylinders an der Kurbelwelle über dem Kurbelwellendrehwinkel φ kann durch die harmonische Reihe

$$M(\varphi) = C_0 + \sum_{k=0,5}^{\infty} C_k \cos k(\varphi + \psi_k) \qquad (1)$$

beschrieben werden, wobei C_k die Amplitude der k-ten Drehzahlordnung ist, wie sie in Bild 1b dargestellt ist. C_0 ist der Mittelwert des Moments über einen vollen Zyklus. Die Phase ψ_k spielt in dieser Aufgabe keine Rolle, da nur nach der Amplitude gefragt wird. Werden nun mehrere Zylinder in einem Motor vereinigt, kann das Gesamtmoment durch Summation von (1) über die Zahl der Zylinder mit

$$M_{\text{ges}}(\varphi) = \sum_{i=1}^{P} M(\varphi + \gamma_i) = P \cdot C_0 + \sum_{i=1}^{P} \sum_{k=0,5}^{\infty} C_k \cos k(\varphi + \psi_k + \gamma_i) \qquad (2)$$

gebildet werden. P ist die Zahl der Zylinder und γ_i die Phasenverschiebung, die sich durch den Zündwinkel der Zylinder ergibt. Für die grundsätzliche Bewertung eines Motorkonzeptes ist der Momentenverlauf über dem Kurbelwinkel gemäß (2) nicht aussagekräftig. Wichtiger ist die Aussage, welche Ordnungen k überhaupt im Summensignal enthalten sind und welche Ordnungen sich durch die Überlagerung auslöschen. Dies kann mit dem Ausgleichstheorem schnell und einfach berechnet werden (siehe [22]).

Eine Ordnung k verschwindet aus dem Summensignal von (2), wenn die Testsummen

$$T_{ck} = \sum_{i=1}^{P} \cos k\gamma_i \quad \text{und} \quad T_{sk} = \sum_{i=1}^{P} \sin k\gamma_i$$

2.8 Momentenverlauf im Verbrennungsmotor

über die Sinuswerte und Kosinuswerte der Phasenverschiebungen für diese Ordnung gleich null sind, vgl. Gln. (4) und (5) in Aufgabe 2.10. Für die beiden zu untersuchenden Motorenkonzepte ergeben sich die Kröpfungswinkel gemäß Tabelle 1.

Tabelle 1: Zündwinkel (γ_i) in den Motoren, die sich aus den Zündabständen ergeben

γ_i	1	2	3	4	5	6	7	8	9	10
R4-Zyl.	0°	180°	360°	540°						
V10-Zyl.	0°	90°	144°	234°	288°	378°	432°	522°	576°	666°

Die Testsummen für die Ordnung $k = 0{,}5$ für den 4-Zylinder Motor lauten

$$T_{c0,5} = \sum_{i=1}^{4} \cos 0{,}5\gamma_i = \cos 0° + \cos 90° + \cos 180° + \cos 270° \tag{3}$$

$$= 1 + 0 - 1 + 0 = 0,$$

$$T_{s0,5} = \sum_{i=1}^{4} \sin 0{,}5\gamma_i = \sin 0° + \sin 90° + \sin 180° + \sin 270° \tag{4}$$

$$= 0 + 1 + 0 - 1 = 0.$$

Daraus kann geschlossen werden, dass der 4-Zylinder-Motor kein periodisches Moment in der halben Drehzahlordnung erzeugt. Die Bildung der Testsummen muss nun analog (3) und (4) für alle Ordnungen und auch für den 10-Zylindermotor gebildet werden. Diese Aufgabe kann z. B. mit einem Tabellenkalkulationsprogramm erledigt werden. In Bild 2 ist ein entsprechender Ausschnitt dargestellt.

Die Spalten B, C, D und E in Bild 2 enthalten die Zylinder 1 bis 4 mit ihren Zündwinkeln. In den jeweils weißen oder grauen Kästen wird der Ausgleich einer Ordnung berechnet. In der Spalte F werden die Winkelfunktionswerte jeder Zeile aufsummiert. In den Zeilen 4 bis 6 wird genau die Berechnung der Gleichungen (3) und (4) nachvollzogen. In weiter unten liegenden Zeilen werden dann die Formeln für die höheren Ordnungen ausgewertet. In Bild 3 ist beispielhaft dargestellt, welche Berechnungsformel in der Zelle C8 hinterlegt ist.

Dabei ist zu beachten, dass viele Tabellenkalkulationsprogramme wie z. B. Microsoft Excel die Winkelfunktionen nur in Bogenmaß berechnen können, weswegen der Winkel mit $\pi/180$ multipliziert werden muss. Zudem werden die Ergebnisse auf fünf Nachkommastellen gerundet.

In Bild 2 ist bereits sichtbar, dass die Testsumme $T_{c2} = 4$ lautet und somit die 2. Ordnung nicht ausgeglichen ist. Dies wiederholt sich für die 4., 6., 8., ... Ordnung.

	A	B	C	D	E	F
1	Zylinder	1	2	3	4	
2	Zündwinkel	0	180	360	540	
3	Ordnung					Summen
4		0,5	0	90	180	270	
5	cos		1	0	-1	0	0
6	sin		0	1	0	-1	0
7		1	0	180	360	540	
8	cos		1	-1	1	-1	0
9	sin		0	0	0	0	0
10		1,5	0	270	540	810	
11	cos		1	0	-1	0	0
12	sin		0	-1	0	1	0
13		2	0	360	720	1080	
14	cos		1	1	1	1	4
15	sin		0	0	0	0	0
16		2,5	0	450	900	1350	
17	cos		1	0	-1	0	0
18	sin		0	1	0	-1	0
19		3	0	540	1080	1620	
20	cos		1	-1	1	-1	0

Bild 2: Ausschnitt aus einem Blatt eines Tabellenkalkulationsprogramms zur Bildung der Testsummen

C8 f_x =RUNDEN(COS(C7*PI()/180);5)

	A	B	C	D	E	F	G
1	Zylinder	1	2	3	4		
2	Zündwinkel	0	180	360	540		
3	Ordnung					Summen	
4		0,5	0	90	180	270		
5	cos		1	0	-1	0	0	
6	sin		0	1	0	-1	0	
7		1	0	180	360	540		
8	cos		1	-1	1	-1	0	
9	sin		0	0	0	0	0	

Bild 3: Detail zur Berechnung der Testsummen in einer Zelle des Tabellenkalkulationsprogramms

2.8 Momentenverlauf im Verbrennungsmotor

Zu 2):

	A	B	C	D	E	F	G	H	I	J	K	L
1	Zylinder	1	2	3	4	5	6	7	8	9	10	
2	Zündwinkel	0	90	144	234	288	378	432	522	576	666	
3	Ordnung											Summen
4	0,5	0	45	72	117	144	189	216	261	288	333	
5	cos	1	0,707	0,309	-0,45	-0,81	-0,99	-0,81	-0,16	0,309	0,891	0
6	sin	0	0,707	0,951	0,891	0,588	-0,16	-0,59	-0,99	-0,95	-0,45	0
7	1	0	90	144	234	288	378	432	522	576	666	
8	cos	1	0	-0,81	-0,59	0,309	0,951	0,309	-0,95	-0,81	0,588	0
9	sin	0	1	0,588	-0,81	-0,95	0,309	0,951	0,309	-0,59	-0,81	0
10	1,5	0	135	216	351	432	567	648	783	864	999	
11	cos	1	-0,71	-0,81	0,988	0,309	-0,89	0,309	0,454	-0,81	0,156	0
12	sin	0	0,707	-0,59	-0,16	0,951	-0,45	-0,95	0,891	0,588	-0,99	0
13	2	0	180	288	468	576	756	864	1044	1152	1332	
14	cos	1	-1	0,309	-0,31	-0,81	0,809	-0,81	0,809	0,309	-0,31	0
15	sin	0	0	-0,95	0,951	-0,59	0,588	0,588	-0,59	0,951	-0,95	0
16	2,5	0	225	360	585	720	945	1080	1305	1440	1665	
17	cos	1	-0,71	1	-0,71	1	-0,71	1	-0,71	1	-0,71	1,4645
18	sin	0	-0,71	0	-0,71	0	-0,71	0	-0,71	0	-0,71	-3,5356
19	3	0	270	432	702	864	1134	1296	1566	1728	1998	

Bild 4: Ausschnitt aus einem Blatt eines Tabellenkalkulationsprogramms für den 10-Zylinder V-Motor

Die vergleichbare Tabelle für den 10-Zylinder V-Motor ist in Bild 4 dargestellt. Es ist erkennbar, dass die erste Ordnung, die nicht ausgeglichen ist, die 2,5. Ordnung ist. Es folgen schließlich die 5. und die 7,5. Ordnung. Die 10. Ordnung ist interessanterweise ausgeglichen.

Aus den in Bild 2 und Bild 4 dargestellten Ergebnissen lässt sich schließen:

- Beim 4-Zylinder-Motor sind die geraden Ordnungen nicht ausgeglichen.
- Beim 10-Zylinder V-Motor mit den Zündabständen 54°–90°–54°–90°–... sind die Ordnungen 2,5, 5 und 7,5 nicht ausgeglichen.

Zu 3):

Mit den Testsummen einer nicht ausgeglichenen Ordnung kann die Amplitude $\hat{C}_k$ des Moments für diese Ordnung berechnet werden. Es gilt für eine nicht ausgeglichene Ordnung k

$$\hat{C}_k = C_k \sqrt{T_{ck}^2 + T_{sk}^2} \,. \tag{5}$$

Beim 4-Zylinder Motor gilt für alle nicht ausgeglichenen Ordnungen $T_c = 4$ und $T_s = 0$. Die Momentenamplituden können aus Bild 1b näherungsweise abgelesen werden:

$$C_2 \approx 160\,\text{Nm}, \quad C_4 \approx 62\,\text{Nm}, \quad C_6 \approx 26\,\text{Nm},$$
$$C_8 \approx 14\,\text{Nm}, \quad C_{10} \approx 9\,\text{Nm}. \tag{6}$$

Durch Multiplikation mit $T_c = 4$ für alle Ordnungen ergibt sich

$$\hat{C}_2 \approx 640\,\text{Nm}, \quad \hat{C}_4 \approx 248\,\text{Nm}, \quad \hat{C}_6 \approx 104\,\text{Nm},$$
$$\hat{C}_8 \approx 56\,\text{Nm}, \quad \hat{C}_{10} \approx 36\,\text{Nm}. \tag{7}$$

Bemerkenswert an diesem Ergebnis ist, dass die Amplitude von $\hat{C}_2$ deutlich größer als das konstante Moment $4C_0 = 364\,\text{Nm}$ ist. Somit wird das Moment des Motors während eines Zyklus mehrfach negativ, was durch eine entsprechende Schwungmasse ausgeglichen werden muss.

Beim 10-Zylinder V-Motor gilt für die nicht ausgeglichene Ordnung

$$T_{2,5} = \sqrt{T_{c2,5}^2 + T_{s2,5}^2} = \sqrt{1{,}4645^2 + (-3{,}5356)^2} = 3{,}827.$$

Analog ergeben sich $T_5 = 5$ und $T_{7,5} = 9{,}239$. Die Momentenamplituden können aus Bild 1b näherungsweise abgelesen werden:

$$C_{2,5} \approx 125\,\text{Nm}, \quad C_5 \approx 38\,\text{Nm}, \quad C_{7,5} \approx 16\,\text{Nm}. \tag{8}$$

Durch Multiplikation mit den entsprechenden Faktoren für alle Ordnungen ergibt sich

$$\hat{C}_{2,5} \approx 478\,\text{Nm}, \quad \hat{C}_5 \approx 190\,\text{Nm}, \quad \hat{C}_{7,5} \approx 148\,\text{Nm}. \tag{9}$$

Bei diesem Motor ist die Amplitude von $\hat{C}_{2,5}$ deutlich kleiner als $10C_0 = 910\,\text{Nm}$. Somit würde der Motor auch ohne Schwungmasse durchlaufen, das abgegebene Moment ist immer positiv.

> **In einem Verbrennungsmotor entsteht durch die stark schwankenden Gas- und Massenkräfte in den Zylindern ein periodisches Moment an der Abtriebswelle. Welche harmonischen Ordnungen in diesem Moment enthalten sind, hängt von der Zylinderzahl des Motors, dem Arbeitstakt und dem Zündabstand der Zylinder ab. Bei 4-Takt-Motoren müssen immer auch die halben Drehzahlordnungen beachtet werden, da ein kompletter Zyklus zwei volle Motorumdrehungen dauert. Für eine vollständige Betrachtung müssen auch die periodischen Massenmomente berücksichtigt werden, die allerdings nur von der Drehzahl des Motors und nicht von der Last abhängen.**

2.9 Lastdrehen am Hubseil

Ein Kranfahrer muss bei Auslegerdrehkranen die am Kranhaken hängende Last (z. B. Container bei der Schiffsentladung) drehen können. Auch ohne äußere Abstützung ist es möglich, die am Seil angehängte Last in eine beliebige Position zu drehen, wenn ein gegensinnig rotierendes Schwungrad ein Momentenpaar erzeugt, das auf beide Rotoren wirkt (actio = reactio). Beim Anfahren und Abbremsen muss beim Umschlagbetrieb eine genaue Positionierung der Last erfolgen. Das Seil wird hier als ideal torsionsweich angenommen. [‡]

Die Bewegung erfolgt durch Handsteuerung und besteht aus den drei Etappen der Motor-Beschleunigung, des Leerlaufs und der Bremsung. Der Motor ist in der Lage, ein konstantes Moment in beiden Drehrichtungen (Antrieb/Gegenstrombremsung) bis zu einer maximalen Drehzahl von 1450 U/min aufzubringen.

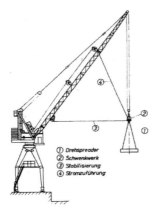
(a) Einlenker-Wippdrehkran

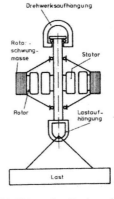
(b) Skizze des Drehwerks

Bild 1: Zur Definition der Aufgabe mit Bild aus [80]

Gegeben:

$\lvert\varphi_{2e}\rvert = 90°$	Drehwinkel der Last
$t_e = 30\,\text{s}$	Zeit für diese Drehung
$M = 10\,\text{N}\,\text{m}$	Motormoment in erster Etappe ($0 \leq t \leq t_1$)
$M = 0\,\text{N}\,\text{m}$	Motormoment in zweiter Etappe ($t_1 \leq t \leq t_2$)
$M = -10\,\text{N}\,\text{m}$	Motormoment in dritter Etappe ($t_2 \leq t \leq t_e$)
$J_1 = 0{,}6\,\text{kg}\,\text{m}^2$	Trägheitsmoment von Motorläufer und Schwungrad
$J_2 = 1000\,\text{kg}\,\text{m}^2$	Trägheitsmoment von Stator und Last

---

[‡]Autor: Hans Dresig

Gesucht:

1) Bewegungsgleichung für das Modell gemäß Bild 1b
2) Drehgeschwindigkeiten und Drehwinkel am Ende der Beschleunigungsetappe
3) Drehwinkel nach der Bremsung
4) Etappenzeiten t_1 und t_2 sowie Drehzahlen und Endwinkel der Etappen

Lösung:

Zu 1):

Das Berechnungsmodell des Systems Schwungrad – angehängte Last besteht aus dem Trägheitsmoment J_1 vom Motorläufer (einschließlich Schwungrad) und dem Trägheitsmoment J_2, welches die Drehträgheit des Stators und der Last zusammenfasst, vgl. Bild 2.

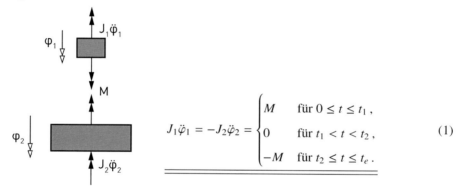

$$J_1\ddot{\varphi}_1 = -J_2\ddot{\varphi}_2 = \begin{cases} M & \text{für } 0 \le t \le t_1, \\ 0 & \text{für } t_1 < t < t_2, \\ -M & \text{für } t_2 \le t \le t_e. \end{cases} \quad (1)$$

Bild 2: Modell des Drehwerks mit Last mit Bewegungs-Differentialgleichungen

Das elektromagnetische Moment des Elektromotors, das zwischen Stator und Läufer entsteht, wirkt auf beide Seiten in entgegengesetzter Richtung. Die Drehwinkel gegenüber dem raumfesten Bezugssystem werden mit φ_1 und φ_2 bezeichnet. Die Bewegungsgleichungen folgen für die drei Etappen aus dem Momentensatz der Mechanik.

Zu 2):

Die Lösung behandelt zunächst die erste Etappe. Beide Scheiben sind anfangs bei $t = 0$ in Ruhe, d. h. die Anfangsbedingungen lauten

$$t = 0: \quad \varphi_k(0) = 0; \; \dot{\varphi}_k(0) = 0, \quad k = 1, 2. \quad (2)$$

Es lassen sich beide Gleichungen zusammenfassen, wenn der Faktor $(-1)^{k+1}$ eingeführt wird, welcher für alternative Vorzeichen in Abhängigkeit der Indizes der Scheiben ($k = 1$ und $k = 2$) sorgt. Integration von (1) unter Berücksichtigung der

2.9 Lastdrehen am Hubseil

Anfangsbedingungen liefert für die erste Etappe, während der beide Scheiben in entgegengesetzter Drehrichtung beschleunigt werden:

$$0 \leq t \leq t_1: \quad \dot{\varphi}_k(t) = (-1)^{k+1}\frac{M}{J_k}t; \quad \varphi_k(t) = \frac{1}{2}(-1)^{k+1}\frac{M}{J_k}t^2. \tag{3}$$

Am Ende der ersten Etappe, zur Zeit t_1, betragen die Drehgeschwindigkeiten und die Drehwinkel für $k = 1$ und $k = 2$

$$\dot{\varphi}_k(t_1) = (-1)^{k+1}\frac{M}{J_k}t_1 = \Omega_{k1}, \quad \varphi_k(t_1) = \frac{1}{2}(-1)^{k+1}\frac{M}{J_k}t_1^2 = \varphi_{k1}. \tag{4}$$

Zu 3):

Die Endbedingungen (5) und (6) der ersten Etappe sind identisch mit den Anfangsbedingungen der zweiten Etappe. Während der zweiten Etappe ist das Moment $M = 0$. Die Drehgeschwindigkeiten bleiben beim Leerlauf konstant:

$$t_1 \leq t \leq t_2: \quad \dot{\varphi}_k(t) = \Omega_{k1}, \quad \varphi_k(t) = \Omega_{k1}(t - t_1) + \varphi_{k1}. \tag{5}$$

Am Ende der zweiten Etappe betragen die Zustandsgrößen zur Zeit t_2:

$$\dot{\varphi}_k(t_2) = \Omega_{k1}, \quad \varphi_k(t_2) = \Omega_{k1}(t_2 - t_1) + \varphi_{k1} = \varphi_{k2}. \tag{6}$$

Die Endbedingungen der zweiten Etappe entsprechen den Anfangsbedingungen der dritten Etappe. Die Bewegungsgleichungen der dritten Etappe berücksichtigen das Moment der Gegenstrombremsung, vgl. (1). Damit gilt für

$$t_2 \leq t \leq t_3: \quad J_k\ddot{\varphi}_k = (-1)^k M, \quad\quad k = 1, 2. \tag{7}$$

Die Integration von (7) mit Berücksichtigung der Anfangsbedingungen (6) ergibt während der Bremsung die Drehgeschwindigkeiten und die Drehwinkel während der dritten Etappe:

$$\dot{\varphi}_k(t) = (-1)^k\frac{M}{J_k}(t - t_2) + \Omega_{k1}, \quad\quad k = 1, 2; \tag{8}$$

$$\varphi_k(t) = \frac{1}{2}(-1)^k\frac{M}{J_k}(t - t_2)^2 + \Omega_{k1}(t - t_2) + \varphi_{k2}, \quad k = 1, 2. \tag{9}$$

Die dritte Etappe ist beendet, wenn sich die Last um den geforderten Winkel φ_{2e} gedreht hat und sowohl der Motor als auch die Last still stehen. Bild 3 zeigt die kinematischen Verläufe in den drei Etappen.

Die Endbedingungen der dritten Etappe beschreiben den Endzustand, bei dem beide Drehgeschwindigkeiten null sind und die Last den geforderten Drehwinkel φ_{2e} im Stillstand erreicht hat. Aus (8) folgen die Bedingungen (10) und (12), die erfüllt sein müssen:

$$\dot{\varphi}_k(t_e) = (-1)^k\frac{M}{J_k}(t_e - t_2) + \Omega_{k1} = 0, \quad\quad k = 1, 2. \tag{10}$$

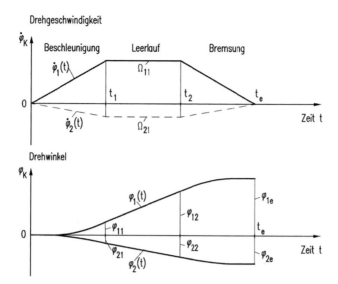

Bild 3: Verläufe von Drehgeschwindigkeit und Drehwinkel von Motor und Last (nicht maßstäblich)

Gleichung (10) liefert nach dem Einsetzen von Ω_{k1} aus (5) die Aussage

$$M(t_e - t_2 - t_1) = 0, \text{ bzw. } t_e - t_2 = t_1. \tag{11}$$

Die Beschleunigungszeit t_1 ist demnach ebenso groß wie die Bremszeit $(t_e - t_2)$, vgl. auch Bild 2. Aus (9) ergeben sich die Endwinkel beider Scheiben nach der Zeit $t_e = t_3$

$$\varphi_k(t_e) = \frac{1}{2}(-1)^k \frac{M}{J_k}(t_e - t_2)^2 + \Omega_{k1}(t_e - t_2) + \varphi_{k2} = \varphi_{ke}. \tag{12}$$

Nach dem Einsetzen von Ω_{k1} aus (4), φ_{k2} aus (6) und t_e aus (11) in (12) ergibt sich dafür nach einigen Umformungen folgender kurze Ausdruck:

$$\varphi_{ke} = (-1)^{k+1} \frac{M}{J_k} t_1 t_2. \tag{13}$$

Für $k = 2$ ist es die wichtige Bedingung, die zwischen den beteiligten Parametern erfüllt sein muss, wenn die ruhende Last innerhalb der Zeit t_e um den Winkel φ_{2e} bis zum wiederholten Stillstand gedreht wird. Für $k = 1$ kann aus (13) berechnet werden, um welchen Winkel sich der Motorläufer während der Zeit t_e in entgegengesetzter Richtung der Last gedreht hat.

2.9 Lastdrehen am Hubseil

Zu 4):

Aus dem gegebenem Motormoment M, der Endzeit t_e, dem Trägheitsmoment J_2 und dem Drehwinkel φ_{2e} lassen sich die Umschaltzeiten t_1 und t_2 berechnen. Aus (13) folgt für $k = 2$ in Verbindung mit (11) – je nachdem, ob dabei t_1 oder t_2 eliminiert wird – eine quadratische Gleichung zur Bestimmung der Umschaltzeiten t_n:

$$t_n^2 - t_n t_e + J_2 \varphi_{2e}/M = 0, \qquad n = 1, 2. \tag{14}$$

Sie hat zwei Lösungen. Von den Lösungen ist diejenige physikalisch sinnvoll, bei welcher $t_2 > t_1$ ist, d. h. es ist

$$t_1 = \frac{t_e}{2} - \sqrt{\left(\frac{t_e}{2}\right)^2 - \frac{J_2}{M}\varphi_{2e}}; \qquad t_2 = \frac{t_e}{2} + \sqrt{\left(\frac{t_e}{2}\right)^2 - \frac{J_2}{M}\varphi_{2e}}. \tag{15}$$

Tabelle 1: Winkel und Drehgeschwindigkeiten am Ende der drei Etappen

n	Zeit t_n in s	Winkel φ_{1n} in rad	Drehgeschw. Ω_{1n} rad/s	U/min	Winkel φ_{2n} rad	Grad	Drehgeschw. Ω_{2n} rad/s	U/min
1	6,76	380,7	112,6	1076	0,228	13,1	0,0676	0,645
2	23,24	2237	112,6	1076	1,342	77,9	0,0676	0,645
3	30	2618	0	0	1,571	90	0	0

Tabelle 1 fasst die Ergebnisse zusammen, die sich aus den hergeleiteten Formeln mit den Daten der Aufgabenstellung für die Drehgeschwindigkeiten und die Drehwinkel von Motor und Last ergeben. Der Index $n = 3$ in der Tabelle entspricht dem Index e.

Die Antriebsart dieses Drehwerks hat den Vorteil, dass das Antriebsmoment ohne zusätzliche Bauteile auf den Abtrieb übertragen wird, wie sie sonst in Antriebssystemen benötigt werden. Bei der Anwendung auf Container sind weitere Steuerungsmaßnahmen erforderlich, vgl. auch die Typenreihe in [81], die für verschiedene Tragfähigkeiten der Hebezeuge zum Einsatz kommt. Den Effekt, dass sich ein realer (nicht starrer) Körper durch innere Kräfte selbst verdrehen kann, nutzen auch stürzende Katzen aus, um bei der Landung auf die Beine zu fallen.

Weiterführende Literatur

[79] Werth, H.: „Antrieb für eine Drehvorrichtung." Auslegeschrift 25 09 644, int. Cl.: H 02 K 17/12. Bekanntmachungstag: 10. Februar 1977.

[80] Werth, H.: *Neuentwicklung- Eigenstabilisiertes Drehwerk*. Bd. Sonderheft zur Hannover-Messe 1975. 1975.

[81] Werth, H., M. Brendecke und H. Fischer: „Lastdrehvorrichtung". Patentschrift DE 2839 723 int. Cl., B 66C 13/08. Patenterteilung: 3. November 1983.

2.10 Freie Massenkräfte und –momente in einem Fünfzylindermotor

Die oszillierenden Kolben in einem Verbrennungsmotor erzeugen freie Massenkräfte, die sich am Motorgehäuse bemerkbar machen und den Motor in seiner typischerweise elastischen Lagerung zu Schwingungen anregen können. Da die Wirkungslinien der Kräfte in einem Mehrzylindermotor axial gegeneinander versetzt sind, führen die Massenkräfte mit ihren Hebelarmen auch zu Massenmomenten. Die resultierenden freien Massenkräfte und –momente hängen von der räumlichen Gestalt der Kurbelwelle und damit der Zylinderzahl und der Zündfolge ab. ‡

Es wird ein Viertakt-Reihenmotor mit fünf Zylindern (R5-Motor) betrachtet. Dieser sogenannte homogene Motor hat gleiche Massen der Triebwerksteile aller Kröpfungen und gleiche axiale Zylinderabstände a, vgl. Bild 1.

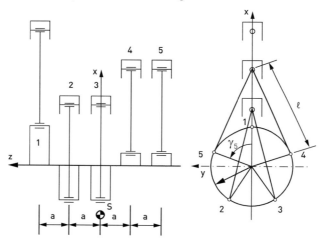

Bild 1: Seiten- und Vorderansicht des 5-Zylindermotors. Im Kurbelstern ist aus Gründen der Übersichtlichkeit lediglich der Winkel γ_5 eingetragen

Gegeben:

$m = 1\,\text{kg}$	Masse des Kolbens und anteilige Masse des Pleuels
$r = 0{,}05\,\text{m}$	Hubzapfenradius
$l = 0{,}15\,\text{m}$	Pleuellänge
$n = 3000\,\text{min}^{-1}$	Motordrehzahl
$a = 0{,}1\,\text{m}$	Abstand zwischen zwei benachbarten Zylinderachsen
γ_1 bis γ_5	Kröpfungswinkel der Kurbelwelle für Zylinder 1–5: $\gamma_1 = 0°$, $\gamma_2 = 144°$, $\gamma_3 = 216°$, $\gamma_4 = 288°$ und $\gamma_5 = 72°$

---

‡ Autor: Michael Beitelschmidt

2.10 Freie Massenkräfte und –momente in einem Fünfzylindermotor

Gesucht:

1) Freie Massenkräfte in x-Richtung für die Ordnungen 1 bis 4

2) Freie Massenmomente um die y-Achse (Kippmoment) für die Ordnungen 1 bis 4 bezüglich des Motorschwerpunktes, der in der Motormitte bei Zylinder 3 liegt.

Hinweis: Zunächst soll mit dem Ausgleichstheorem geprüft werden, welche Ordnungen in den resultierenden Größen überhaupt auftreten.

Lösung:

Da die Kolben eine periodische Bewegung ausführen, lassen sich die Massenkräfte in Form einer FOURIER-Reihe angeben, vgl. Aufgabe 2.2. Die freie Massenkraft des Kolbens i kann näherungsweise mit der Formel

$$F_{x,i} = mr\Omega^2 (A_1 \cos \varphi_i + A_2 \cos 2\varphi_i + A_4 \cos 4\varphi_i + \cdots) \tag{1}$$

bestimmt werden. Der Winkel $\varphi_i = \Omega t + \gamma_i$ ergibt sich aus der Verdrehung der gesamten Kurbelwelle Ωt und dem jeweiligen Kröpfungswinkel γ_i. Die Koeffizienten lassen sich als Potenzreihen des Pleuelstangenverhältnisses (Kurbelverhältnis) $\lambda = r/l$ darstellen und lauten näherungsweise

$$A_1 = 1, \qquad A_2 = \lambda + \frac{1}{4}\lambda^3 + \frac{15}{128}\lambda^5, \qquad A_4 = -\frac{1}{4}\lambda^3 - \frac{3}{16}\lambda^5. \tag{2}$$

Zu 1):

Die freie Massenkraft aller fünf Kolben ist die Summe der Kräfte aller einzelnen Kolben-Pleuel-Systeme:

$$F_x = \sum_{i=1}^{5} F_{x,i} = mr\Omega^2 \sum_{i=1}^{5} \sum_{k=1,2,4} A_k \cos k(\Omega t + \gamma_i). \tag{3}$$

Unter Verwendung von Additionstheoremen und einigen Umstellungen ergibt sich daraus

$$F_x = mr\Omega^2 \sum_{k=1,2,4} A_k \left(\cos k\Omega t \sum_{i=1}^{5} \cos(k\gamma_i) - \sin k\Omega t \sum_{i=1}^{5} \sin(k\gamma_i) \right). \tag{4}$$

Aus (4) ist zu erkennen, dass die Harmonische k-ter Ordnung der resultierenden Kraft vollständig ausgeglichen ist, wenn die Summen

$$T_{ck} = \sum_{i=1}^{5} \cos k\gamma_i = 0, \qquad T_{sk} = \sum_{i=1}^{5} \sin k\gamma_i = 0 \tag{5}$$

mit den Testsummen T erfüllt sind, siehe hierzu [22]. Die Formeln (5) werden als Ausgleichstheorem bezeichnet. Die Testsummen müssen für die Ordnungen 1, 2 und 4 gebildet werden:

$$T_{c1} = \cos 0° + \cos 144° + \cos 216° + \cos 288° + \cos 72° = 0,$$
$$T_{s1} = \sin 0° + \sin 144° + \sin 216° + \sin 288° + \sin 72° = 0.$$
(6)

Damit ist die erste Ordnung ausgeglichen.

$$T_{c2} = \cos 0° + \cos 288° + \cos 432° + \cos 576° + \cos 144° = 0,$$
$$T_{s2} = \sin 0° + \sin 288° + \sin 432° + \sin 576° + \sin 144° = 0.$$
(7)

Damit ist die zweite Ordnung auch ausgeglichen.

$$T_{c4} = \cos 0° + \cos 576° + \cos 864° + \cos 1152° + \cos 288° = 0,$$
$$T_{s4} = \sin 0° + \sin 576° + \sin 864° + \sin 1152° + \sin 288° = 0.$$
(8)

Damit ist auch die vierte Ordnung ausgeglichen. Der R5-Motor erzeugt somit keine freien Massenkräfte, was ihm z. B. im Vergleich zum verbreiteten R4-Motor einen deutlichen Laufruhevorteil verschafft. Beim R4-Motor sind dafür Ausgleichswellen erforderlich, siehe hierzu Aufgabe 2.5.

Zu 2):

Das resultierende freie Massenmoment um die y-Achse ergibt sich aus der Summe der Massenmomente der einzelnen Kolben-Pleuel-Systeme:

$$M_y = \sum_{i=1}^{5} z_i F_{x,i} = mr\Omega^2 \sum_{i=1}^{5} \sum_{k=1,2,4} z_i A_k \cos k(\Omega t + \gamma_i),$$
(9)

wobei z_i den Hebelarm der Massenkraft bezüglich des Bezugspunktes ausdrückt, der bei Zylinder 3 liegen soll. Aus Bild 1 kann

$$z_1 = 2a, \quad z_2 = a, \quad z_3 = 0, \quad z_4 = -a \quad \text{und} \quad z_5 = -2a$$
(10)

abgelesen werden. Analog zu (3) lässt sich (9) unter Verwendung von Additionstheoremen umstellen in die Form

$$M_y = mr\Omega^2 \sum_{k=1,2,4} A_k \left(\cos k\Omega t \sum_{i=1}^{5} z_i \cos(k\gamma_i) - \sin k\Omega t \sum_{i=1}^{5} z_i \sin(k\gamma_i) \right).$$
(11)

Aus (11) ist zu erkennen, dass die Harmonischen k-ter Ordnung des Massenmoments vollständig ausgeglichen sind, falls gilt:

$$P_{ck} = \sum_{i=1}^{5} z_i \cos k\gamma_i = 0, \quad P_{sk} = \sum_{i=1}^{5} z_i \sin k\gamma_i = 0.$$
(12)

2.10 Freie Massenkräfte und –momente in einem Fünfzylindermotor

Dazu werden wieder die Testsummen P gemäß (12) für die Ordnungen 1, 2 und 4 gebildet:

$$P_{c1} = 2a\cos 0° + a\cos 144° - a\cos 288° - 2a\cos 72° = 0{,}263\,a\,,$$
$$P_{s1} = 2a\sin 0° + a\sin 144° - a\sin 288° - 2a\sin 72° = -0{,}363\,a\,. \tag{13}$$

Das Moment erster Ordnung tritt auf, da die Ausgleichsbedingung nicht erfüllt ist.

$$P_{c2} = 2a\cos 0° + a\cos 288° - a\cos 576° - 2a\cos 144° = 4{,}736\,a\,,$$
$$P_{s2} = 2a\sin 0° + a\sin 288° - a\sin 576° - 2a\sin 144° = -1{,}539\,a\,. \tag{14}$$

Das Moment zweiter Ordnung ist somit auch nicht ausgeglichen.

$$P_{c4} = 2a\cos 0° + a\cos 576° - a\cos 1152° - 2a\cos 288° = 0{,}264\,a\,,$$
$$P_{s4} = 2a\sin 0° + a\sin 576° - a\sin 1152° - 2a\sin 288° = 0{,}363\,a\,. \tag{15}$$

Das Moment vierter Ordnung ist ebenfalls nicht ausgeglichen. Der R5-Motor erzeugt freie Massenmomente in allen drei Ordnungen. Die tatsächliche Amplitude des freien Massenmoments k-ter Ordnung lässt sich aus (11) und (12) unter Anwendung der trigonometrischen Additionstheoreme mit folgender Formel berechnen:

$$\hat{M}_k = mr\Omega^2 \sqrt{A_k^2 (P_{ck}^2 + P_{sk}^2)}\,. \tag{16}$$

Für die Bestimmung der Zahlenwerte wird zunächst

$$\lambda = \frac{1}{3};\qquad mr\Omega^2 = 4934{,}8\,\text{kgm/s}^2 = 4934{,}8\,\text{N} \tag{17}$$

berechnet. Aus (2) ergeben sich

$$A_1 = 1,\quad A_2 = 0{,}3431,\quad \text{und}\quad A_4 = -0{,}0101\,. \tag{18}$$

Nun können mit Gleichung (16) die Amplituden der Kippmomente erster, zweiter und vierter Ordnung bestimmt werden:

$$\hat{M}_1 = \sqrt{0{,}263^2 + 0{,}363^2}\ 0{,}1 \cdot 4934{,}8 = 221{,}6\,\text{Nm}\,, \tag{19}$$

$$\hat{M}_2 = \sqrt{4{,}376^2 + 1{,}539^2}\ 0{,}1 \cdot 1693{,}1 = 843{,}1\,\text{Nm}\,, \tag{20}$$

$$\hat{M}_4 = \sqrt{0{,}246^2 + 0{,}363^2}\ 0{,}1 \cdot 49{,}8 = 2{,}24\,\text{Nm}\,. \tag{21}$$

Dominant ist die zweite Ordnung, die vierte Ordnung kann quasi vernachlässigt werden.

Der Fünfzylinder-Reihenmotor erzeugt keine freien Massenkräfte, jedoch treten freie Massenmomente in den Ordnungen 1, 2 und 4 auf. Mit der vorgestellten Methode können für Reihenmotoren mit beliebig vielen Zylindern die analogen Berechnungen durchgeführt werden. Dabei zeigt sich, dass die Motoren mit ungeraden Zylinderzahlen keine freien Massenkräfte jedoch freie Massenmomente erzeugen. Motoren mit einer Kurbelwelle mit einer Symmetrieebene senkrecht zur Drehachse erzeugen keine freien Massenmomente. Diese Geometrie ist jedoch nur bei geraden Zylinderzahlen möglich.

3 Fundamentierung und Schwingungsisolierung

3.1 Motoraufstellung auf einer Wippe

Bei Maschinen mit Riemen- oder Kettenabtrieb werden Motoraufstellungen häufig auf Wippen vorgenommen. Die Isolierwirkung einer solchen Konstruktion soll gegenüber einer starren Aufstellung untersucht werden. [‡]

Der Motor eines Mähdreschers wird zur Schwingungsisolierung auf einer Wippe gelagert (Bild 1). Welche Verringerung der auf den Rahmen in den Punkten A und B eingeleiteten dynamischen Kräfte ist damit gegenüber der starren Lagerung theoretisch möglich?

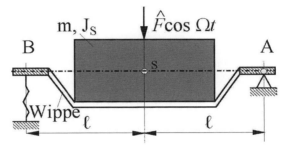

Bild 1: Berechnungsmodell der Lagerung auf einer Wippe

Gegeben:

- m Masse des Motors
- J_S das auf die Schwerachse senkrecht zur Bewegungsebene bezogene Massenträgheitsmoment des Motors
- $\hat{F}$ die bei konstanter Drehzahl (Erregerkreisfrequenz Ω) wirkende Erregerkraft
- c die Federkonstante der Isolationsfeder
- ℓ die Schwerpunktsabstände. Diese sind gegenüber der Federlänge so groß, dass die Federkraft als im Punkt B angreifend angenommen werden kann

Gesucht:

1) Amplituden der dynamischen Auflagerkräfte in A und B bei elastischer Lagerung
2) Amplituden der dynamischen Auflagerkräfte in A und B bei starrer Lagerung
3) Verhältnis der Auflagerkräfte

[‡] Autor: Michael Scheffler, Quelle [34, Aufgabe 21]

Lösung:

Zu 1):

Das Freikörpermodell ist in Bild 2 in ausgelenkter Lage dargestellt. Der Freiheitsgrad ist eins. Als generalisierte Koordinate wird zweckmäßigerweise der Neigungswinkel φ der Wippe eingeführt.

3.1 Motoraufstellung auf einer Wippe

Die dynamische Kraft im Punkt B ist damit bei elastischer Aufstellung:

$$\hat{F}_{\text{Bel}} = 2\ell c \varphi = \frac{\hat{F}}{2} \frac{1}{1-\eta^2}; \quad \underline{F_{\text{Bel}} = \hat{F}_{\text{Bel}} \cos \Omega t}. \tag{7}$$

Zur Berechnung der Lagerkraft F_A muss das Kräftegleichgewicht (hier zunächst für die elastische Aufstellung)

$$m\ddot{x}_S + \left(\hat{F}_{\text{Ael}} + \hat{F}_{\text{Bel}} - \hat{F}\right)\cos \Omega t = 0 \tag{8}$$

ausgewertet werden. Mit zweifacher Ableitung der Zwangsbedingung (2) nach der Zeit

$$\ddot{x}_S = \ell \ddot{\varphi} \tag{9}$$

ergibt sich

$$-\frac{m\ell \Omega^2 \hat{F}}{4c\ell(1-\eta^2)} + \hat{F}_{\text{Ael}} + \frac{\hat{F}}{2} \frac{1}{1-\eta^2} - \hat{F} = 0. \tag{10}$$

Unter Verwendung von

$$\Omega^2 = \eta^2 \omega_0^2 = \frac{\eta^2 4 c \ell^2}{J_S + m\ell^2} \tag{11}$$

berechnet sich im Ergebnis die dynamische Kraftamplitude im Lager A zu

$$\underline{\hat{F}_{\text{Ael}} = \frac{\hat{F}}{2}\left(\frac{\eta^2}{1-\eta^2} \cdot \frac{2}{1+\frac{J_S}{m\ell^2}} - \frac{1}{1-\eta^2} + 2\right)} \quad \text{und} \tag{12}$$

$$\underline{F_{\text{Ael}} = \hat{F}_{\text{Ael}} \cos \Omega t}. \tag{13}$$

Zu 2):
Bei starrer Aufstellung zeigt sich aus Gleichgewichtsgründen

$$\underline{\hat{F}_{\text{Bstarr}} = \frac{\hat{F}}{2} \cos \Omega t} \quad \text{und} \quad \underline{\hat{F}_{\text{Astarr}} = \frac{\hat{F}}{2} \cos \Omega t}. \tag{14}$$

Zu 3):
Das Verhältnis der Kräfte von elastischer und starrer Aufstellung im Punkt B ist also

$$\underline{\frac{\hat{F}_{\text{Bel}}}{\hat{F}_{\text{Bstarr}}} = \left|\frac{1}{1-\eta^2}\right|}. \tag{15}$$

Bei starrer Aufstellung im Punkt A wirkt weiterhin

$$\hat{F}_{\text{Astarr}} = \frac{\hat{F}}{2}, \tag{16}$$

und es folgt somit

$$\frac{\hat{F}_{Ael}}{\hat{F}_{Astarr}} = \frac{1}{1-\eta^2}\left(\frac{2\eta^2}{1+\frac{J_S}{m\ell^2}} - 1\right) + 2 .\qquad(17)$$

Schlussfolgerungen

Während im Auflager B nach (15) die beste Isolierwirkung für $\eta \to \infty$ auftritt, dabei wird

$$\hat{F}_{Bel}/\hat{F}_{Bstarr} \to 0 ,\qquad(18)$$

ist die Isolierwirkung im Auflager A stark vom Verhältnis $J_S/m\ell^2$ abhängig. Bild 3 zeigt diesen Einfluss. Wird $J_S = mi^2$ (mit i - Trägheitsradius) gesetzt, so wird für $i = \ell$ das Verhältnis unabhängig von η.

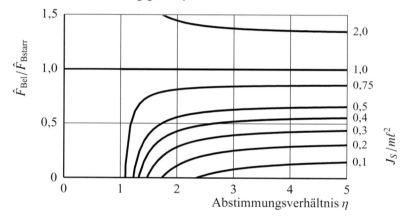

Bild 3: Einfluss des Verhältnisses $J_S/m\ell^2$ (kursiv gesetzte Werte an den Kurven) auf die Isolierwirkung im Lager A

Üblicherweise wird für die Isolierwirkung bei tiefer Abstimmung $\eta > 3$ gewählt, für Punkt B ergibt sich damit:

$$\frac{\hat{F}_{Bel}}{\hat{F}_{Bstarr}} < 0{,}125 .\qquad(19)$$

Eine entsprechende Isolierung ist im Punkt A bei $\eta = 3$ nur mit $J_S/m\ell^2 < 0{,}125$ und damit $i/l < 0{,}354$ zu erreichen.

Eine Isolierwirkung tritt bei Wippenanordnung nur dann auf, wenn der Abstand des Schwerpunktes vom Wippengelenk bedeutend größer als der Trägheitsradius i ist.

3.2 Aufstellung einer Nähmaschine

Bei Haushalt- und Industrienähmaschinen wird ein hoher Bedienkomfort verlangt, was u. a. eine entsprechende Laufruhe beinhaltet. Dies wird vor allem durch Schwingungsisolatoren erreicht, welche so auszulegen sind, dass Resonanzen – auch solche höherer Ordnung – im Betriebsdrehzahlbereich ausgeschlossen sind. [‡]

Für eine Nähmaschine sollen die Federzahlen der 4 Schwingungsisolatoren (jeweils 2 auf jeder Seite, vgl. Bild 1) so bestimmt werden, dass bei Betrieb mit Nenndrehzahl keine Resonanzschwingungen auftreten. Haupterreger für die Schwingungen ist das Nadelstangengetriebe.

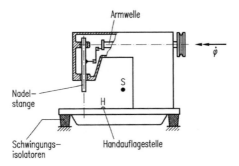

Bild 1: Prinzipieller Aufbau

Da Kippschwingungen um eine zur Armwelle parallele Achse nur in geringem Maße zu erwarten sind (die periodisch bewegte Nadelstange liegt näherungsweise in der von Armwelle und Schwerpunkt S aufgespannten Ebene), kann den Betrachtungen ein ebenes Starrkörpermodell zu Grunde gelegt werden (vgl. Bild 2).

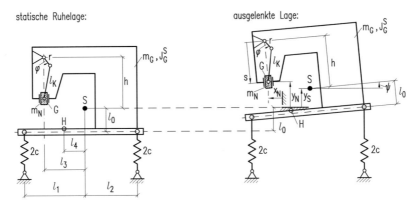

Bild 2: Ebenes Berechnungsmodell und Definition der Koordinaten

---

[‡] Autor: Ludwig Rockhausen, Quelle [18, Aufgabe 11]

Bei den hier vorzunehmenden Berechnungen sollen noch die folgenden Vereinfachungen und Modellannahmen berücksichtigt werden:

- Elastisch gelagerter Starrkörper mit innerem Schubkurbelmechanismus (Nadelstangenantrieb); die Aufstellelemente (Elastomerkörper) können als linearelastisch angenommen werden
- Ebenes Problem, wobei wegen vorausgesetztem kleinen Kippwinkel ($|\psi| \ll 1$) die Horizontalbewegungen des Schwerpunktes und der Federanlenkpunkte vernachlässigt werden (damit auch die Horizontalsteifigkeit der Aufstellelemente)
- Die Nadelstange sei als eine im Drehgelenk des Schiebers angeordnete Punktmasse modellierbar (ihre Drehträgheit ist sehr viel kleiner als die vom Gehäuse)
- Kurbel und Koppel des Nadelstangenantriebs können als masselos angenommen werden (Plastikteile)
- Der Antriebsmotor sei so stark, dass er eine konstante Antriebswinkelgeschwindigkeit $\Omega \sim n$ ($\varphi = \Omega t$) der Armwelle und damit der Kurbel erzwingt
- Dämpfung sei so gering, dass sie für das Eigenverhalten und für die stationären erzwungenen Schwingungen außerhalb von Resonanzen nicht berücksichtigt werden muss

Gegeben:

l_0		Höhe des Schwerpunktes über der Grundplatte
l_1	$= 220$ mm	Horizontale Abmessungen
l_2	$= 120$ mm	dto.
l_3	$= 165$ mm	dto.
l_4	$= 60$ mm	dto.
h	$= 58$ mm	Vertikale Lage der Armwelle bezüglich des Schwerpunktes
r	$= 17$ mm	Kurbelradius
l_K	$= 40$ mm	Länge der Koppel
m_G	$= 18$ kg	Gehäusemasse
J_G^S	$= 0{,}18$ kg m^2	Trägheitsmoment des Gehäuses bezüglich S
m_N	$= 0{,}05$ kg	Nadelstangenmasse
n_N	$= 1000$ min^{-1}	Nenndrehzahl der Armwelle

Gesucht:

1) Kinetische und potentielle Energie des Systems in Abhängigkeit der in Bild 2 eingeführten Lagekoordinaten (y_S, ψ, x_N, y_N, s, φ) bzw. ihrer Zeitableitungen

2) Aufstellung der Zwangsbedingungen und Darstellung der Nadelstangenbewegung in Form einer FOURIER-Reihe bezüglich des Kurbelwinkels φ

3.2 Aufstellung einer Nähmaschine

3) Linearisierte Bewegungsgleichungen für $\boldsymbol{q} = [y_S, \, l_3\psi]^\mathrm{T}$

4) Lösung des linearen Eigenwertproblems und Bestimmung der Federkonstante c so, dass für das Quadrat der Erregergrundkreisfrequenz bei Nenndrehzahl ($\Omega_N \sim n_N$) die Bedingung $\Omega_N^2 = (\omega_{01}^2 + \omega_{02}^2)/2$ gilt; Eigenfrequenzen des Schwingers

5) Effektivwert $\tilde{\ddot{y}}_H$ der Schwingbeschleunigung am Punkt H (Handauflage) im Drehzahlbereich $0{,}55 n_N \leq n \leq 1{,}35 n_N$ (stationärer Zustand)

(Hinweis: Nadelstangengetriebe in Bild 2 bez. der vertikalen Achse um 90° gedreht dargestellt; Dicke der Grundplatte gegenüber den anderen angegebenen Abmessungen vernachlässigbar)

Lösung:

Zu 1):

In Bild 2 sind die sechs Lagekoordinaten y_S, ψ, x_N, y_N, s, φ zur Beschreibung der Bewegung des Systems definiert.

Zur Aufstellung der Bewegungsgleichungen werden die LAGRANGEschen Gln. 2. Art genutzt, wofür die kinetische und potentielle Energie sowie die virtuelle Arbeit benötigt werden. Sie lassen sich unter den getroffenen Voraussetzungen wie folgt angeben:

$$W_\mathrm{kin} = \frac{1}{2}\left(m_G \dot{y}_S^2 + J_G^S \dot{\psi}^2 + m_N(\dot{x}_N^2 + \dot{y}_N^2)\right), \tag{1}$$

$$W_\mathrm{pot} = \frac{1}{2} 2c \left((y_S - l_1\psi)^2 + (y_S + l_2\psi)^2\right). \tag{2}$$

Da die Auslenkungen gegenüber der statischen Ruhelage gemessen werden, haben statische Einfederungen und Eigengewicht keinen Einfluss, weil sie miteinander im Gleichgewicht stehen.

Die virtuelle Arbeit $\delta W^{(e)}$ ist identisch null, da das an der Armwelle wirkende Antriebsmoment hier eine vorgegebene Antriebsbewegung $\varphi(t)$ der Kurbel erzeugt (wegen $\delta t \equiv 0$ gilt $\delta\varphi = \dot{\varphi}(t)\delta t \equiv 0$).

Zu 2):

Weil die Koordinate φ durch den Antrieb als Zeitfunktion vorgegeben ist und noch drei Zwangsbedingungen existieren, verbleibt ein System mit zwei Freiheitsgraden.

Aus Bild 3 sind zunächst eine horizontale und eine vertikale Längenbilanz ablesbar:

$$\left. \begin{aligned} s\sin\psi + x_N + l_3 &= l_3\cos\psi + h\sin\psi, \\ y_N + s\cos\psi + l_3\sin\psi &= y_S + h\cos\psi. \end{aligned} \right\} \tag{3}$$

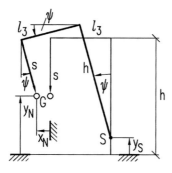

Bild 3: Geometrische Verhältnisse für das ausgelenkte System

Wegen $|\psi| \ll 1$ (d. h. $\cos \psi \approx 1$, $\sin \psi \approx \psi$) folgen daraus die beiden linearisierten Beziehungen:

$$\left.\begin{aligned} s\psi + x_N + l_3 &\approx l_3 + h\psi, \\ y_N + s + l_3\psi &\approx y_S + h. \end{aligned}\right\} \quad (4)$$

Auflösung nach x_N und y_N sowie Differentiation nach der Zeit liefert:

$$\left.\begin{aligned} x_N &\approx (h-s)\psi & \Rightarrow \quad \dot{x}_N &\approx (h-s)\dot{\psi} - \dot{s}\psi \approx (h-\overline{s})\dot{\psi}, \\ y_N &\approx y_S + h - s - l_3\psi & \Rightarrow \quad \dot{y}_N &\approx \dot{y}_S - \dot{s} - l_3\dot{\psi}. \end{aligned}\right\} \quad (5)$$

Bei $\dot{x}_N$ wurde noch der Term $\dot{s}\psi$ als klein gegenüber $(h-s)\dot{\psi}$ angenommen, sowie für $s(\varphi) \approx \overline{s}$ der zeitlich konstante Mittelwert vereinfachend angesetzt, da die Länge $(h-s)$ nur geringfügig schwankt.

Als dritte Zwangsbedingung ist die geometrische Abhängigkeit des Schubweges s vom Kurbelwinkel φ zu berücksichtigen. Mit dem Kurbel-Koppel-Verhältnis $\lambda = r/l_K$ gilt nach Anlage D3 in [82] für die zentrische Schubkurbel:

$$s(\varphi) = r\left(\cos\varphi + \lambda^{-1}\sqrt{1 - \lambda^2 \sin^2\varphi}\right) = s(\varphi + 2k\pi); \quad k = 0, 1, 2, \ldots \quad (6)$$

Diese gerade periodische Funktion lässt sich zweckmäßigerweise als FOURIER-Reihe darstellen:

$$s(\varphi) = r\left(a_0 + \sum_{k=1}^{\infty} a_k \cos k\varphi\right) \quad (7)$$

mit den FOURIER-Koeffizienten

$$a_0 = \frac{1}{\pi}\int_0^{2\pi} \frac{s(\varphi)}{r}\,d\varphi = \frac{\overline{s}}{r}; \quad a_k = \frac{2}{\pi}\int_0^{2\pi} \frac{s(\varphi)}{r}\cos(k\varphi)\,d\varphi; \quad k = 1, 2, \ldots \quad (8)$$

3.2 Aufstellung einer Nähmaschine

Wegen $\varphi = \Omega t$ folgt daraus für die weiter unten benötigte Beschleunigung

$$\ddot{s} = \ddot{s}(\varphi(t)) = \Omega^2 \frac{d^2 s(\varphi)}{d\varphi^2} \approx -r\Omega^2 \sum_{k=1}^{K} a_k k^2 \cos(k\varphi). \tag{9}$$

Die Näherung als endliche Summe mit K Summanden kann genutzt werden, da deren Beträge für größere k schnell sehr klein werden. Die numerische Auswertung von (8) liefert im vorliegenden Fall von $\lambda = 0{,}425$ konkret die in Tabelle 1 aufgelisteten Koeffizienten.

Tabelle 1: FOURIER-Koeffizienten des Nadelstangenweges

a_0	a_1	a_2	a_3	a_4	a_5	a_6
2,2428	1,0	0,1115	0	$-1{,}387 \cdot 10^{-3}$	0	$3{,}45 \cdot 10^{-5}$

Es ist zu erkennen, dass hier mit $K = 4$ eine ausreichend genaue Approximation vorliegt. Den sich ergebenden, auf $r\Omega^2$ bezogenen Beschleunigungsverlauf zeigt Bild 4. Der Mittelwert des Schubweges hat dann den Wert $\bar{s} = ra_0 \approx 38{,}13$ mm.

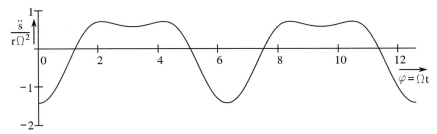

Bild 4: Bezogener Beschleunigungsverlauf

Zu 3):

Mit $\boldsymbol{q} = [q_1, q_2]^T = [y_s, l_3\psi]^T$ als generalisierte Koordinaten schreiben sich die Energien nach (1) und (2) unter Berücksichtigung der Zwangsbedingungen wie folgt:

$$W_{\text{kin}} \approx \frac{1}{2}\left(m_G \dot{q}_1^2 + \frac{J_G^S}{l_3^2}\dot{q}_2^2 + m_N\left(\frac{(h-\bar{s})^2}{l_3^2}\dot{q}_2^2 + (\dot{q}_1 - \dot{q}_2 - \dot{s})^2\right)\right), \tag{10}$$

$$W_{\text{pot}} \approx \frac{1}{2}2c\left(\left(q_1 - \frac{l_1}{l_3}q_2\right)^2 + \left(q_1 + \frac{l_2}{l_3}q_2\right)^2\right). \tag{11}$$

Die Anwendung der LAGRANGEschen Gln. liefert die linearen Bewegungsgleichungen

$$\underline{m_N \boldsymbol{M}^* \ddot{\boldsymbol{q}} + 2c \boldsymbol{C}^* \boldsymbol{q} = m_N \ddot{s}(t) \boldsymbol{f}^*} \tag{12}$$

mit der dimensionslosen Massenmatrix

$$\boldsymbol{M}^* = \begin{bmatrix} m_G/m_N + 1 & -1 \\ -1 & \frac{J_G^S}{m_N l_3^2} + \left(\frac{h-\bar{s}}{l_3}\right)^2 + 1 \end{bmatrix} \approx \begin{bmatrix} 361 & -1 \\ -1 & 133{,}25 \end{bmatrix}, \tag{13}$$

der dimensionslosen Steifigkeitsmatrix

$$C^* = \begin{bmatrix} 2 & \frac{l_2-l_1}{l_3} \\ \frac{l_2-l_1}{l_3} & \left(\frac{l_1}{l_3}\right)^2 + \left(\frac{l_2}{l_3}\right)^2 \end{bmatrix} \approx \begin{bmatrix} 2 & -0{,}6061 \\ -0{,}6061 & 2{,}307 \end{bmatrix} \qquad (14)$$

und der dimensionslosen Spaltenmatrix der Erregung

$$f^* = \begin{bmatrix} 1 \\ -1 \end{bmatrix}. \qquad (15)$$

Bei dem hier vorliegenden Problem muss also ein periodisch erregtes lineares Schwingungssystem untersucht werden.

Zu 4):

Die Betrachtung des homogenen Systems von (12) liefert wegen des Lösungsansatzes $q = \hat{p} v \exp(j\omega_0 t)$ (vgl. Abschn. 6.3 in [22]) nach Division durch $2c$ das lineare Matrix-Eigenwertproblem

$$(C^* - \Lambda M^*)v = 0 \qquad (16)$$

mit

$$\Lambda = \frac{m_N \omega_0^2}{2c} \qquad (17)$$

als dimensionslosen Eigenwert.

Für die gegebenen Parameter ergibt sich (z. B. durch Nutzung von Mathematik-Software oder durch Berechnung der Nullstellen von $\det(C^* - \Lambda M^*) = 0$):

$$\underline{\underline{\Lambda_1 \approx 4{,}9333 \cdot 10^{-3};\qquad \Lambda_2 \approx 1{,}7893 \cdot 10^{-2}}}. \qquad (18)$$

Die zugehörigen Eigenvektoren werden in der Modalmatrix zusammengefasst:

$$\underline{\underline{V = \begin{bmatrix} v_1 & v_2 \end{bmatrix} \approx \begin{bmatrix} 1 & 1 \\ 0{,}3645 & -7{,}582 \end{bmatrix}}}. \qquad (19)$$

Für ihre Interpretation ist die Zuordnung der v_i zum Koordinatenvektor q zu beachten. Wie demnach zu erkennen, handelt es sich bei der ersten Eigenform um eine Hubschwingung mit geringem Kippanteil, wogegen bei der zweiten Eigenform das Kippen dominiert. Aus der Forderung der Aufgabenstellung

$$\Omega_N^2 = \frac{1}{2}\left(\omega_{01}^2 + \omega_{02}^2\right) = \frac{1}{2}\frac{2c}{m_N}(\Lambda_1 + \Lambda_2) = \left(\frac{1000\pi}{30}\right)^2 \text{s}^{-2} \qquad (20)$$

3.2 Aufstellung einer Nähmaschine

ergibt sich die gesuchte Steifigkeit eines Aufstellpuffers zu

$$c = \frac{m_N \Omega_N^2}{\Lambda_1 + \Lambda_2} \approx 2{,}402 \cdot 10^4 \, \text{N/m} \, . \tag{21}$$

Damit betragen die beiden Eigenfrequenzen:

$$f_1 = \frac{\omega_{01}}{2\pi} = \frac{1}{2\pi} \sqrt{\frac{2c\Lambda_1}{m_N}} \approx 10{,}96 \, \text{Hz} \, ,$$
$$f_2 = \frac{\omega_{02}}{2\pi} = \frac{1}{2\pi} \sqrt{\frac{2c\Lambda_2}{m_N}} \approx 20{,}87 \, \text{Hz} \, . \tag{22}$$

Der Abstand zur ersten Erregerharmonischen ($f_0 = \Omega_N/2\pi \approx 16{,}67 \, \text{Hz}$) und zur zweiten ($2f_0 \approx 33{,}33 \, \text{Hz}$) ist also gewährleistet, so dass keine großen Ausschläge bei Betriebsdrehzahl zu erwarten sind.

Zu 5):

Ausgehend von (12) lauten mit (9) die Bewegungsgleichungen der erzwungenen Schwingungen (Division durch m_N bereits erfolgt)

$$\boldsymbol{M}^* \ddot{\boldsymbol{q}} + \frac{2c}{m_N} \boldsymbol{C}^* \boldsymbol{q} = -\boldsymbol{f}^* r \Omega^2 \sum_{k=1}^{K} k^2 a_k \cos(k\Omega t) \, . \tag{23}$$

Da hier der Dämpfungseinfluss unberücksichtigt bleibt (vgl. Aufgabenstellung), genügt für die stationären Schwingungen der Ansatz

$$\boldsymbol{q}(t) = r \sum_{k=1}^{K} \boldsymbol{A}_k \cos(k\Omega t) \quad \Rightarrow \quad \ddot{\boldsymbol{q}}(t) = -r\Omega^2 \sum_{k=1}^{K} \boldsymbol{A}_k \cos(k\Omega t) \, . \tag{24}$$

Einsetzen in (23) mit anschließendem Koeffizientenvergleich bei den Zeitfunktionen $\cos(k\Omega t)$ ergibt nach Division durch Ω^2 für jedes $k = 1, 2, \ldots, K$ ein lineares inhomogenes Gleichungssystem ($K = 4$ ist ausreichend, vgl. Punkt 2):

$$\left(\frac{2c}{m_N \Omega^2} \boldsymbol{C}^* - k^2 \boldsymbol{M}^* \right) \boldsymbol{A}_k = -k^2 a_k \boldsymbol{f}^* \, , \quad k = 1, 2, 4 \, . \tag{25}$$

Auf den Fall für $k = 3$ kann verzichtet werden, da $a_3 = 0$ ist und somit auch $\boldsymbol{A}_3 = 0$ wird. Bei Nutzung des Abstimmungsverhältnisses

$$\eta = \Omega / \sqrt{2c/m_N} \tag{26}$$

liefert das Auflösen von (25) die Koeffizienten des Lösungsansatzes:

$$\boldsymbol{A}_k = \boldsymbol{A}_k(\eta) = -a_k \left(\frac{1}{(k\eta)^2} \boldsymbol{C}^* - \boldsymbol{M}^* \right)^{-1} \boldsymbol{f}^* \, , \quad k = 1, 2, 4 \, . \tag{27}$$

Für die Schwingbeschleunigung am Handauflagepunkt gilt wegen kleiner Schwingwinkel die Beziehung

$$\ddot{y}_H \approx \ddot{y}_S - l_4\ddot{\psi} = \ddot{q}_1 - \frac{l_4}{l_3}\ddot{q}_2$$
$$= -r\eta^2 \frac{2c}{m_N} \sum_{k=1}^{4} \left(A_{1k}(\eta) - \frac{l_4}{l_3}A_{2k}(\eta)\right) k^2 \cos(k\Omega t). \tag{28}$$

Der Effektivwert einer periodischen Funktion ist nichts anderes als deren quadratischer Mittelwert über eine Periode, d. h. es gilt:

$$\tilde{\tilde{y}}_H(\eta) = \sqrt{\frac{1}{2\pi}\int_{\varphi=0}^{2\pi} \ddot{y}_H^2(\eta,\varphi)\,d\varphi} = r\eta^2 \frac{2c}{m_N}\sqrt{\frac{1}{2}\sum_{k=1}^{4} k^4 \left(A_{1k}(\eta) - \frac{l_4}{l_3}A_{2k}(\eta)\right)^2} \tag{29}$$

Den Verlauf von $\tilde{\tilde{y}}_H(\eta)$ zeigt Bild 5, allerdings über der Drehzahl im geforderten Bereich dargestellt. Speziell für die Nenndrehzahl $n_N = 1000\,\text{min}^{-1}$ ($\eta_N \approx 0{,}107$) ergibt sich

$$\tilde{\tilde{y}}_H(\eta = \eta_N) \approx 0{,}766\,\text{m/s}^2. \tag{30}$$

Die im dargestellten Drehzahlbereich sichtbaren Resonanzspitzen sind erklärbar, wenn die möglichen Resonanzdrehzahlen

$$n_{ki\text{Res}} = 60 \cdot \frac{(f_i/\text{Hz})}{k}\,\text{min}^{-1}; \quad i = 1,2;\ k = 1,2,4 \tag{31}$$

ermittelt werden. Danach ist die Spitze bei $n \approx 626\,\text{min}^{-1}$ auf eine Übereinstimmung der zweiten Erregerharmonischen mit der zweiten Eigenfrequenz ($i = k = 2$),

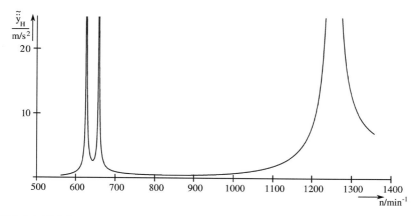

Bild 5: Effektivwert der Schwingbeschleunigung von Punkt H über der Drehzahl

diejenige bei $n \approx 658\,\text{min}^{-1}$ auf eine Resonanz der ersten Harmonischen mit der ersten ($i = k = 1$) und die Spitze bei $n \approx 1252\,\text{min}^{-1}$ auf eine solche mit der zweiten Eigenfrequenz ($i = 2, k = 1$) zurückzuführen. Alle diese Resonanzen liegen genügend weit von der Nenndrehzahl entfernt. Beim Hochlauf müssen diese nur schnell genug durchfahren werden, damit sie sich nicht ausprägen können. Die bei realen Schwingungsisolatoren immer vorhandene Dämpfung bewirkt, dass auch die Resonanzamplituden endlich bleiben.

Bei einem auf gleiche Federn aufgestellten Starrkörper (ebenes Problem mit zwei Freiheitsgraden) kann deren Steifigkeit so gewählt werden, dass keine der beiden Eigenfrequenzen mit einer der Erregerharmonischen bei Nenndrehzahl zusammenfällt. Für die Beurteilung der auftretenden Schwingbeschleunigungen müssen die erzwungenen Schwingungen berechnet werden. Dabei kann außerhalb von Resonanzen auf die Dämpfung verzichtet werden.

Weiterführende Literatur

[15] DIN EN ISO 5349-1: *Messung und Bewertung der Einwirkungen von Schwingungen auf das Hand-Arm-System des Menschen*. Norm.

[75] VDI 2057 1-4: *Einwirkung mechanischer Schwingungen auf den Menschen*. Beuth-Verlag. Norm.

3.3 Schwingungsisolierte Aufstellung eines Steuerschrankes

Für eine Reihe schwingungsempfindlicher Objekte, wie z. B. Messgeräte, Laser, Präzisionsmaschinen oder Versuchseinrichtungen, ist eine schwingungsisolierte Aufstellung erforderlich, um sie vor Erschütterungen und Schwingungen des Aufstellortes zu schützen. [‡]

Der Steuerschrank einer Werkzeugmaschine soll schwingungsisoliert auf einer Geschossdecke aufgestellt werden, vgl. Bild 1. Die Deckenschwingungen werden durch einen nicht ausgewuchteten Motor harmonisch erregt. Am Aufstellort des Schrankes wurde eine Amplitude $\hat{s}$ in vertikaler Richtung gemessen. Die Amplitude der vertikalen Bewegung des Schrankes darf höchstens ein Zehntel dieses Wertes betragen. Es ist vorgesehen, als Schwingungsisolatoren vier symmetrisch angeordnete Schraubenfedern einzusetzen.

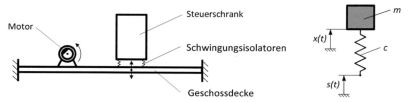

Bild 1: Schematische Darstellung der Aufstellung (links) und Berechnungsmodell (rechts)

Gegeben:

$m = 310\,\text{kg}$ Masse des Steuerschrankes
$n = 980\,\text{min}^{-1}$ konstante Drehzahl des Motors
$\hat{s} = 20\,\mu\text{m}$ gemessene Amplitude der Deckenschwingung

Gesucht:

Steifigkeit c_f eines Schwingungsisolators für die Forderung $\hat{x} < 0{,}1\hat{s} = 2\,\mu\text{m}$

Lösung:

Es wird von der Bewegungsgleichung für die Koordinate x ausgegangen, die über das Kräftegleichgewicht an der freigeschnittenen Masse gewonnen wird:

$$m\ddot{x} + c(x - s) = 0. \tag{1}$$

[‡] Autor: Jörg-Henry Schwabe, Quelle [18, Aufgabe 13]

3.3 Schwingungsisolierte Aufstellung eines Steuerschrankes

Die Bewegung $s(t)$ der Geschossdecke wird von einem unwuchtigen Motor mit der Drehzahl n verursacht, so dass im stationären Betriebszustand

$$s(t) = \hat{s} \sin \Omega t \qquad (2)$$

gilt, wobei die Erregerkreisfrequenz den Wert

$$\Omega = 2\pi \frac{n}{60\,\text{s/min}} = 102{,}6\,\text{s}^{-1} \qquad (3)$$

hat. Umstellen von Gleichung (1) und Einsetzen von $s(t)$ aus (2) ergibt die Bewegungsgleichung

$$m\ddot{x} + cx = c\hat{s} \sin \Omega t, \qquad (4)$$

die der Bewegungsgleichung eines ungedämpften Schwingers mit einem Freiheitsgrad und Stützenerregung entspricht. Die Bewegungsamplitude der stationären erzwungenen Schwingung ergibt sich damit zu

$$\hat{x} = \hat{s} \left| \frac{1}{1 - \eta^2} \right| \qquad (\eta \neq 1) \qquad (5)$$

mit dem Abstimmungsverhältnis

$$\eta = \frac{\Omega}{\omega_0} \qquad (6)$$

und der Eigenkreisfrequenz

$$\omega_0 = \sqrt{\frac{c}{m}}. \qquad (7)$$

Die Forderung $\hat{x} < 0{,}1\hat{s}$ in Gleichung (5) eingesetzt ergibt die Ungleichung

$$\left| \frac{1}{1 - \eta^2} \right| < 0{,}1 \qquad (8)$$

die durch die zwei Lösungen

$$\eta_1^2 < -9; \qquad \eta_2^2 > 11 \qquad (9)$$

erfüllt werden würde. Da für das Abstimmungsverhältnis nur positive reelle Werte sinnvoll sind, scheidet die Lösung η_1 aus. Aus der verbleibenden Lösung

$$\eta_2^2 = \frac{\Omega^2}{\omega_0^2} = \frac{m\Omega^2}{c} > 11 \qquad (10)$$

folgt für die Steifigkeit

$$c < \frac{m\Omega^2}{11}. \qquad (11)$$

Mit der Aufteilung auf vier parallel wirkende Einzelfedern mit der Steifigkeit c_f, sind Einzelfedern mit

$$c_f < \frac{1}{4} \cdot \frac{m\Omega^2}{11} \approx 74{,}2\,\text{kN/m} \tag{12}$$

zu wählen. Da es sich hierbei um sehr weiche Federn handelt, ist in jedem Fall zu prüfen, ob bei den zum Einsatz kommenden Schraubenfedern die statische Einfederung infolge des Eigengewichtes des Steuerschrankes den zulässigen Wert nicht überschreitet. Im vorliegenden Fall ist

$$|x_\text{stat}| = \frac{mg}{c} > 10{,}25\,\text{mm}\,. \tag{13}$$

Zudem sollte die Kippsicherheit in Abhängigkeit der Federanordnung geprüft werden.

Zur Auslegung von Schwingungsisolierungen stehen auch spezielle Programmsysteme zur Verfügung (siehe z. B. [11]).

Passiv zu isolierende Systeme werden meist tief abgestimmt aufgestellt, was jedoch relativ weiche Federn erfordert. Neben Stahlschraubenfedern können auch Gummifedern oder Luftfedern zum Einsatz kommen. Für besonders anspruchsvolle Objekte werden zudem aktive Systeme zur Schwingungsisolierung genutzt.

Weiterführende Literatur

[11]   Blochwitz, T., S. Bittner, U. Schreiber und A. Uhlig: *ISOMAG 2.0 - Software für optimale Schwingungsisolierung von Maschinen und Geräten*. 1. Auflage. Dortmund: Bundesanstalt für Arbeitsschutz und Arbeitsmedizin, 2013.

3.4 Federung für konstante Eigenfrequenz

Von einer Firma werden zur Aufstellung von periodisch erregten Maschinen neuartige elastische Matten angeboten mit der Beschreibung, dass alle darauf aufgestellten Maschinen eine bestimmte Eigenfrequenz haben, die unabhängig von der aufgestellten Maschinenmasse ist. Es soll geprüft werden, ob diese Behauptung berechtigt ist und unter welchen Bedingungen sie erfüllt werden könnte, da sich beim linearen Einfachschwinger die Eigenfrequenz mit der Masse ändert. [‡]

Das Berechnungsmodell eines Einfachschwingers, der nur durch sein Eigengewicht die Federung belastet, stellt Bild 1 dar.

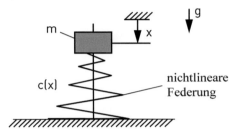

Bild 1: Modell des nichtlinearen Schwingers

Für diesen Schwinger soll eine Federkennlinie berechnet werden, die unter der Voraussetzung kleiner Schwingungen um die statische Gleichgewichtslage eine Eigenfrequenz hat, die unabhängig von der Größe der schwingenden Masse m ist.

Gegeben:

Bewegungsgleichung des nichtlinearen Schwingers: $m\ddot{x} + F(x) = mg$

f	geforderte Eigenfrequenz
m	Masse der Maschine
F_V	Vorspannkraft beim Federweg x_1
$x_1 = 100\,\text{mm}$	Durchsenkung infolge der Vorspannkraft
$g = 9{,}81\,\text{m/s}^2$	Fallbeschleunigung

Gesucht:

1) Beziehung zwischen der Federkennlinie $F(x)$ und der Eigenfrequenz des einfachen Feder-Masse-Systems

2) Differentialgleichung zur Berechnung der Federkennlinie $F(x)$

3) Lösung der Differentialgleichung und Herleitung einer Formel zur Berechnung der Federkennlinie $F(x)$ als Funktion von f, F_V und g

---

[‡] Autor: Hans Dresig, Quelle [18, Aufgabe 15]

4) Bewegungsgleichung für kleine Schwingungen um die statische Ruhelage x_{st}
5) Spezielle Federkennlinie für die Eigenfrequenz $f = 6\,\text{Hz}$ bei einer statischen Auslenkung von $x_1 = 10\,\text{mm}$ bei der Vorspannkraft $F_v = 1\,\text{kN}$
6) Skizze der Federkennlinien für $f = 4\,\text{Hz}, 6\,\text{Hz}$ und $8\,\text{Hz}$

Lösung:

Zu 1):

Eine einfache Überlegung führt zu der Schlussfolgerung, dass eine Eigenfrequenz mit zunehmender Masse nur dann konstant bleiben kann, wenn sich die Federkonstante proportional der Masse ändert. Bei einer nichtlinearen Federkennlinie kann bei kleinen Auslenkungen um die statische Gleichgewichtslage eine lokale Federkonstante durch die Linearisierung der nichtlinearen Kennlinie ermittelt werden:

$$c(x) = \frac{dF}{dx}. \tag{1}$$

Damit folgt die Eigenfrequenz dieses linearen Schwingers mit einem Freiheitsgrad bei kleinen Schwingungen um die Stelle x aus

$$\omega^2 = (2\pi f)^2 = \frac{c(x)}{m}. \tag{2}$$

Bild 2 zeigt den prinzipiellen Verlauf, den eine solche nichtlineare Kennlinie hat. Sie drückt aus, dass die Federsteifigkeit $c(x)$, welche der Steigung der Kraft-Weg-Kennlinie proportional ist, mit dem Federweg x zunehmen muss.

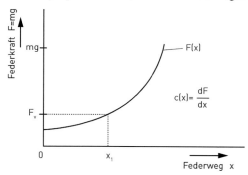

Bild 2: Zur Beschreibung der nichtlinearen Kennlinie

Zu 2):

Die Masse ist proportional der belastenden Kraft:

$$m = F/g. \tag{3}$$

Aus der Kombination von (1), (2) und (3) folgt die Differentialgleichung

$$\frac{dF}{F} = \frac{(2\pi f)^2}{g}\,dx. \tag{4}$$

3.4 Federung für konstante Eigenfrequenz

Zu 3):

Die allgemeine Lösung der Integrale

$$\int \frac{dF}{F} = \int \frac{(2\pi f)^2}{g} dx$$

liefert die Beziehung zwischen Federkraft F und Federweg x

$$\ln F = \frac{(2\pi f)^2}{g} x + C_1 . \tag{5}$$

Die Integrationskonstante C_1 wird aus der Bedingung bestimmt, dass bei x_1 die Vorspannkraft F_v in der Feder vorhanden ist:

$$\ln F_V = \frac{(2\pi f)^2}{g} x_1 + C_1 . \tag{6}$$

Einsetzen von C_1 in (5) ergibt nach kurzer Umformung

$$\ln F - \ln F_V = \ln (F/F_V) = \frac{(2\pi f)^2}{g} (x - x_1) . \tag{7}$$

Durch Potenzieren und Auflösung nach F ergibt sich die gesuchte Abhängigkeit der Federkraft:

$$F(x) = F_V \exp\left[\frac{(2\pi f)^2}{g} (x - x_1)\right] . \tag{8}$$

Bei $x = 0$ muss demzufolge bereits eine Vorspannkraft

$$F(0) = F_V \exp\left[-\frac{(2\pi f)^2}{g} x_1\right] \tag{9}$$

vorhanden sein. Die gewünschten Eigenschaften so einer Kennlinie gelten also nur oberhalb dieser Mindestbelastung.

Die Differentiation nach x liefert gemäß (1) die lokale Federkonstante, die unabhängig von der Masse m ist:

$$c(x) = F_V \frac{(2\pi f)^2}{g} \exp\left[\frac{(2\pi f)^2}{g} (x - x_1)\right] . \tag{10}$$

Bei $x = 0$ beträgt die Federkonstante

$$c(0) = F_V \frac{(2\pi f)^2}{g} \exp\left[-\frac{(2\pi f)^2}{g} x_1\right] . \tag{11}$$

d. h. die veränderliche Federkonstante lässt sich auch in folgender Form ausdrücken:

$$c(x) = c(0) \exp\left[\frac{(2\pi f)^2}{g} x\right] . \tag{12}$$

Die Federkennlinie folgt aus einer Exponentialfunktion, wobei die konkrete Steifigkeit davon abhängt, welche Eigenfrequenz die aufgelegte Masse haben soll.

Zu 4):

Wird eine Masse m auf eine Feder mit der berechneten Kennlinie gelegt, so folgt deren statische Durchsenkung x_{st} aus (8)

$$F(x_{st}) = F_V \exp\left[\frac{(2\pi f)^2}{g}(x_{st} - x_1)\right]. \tag{13}$$

Nach kurzen Umformungen ergibt sich daraus

$$x_{st} = x_1 + \frac{g}{(2\pi f)^2} \ln \frac{mg}{F_V}. \tag{14}$$

Für kleine Schwingungen um diese statische Gleichgewichtslage ergibt sich unter Benutzung von (13) die Federkonstante aus (10) zu

$$c(x_{st}) = F_V \frac{(2\pi f)^2}{g} \exp\left[\frac{(2\pi f)^2}{g}(x_{st} - x_1)\right] = m(2\pi f)^2. \tag{15}$$

Dies bestätigt (2), d. h. die gefundene Kennlinie (8) hat die gewünschte Eigenschaft. Die Bewegungsgleichung für kleine Schwingungen um die statische Ruhelage lautet, wenn mit $\Delta x = x - x_{st}$ die Auslenkung aus der Ruhelage bezeichnet wird:

$$\underline{\underline{m\Delta\ddot{x} + c(x_{st})\Delta x = 0}}. \tag{16}$$

Zu 5):

Mit den Zahlenwerten der Aufgabenstellung ergibt sich für $f = 6\,\mathrm{Hz}$ und $x_1 = 0{,}01\,\mathrm{m}$ mit den Zwischenergebnissen

$$x_1 \frac{(2\pi f)^2}{g} = 1{,}449 \tag{17}$$

aus (8) der Verlauf der Federkraft als Zahlenwertgleichung

$$\underline{\underline{F(x) = 1 \cdot \exp\left[1{,}449 \frac{x - x_1}{x_1}\right] \mathrm{kN}}}. \tag{18}$$

Zu 6):

Bild 3 illustriert den Verlauf der Federkennlinie für drei Zahlenbeispiele.

3.4 Federung für konstante Eigenfrequenz

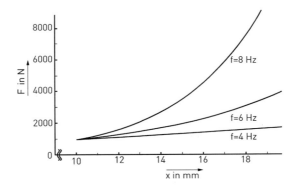

Bild 3: Federkennlinien für die angegebenen Frequenzen

Zusammenfassung

Bei Maschinen und Anlagen, deren schwingende Masse von der jeweiligen Beladung abhängt (z. B. Fahrzeuge, Schwingförderer, Mühlen, Aufwickelzylinder von Textilien oder Papier) wird oft eine von der Beladung unabhängige Eigenfrequenz gewünscht, weil z. B. an die Schwingungsisolierung bestimmte Forderungen gestellt werden. Die oben angegebene theoretische Lösung einer exponentiell zunehmenden Federsteifigkeit lässt sich durch Mechanismen oder stoffliche Nichtlinearitäten realisieren, wenn z.B. mit Kurven- oder Koppelgetrieben lineare Federn so kombiniert werden, dass dieser ideale exponentielle Verlauf angenähert wird. Das Materialverhalten von speziellen Luftfedern, Gummifedern oder Gummimatten kann einer solchen nichtlinearen Kennlinie näherungsweise im Betriebsbereich entsprechen.

Weiterführende Literatur

[38]   Kluth, O.: „Elastomere und Luftfedern als Isolationselemente für Fundamentlagerungen". In: *VDI-Berichte* (1993) Nr. 1082, S. 157–177.

3.5 Doppelte Schwingungsisolierung

Die Schwingungsisolierung verlangt eine geeignete Abstimmung der Eigenfrequenzen des aufgestellten Objektes gegenüber den Erregerfrequenzen. Durch Variation von Steifigkeits- und Trägheitseigenschaften lassen sich die Eigenfrequenzen dieses Systems gezielt beeinflussen. Während die Aufstellelemente Einfluss auf die Steifigkeit nehmen, lassen sich die Trägheitseigenschaften über das Fundament beeinflussen. Führt die einfache Schwingungsisolierung nicht zum Ziel, lässt sich durch Zwischenfügen eines elastisch aufgestellten Fundaments, der sogenannten doppelten Isolierung, der Isoliergrad verbessern. ‡

In Abschnitt 3.4 wurde bereits die einfache Schwingungsisolierung mit dem Minimalmodell des Schwingers mit einem Freiheitsgrad behandelt. Bei der doppelten Schwingungsisolierung erfolgt die Aufstellung der starren Maschine elastisch auf einem elastisch gegenüber der Umgebung gelagerten Fundament (weiterer Starrkörper). Mit dieser Aufgabe soll diskutiert werden, welche erweiterten Möglichkeiten die doppelte Schwingungsisolierung gegenüber der einfachen aufweist und wie deren Auslegung zu erfolgen hat [11].

Als Minimalmodell für die doppelte Schwingungsisolierung kann der Schwinger mit zwei Freiheitsgraden (vgl. Bild 1) angesehen werden. Seine Freiheitsgrade sind zwei Verschiebungen in einer Richtung (x_1 und x_2).

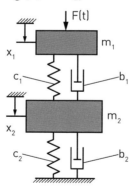

Bild 1: Minimalmodell für die doppelte Schwingungsisolierung, krafterregter Schwinger mit zwei Freiheitsgraden

Wird unter den Objekten mit dem Index 1 die bisherige Anordnung der schwingungsisolierten Aufstellung gemäß Abschnitt 3.4 verstanden, so stellen die Objekte mit dem Index 2 das Zwischenfundament und dessen elastische Lagerung dar. Im Gegensatz zu Abschnitt 3.4 ist hier jedoch der Schwinger mit einer von der Zeit t abhängigen Kraft $F(t)$ erregt. Das Modell des krafterregten Schwingers wird verwendet, wenn

---

‡ Autor: Uwe Schreiber

3.5 Doppelte Schwingungsisolierung

die Umgebung vor Erregungen zu schützen ist, die vom aufzustellenden Objekt ausgehen.

Gegeben:

m_1	Masse des schwingungsisoliert aufzustellenden Objektes
m_2	Masse des Fundamentsblocks
c_1	Federsteifigkeit der Isolatoren direkt unter dem aufzustellenden Objekt (d. h. zwischen Maschine und Fundament),
c_2	Federsteifigkeit der Isolatoren unter dem Fundament,
b_1, b_2	Dämpfungskonstanten der Isolatoren, in der weiteren Rechnung vernachlässigt.

Für die Zahlenrechnung:

$m_2/m_1 = 10$	das Verhältnis der Massen
$c_2/c_1 = 5$	das Verhältnis der Steifigkeiten.

Gesucht:

1) Eigenfrequenzen als Funktion der Massen- und Steifigkeitsverhältnisse
2) Übertragungs- und Vergrößerungsfunktion als Funktion der Massen- und Steifigkeitsverhältnisse allgemein
3) Vergleich der Eigenfrequenzen mit denen des Schwingers mit einem Freiheitsgrad
4) Übertragungs- und Vergrößerungsfunktion als Funktion der Massen- und Steifigkeitsverhältnisse für die gegebenen Parameterwerte

Lösung:

<u>Zu 1):</u>

Das Modell verfügt über zwei Eigenfrequenzen. Die Formel zur Berechnung der Eigenfrequenzen des gefesselten Zweimassenschwingers gemäß Bild 1 lautet

$$\omega_{1,2}^2 = \frac{1}{2}\frac{c_1(m_1+m_2)+c_2 m_1}{m_1 m_2} \mp \sqrt{\left[\frac{1}{2}\frac{c_1(m_1+m_2)+c_2 m_1}{m_1 m_2}\right]^2 - \frac{c_1 c_2}{m_1 m_2}}. \qquad (1)$$

Mit den Steifigkeits- und Massenverhältnissen c_rel bzw. m_rel sowie der Eigenkreisfrequenz des Schwingers mit einem Freiheitsgrad ω_1fg

$$c_\text{rel} = \frac{c_2}{c_1}, \quad m_\text{rel} = \frac{m_2}{m_1}, \quad \text{und} \quad \omega_\text{1fg}^2 = \frac{c_1}{m_1} \qquad (2)$$

ergeben sich die Eigenkreisfrequenzen des Schwingers mit zwei Freiheitsgraden $\omega_{1,2}$ bezogen auf die des Schwingers mit einem Freiheitsgrad gemäß (3):

$$\frac{\omega_{1,2}}{\omega_{1\mathrm{fg}}} = \frac{f_{\mathrm{eig}}}{f_{1\mathrm{fg}}} = \sqrt{\frac{1}{2}\left(1 + \frac{1}{m_{\mathrm{rel}}} + \frac{c_{\mathrm{rel}}}{m_{\mathrm{rel}}}\right) \mp \sqrt{\frac{1}{4}\left(1 + \frac{1}{m_{\mathrm{rel}}} + \frac{c_{\mathrm{rel}}}{m_{\mathrm{rel}}}\right)^2 - \frac{c_{\mathrm{rel}}}{m_{\mathrm{rel}}}}}. \quad (3)$$

Zu 2):

Die Übertragungsfunktion folgt aus den Differentialgleichungen für den Schwinger mit zwei Freiheitsgraden gemäß Bild 1. Unter Vernachlässigung der Dämpfungskonstanten b_1 und b_2 lauten sie

$$m_1 \ddot{x}_1 + c_1(x_1 - x_2) = F \quad \text{und}$$
$$m_2 \ddot{x}_2 + c_2 x_2 - c_1(x_1 - x_2) = 0. \quad (4)$$

Bei harmonischer Erregung kann für die Kraft F geschrieben werden:

$$F = F(t) = \hat{F} \sin \Omega t. \quad (5)$$

$\hat{F}$ ist dabei die Amplitude der Kraft, Ω die Kreisfrequenz ihrer zeitlichen Änderung. Zur Lösung ist nach [22] der Übergang auf komplexe Größen sinnvoll. Sie werden im Folgenden mit „˜" gekennzeichnet. Mit der EULERschen Zahl e und der imaginären Einheit j ergibt sich

$$F = \hat{F} \mathrm{e}^{\mathrm{j}(\Omega t + \varphi)} = \hat{F} \mathrm{e}^{\mathrm{j}\varphi} \cdot \mathrm{e}^{\mathrm{j}\Omega t} = \tilde{F} \cdot \mathrm{e}^{\mathrm{j}\Omega t}. \quad (6)$$

Gleichung (5) ist in (6) als Imaginärteil enthalten. Die Einführung des Winkels φ ermöglicht die Berücksichtigung verschiedener Phasenlagen sowie die phasengerechte Überlagerung der Ergebnisgrößen. Für die Schwingungsisolierung ist der eingeschwungene bzw. stationäre Zustand, bei dem die Schwingung in der Erregerfrequenz erfolgt, von Interesse. Deshalb wird für x_k ($k = 1, 2$) der Gleichtaktansatz gewählt:

$$x_k = \tilde{x}_k \cdot \mathrm{e}^{\mathrm{j}\Omega t}. \quad (7)$$

Zweimaliges Differenzieren von (7) nach der Zeit liefert

$$\dot{x}_k = \mathrm{j}\Omega \tilde{x}_k \cdot \mathrm{e}^{\mathrm{j}\Omega t} = \dot{\tilde{x}}_k \cdot \mathrm{e}^{\mathrm{j}\Omega t}, \quad (8)$$
$$\ddot{x}_k = -\Omega^2 \tilde{x}_k \cdot \mathrm{e}^{\mathrm{j}\Omega t} = \ddot{\tilde{x}}_k \cdot \mathrm{e}^{\mathrm{j}\Omega t}. \quad (9)$$

Werden in Gleichung (4) der Ansatz für die Kraft (6) und für die Verschiebungen x_1 und x_2 (7) sowie deren Ableitungen gemäß (8) und (9) eingesetzt, ergibt sich nach einigen Umformungen für x_2:

$$\tilde{x}_2 = \frac{1}{1 - \frac{m_1}{c_1}\Omega^2} \cdot \frac{\tilde{F}}{c_1 + c_2 - \frac{c_1}{1 - \frac{m_1}{c_1}\Omega^2} - m_2 \Omega^2}. \quad (10)$$

3.5 Doppelte Schwingungsisolierung

Die Kraft auf den Boden ergibt sich für den ungedämpften Schwinger mit zwei Freiheitsgraden zu

$$\tilde{F}_B = c_2 \cdot \tilde{x}_2 \,. \tag{11}$$

Mit den Abkürzungen (2) und

$$\eta = \frac{\Omega}{\omega_{1fg}} \tag{12}$$

ergibt sich die Übertragungsfunktion

$$\frac{\tilde{F}_B}{\tilde{F}} = \frac{c_{rel}}{(1-\eta^2)(1+c_{rel}-m_{rel}\,\eta^2)-1} \,. \tag{13}$$

Die Vergrößerungsfunktion ist schließlich der Betrag der Übertragungsfunktion:

$$V = \left| \frac{c_{rel}}{(1-\eta^2)(1+c_{rel}-m_{rel}\,\eta^2)-1} \right| . \tag{14}$$

Zu 3):

Der Zusammenhang (3) ist in Bild 2 grafisch dargestellt. Er ist auch in [35] zu finden.

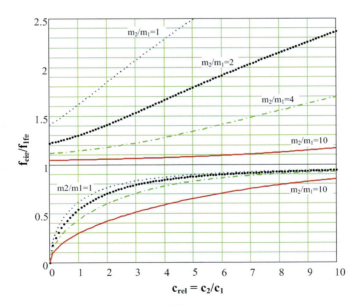

Bild 2: Eigenfrequenzen des gefesselten Zweimassenschwingers, auf Frequenz und Parameter des Einmassenschwingers bezogen, aus [11]

Die Gerade $f_{eig}/f_{1fg} = 1$ in Bild 2 markiert die Eigenfrequenz des Schwingers mit einem Freiheitsgrad (einfache Schwingungsisolierung). Interessant ist, dass der Schwinger mit zwei Freiheitsgraden (doppelte Schwingungsisolierung) sowohl eine Eigenfrequenz unter als auch über dieser Frequenz hat. Die ursprüngliche Frequenz wird sozusagen in zwei Frequenzen aufgespalten – in eine darunter- und eine darüberliegende. Dieses Phänomen ist unter anderem in [22] ausführlich dargestellt.

Für eine tiefe Abstimmung sollte die Kurve für die höhere Eigenfrequenz in Bild 2 möglichst nahe an der Geraden $f_{eig}/f_{1fg} = 1$ liegen. Das ist für große m_2/m_1 und kleine c_2/c_1 der Fall. Damit muss die Fundamentmasse möglichst groß sein (etwa die zehnfache Maschinenmasse). Die Steifigkeit der Federelemente unter dem Fundament sollte nicht wesentlich größer als die der unter der Maschine befindlichen sein.

<u>Zu 4):</u>

In Bild 3 ist die Vergrößerungsfunktion (14) für die gegebenen Parameterwerte über dem Abstimmverhältnis η dargestellt. Zum Vergleich ist die Vergrößerungsfunktion des dämpfungsfreien Schwingers mit einem Freiheitsgrad (vgl. Abschnitt 3.4) ebenfalls eingetragen. Wie schon bei Bild 2 diskutiert, zeigt auch Bild 3 anhand der

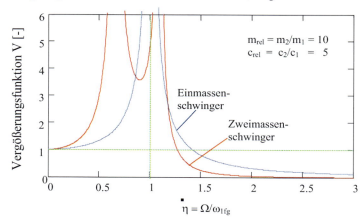

Bild 3: Vergrößerungsfunktion des Schwingers mit zwei Freiheitsgraden im Vergleich zum Schwinger mit einem Freiheitsgrad für tiefe Abstimmung aus [11]

Überhöhungen, dass aus der ursprünglich einen Frequenz des Einmassenschwingers zwei geworden sind, wobei die höhere Frequenz des Zweimassenschwingers über der des Einmassenschwingers liegt.

Gleichfalls zeigt Bild 3, dass die Vergrößerungsfunktion des Zweimassenschwingers nach Durchschreiten der Resonanzstellen (besonders der zweiten) stärker als die des Einmassenschwingers abfällt. Diese Tatsache wird bei doppelter Schwingungsisolierung und tiefer Abstimmung genutzt. Es lässt sich bei gleichem η einen größeren

3.5 Doppelte Schwingungsisolierung

Isolationsgrad erzielen bzw. einen gewünschten Isolationsgrad bei geringerem Abstand zur Resonanzstelle erreichen. Außerdem zeigt Bild 3, dass die Verbesserung der Isolierwirkung per doppelter Schwingungsisolierung und tiefer Abstimmung nur in einem sehr engen Parameterbereich zum Erfolg führt. Ein Absenken der Eigenfrequenz der Aufstellung durch die doppelte Schwingungsisolierung ist nicht möglich. Es kann nur der Isolationsgrad verbessert werden.

Eine weitere Variante stellt die gemischte Abstimmung dar (vgl. [11]). Dabei soll ein möglichst großer Drehzahlbereich rechts und links der Erregerfrequenz frei von Eigenfrequenzen sein. Eine möglichst niedrige erste Eigenfrequenz erfordert ein kleines c_{rel}. Das Verhältnis der Massen sollte für die gemischte Abstimmung klein sein.

Es wurde gezeigt, dass die doppelte Schwingungsisolierung Vorteile in einem schmalen Parameterbereich bringen kann. Sie erfordert eine sorgfältige Auslegung der Aufstellung. Da sie auch mit höheren Kosten verbunden ist, sollte zunächst die einfache Schwingungsisolierung angestrebt werden. Führt diese nicht zum Ziel, sind die Möglichkeiten der doppelten Schwingungsisolierung zu prüfen.

Weiterführende Literatur

[11] Blochwitz, T., S. Bittner, U. Schreiber und A. Uhlig: *ISOMAG 2.0 - Software für optimale Schwingungsisolierung von Maschinen und Geräten*. 1. Auflage. Dortmund: Bundesanstalt für Arbeitsschutz und Arbeitsmedizin, 2013.

[35] Jörn, R. und G. Lang: *Schwingungsisolierung mittels Gummifederelementen*. Fortschritt-Berichte VDI Zeitschrift, Reih 11 6. Düsseldorf: VDI-Verlag, 1968.

3.6 Laufkatze stößt gegen Puffer

Um Gefahren für das Bedienpersonal, die Maschine und die Umgebung zu vermeiden, sind bei Laufkatzen und Kranen Sicherheitseinrichtungen angeordnet, wie z. B. Endschalter, um die Fahrwege zu begrenzen. Zusätzlich muss das Überfahren der Fahrbahnenden durch Puffer verhindert und die Stoßkraft beim Aufprall begrenzt werden. Es soll der Katastrophenfall untersucht werden, wenn eine Laufkatze mit angehängter Last gegen einen Puffer fährt. [‡]

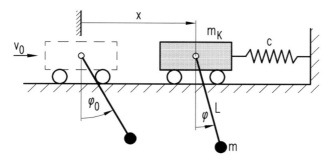

Bild 1: Bezeichnungen für das Modell „Laufkatze mit Lastpendel"

Gegeben:

$m_K = 1000\,\text{kg}$	Eigenmasse der Laufkatze
$m = 1000\,\text{kg}$	Masse der angehängten Last
$L = 4\,\text{m}$	Pendellänge
$c = 25\,\text{MN/m}$	Federkonstante der Pufferfeder
$v_0 = 0{,}5\,\text{m/s}$	Fahrgeschwindigkeit der Laufkatze beim Aufprall
$\varphi_0 = 0{,}1\,\text{rad}$	maximaler Pendelwinkel zu Beginn

Gesucht:

1) Herleitung der Bewegungsgleichungen mit Hilfe der LAGRANGEschen Gleichungen 2. Art

2) Eigenfrequenzen und Amplitudenverhältnisse

3) Verlauf der Pufferkraft

4) Abschätzung der maximalen Pufferkraft mit Hilfe des Energiesatzes

---

[‡] Autor: Hans Dresig

Lösung:

Zu 1):

Als Koordinaten werden der Weg x der Laufkatze und der Pendelwinkel φ benutzt, vgl. Bild 1. Links ist die Anfangsstellung gezeigt, während rechts eine allgemeine Lage mit zusammengedrückter Pufferfeder und dem momentanen Pendelwinkel der Last dargestellt ist. In dem rechts dargestellten Zustand beträgt die kinetische Energie der Massen der Laufkatze und der pendelnden Last:

$$W_{\text{kin}} = \frac{1}{2} m_K \dot{x}^2 + \frac{1}{2} m \left(\frac{\mathrm{d}}{\mathrm{d}t}(x + L\sin\varphi) \right)^2. \tag{1}$$

Potentielle Energie speichert die Pufferfeder und das ausgelenkte Lastpendel:

$$W_{\text{pot}} = \frac{1}{2} c x^2 + mgL(1 - \cos\varphi). \tag{2}$$

Eine Linearisierung ist für kleine Winkel $|\varphi| \ll 1$ zulässig. Dafür gilt

$$\sin\varphi = \varphi + O(\varphi^3); \quad \cos\varphi = 1 - \frac{1}{2}\varphi^2 + O(\varphi^4). \tag{3}$$

Die Landau-Notation $O(\varphi^n)$ besagt, dass der Betrag des Approximationsfehlers kleiner als eine Konstante mal φ^n nahe bei null ist.

Damit ergibt sich die LAGRANGE-Funktion in quadratischer Näherung zu

$$L = W_{\text{kin}} - W_{\text{pot}} = \frac{1}{2}(m_K + m)\dot{x}^2 + m\dot{x}\dot{\varphi} + \frac{1}{2}m\dot{\varphi}^2 - \frac{1}{2}cx^2 - \frac{1}{2}mgL\varphi^2. \tag{4}$$

Aus ihr folgen die Bewegungsgleichungen:

$$\frac{\mathrm{d}}{\mathrm{d}t}\left(\frac{\partial L}{\partial \dot{x}}\right) - \frac{\partial L}{\partial x} = \underline{(m_K + m)\ddot{x} + mL\ddot{\varphi} + cx = 0}, \tag{5}$$

$$\frac{\mathrm{d}}{\mathrm{d}t}\left(\frac{\partial L}{\partial \dot{\varphi}}\right) - \frac{\partial L}{\partial \varphi} = \underline{mL\ddot{x} + mL^2\ddot{\varphi} + mgL\varphi = 0}. \tag{6}$$

Die erste Gleichung beschreibt, dass sich die Kraft in der Pufferfeder mit den Massenkräften von Laufkatze und Pendelmasse im Gleichgewicht befindet, während die zweite Gleichung das Momentengleichgewicht um den Aufhängepunkt des Lastpendels ausdrückt.

Zu 2):

Die allgemeine Lösung wird mit den Ansätzen

$$x = A\exp(\mathrm{j}\omega t); \quad \ddot{x} = -\omega^2 x; \quad L\varphi = B\exp(\mathrm{j}\omega t); \quad L\ddot{\varphi} = -\omega^2 L\varphi \tag{7}$$

gesucht, womit sich nach dem Einsetzen in (5) und (6) und Division durch $m_K L$ bzw. mL die beiden Gleichungen

$$\left[-A(1 + \frac{m}{m_K})\omega^2 - B\frac{m}{m_K}\omega^2 + A\frac{c}{m_K}\right]\exp(j\omega t) = 0, \tag{8}$$

$$\left[-A\omega^2 - B\omega^2 + B\frac{g}{L}\right]\exp(j\omega t) = 0 \tag{9}$$

ergeben. Als Abkürzungen werden die Eigenkreisfrequenz ω_P des unabhängigen Lastpendels, des unabhängigen Feder-Masse-Systems (ω_0) und das Massenverhältnis μ eingeführt. Die Zahlenwerte des speziellen Beispiels sind:

$$\omega_P^2 = \frac{g}{L} = 2{,}4525\,\text{s}^{-2}; \quad \omega_0^2 = \frac{c}{m_K} = 25\,\text{s}^{-2}; \quad \mu = \frac{m}{m_K} = 1. \tag{10}$$

Damit folgt aus (8) und (9), weil immer $\exp(j\omega t) \neq 0$ gilt, zunächst

$$A\left[\omega_0^2 - (1+\mu)\omega^2\right] - \mu B\omega^2 = 0 \tag{11}$$

$$-A\omega^2 - B(\omega_P^2 - \omega^2) = 0 \tag{12}$$

und daraus das Amplitudenverhältnis

$$\left(\frac{B}{A}\right)_i = \frac{\omega_0^2 - (1+\mu)\omega_i^2}{\mu \omega_i^2} = \frac{\omega_i^2}{\omega_P^2 - \omega_i^2} = \kappa_i; \qquad i = 1, 2. \tag{13}$$

Die Quotienten lassen sich zu einer quadratischen Gleichung für ω_i^2 umformen. Diese könnte auch aus dem Nullsetzen der Koeffizienten-Determinante des obigen Gleichungssystems gewonnen werden:

$$(\omega_i^2)^2 - \omega_i^2\left[\omega_0^2 + (1+\mu)\omega_P^2\right] + \omega_P^2\omega_0^2 = 0. \tag{14}$$

Ihre Wurzeln sind die beiden Eigenkreisfrequenzen

$$\omega_{1,2}^2 = \frac{1}{2}\left(\omega_0^2 + (1+\mu)\omega_P^2 \mp \sqrt{\left[\omega_0^2 + (1+\mu)\omega_P^2\right]^2 - 4\omega_P^2\omega_0^2}\right). \tag{15}$$

Für die speziellen Parameterwerte ergibt sich $\omega_1^2 = 2{,}214\,\text{s}^{-2}$ und $\omega_2^2 = 27{,}69\,\text{s}^{-2}$. Die beiden Eigenfrequenzen $f_1 = \omega_1/(2\pi) = 0{,}237$ Hz und $f_2 = \omega_2/(2\pi) = 0{,}836$ Hz sind in der Nähe der Pendelfrequenz und der Eigenfrequenz des Feder-Masse-Systems. Ihnen entsprechen die Amplitudenverhältnisse $\kappa_1 = 9{,}29$ und $\kappa_2 = -1{,}10$.

Zu 3):

Die allgemeinen Lösungen der Differentialgleichungen (5) und (6) lauten

$$x(t) = A_1 \cos\omega_1 t + A_2 \sin\omega_1 t + A_3 \cos\omega_2 t + A_4 \sin\omega_2 t, \tag{16}$$

$$L\varphi(t) = B_1 \cos\omega_1 t + B_2 \sin\omega_1 t + B_3 \cos\omega_2 t + B_4 \sin\omega_2 t. \tag{17}$$

3.6 Laufkatze stößt gegen Puffer

Zur Elimination der B_k wird das aus (13) bekannte Amplitudenverhältnis bei beiden Eigenformen benutzt, so dass (17) nun lautet

$$L\varphi(t) = \kappa_1(A_1 \cos\omega_1 t + A_2 \sin\omega_1 t) + \kappa_2(A_3 \cos\omega_2 t + A_4 \sin\omega_2 t). \quad (18)$$

Die Geschwindigkeiten sind demzufolge

$$\dot{x}(t) = -A_1\omega_1 \sin\omega_1 t + A_2\omega_1 \cos\omega_1 t - A_3\omega_2 \sin\omega_2 t + A_4\omega_2 \cos\omega_2 t, \quad (19)$$

$$L\dot{\varphi}(t) = -\kappa_1(A_1\omega_1 \sin\omega_1 t - A_2\omega_1 \cos\omega_1 t) - \kappa_2(A_3\omega_2 \sin\omega_2 t - A_4\omega_2 \cos\omega_2 t). \quad (20)$$

Die spezielle Lösung muss die Anfangsbedingungen erfüllen, welche den Zustand zum Zeitpunkt des Anstoßens der Laufkatze an den Puffer erfassen. Dabei hat die Masse der Laufkatze die Geschwindigkeit v_0, und das Pendel kann einen Anfangsausschlag φ_0 haben. Aus (16) bis (20) folgt für $t = 0$:

$$x(0) = A_1 + A_3 = 0, \quad (21)$$

$$L\varphi(0) = \kappa_1 A_1 + \kappa_2 A_3 = L\varphi_0 = 0{,}4\,\text{m}, \quad (22)$$

$$\dot{x}(0) = \omega_1 A_2 + \omega_2 A_4 = v_0 = 0{,}5\,\text{m/s}, \quad (23)$$

$$L\dot{\varphi}(0) = \kappa_1\omega_1 A_2 + \kappa_2\omega_2 A_4 = 0. \quad (24)$$

Aus diesen vier Gleichungen lassen sich die Koeffizienten A_1 bis A_4 bestimmen:

$$A_1 = -A_3 = L\varphi_0/(\kappa_1 - \kappa_2) = 0{,}0385\,\text{m}, \quad (25)$$

$$A_2 = -\frac{v_0\kappa_2}{(\kappa_1 - \kappa_2)\omega_1} = -0{,}035\,49\,\text{m}, \quad (26)$$

$$A_4 = \frac{v_0\kappa_1}{(\kappa_1 - \kappa_2)\omega_2} = 0{,}084\,98\,\text{m}. \quad (27)$$

Die Pufferkraft ergibt sich nach dem Einsetzen der A_k

$$F = cx = \frac{c}{\kappa_1 - \kappa_2}\left(L\varphi_0(\cos\omega_1 t - \cos\omega_2 t) + v_0\left(-\frac{\kappa_2}{\omega_1}\sin\omega_1 t + \frac{\kappa_1}{\omega_2}\sin\omega_2 t\right)\right).$$

Mit den speziellen Parameterwerten ist

$$F = (963(\cos\omega_1 t - \cos\omega_2 t) - 887\sin\omega_1 t + 2125\sin\omega_2 t)\,\text{N}. \quad (28)$$

Der maximale Pendelwinkel erhöht sich auf etwa $\varphi_{\max} \approx 0{,}15$ rad und erfüllt damit noch die bei der Linearisierung getroffene Voraussetzung für kleine Winkel.

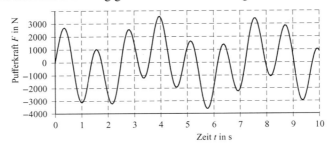

Bild 2: Verlauf der Pufferkraft gemäß (28)

Zu 4):

Die maximal mögliche Pufferkraft kann mit einer Energiebilanz abgeschätzt werden: Die in der Pufferfeder gespeicherte potentielle Energie kann höchstens so groß sein, wie die gesamte Energie, die dem System (auf Grund der Anfangsbedingungen) übertragen wird. Den Anfangsbedingungen entspricht eine Energie

$$W_0 = W_{\text{kin0}} + W_{\text{pot0}} = \frac{1}{2}(m_K + m)\dot{x}^2 + \frac{1}{2}mgL\varphi_0^2 \qquad (29)$$
$$= 0{,}5 * 2000 * 0{,}5^2 + 0{,}5 * 1000 * 9{,}81 * 0{,}4 * 0{,}1^2 = 269{,}6\,\text{Nm}.$$

Aus den Summanden ist zu erkennen, dass die kinetische Energie der fahrenden Laufkatze wesentlich größer als die potentielle Energie des um den Winkel φ_0 angehobenen Lastpendels ist. Falls sich die gesamte Anfangsenergie in potentielle Energie der Pufferfeder umsetzt, gilt

$$\frac{1}{2}cx_{\max}^2 = \frac{1}{2}F_{\max}^2/c = W_0. \qquad (30)$$

Dies ist der Extremfall, bei dem das Lastpendel momentan keine Energie hätte.

Die maximale Kraft kann also höchstens

$$\underline{F_{\max} = \sqrt{2cW_0} = \sqrt{2 \cdot 25\,000 \cdot 269{,}6}\,\text{N} = 3671\,\text{N}} \qquad (31)$$

betragen. Sie wird erwartungsgemäß nicht erreicht, wie in Bild 2 zu erkennen ist. Die Feder würde dabei um $x_{\max} = F_{\max}/c = 0{,}147$ m deformiert.

Der in Bild 2 gezeigte Verlauf darf nicht im gesamten gezeigten Zeitbereich akzeptiert werden. Er würde nur zustande kommen, wenn die Pufferfeder im ständigen Kontakt mit der Masse m_K der Laufkatze bliebe. Die Pufferkraft steigt auf einen Maximalwert von ca. 2500 N an, aber sie wird nach etwa $t^* = 0{,}7$ s bereits null, d.h. die Laufkatze prallt zurück. Von diesem Zeitpunkt an gilt (31) und damit der Verlauf gemäß (28) nicht mehr, weil der Kontakt mit der Feder bei $x \leq 0$ verloren geht. Der Maximalwert der Pufferkraft (2333 N) wird durch die höhere (zweite) Eigenfrequenz bestimmt, d.h. das Lastpendel bewegt sich so langsam, dass erst später der hohe Spitzenwert von etwa 3300 N erreicht würde. Reale Puffer haben nichtlineare Kennlinien und ein großes Dämpfungsvermögen, d.h. Hysteresekurven, welche große Flächen umschließen [62].

Extreme Belastungen nach einem Stoß entsprechen oft näherungsweise dem Spitzenwert der Schwingung mit einer der Eigenfrequenzen. Dieser lässt sich abschätzen, wenn der Energiesatz mit der Annahme angewendet wird, dass höchstens die Gesamtenergie W_0 in dem betreffenden Element konzentriert sein kann, vgl. auch Aufgabe 2.6.

Weiterführende Literatur

[62]   Scheffler, M.: *Grundlagen der Fördertechnik - Elemente und Triebwerke.* Fördertechnik und Baumaschinen. Vieweg Verlagsgesellschaft, 1994.

3.7 Resonanzfreier Betriebsbereich

Ein Gerät, das mit einer harmonischen Kraft erregt wird, soll so aufgestellt werden, dass es im Bereich der Erregerfrequenzen $f_u < f < f_o$ begrenzte Amplituden hat. Das Gerät bildet mit seiner Aufstellung ein Zweimassensystem, von dem die Eigenfrequenz $f_1 < f_u$ und $f_2 > f_o$ ist. Aus den gegebenen Werten der beiden Eigenfrequenzen und der Tilgungsfrequenz sollen die Parameterwerte der Federn und Massen bestimmt werden. [‡]

Bei dem Zweimassensystem mit den in Bild 1 skizzierten Koordinaten und Parametern beträgt die Gesamtmasse $m = m_1 + m_2$. Die Erregerfrequenzen der Erregerkraft $F_1(t) = \hat{F} \sin \Omega t$ können im Bereich $f_u < f = \Omega/2\pi < f_o$ liegen.

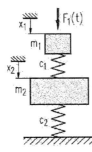

Bild 1: Berechnungsmodell des harmonisch erregten Zweimassensystems

Gegeben:

$m = 1000\,\text{kg}$ Gesamtmasse
$f_1 = 6\,\text{Hz}$ tiefste Eigenfrequenz
$f_2 = 20\,\text{Hz}$ höchste Eigenfrequenz
$f_T = 12\,\text{Hz}$ Tilgungsfrequenz

Gesucht:

1) Bewegungsgleichungen

2) Frequenzgleichung zur Berechnung der Eigenfrequenzen

3) Tilgungsfrequenz

4) Explizite Gleichungen zur Berechnung der Masse- und Federparameter aus der Gesamtmasse m und den Frequenzen f_1, f_2 und f_T

5) Lösung der Bewegungsgleichungen für den stationären Zustand

6) Frequenzbereich, in dem die Amplitude $\hat{x}_1$ der stationären erzwungenen Schwingung kleiner ist als die Durchsenkung $x_{1_{\text{stat}}}$ infolge der statisch wirkenden Kraft (bei $\Omega = 0$)

[‡] Autor: Hans Dresig

Lösung:

Zu 1):

Die Bewegungsgleichungen ergeben sich nach Anwendung des Schnittprinzips aus dem Kräftegleichgewicht an jeder Masse, vgl. Bild 2:

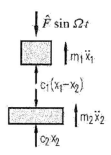

Bild 2: Kräftebild am frei geschnittenen Zweimassensystem

$$m_1 \ddot{x}_1 + c_1(x_1 - x_2) = \hat{F} \sin \Omega t, \quad (1)$$
$$m_2 \ddot{x}_2 + c_2 x_2 - c_1(x_1 - x_2) = 0. \quad (2)$$

Zu 2):

Die Eigenfrequenzen folgen nach dem Lösungsansatz $x_k = A_k e^{j\omega t}$ aus der Koeffizientendeterminante des linearen Gleichungssystems für die A_k:

$$\begin{vmatrix} c_1 - m_1 \omega^2 & -c_1 \\ -c_1 & c_1 + c_2 - m_2 \omega^2 \end{vmatrix} = 0. \quad (3)$$

Dem entspricht die Frequenzgleichung

$$\omega^4 - \left(\frac{c_1 + c_2}{m_2} + \frac{c_1}{m_1} \right) \omega^2 + \frac{c_1 c_2}{m_1 m_2} = 0. \quad (4)$$

Die Eigenfrequenzen ergeben sich aus den Wurzeln dieser biquadratischen Gleichung

$$\omega_{1,2}^2 = \frac{1}{2} \left[\left(\frac{c_1 + c_2}{m_2} + \frac{c_1}{m_1} \right) \mp \sqrt{\left(\frac{c_1 + c_2}{m_2} + \frac{c_1}{m_1} \right)^2 - 4 \frac{c_1 c_2}{m_1 m_2}} \right] \quad (5)$$

zu $f_1 = \omega_1/(2\pi)$ und $f_2 = \omega_2/(2\pi)$. Mit Hilfe des VIETAschen Wurzelsatzes gelten wegen (4) folgende Beziehungen zwischen den beiden Eigenkreisfrequenzen

$$\omega_1^2 + \omega_2^2 = \frac{c_1 + c_2}{m_2} + \frac{c_1}{m_1}, \quad (6)$$
$$\omega_1^2 \cdot \omega_2^2 = \frac{c_1 c_2}{m_1 m_2}. \quad (7)$$

3.7 Resonanzfreier Betriebsbereich

Zu 3):

Die Tilgungsfrequenz ist die Eigenfrequenz des Systems von Bild 1, wenn $x_1 \equiv 0$ ist. Somit folgt aus dem verbleibenden Einmassenschwinger, der aus c_1, c_2 und m_2 besteht, die Tilgungsfrequenz:

$$\omega_T^2 = (2\pi f_T)^2 = \frac{c_1 + c_2}{m_2}. \tag{8}$$

Zu 4):

Aus der Differenz der Gleichungen (6) und (8) lässt sich zunächst der Ausdruck

$$\frac{c_1}{m_1} = \omega_1^2 + \omega_2^2 - \omega_T^2 \tag{9}$$

gewinnen. Aus (7) und (9) ergibt sich sofort

$$\frac{c_2}{m_2} = \frac{\omega_1^2 \omega_2^2}{\omega_1^2 + \omega_2^2 - \omega_T^2}. \tag{10}$$

Aus (6) folgt durch eine Umstellung der Summanden zunächst

$$\frac{c_1}{m_2} = \omega_1^2 + \omega_2^2 - \frac{c_1}{m_1} - \frac{c_2}{m_2}. \tag{11}$$

Nach dem Einsetzen der Ausdrücke aus (9) und (10) und einigen Umformungen wird daraus

$$\frac{c_1}{m_2} = \frac{(\omega_T^2 - \omega_1^2)(\omega_2^2 - \omega_T^2)}{\omega_1^2 + \omega_2^2 - \omega_T^2}. \tag{12}$$

Aus (9) und (12) folgt für das Massenverhältnis der Quotient q, der von den gegebenen Frequenzen abhängt:

$$q = \frac{m_2}{m_1} = \frac{(\omega_1^2 + \omega_2^2 - \omega_T^2)^2}{(\omega_T^2 - \omega_1^2)(\omega_2^2 - \omega_T^2)} = \frac{(f_1^2 + f_2^2 - f_T^2)^2}{(f_T^2 - f_1^2)(f_2^2 - f_T^2)}. \tag{13}$$

Da die Gesamtmasse $m = m_1 + m_2$ vorgegeben ist, ergibt sich damit eine Gleichung zur Berechnung von m_1. Wegen

$$q = \frac{m - m_1}{m_1} = \frac{m}{m_1} - 1 \tag{14}$$

ist die Masse m_1 berechenbar aus der Gesamtmasse und den gegebenen Frequenzen

$$m_1 = \frac{m}{1 + q}. \tag{15}$$

Damit ergeben sich aus (13), (10) und (12) die anderen Parameterwerte:

$$m_2 = m \frac{q}{1+q}, \tag{16}$$

$$c_1 = \frac{m}{1+q}(\omega_1^2 + \omega_2^2 - \omega_T^2), \tag{17}$$

$$c_2 = \frac{mq}{1+q} \frac{\omega_1^2 \omega_2^2}{(\omega_1^2 + \omega_2^2 - \omega_T^2)}. \tag{18}$$

Mit den gegebenen Daten der Aufgabenstellung liefert die Rechnung mit $q = 3{,}083\,88$ aus (13) und nach dem Einsetzen in (16) bis (18) die gesuchten Parameterwerte:

$$\begin{aligned} m_1 &= 244{,}9\,\text{kg}, & c_1 &= 2{,}823\,\text{MN/m}, \\ m_2 &= 755{,}1\,\text{kg}, & c_2 &= 1{,}470\,\text{MN/m}. \end{aligned} \tag{19}$$

Zu 5):

Die Massen führen im stationären Zustand immer harmonische Bewegungen mit der Erregerfrequenz aus, d. h. die stationären Lösungen der Bewegungsgleichungen (1) und (2) sind

$$x_1 = \hat{x}_1 \sin \Omega t; \qquad x_2 = \hat{x}_2 \sin \Omega t. \tag{20}$$

Wird dieser Gleichtaktansatz in die Bewegungsgleichungen (1) und (2) eingesetzt, ergibt sich das lineare Gleichungssystem

$$(c_1 - m_1 \Omega^2)\hat{x}_1 \qquad\qquad - c_1 \hat{x}_2 = \hat{F}, \tag{21}$$

$$-c_1 \hat{x}_1 + (c_1 + c_2 - m_2 \Omega^2)\hat{x}_2 = 0 \tag{22}$$

für die Amplituden $\hat{x}_1$ und $\hat{x}_2$. Es hat die Lösungen

$$\hat{x}_1 = \frac{\hat{F}}{\Delta}(c_1 + c_2 - m_2 \Omega^2); \qquad \hat{x}_2 = \frac{\hat{F}}{\Delta} c_1. \tag{23}$$

Der Nenner ist

$$\Delta = (c_1 - m_1 \Omega^2)(c_1 + c_2 - m_2 \Omega^2) - c_1^2 = m_1 m_2 (\Omega^2 - \omega_1^2)(\Omega^2 - \omega_2^2). \tag{24}$$

Die Amplitudenfrequenzgänge in Bild 3 ergeben sich aus (23).

Zu 6):

Die statische Durchsenkung der Masse m_1 infolge der Kraft $\hat{F}$ ist

$$x_{1_{\text{stat}}} = \left(\frac{1}{c_1} + \frac{1}{c_2}\right)\hat{F}. \tag{25}$$

3.7 Resonanzfreier Betriebsbereich

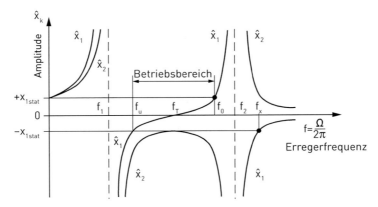

Bild 3: Amplituden-Frequenzgänge der Wege der Massen des Systems von Bild 1

Der Vergleich der Amplitude $\hat{x}_1$ mit der Durchsenkung infolge der statischen Kraft folgt aus (23) und (25)

$$|\hat{x}_1| \leq x_{1\text{stat}} . \tag{26}$$

Da der Betrag der Amplitude zu beachten ist, ergeben sich zwei Bedingungen:

$$\hat{x}_1 = x_{1\text{stat}} = \left(\frac{1}{c_1} + \frac{1}{c_2}\right)\hat{F}, \tag{27a}$$

$$\hat{x}_1 = -x_{1\text{stat}} = -\left(\frac{1}{c_1} + \frac{1}{c_2}\right)\hat{F}. \tag{27b}$$

Wird Δ aus (24) berücksichtigt, so folgt aus (27a)

$$c_1 + c_2 - m_2\Omega^2 = +m_1 m_2 (\Omega^2 - \omega_1^2)(\Omega^2 - \omega_2^2)\left(\frac{1}{c_1} + \frac{1}{c_2}\right) \tag{28}$$

und aus (27b)

$$c_1 + c_2 - m_2\Omega^2 = -m_1 m_2 (\Omega^2 - \omega_1^2)(\Omega^2 - \omega_2^2)\left(\frac{1}{c_1} + \frac{1}{c_2}\right). \tag{29}$$

In jeder der Gleichungen (28) und (29) ist Ω diejenige Kreisfrequenz der Erregung, bei welcher das Gleichheitszeichen in (26) gilt. Die in Bild 3 eingetragenen Grenzfrequenzen f_u und f_o können als Lösungen dieser Gleichungen gefunden werden.

Nach einigen Umformungen, bei denen die Beziehungen (8) bis (12) genutzt werden, um die Verhältnisse der Masse- und Federparameter durch die gegebenen Frequenzen auszudrücken, folgt aus (28) die obere Grenzfrequenz

$$(2\pi f_o)^2 = \Omega_o^2 = \omega_1^2 + \omega_2^2 - \frac{c_1 c_2}{m_1 c_1 + m_2 c_2} \tag{30}$$

bzw.

$$f_o^2 = f_1^2 + f_2^2 - \left(\frac{f_1 f_2}{f_T}\right)^2. \tag{31}$$

Für die Daten der Aufgabenstellung ergibt sich aus (31) die Lösung $f_o = 18{,}3\,\text{Hz}$. Aus (29) folgt eine biquadratische Gleichung

$$\Omega^4 - \left(\omega_1^2 + \omega_2^2 + \frac{c_1 c_2}{m_1 c_1 + m_2 c_2}\right)\Omega^2 + 2\frac{c_1 c_2}{m_1 m_2} = 0. \tag{32}$$

Sie kann analog zu (31) auch mit den Frequenzen ausgedrückt werden:

$$f^4 - \left(f_1^2 + f_2^2 + \left(\frac{f_1 f_2}{f_T}\right)^2\right)f^2 + 2f_1^2 f_2^2 = 0. \tag{33}$$

Für die Daten der Aufgabenstellung ergeben sich als Wurzeln der biquadratischen Gleichung (33):

$$f_u = 7{,}78\,\text{Hz} \quad \text{und} \quad f^* = 21{,}80\,\text{Hz}. \tag{34}$$

Die Frequenz $f^* > f_2$ liegt außerhalb des Betriebsbereichs ($f_u \leq f \leq f_o$) und ist hier ohne Bedeutung, vgl. Bild 3.

Bei der Projektierung von Mehrmassensystemen sind manchmal Aufgaben der Synthese zu lösen, bei denen aus den Forderungen an die Lage der Eigenfrequenzen die Feder- und Masseparameter zu bestimmen sind. Im Allgemeinen sind bei diesen sogenannten inversen Problemen gekoppelte, nichtlineare Gleichungen unter Berücksichtigung von Nebenbedingungen zu lösen. Für den Schwinger mit zwei Freiheitsgraden gelingt eine geschlossene analytische Lösung, aber bei größeren Systemen sind iterative numerische Verfahren zur Lösung erforderlich.

4 Torsionsschwinger und Längsschwinger

4.1 Überlastschutz an einer Reibspindelpresse

Reibspindelpressen werden zur Herstellung von Gesenkschmiedeteilen verwendet. Dabei wird die im Schwungrad und in der Spindel gespeicherte kinetische Energie zur Formänderung des Schmiedeteiles genutzt. Zur Vermeidung von Überlastungen bei sogenannten Prellschlägen (beim Fehlen des Schmiedestückes zwischen den Gesenkteilen) dient eine Überlastsicherung in Form einer Rutschkupplung. Zur Berechnung der Spindeldruckkraft beim Prellschlag wird ein Modell des Schwingers herangezogen, bei dem mehrere Bewegungsphasen unterschieden werden müssen. [‡]

Das Schwungrad 1 einer Spindelpresse (Bild 1) ist mit der Spindel 3 über eine Reibungskupplung 2 verbunden, die zu rutschen beginnt, wenn das Drehmoment zwischen Spindel und Schwungrad den Wert M_1 erreicht. Unter der Voraussetzung, dass bei der weiteren Relativbewegung zwischen Schwungrad und Spindel das Reibmoment den Wert M_1 beibehält, ist der Bewegungsvorgang bei einem Prellschlag zu untersuchen. Die Antriebsscheiben 4 sind bei diesem Vorgang ausgerückt.

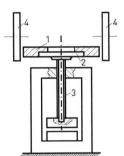

Bild 1: Skizze einer Reibspindelpresse

Gegeben:

$J_R = 670\,\text{kg}\,\text{m}^2$	Massenträgheitsmoment des Schwungrades
$J_S = 330\,\text{kg}\,\text{m}^2$	Massenträgheitsmoment der Spindel und des damit drehstarr gekoppelten Kupplungsteiles
$m = 1000\,\text{kg}$	Masse der bewegten Teile
$\Omega = 10\,\text{s}^{-1}$	Anfangswinkelgeschwindigkeit von Spindel und Schwungrad
$h = 0{,}012\,\text{m}$	Spindelsteigung
$c = 2{,}5\,\text{GN/m}$	Federsteifigkeit des Rahmens und der Spindel
$M_1 = 12\,\text{kNm}$	maximales Haft- und Reibmoment zwischen Schwungrad und Spindel

---

[‡] Autor: Michael Beitelschmidt, Quelle [34, Aufgabe 17]

Gesucht:

1) Spindelkraft beim Beginn des Rutschvorganges F_1
2) maximale Spindelkraft F_2

Lösung:

Zu 1):

Das Modell des gegebenen mechanischen Systems zeigt Bild 2. Bei $x = 0$ sei die Feder entspannt. Im ersten Bewegungsabschnitt sind die Drehmassen J_R und J_S durch Haftreibung starr miteinander verbunden. Das hier eingeführte Moment M ist gerade so groß, dass die Zwangsbedingung

$$\varphi_1 = \varphi_2 \qquad (1)$$

erfüllt ist. Jedoch ist M durch

$$M \leq M_1 \qquad (2)$$

begrenzt. Der zweite Bewegungsabschnitt beginnt, wenn Gl. (1) zu Werten von M führt, die größer als M_1 sind. In diesem Fall verliert Gleichung (1) ihre Gültigkeit und es gilt

$$M = M_1, \qquad (3)$$

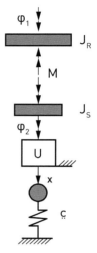

Bild 2: Kräftebild zum Berechnungsmodell

da von einem konstanten Gleitreibmoment M, das zugleich auch das Losreißmoment ist, ausgegangen wird.

Zur Bestimmung der Bewegungsgleichungen dienen die LAGRANGEschen Gln. 2. Art:

$$\frac{d}{dt}\left(\frac{\partial L}{\partial \dot{q}_k}\right) - \frac{\partial L}{\partial q_k} = Q_k. \qquad (4)$$

Um M berechnen zu können, sollen auch für den ersten Bewegungsabschnitt $q_1 = \varphi_1$ und $q_2 = \varphi_2$ zunächst als getrennte Koordinaten angesehen werden. Zwischen der Verschiebung des Gesenkes x und dem Winkel φ_2 besteht die Zwangsbedingung durch die Gewindesteigung

$$x = \frac{h}{2\pi}\varphi_2. \qquad (5)$$

Die verallgemeinerten Kraftgrößen Q_1 und Q_2 folgen aus der virtuellen Arbeit der eingeprägten Kräfte und Momente unter Nutzung von (5)

$$\delta W = -M\delta\varphi_1 + M\delta\varphi_2 - cx\,\delta x = -M\delta\varphi_1 + \left(M - \frac{h^2}{4\pi^2}c\,\varphi_2\right)\delta\varphi_2.$$

4.1 Überlastschutz an einer Reibspindelpresse

Daraus ergeben sich die verallgemeinerten Kraftgrößen:

$$Q_1 = -M; \quad Q_2 = M - \frac{h^2}{4\pi^2} c\,\varphi_2.$$

Die kinetische Energie beträgt

$$W_{\text{kin}} = \frac{1}{2} J_R \dot{\varphi}_1^2 + \frac{1}{2} J_S \dot{\varphi}_2^2 + \frac{1}{2} m \dot{x}^2 = \frac{1}{2} J_R \dot{\varphi}_1^2 + \frac{1}{2}\left(J_S + m\frac{h^2}{4\pi^2}\right)\dot{\varphi}_2^2.$$

Damit werden die Bewegungsgleichungen aus (4) bestimmt:

$$J_R \ddot{\varphi}_1 = -M, \tag{6}$$

$$\left(J_S + m\frac{h^2}{4\pi^2}\right)\ddot{\varphi}_2 + c\frac{h^2}{4\pi^2}\varphi_2 = M. \tag{7}$$

Im ersten Bewegungsabschnitt können wegen (1) $\ddot{\varphi}_1 = \ddot{\varphi}_2$ gesetzt werden und die Addition der beiden Gleichungen (6) und (7) ergibt

$$\left(J_R + J_S + m\frac{h^2}{4\pi^2}\right)\ddot{\varphi}_2 + c\frac{h^2}{4\pi^2}\varphi_2 = 0. \tag{8}$$

Die Anfangsbedingungen sind

$$\varphi_2(0) = 0; \quad \dot{\varphi}_2(0) = \Omega. \tag{9}$$

Die Lösung der Gleichung (8) mit den Anfangsbedingungen (9) ist

$$\varphi_2 = \frac{\Omega}{\omega_1} \sin \omega_1 t \tag{10}$$

mit

$$\omega_1 = \sqrt{\frac{c\,h^2/(4\pi^2)}{J_R + J_S + m\,h^2/(4\pi^2)}} = 3{,}0197\,\text{s}^{-1}. \tag{11}$$

Der erste Bewegungsabschnitt ist zur Zeit $t = t_1$ beendet, wenn $M = M_1$ ist. Dazu wird die Lösung (10) in die Bewegungsgleichung (6) eingesetzt

$$-J_R \Omega \omega_1 \sin \omega_1 t_1 = -M_1$$

und somit ergibt sich für die Zeit

$$t_1 = \frac{1}{\omega_1} \arcsin \frac{M_1}{J_R \Omega \omega_1} = 0{,}210\,26\,\text{s}.$$

Daraus werden die Anfangsbedingungen für den zweiten Abschnitt gewonnen:

$$\begin{aligned}\varphi_2(t_1) &= \frac{\Omega}{\omega_1} \sin \omega_1 t_1 = 1{,}9642, \\ \dot{\varphi}_2(t_1) &= \Omega \cos \omega_1 t_1 = 8{,}0512\,\text{s}^{-1}.\end{aligned} \tag{12}$$

Die Gleichung (7) hat für $M = M_1$ die Lösung

$$\varphi_2 = \frac{4\pi^2 M_1}{c h^2} + \left(\varphi_2(t_1) - \frac{4\pi^2 M_1}{c h^2}\right) \cos \omega_2 (t - t_1) + \frac{\dot{\varphi}_2(t_1)}{\omega_2} \sin \omega_2 (t - t_1) \quad (13)$$

mit

$$\omega_2 = \sqrt{\frac{c h^2/(4\pi^2)}{J_s + m h^2/(4\pi^2)}} = 5{,}2567 \text{ s}^{-1} .$$

Das Maximum von φ_2 ist

$$\varphi_2(t_2) = \frac{4\pi^2 M_1}{c h^2} + \sqrt{\left(\varphi_2(t_1) - \frac{4\pi^2 M_1}{c h^2}\right)^2 + \left(\frac{\dot{\varphi}_2(t_1)}{\omega_2}\right)^2} = 2{,}9791 . \quad (14)$$

Mit der Zwangsbedingung (5) werden schließlich die gesuchten Kräfte gefunden:

$$F_1 = c\, x(t_1) = \frac{c h}{2\pi} \varphi_2(t_1) = 9{,}4 \text{ MN} , \quad (15)$$

$$F_2 = c\, x(t_2) = \frac{c h}{2\pi} \varphi_2(t_2) = 14{,}2 \text{ MN} . \quad (16)$$

Zu 2):

Mit Hilfe des Energiesatzes ist leicht zu bestimmen, dass die größte erreichbare Kraft bei starrer Kupplung beider Drehmassen 15,8 MN beträgt. Die erreichte Verminderung der Höchstlast ist also nicht beträchtlich. Zur Verbesserung des Ergebnisses bieten sich folgende Möglichkeiten an:

- *a*) Verminderung von M_1. Dabei muss jedoch F_1 trotzdem größer bleiben als die zur Umformung der Werkstücke benötigte größte Kraft.
- *b*) Vergrößerung des Verhältnisses J_R/J_S.
- *c*) Konstruktive Veränderung in der Art, dass nach Lösung beider Drehmassen das übertragene Moment wesentlich kleiner ist als M_1. Das ergibt sich aber möglicherweise automatisch dadurch, dass das Losreißmoment größer ist als das sich während des Gleitens einstellende Moment.

Der Übergang von der Haftung zur Gleitreibung ist im Allgemeinen mit einer Erhöhung der Zahl des Systemfreiheitsgrades verbunden.

Kommt es an der Kontaktstelle wieder zu Haftung, reduziert sich der Freiheitsgrad des Systems. Derartige Systeme mit veränderlichem Freiheitsgrad werden als strukturvariabel bezeichnet.

4.2 Schwingungstilgung in einem Planetengetriebe

Das Gehäuse eines Planetengetriebes kann drehbar gelagert und durch eine Stützfeder abgestützt werden. Es soll untersucht werden, welchen Einfluss diese Stützfeder auf das Antriebsmoment hat, wenn die Abtriebswelle durch eine von der Verarbeitungsmaschine verursachte veränderliche Winkelgeschwindigkeit harmonisch erregt wird. Es soll der Effekt der Schwingungstilgung genutzt werden, um die Schwingungen zu vermindern. ‡

Ein Motor treibt mit konstanter Drehgeschwindigkeit Ω_1 über die Stegwelle 1 eines Planetengetriebes eine Maschine an, die ein Antriebsmoment M_3 benötigt, vgl. Bild 1. Die vom Planetengetriebe angetriebene Maschine verursacht an der Stegwelle 3 eine veränderliche Winkelgeschwindigkeit

$$\dot{\varphi}_3 = \Omega_3 + \hat{\Omega}_3 \sin(k\Omega_3 t). \tag{1}$$

Das Gehäuse 2 des Planetengetriebes ist gegenüber dem raumfesten Bezugssystem drehbar gelagert und wird im Abstand R mit einer Feder gestützt. Welchen Einfluss hat die Federkonstante c auf das Antriebsmoment? Durch geeignete Wahl der Federkonstante soll erreicht werden, dass der Motor im stationären Betrieb nur ein konstantes Moment M_1 abgeben muss.

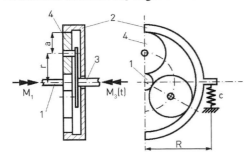

Bild 1: Schnittbild des Planetengetriebes

Gegeben:

n	= 950 min^{-1}	Nenndrehzahl des Motors
a	= 200 mm	Radius des Planetenradkreises
r	= 150 mm	Wälzkreisradius der Planetenräder
R	= 500 mm	Abstand der Stützfeder
$\hat{\Omega}_3$	= 5 rad/s	Amplitude der veränderlichen Stegdrehgeschwindigkeit
k	= 6	Ordnung der wesentlichen Erregerharmonischen
$|\overline{\varphi}_2|$	= 5°	mittlerer Gehäusedrehwinkel infolge des Antriebsmoments
J_2	= 9 kg m^2	Trägheitsmoment des Gehäuses
J_4	= 1 kg m^2	Summe der Trägheitsmomente aller Planetenräder
m_4	= 16 kg	Masse eines Planetenrades

---
‡Autor: Hans Dresig, Quelle [34, Aufgabe 49]

Gesucht:

1) Abhängigkeit der Drehgeschwindigkeiten $\dot{\varphi}_2$ und $\dot{\varphi}_4$ von $\dot{\varphi}_1$ und $\dot{\varphi}_3$

2) Bewegungsgleichung mit Hilfe der LAGRANGEschen Gleichung 2. Art

3) Federkonstante c der Stützfeder, damit eine Tilgung der Schwingung an der Motorwelle erfolgt

4) Antriebsmoment M_1 und Antriebsleistung P

Lösung:

<u>Zu 1):</u>

Das Planetengetriebe kann mit Ausnahme der flexiblen Lagerung als System starrer Körper (Modell der *starren Maschine*) modelliert werden, weil die Eigenfrequenzen des in Wirklichkeit elastischen Getriebes mindestens eine Zehnerpotenz größer sind als die Grundfrequenz, die von der relativ weichen Stützfeder abhängig ist.

Zwischen den Geschwindigkeiten v_1 und v_2 und den Winkelgeschwindigkeiten bestehen Beziehungen, die in Bild 2 zu entnehmen sind.

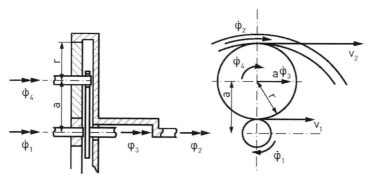

Bild 2: Zur Herleitung der kinematischen Zwangsbedingungen

An den Kontaktstellen tritt kein Schlupf auf, also gilt

$$v_1 = (a - r)\dot{\varphi}_1 = a\dot{\varphi}_3 - r\dot{\varphi}_4 , \quad (2)$$
$$v_2 = (a + r)\dot{\varphi}_2 = a\dot{\varphi}_3 + r\dot{\varphi}_4 . \quad (3)$$

Die *kinematischen* Zwangsbedingungen werden nach $\dot{\varphi}_2$ und $\dot{\varphi}_4$ aufgelöst:

$$\underline{\underline{\dot{\varphi}_2 = \frac{2a}{a+r}\dot{\varphi}_3 - \frac{a-r}{a+r}\dot{\varphi}_1}} ; \quad \underline{\underline{\dot{\varphi}_4 = \frac{a}{r}\dot{\varphi}_3 - \frac{a-r}{r}\dot{\varphi}_1}} . \quad (4)$$

4.2 Schwingungstilgung in einem Planetengetriebe

Die *geometrischen* Zwangsbedingungen folgen daraus durch Integration bezüglich der Zeit mit den Anfangsbedingungen

$$t = 0: \quad \varphi_1(0) = \varphi_2(0) = \varphi_3(0) = \varphi_4(0) = 0, \tag{5}$$

$$\varphi_2 = \frac{2a}{a+r}\varphi_3 - \frac{a-r}{a+r}\varphi_1; \quad \varphi_4 = \frac{a}{r}\varphi_3 - \frac{a-r}{r}\varphi_1. \tag{6}$$

Zu 2):

Die kinetische Energie beträgt

$$W_{\text{kin}} = \frac{1}{2}\left(J_1\dot\varphi_1^2 + J_2\dot\varphi_2^2 + (m_4 a^2 + J_3)\dot\varphi_3^2 + J_4\dot\varphi_4^2\right). \tag{7}$$

Sie lässt sich nach der Elimination von $\dot\varphi_2$ und $\dot\varphi_4$ aus (4) als Funktion der Drehgeschwindigkeiten $\dot\varphi_1$ und $\dot\varphi_3$ ausdrücken:

$$W_{\text{kin}} = \frac{1}{2}\left(m_{11}\dot\varphi_1^2 + 2m_{13}\dot\varphi_1\dot\varphi_3 + m_{33}\dot\varphi_3^2\right). \tag{8}$$

Die verallgemeinerten Massen ergeben sich aus dem Koeffizientenvergleich:

$$m_{11} = J_1 + \left(\frac{a-r}{a+r}\right)^2 J_2 + \left(\frac{a-r}{r}\right)^2 J_4, \tag{9}$$

$$m_{13} = -\frac{2a(a-r)}{(a+r)^2}J_2 - \frac{a(a-r)}{r^2}J_4, \tag{10}$$

$$m_{33} = m_4 a^2 + J_3 + \left(\frac{2a}{a+r}\right)^2 J_2 + \left(\frac{a}{r}\right)^2 J_4. \tag{11}$$

Potentielle Energie wird in der Stützfeder gespeichert und erhält mit (5) die Form

$$W_{\text{pot}} = \frac{1}{2}c(R\varphi_2)^2 = \frac{1}{2}cR^2\left(\frac{2a}{a+r}\varphi_3 - \frac{a-r}{a+r}\varphi_1\right)^2. \tag{12}$$

Sie kann mit den verallgemeinerten Federkonstanten ausgedrückt werden:

$$W_{\text{pot}} = \frac{1}{2}\left(c_{11}\varphi_1^2 + 2c_{13}\varphi_1\varphi_3 + c_{33}\varphi_3^2\right). \tag{13}$$

Aus einem Koeffizientenvergleich ergeben sich deren Werte

$$c_{11} = cR^2\left(\frac{a-r}{a+r}\right)^2; \quad c_{13} = -cR^2\frac{2a(a-r)}{(a+r)^2}; \quad c_{33} = cR^2\left(\frac{2a}{a+r}\right)^2. \tag{14}$$

Mit der LAGRANGE-Funktion $L = W_{\text{kin}} - W_{\text{pot}}$ ergibt die LAGRANGEsche Gleichung 2. Art die folgende Bewegungsgleichung, wenn die virtuelle Arbeit $\delta W = M_1\delta\varphi_1$ berücksichtigt wird:

$$m_{11}\ddot\varphi_1 + m_{13}\ddot\varphi_3 + c_{11}\varphi_1 + c_{13}\varphi_3 = M_1. \tag{15}$$

Zu 3):

Bei der vorliegenden Aufgabe ist die Drehgeschwindigkeit $\dot{\varphi}_3$ aus (1) als erzwungene Erregung gegeben. Wird $\dot{\varphi}_3$ bezüglich der Zeit integriert und die Anfangsbedingung (5) berücksichtigt, dann ist der Winkel

$$\varphi_3 = \Omega_3 t + \frac{1}{k}\hat{\Omega}_3 \Omega_3 (1 - \cos k\Omega_3 t), \tag{16}$$

während die Differentiation von (1) nach der Zeit die Drehbeschleunigung ergibt, die am Abtrieb in das Planetengetriebe eingeleitet wird:

$$\ddot{\varphi}_3 = \hat{\Omega}_3 k\Omega_3 \cos k\Omega_3 t. \tag{17}$$

Aus (15) und (16) folgt die harmonische Komponente des Moments M_{10}, wenn keine Stützfeder vorhanden ist, weil J_2 keine Wirkung hat und $\ddot{\varphi}_1 = 0$, $c_{11} = c_{13} = 0$ sind, zu

$$M_{10} = m_{13}\ddot{\varphi}_3 = a\frac{a-r}{r^2}J_4 \hat{\Omega}_3 k\Omega_3 \cos k\Omega_3 t = 165{,}8 \cos(74{,}6 t) \quad \text{Nm}. \tag{18}$$

Diese Komponente kann durch eine richtig dimensionierte Federstütze ausgeglichen werden, weil dann eine Schwingung in Gegenphase zustande kommt. Werden in (15) für die Winkel und Winkelbeschleunigungen die Ausdrücke aus (16) und (17) eingesetzt, so entsteht:

$$M_1 = c_{11}\int \dot{\varphi}_1 \, dt + c_{13}\left(\Omega_3 t + \frac{\hat{\Omega}_3}{k}\Omega_3\right) + \hat{\Omega}_3 k\Omega_3 \left[m_{13} - \frac{c_{13}}{(k\Omega_3)^2}\right] \cos k\Omega_3 t. \tag{19}$$

Die harmonische Komponente des Antriebsmoments in der eckigen Klammer von (19) verschwindet, wenn folgende Bedingung für die Schwingungstilgung erfüllt wird:

$$m_{13} - \frac{c_{13}}{(k\Omega_3)^2} = -\frac{2a(a-r)}{(a+r)^2}J_2 - \frac{a(a-r)}{r^2}J_4 + cR^2\frac{2a(a-r)}{(a+r)^2} \cdot \frac{1}{(k\Omega_3)^2} = 0, \tag{20}$$

vgl. dazu m_{13} aus (10) und c_{13} aus (14). Diese Bedingung erlaubt nach ihrer Vereinfachung und Umstellung die Berechnung der Federkonstanten:

$$c = \left(\frac{k\Omega_3}{R}\right)^2 \left[J_2 + \frac{(a+r)^2}{2r^2}J_4\right] = 2{,}61 \cdot 10^5 \text{ N/m}. \tag{21}$$

Die Schwingungstilgung tritt theoretisch exakt nur bei dieser Federkonstante auf, die sich aus (21) ergibt. Sie ist von den Parameterwerten des Planetengetriebes, von der Ordnung k der Erregung, aber nicht von der Amplitude der Erregung $\hat{\Omega}_3$ abhängig.

Zu 4):

Nach dem Einsetzen der verallgemeinerten Federkonstanten aus (14) entsteht in Kombination mit $\dot{\varphi}_2$ aus (4) für das mittlere Antriebsmoment $\bar{M}_1$ der Ausdruck

$$\bar{M}_1 = c_{11}\int \dot{\varphi}_1 \, dt + c_{13}\int \Omega_3 \, dt = -\frac{cR^2(a-r)}{a+r}\int \dot{\varphi}_2 \, dt. \tag{22}$$

4.2 Schwingungstilgung in einem Planetengetriebe

Nach der Integration ergibt sich der Betrag des mittleren Antriebsmoments aus dem (in der Aufgabenstellung gegebenen) mittleren Gehäusedrehwinkel:

$$\left|\overline{M}_1\right| = \frac{cR^2(a-r)}{a+r} \left|\overline{\varphi}_2\right| = 813{,}5\,\text{Nm}. \tag{23}$$

Die Antriebsleistung beträgt damit

$$P = \overline{M}_1 \Omega_1 = \frac{cR^2(a-r)}{a+r} \left|\overline{\varphi}_2\right| \Omega_1 = 80{,}9\,\text{kW}. \tag{24}$$

Bei einem Planetengetriebe lässt sich erreichen, dass die vom Abtrieb erregten Schwingungen ausgeglichen werden, wenn eine Stützfeder am Gehäuse angeordnet wird, so dass dieses Teilsystem als Schwingungstilger wirkt. Bei entsprechender Dimensionierung wird die wesentliche Harmonische der erzwungenen Schwingung durch das Drehmoment ausgeglichen, welches die Trägheitsmomente verursachen. Die Tilgung entlastet den Antriebsmotor.

4.3 Verzahnungsfehler als Schwingungserregung

Infolge von Verzahnungsfehlern, Verschleiß, Deformationen und anderen Abweichungen von der idealen Zahnradgeometrie treten periodische Erregungen auf, die unerwünschte Schwingungen in einem Antriebsstrang hervorrufen. Der Zusammenhang zwischen der Größe der Abweichungen und den Schwingungsamplituden soll am Beispiel eines Minimalmodells einer Zahnradstufe gezeigt werden. [‡]

Ein Minimalmodell einer Zahnradstufe, bestehend aus zwei torsionselastischen Wellen, zwei masselos angenommenen Zahnrädern und zwei Drehmassen, ist in Bild 1 dargestellt. Dabei bezeichnen φ_1, φ_2, $\ddot{\varphi}_1$ und $\ddot{\varphi}_2$ die der *starren Rotation* überlagerten Schwingwinkel bzw. Winkelbeschleunigungen der Drehmassen.

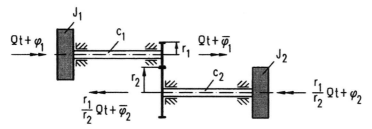

Bild 1: Minimalmodell einer Zahnradstufe

Infolge der (unerwünschten, aber praktisch stets vorhandenen) Abweichungen von der idealen Verzahnungsgeometrie wird das ideale konstante Übersetzungsverhältnis zwischen zwei Zahnrädern verletzt. Es treten pro Zahneingriff kleine Schwankungen im Übersetzungsverhältnis auf, allein schon dadurch, dass jeder Zahn sich infolge der Belastung elastisch deformiert.

Als eine einfache, technisch sinnvolle Näherung wird dafür ein mit der Zahneingriffskreisfrequenz $\Omega_Z = z_1 \Omega$ periodisch veränderlicher Winkel $\varphi_S(t) = \varphi_S(t + 2\pi/\Omega_Z)$ als innere kinematische Erregung eingeführt, wobei Ω die mittlere Winkelgeschwindigkeit der Welle 1 darstellt. Ist φ_2^* der sich aus der idealen Übersetzung ergebende Drehwinkel des unteren Zahnrades 2 (d. h. $r_1\bar{\varphi}_1 = r_2\varphi_2^*$), so folgt nach obiger Annahme für dessen *gestörte* Bewegung

$$\bar{\varphi}_2 = \varphi_2^* + \varphi_S = \frac{r_1}{r_2}\bar{\varphi}_1 + \varphi_S(t). \tag{1}$$

Zu untersuchen sind die stationären Schwingungen des Systems für den Sonderfall, dass sich die periodische Erregung in guter Näherung mittels der harmonisch veränderlichen Störung (2) erfassen lässt:

$$\varphi_S(t) = \hat{\varphi}_S \cdot \sin \Omega_z t. \tag{2}$$

[‡] Autor: Uwe Schreiber, Quelle [18, Aufgabe 20]

4.3 Verzahnungsfehler als Schwingungserregung

Gegeben:

$J_1 = 0{,}24 \text{ kg m}^2$	reduziertes Massenträgheitsmoment der Antriebswelle
$J_2 = 2{,}96 \text{ kg m}^2$	reduziertes Massenträgheitsmoment der Abtriebswelle
$c_1 = 2{,}06 \cdot 10^5 \text{ N m}$,	
$c_2 = 5{,}48 \cdot 10^6 \text{ N m}$,	Torsionssteifigkeiten der beiden Wellen
$z_1 = 14, z_2 = 42$	Zähnezahlen der miteinander kämmenden Räder
$\hat{\varphi}_S = 10^{-4}$ rad	Amplitude der Winkelabweichung des Rades 2 (im Bogenmaß)
$r_2/r_1 = z_2/z_1 = u$	ideales Teilkreisradienverhältnis (Übersetzungsverhältnis)
$D = 0{,}02$	modaler Dämpfungsgrad

Gesucht:

1) In allgemeiner Form

    1.1) Bewegungsgleichungen für die Koordinaten φ_1 und φ_2

    1.2) Eigenkreisfrequenzen und Eigenformen und

    1.3) Torsionsmomente in beiden Wellen für den stationären Zustand unter Berücksichtigung eines modalen Dämpfungsgrades D

2) Für die gegebenen Parameterwerte

    2.1) von Null verschiedene Eigenfrequenz, die zugehörige Eigenform und die Torsionsmomente in beiden Wellen für den Resonanzzustand sowie

    2.2) Überprüfung der Ergebnisse mittels geeigneter Berechnungssoftware.

Lösung:

Zu 1.1):

Aus dem Momentengleichgewicht an den Teilsystemen, die nach dem Freischneiden gemäß Bild 2 entstehen, folgen die Gleichungen (3) bis (5):

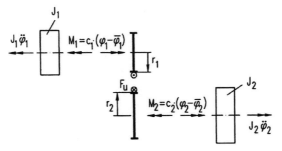

Bild 2: Momentengleichgewicht an den freigeschnittenen Teilsystemen

$$J_1\ddot{\varphi}_1 + c_1(\varphi_1 - \overline{\varphi}_1) = 0, \tag{3}$$

$$F_u = \frac{c_1(\varphi_1 - \overline{\varphi}_1)}{r_1} = -\frac{c_2(\varphi_2 - \overline{\varphi}_2)}{r_2}, \tag{4}$$

$$J_2\ddot{\varphi}_2 + c_2(\varphi_2 - \overline{\varphi}_2) = 0. \tag{5}$$

Mit (4) und der in der Aufgabenstellung gegebenen Formel (1) liegen zwei lineare Gln. für die beiden Unbekannten $\overline{\varphi}_1$ und $\overline{\varphi}_2$ vor. Unter Benutzung des Übersetzungsverhältnisses

$$u = \frac{r_2}{r_1} = \frac{z_2}{z_1} \tag{6}$$

lauten diese

$$\begin{bmatrix} c_1 u & c_2 \\ 1/u & -1 \end{bmatrix} \cdot \begin{bmatrix} \overline{\varphi}_1 \\ \overline{\varphi}_2 \end{bmatrix} = \begin{bmatrix} c_1 u \varphi_1 + c_2 \varphi_2 \\ -\hat{\varphi}_S \sin \Omega_Z t \end{bmatrix}. \tag{7}$$

Sie haben die stationäre Lösung

$$\begin{bmatrix} \overline{\varphi}_1 \\ \overline{\varphi}_2 \end{bmatrix} = \frac{u}{c_1 u^2 + c_2} \cdot \left(\begin{bmatrix} c_1 u \varphi_1 + c_2 \varphi_2 \\ c_1 \varphi_1 + c_2 \varphi_2/u \end{bmatrix} + \begin{bmatrix} -c_2 \\ c_1 u \end{bmatrix} \cdot \hat{\varphi}_S \sin \Omega_Z t \right). \tag{8}$$

Die Torsionsmomente in den beiden Wellen lassen sich dann bei Nutzung der Abkürzung (9) gemäß (10) ausdrücken:

$$c^* = c_1 c_2 u / (c_1 u^2 + c_2), \tag{9}$$

$$\begin{bmatrix} M_1 \\ M_2 \end{bmatrix} = -\begin{bmatrix} J_1 \ddot{\varphi}_1 \\ J_2 \ddot{\varphi}_2 \end{bmatrix} = \begin{bmatrix} c_1 & 0 \\ 0 & c_2 \end{bmatrix} \cdot \begin{bmatrix} \varphi_1 - \overline{\varphi}_1 \\ \varphi_2 - \overline{\varphi}_2 \end{bmatrix}$$

$$= c^* \cdot \left(\begin{bmatrix} 1/u & -1 \\ -1 & u \end{bmatrix} \begin{bmatrix} \varphi_1 \\ \varphi_2 \end{bmatrix} - \begin{bmatrix} -1 \\ u \end{bmatrix} \cdot \hat{\varphi}_S \sin \Omega_Z t \right). \tag{10}$$

Aus der Umordnung der Gleichung (10) ergeben sich die Bewegungsgleichungen in der Standardform der erzwungenen Schwingungen:

$$\begin{bmatrix} J_1 & 0 \\ 0 & J_2 \end{bmatrix} \begin{bmatrix} \ddot{\varphi}_1 \\ \ddot{\varphi}_2 \end{bmatrix} + c^* \cdot \begin{bmatrix} 1/u & -1 \\ -1 & u \end{bmatrix} \begin{bmatrix} \varphi_1 \\ \varphi_2 \end{bmatrix} = c^* \cdot \begin{bmatrix} -1 \\ u \end{bmatrix} \cdot \hat{\varphi}_S \sin \Omega_Z t. \tag{11}$$

Zu 1.2):

Eigenkreisfrequenzen und Eigenschwingungsformen folgen aus dem linearen Eigenwertproblem, das sich nach dem Nullsetzen der rechten Seite von (11) und mit dem Ansatz $\varphi_j = v_j \sin \omega t$, $(j = 1, 2)$ ergibt, vgl. auch Abschnitt 6 in [22]:

$$\begin{bmatrix} c^*/u - J_1 \omega^2 & -c^* \\ -c^* & c^* u - J_2 \omega^2 \end{bmatrix} \begin{bmatrix} v_1 \\ v_2 \end{bmatrix} = \begin{bmatrix} 0 \\ 0 \end{bmatrix}. \tag{12}$$

4.3 Verzahnungsfehler als Schwingungserregung

Das Nullsetzen der Koeffizienten-Determinante des homogenen Gleichungssystems (12) liefert ein Polynom 2. Grades für ω^2:

$$\omega^2 \left(J_1 J_2 \omega^2 - c^*(J_1 u + J_2/u) \right) = 0, \tag{13}$$

woraus sich die Eigenkreisfrequenzen

$$\underline{\underline{\omega_1 = 0}}; \qquad \underline{\underline{\omega_2 = \sqrt{\frac{c_1 c_2 (J_1 u^2 + J_2)}{J_1 J_2 (c_1 u^2 + c_2)}}}} \tag{14}$$

ergeben. Diese in die erste Gl. von (12) eingesetzt, liefert mit der Normierung $v_{11} = v_{12} = 1$ die Amplitudenverhältnisse der Eigenformen

$$\underline{\underline{v_{21} = 1/u}}; \qquad \underline{\underline{v_{22} = -u \cdot J_1/J_2}}. \tag{15}$$

Hieraus ist ersichtlich, dass der ersten Eigenform die starre Rotation der Zahnradstufe zugeordnet ist, während die zweite Eigenform mit elastischen Verformungen der Wellen verbunden ist (*echte* Schwingung).

Zu 1.3):

Entsprechend Gl. (10) werden zur Berechnung der Momente die Winkelbeschleunigungen $\ddot{\varphi}_1$ und $\ddot{\varphi}_2$ benötigt, d. h., es müssen die Bewegungsgleichungen (11) für den stationären Zustand gelöst werden. Da außerdem eine Energiedissipation in Form modaler Dämpfung berücksichtigt werden soll, wird die stationäre Lösung von (11) mittels Hauptkoordinaten bestimmt.

Für die modalen Massen ergibt sich

$$\mu_1 = \begin{bmatrix} 1, & 1/u \end{bmatrix} \begin{bmatrix} J_1 & 0 \\ 0 & J_2 \end{bmatrix} \begin{bmatrix} 1 \\ 1/u \end{bmatrix} = J_1 + J_2/u^2,$$

$$\mu_2 = \begin{bmatrix} 1, & -u J_1/J_2 \end{bmatrix} \begin{bmatrix} J_1 & 0 \\ 0 & J_2 \end{bmatrix} \begin{bmatrix} 1 \\ -u J_1/J_2 \end{bmatrix} = J_1 (1 + u^2 J_1/J_2). \tag{16}$$

Die modalen Steifigkeiten folgen dann aus

$$\gamma_1 = \mu_1 \omega_1^2 = 0; \qquad \gamma_2 = \mu_2 \omega_2^2 = \frac{c^*}{u}(1 + u^2 J_1/J_2)^2. \tag{17}$$

Für die modalen Kräfte gilt:

$$h_1(t) = \begin{bmatrix} 1, & 1/u \end{bmatrix} \begin{bmatrix} -1 \\ u \end{bmatrix} \cdot c^* \hat{\varphi}_S \cdot \sin \Omega_Z t \equiv 0,$$

$$h_2(t) = \begin{bmatrix} 1, & -u J_1/J_2 \end{bmatrix} \begin{bmatrix} -1 \\ u \end{bmatrix} \cdot c^* \hat{\varphi}_S \cdot \sin \Omega_Z t \equiv 0 \tag{18}$$

$$= -\left(1 + u^2 \frac{J_1}{J_2}\right) \cdot c^* \hat{\varphi}_S \cdot \sin \Omega_Z t = -\hat{h}_2 \cdot \sin \Omega_Z t$$

mit der Abkürzung

$$\hat{h}_2 = (1 + u^2 J_1/J_2) \cdot c^* \hat{\varphi}_S .$$

Da die modale Kraft h_1 identisch Null ist, wird auch die erste Eigenform nicht angeregt, d. h., es ist für den stationären Zustand $p_1(t) \equiv 0$. Somit muss nur noch die Partikulärlösung der inhomogenen Differentialgleichung

$$\ddot{p}_2 + 2D\omega_2 \dot{p}_2 + \omega_2^2 p_2 = -\frac{\hat{h}_2}{\mu_2} \sin \Omega_Z t \tag{19}$$

aufgefunden werden (der Dämpfungsterm wurde hier hinzugefügt).

Der Gleichtaktansatz

$$p_2(t) = \hat{p}_2 \sin(\Omega_Z t - \phi) \tag{20}$$

führt zu der Amplitude

$$\hat{p}_2 = \frac{\hat{h}_2}{\gamma_2 \sqrt{(1-\eta_Z^2)^2 + (2\vartheta\eta_Z)^2}}; \quad \eta_Z = \frac{\Omega_Z}{\omega_2} = \frac{z_1 \Omega}{\omega_2} = z_1 \eta . \tag{21}$$

Die Rücktransformation liefert (22) unter Beachtung von $p_1 \equiv 0$:

$$\begin{aligned}
\varphi_1 &= p_2; \quad \ddot{\varphi}_1 = \ddot{p}_2 = -\hat{p}_2 \Omega_Z^2 \cdot \sin(\Omega_Z t - \phi) \quad \Rightarrow \quad \hat{\ddot{\varphi}}_1 = \hat{p}_2 \Omega_Z^2 \\
\varphi_2 &= v_{22} p_2 = -u(J_1/J_2) p_2 \\
\varphi_2 &= u(J_1/J_2) \cdot \hat{p}_2 \Omega_Z^2 \cdot \sin(\Omega_Z t - \phi) \quad \Rightarrow \quad \hat{\ddot{\varphi}}_2 = u(J_1/J_2) \cdot \hat{\ddot{\varphi}}_1
\end{aligned} \tag{22}$$

Da es hier nicht auf den Phasenwinkel ϕ ankommt, ergibt sich schließlich gemäß Gl. (10) für die Momentenamplituden:

$$\hat{M}_1 = J_1 \hat{\ddot{\varphi}}_1 = J_1 \Omega_Z^2 \hat{p}_2 = \frac{c_2 u}{u^2 + c_2/c_1} \cdot \frac{\eta_Z^2}{\sqrt{(1-\eta_Z^2)^2 + (2D\eta_Z)^2}} \cdot \hat{\varphi}_S , \tag{23}$$

$$\hat{M}_2 = J_2 \hat{\ddot{\varphi}}_2 = u \cdot \hat{M}_1 . \tag{24}$$

Sie verändern sich proportional zur Winkelamplitude $\hat{\varphi}_S$, und hinsichtlich des Frequenzverhältnisses η_Z vergrößern sie sich wie die Amplitude eines massenkrafterregten Einfachschwingers.

<u>Zu 2.1):</u>

Die gegebenen Parameterwerte liefern nachfolgende Ergebnisse:

$$\begin{aligned}
\omega_2 &= 1053{,}5 \, \text{s}^{-1} \quad \Rightarrow \quad f_2 = \frac{\omega_2}{2\pi} = 167{,}7 \, \text{Hz}; \\
v_{22} &= -0{,}2432 .
\end{aligned} \tag{25}$$

4.3 Verzahnungsfehler als Schwingungserregung

Zur Darstellung der zugehörigen Eigenform, vgl. Bild 3, werden noch die entsprechenden normierten Verdrehungen der Zahnräder benötigt. Diese ergeben sich aus (25) mit $\hat{\varphi}_S = 0$ und $\varphi_1 \triangleq v_{12} = 1$, $\varphi_2 \triangleq v_{22}$, $\overline{\varphi}_1 \triangleq \overline{v}_{12}$ sowie $\overline{\varphi}_2 \triangleq \overline{v}_{22}$ zu:

$$\overline{v}_{12} = -0{,}293; \quad \overline{v}_{22} = -0{,}0977. \tag{26}$$

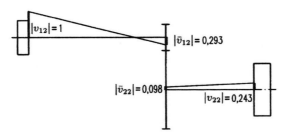

Bild 3: Zweite Eigenschwingform der Zahnradstufe

Resonanz ist hier durch $\eta_Z = 1$ gekennzeichnet. Aus Gln. (23) und (24) wird damit:

$$\hat{M}_1 = \frac{c_2 u}{u^2 + c_2/c_1} \cdot \frac{\hat{\varphi}_S}{2D} = 1155\,\mathrm{N\,m}; \qquad \hat{M}_2 = 3465\,\mathrm{N\,m}. \tag{27}$$

Die zugehörige Resonanzdrehzahl n_R folgt aus

$$\eta_Z = 1 = \frac{z_1 n_R}{f_2} \tag{28}$$

zu

$$n_R = \frac{f_2}{z_1} = \frac{167{,}7}{14\,\mathrm{s}} = \frac{167{,}7 \cdot 60}{14\,\mathrm{min}} = 718{,}6\,\mathrm{min}^{-1}. \tag{29}$$

Zu 2.2):

Bild 4 zeigt das Modell der Zahnradstufe in SimulationX [3], einem objektorientierten, auf der Modellbeschreibungssprache Modelica basierenden Netzwerksimulator. Im Simulationsmodell wird die Störung $\varphi_S = \hat{\varphi}_S \cdot \sin \Omega_Z t$ als kinematische Zwangsbedingung mit „constraint1" eingebracht. Die Eigenfrequenzberechnung liefert die

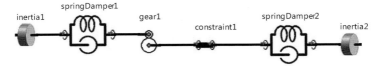

Bild 4: Modell der Zahnradstufe in SimulationX

in Tabelle 2 gelisteten Werte. Dabei entspricht die erste Eigenfrequenz f_1 der freien

Tabelle 2: Eigenwerte und Eigenfrequenzen des Schwingers

Nr.	f [Hz] (ungedämpft)	f [Hz] (gedämpft)	D [-]
1	$2{,}2038 \cdot 10^{-6}$	$2{,}2038 \cdot 10^{-6}$	$-1{,}8412 \cdot 10^{-8}$
2	167,73	167,7	0,019 995

Starrkörperbewegung des Schwingers. Ihr Wert null wird bei numerischer iterativer Bestimmung meist nicht exakt, sondern nur im Rahmen der eingestellten Genauigkeit bestimmt.

Tabelle 2 zeigt auch, dass die modale Dämpfung D in der 2. Schwingform 0,02 beträgt (im Rahmen der numerischen Genauigkeit). Dieser Wert lässt sich in das Simulationsmodell nicht direkt eingeben, da dieses nicht mit Hauptkoordinaten, sondern mit physikalischen Koordinaten arbeitet. So werden hier statt der Dämpfungsgrade D_i die Dämpferkonstanten b_1 und b_2 der parallel zu den Federn angeordneten Dämpfer erwartet.

Eine exakte Behandlung des hierbei vorliegenden Problems würde den verfügbaren Rahmen sprengen. Neben den beiden Bewegungsgleichungen, die auch noch $\bar{\varphi}_1$ und $\dot{\bar{\varphi}}_1$ enthalten würden sowie eine etwas veränderte Anregung („rechte Seite") besäßen, wäre zusätzlich eine Evolutionsgleichung (DGL. erster Ordnung) simultan zu erfüllen.

Da hier aber nur die zweite Eigenform eine Relativbewegung der Drehmassen beschreibt, ergibt sich bei Vernachlässigung der als klein vorausgesetzten Zusatzeinflüsse (wie schwache Dämpfung) und unter Annahme der RAYLEIGH-Dämpfung gemäß (30)

$$b_j = \alpha \cdot c_j, \quad j = 1, 2 \tag{30}$$

die der zweiten Eigenform zugeordnete modale Dämpfungskonstante zu

$$\beta_2 = \boldsymbol{v}_2^\mathrm{T} \boldsymbol{B} \boldsymbol{v}_2 = \alpha \cdot \boldsymbol{v}_2^\mathrm{T} \boldsymbol{C} \boldsymbol{v}_2 = \alpha \cdot \gamma_2 . \tag{31}$$

Mit der entsprechenden modalen Masse gilt (linearer modaler Einfachschwinger):

$$\frac{\beta_2}{\mu_2} = \frac{\alpha \cdot \gamma_2}{\mu_2} = \alpha \cdot \omega_2^2 \stackrel{!}{=} 2D\omega_2 . \tag{32}$$

Hieraus folgt der Proportionalitätsfaktor

$$\alpha = 2D/\omega_2 . \tag{33}$$

Für die Dämpferkonstanten ergeben sich entsprechend (33) die Werte

$$b_1 = \frac{2Dc_1}{\omega_2} = 7{,}82 \, \mathrm{Nms/rad} \tag{34}$$

4.3 Verzahnungsfehler als Schwingungserregung

und

$$b_2 = \frac{2Dc_2}{\omega_2} = 208{,}07\,\text{Nms/rad}\,. \tag{35}$$

Bild 5 zeigt die in SimulationX berechneten Schwingformen. Sie stimmen mit der analytischen Lösung (25) überein, wobei die Störung auch die Übersetzung beeinflusst, so dass die Auslenkung an der zweiten Drehträgheit bei der ersten Schwingform nicht exakt $1/u$ beträgt.

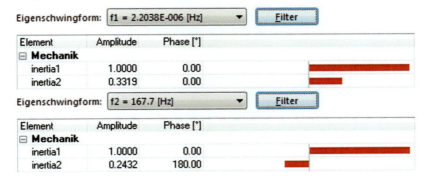

Bild 5: Schwingformen in SimulationX

Die numerische Lösung in SimulationX liefert (vgl. Bild 6):

$$\hat{M}_1 = 1156\,\text{Nm}, \qquad \hat{M}_2 = 3468\,\text{Nm}\,. \tag{36}$$

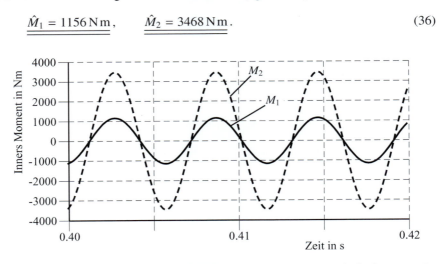

Bild 6: Innere Momente in den Feder-Dämpfer-Elementen (Ergebnis der numerischen Simulation)

Damit liegen die Ergebnisse der numerischen Simulation nahe an denen der analytischen Lösung. Im Rahmen der numerischen Genauigkeit stimmen sie überein.

In Zahnradgetrieben können Resonanzerscheinungen infolge kleiner Abweichungen von der idealen Verzahnungsgeometrie auftreten, wenn eine der Zahneingriffsfrequenzen mit einer der Eigenfrequenzen des schwingungsfähigen Systems übereinstimmt. Solche Resonanzerscheinungen äußern sich in störenden Geräuschen (Klappern) und hohen dynamischen Belastungen bereits im Leerlauf. Die entstehenden Torsionsmomente stellen Wechselbelastungen dar, die manchmal zu Zerstörungen führen, da sie die Größenordnung der Nennmomente erreichen können.

Weiterführende Literatur

[3] Autorenkollektiv ITI: *Handbuch SimulationX*. Dresden, 2015. www.simulationx.com.

[40] Kücükay, F.: *Dynamik der Zahnradgetriebe: Modelle, Verfahren, Verhalten.* Berlin Heidelberg: Springer Verlag, 1987.

[42] Laschet, A.: *Simulation von Antriebssystemen. Modellbildung der Schwingungssysteme und Beispiele aus der Antriebstechnik.* Berlin, Heidelberg: Springer-Verlag, 1988.

4.4 Schwingungen in einem Antriebssystem mit Kurvengetriebe

In vielen Verarbeitungsmaschinen, wie z. B. Textil- oder Verpackungsmaschinen, kommen Kurvengetriebe zum Einsatz, um gezielte periodische Bewegungsabläufe aus einer konstanten Drehzahl einer Hauptantriebswelle abzuleiten. Diese ungleichförmigen Bewegungen auf der Abtriebsseite des Kurvengetriebes können ein daran befindliches Antriebssystem zu Schwingungen anregen. [‡]

Bild 1a zeigt ein Minimalmodell eines Antriebssystems mit einem Kurvengetriebe. Ein Motor mit konstanter Antriebsdrehfrequenz f_a bzw. Winkelgeschwindigkeit $\Omega = 2\pi f_a$ und dem Verdrehwinkel $\varphi_a = \Omega t$ treibt das Kurvengetriebe an, das an der Abtriebsseite die Hubkurve $u(\varphi_a)$ gemäß Bild 1b erzeugt. Das weitere Antriebssystem wird als Zweimassenschwinger modelliert.

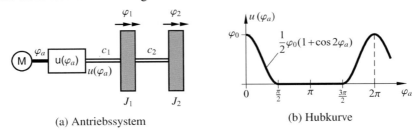

(a) Antriebssystem (b) Hubkurve

Bild 1: Antriebssystem mit einem Kurvengetriebe und Hubkurve

Gegeben:

$J_1 = 0{,}15 \, \text{kg m}^2$ Trägheitsmomente der Drehmassen
$J_2 = 0{,}20 \, \text{kg m}^2$
$c_1 = 6000 \, \text{N m}$ Steifigkeiten der Wellen
$c_2 = 3000 \, \text{N m}$
$d_M = 3 \, \text{s}^{-1}$ Parameter der RAYLEIGH-Dämpfung für $\boldsymbol{B} = d_M \boldsymbol{M} + d_K \boldsymbol{C}$
$d_K = 0 \, \text{s}$ Parameter der RAYLEIGH-Dämpfung
$\varphi_0 = 23°$ Maximalausschlag der Hubkurve

Gesucht:

1) Hubkurve als FOURIER-Reihe bis zur 7. Ordnung

2) Eigenfrequenzen und Eigenformen des Antriebssystems sowie die zugehörigen modalen Dämpfungskoeffizienten

---

[‡] Autor: Michael Beitelschmidt

3) Antriebsdrehzahlen n_a unterhalb $n_{max} = 400\,\text{min}^{-1}$, die vermieden werden müssen, um resonanzfreien Betrieb zu gewährleisten

4) Graphische Darstellung der Bewegung $\varphi_2(t)$ im Vergleich zu $\varphi_a(t)$ für die Drehfrequenzen $f_{a1} = 2{,}17\,\text{Hz}$ und $f_{a2} = 2{,}53\,\text{Hz}$

Lösung:

Zu 1):

Die Hubkurve gemäß Bild 1b kann innerhalb einer vollen Periode durch die Funktion

$$u(\Omega t) = \begin{cases} \frac{1}{2}\varphi_0(1+\cos 2\Omega t) & \text{für } -\frac{\pi}{2} < \Omega t \le \frac{\pi}{2} \\ 0 & \text{sonst} \end{cases} \quad (1)$$

beschrieben werden. Die für die Beschreibung als FOURIER-Reihe

$$u(\Omega t) = A_0 + \sum_{k=1}^{\infty} A_k \cos k\Omega t + \sum_{k=1}^{\infty} B_k \sin k\Omega t \quad (2)$$

erforderlichen FOURIER-Koeffizienten A_k und B_k ergeben sich aus den Formeln

$$A_0 = \frac{1}{2\pi}\int_0^{2\pi} f(\Omega t)\,\text{d}(\Omega t), \quad A_k = \frac{1}{\pi}\int_0^{2\pi} f(\Omega t)\cos k\Omega t\,\text{d}(\Omega t) \quad \text{und}$$

$$B_k = \frac{1}{\pi}\int_0^{2\pi} f(\Omega t)\sin k\Omega t\,\text{d}(\Omega t), \quad (3)$$

wobei aufgrund der Lage der Rastphase der Hubkurve mit $f(\Omega t) = 0$ die Integrale nur im Bereich $-\frac{\pi}{2} < \Omega t \le \frac{\pi}{2}$ ausgewertet werden müssen. Zudem gilt aufgrund der Achsensymmetrie bzgl. $\Omega t = 0$ $B_k = 0$ für alle k. Beispielhaft ergibt sich

$$A_1 = \frac{1}{\pi}\int_{-\pi/2}^{\pi/2} \frac{1}{2}\varphi_0(1+\cos 2\Omega t)\cos \Omega t\,\text{d}(\Omega t) = \frac{4}{3\pi}\varphi_0. \quad (4)$$

Für die abgebrochene FOURIER-Reihe bis zur 7. Ordnung ergibt sich

$$u(\Omega t) \approx \frac{\varphi_0}{2}\left[\frac{1}{2} + \frac{8}{3\pi}\cos\Omega t + \frac{1}{2}\cos 2\Omega t + \frac{8}{15\pi}\cos 3\Omega t \right.$$
$$\left. - \frac{8}{105\pi}\cos 5\Omega t + \frac{8}{315\pi}\cos 7\Omega t\right]. \quad (5)$$

Es treten außer der 2. Ordnung nur die ungeraden Ordnungen der höheren Harmonischen auf, die zudem stark abfallen.

4.4 Schwingungen in einem Antriebssystem mit Kurvengetriebe

Zu 2):

Bei Vorgabe einer kinematischen Wegerregung ist das Modell des Zweimassensystems links eingespannt. Die Bewegungsgleichung für ein ungedämpftes System gemäß Bild 1a lautet

$$J_1 \ddot{\varphi}_1 + c_1 \varphi_1 + c_2 (\varphi_1 - \varphi_2) = c_1 u(\varphi_a) \tag{6}$$

$$J_2 \ddot{\varphi}_2 \quad - c_2 (\varphi_1 - \varphi_2) = 0 \tag{7}$$

oder in Matrizendarstellung mit der Massenmatrix M und der Steifigkeitsmatrix C

$$\underbrace{\begin{bmatrix} J_1 & 0 \\ 0 & J_2 \end{bmatrix}}_{M} \begin{bmatrix} \ddot{\varphi}_1 \\ \ddot{\varphi}_2 \end{bmatrix} + \underbrace{\begin{bmatrix} c_1 + c_2 & -c_2 \\ -c_2 & c_2 \end{bmatrix}}_{C} \begin{bmatrix} \varphi_1 \\ \varphi_2 \end{bmatrix} = \begin{bmatrix} c_1 u(\varphi_a) \\ 0 \end{bmatrix}. \tag{8}$$

Die Eigenfrequenzen und Eigenformen eines RAYLEIGH-gedämpften Systems können über das modale Verhalten des ungedämpften Systems bestimmt werden. Die Eigenformen sind identisch, die Eigenfrequenzen können korrigiert werden.

Die charakteristische Gleichung für die Eigenwerte des ungedämpften Systems lautet

$$\det(C - \omega^2 M) = \det \begin{bmatrix} c_1 + c_2 - \omega^2 J_1 & -c_2 \\ -c_2 & c_2 - \omega^2 J_2 \end{bmatrix} = 0, \tag{9}$$

deren Lösung führt zu den Eigenkreisfrequenzen

$$\omega_{01,02}^2 = \frac{1}{2} \left[\left(\frac{c_1 + c_2}{J_1} + \frac{c_2}{J_2} \right) \mp \sqrt{\left(\frac{c_1 + c_2}{J_1} + \frac{c_2}{J_2} \right)^2 - \frac{4 c_1 c_2}{J_1 J_2}} \right]. \tag{10}$$

Mit den angegebenen Zahlenwerten ergeben sich Eigenkreisfrequenzen

$$\omega_{01} = 95{,}423 \text{ s}^{-1}; \quad \omega_{02} = 256{,}699 \text{ s}^{-1} \tag{11}$$

und daraus die Eigenfrequenzen

$$f_{01} = 15{,}187 \text{ Hz}; \quad f_{02} = 40{,}855 \text{ Hz}. \tag{12}$$

Die modalen Dämpfungsgrade ergeben sich für proportionale Dämpfung mit der Formel in [22]

$$D_i = \frac{1}{2} \left(\frac{d_M}{\omega_{0i}} + d_K \omega_{0i} \right). \tag{13}$$

Mit den gegebenen Parametern d_M und d_K ergibt sich

$$D_1 = 0{,}015\,72; \quad D_2 = 0{,}005\,843. \tag{14}$$

Die Eigenkreisfrequenzen des gedämpften Systems lassen sich über die Beziehung $\omega_{di} = \omega_{0i}\sqrt{1 - D_i^2}$ berechnen und es ergibt sich

$$\omega_{d1} = 95{,}410\,\mathrm{s}^{-1}; \qquad \omega_{d2} = 256{,}695\,\mathrm{s}^{-1}, \tag{15}$$
$$f_{d1} = 15{,}185\,\mathrm{Hz}; \qquad f_{d2} = 40{,}854\,\mathrm{Hz}. \tag{16}$$

Bei den relativ kleinen Dämpfungen sind die Unterschiede zwischen gedämpften und ungedämpften Eigenkreisfrequenzen (11) und (15) vernachlässigbar klein.

Die Eigenformen v_1 und v_2 des Systems werden zweckmäßigerweise numerisch berechnet. Sie lauten

$$v_1 = \begin{bmatrix} 0{,}8319 \\ 2{,}1168 \end{bmatrix}, \qquad v_2 = \begin{bmatrix} -2{,}4443 \\ 0{,}7204 \end{bmatrix} \tag{17}$$

und werden zur Modalmatrix $V = [v_1, v_2]$ zusammengefasst. Die Eigenvektoren wurden bereits so skaliert, dass bei der Modaltransformation $V^\mathrm{T} M V = E\,\mathrm{kg\,m}^2$ gilt.

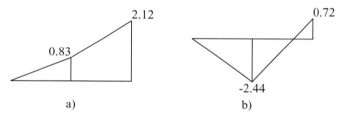

Bild 2: Eigenformen a) v_1 für $f_{01} = 15{,}185\,\mathrm{Hz}$, b) v_2 für $f_{02} = 40{,}854\,\mathrm{Hz}$

Zu 3):

Aus (8) ist zu erkennen, dass die Erregung durch die Hubkurve des Kurvengetriebes (5) entsteht. Sie lautet

$$\begin{aligned}c_1 u(\Omega t) = c_1 \varphi_0 (&0{,}25 + 0{,}4244\cos\Omega t + 0{,}25\cos 2\Omega t \\ &+ 0{,}0849\cos 3\Omega t - 0{,}0121\cos 5\Omega t + 0{,}004\,04\cos 7\Omega t). \end{aligned} \tag{18}$$

Resonanzen können immer dann auftreten, wenn eine der Harmonischen der Hubkurve mit einer der Eigenfrequenzen des Zweimassenschwingers übereinstimmt, z. B. bei

$$k\Omega_\mathrm{krit} = k\frac{\pi n_\mathrm{krit}}{30} = \omega_{d1} = 2\pi f_{d1}. \tag{19}$$

Folglich können Resonanzen bei den folgenden kritischen Drehzahlen auftreten:

$$n_\mathrm{krit} = \frac{60 f_{d1}}{k} \quad \text{und} \quad n_\mathrm{krit} = \frac{60 f_{d2}}{k}, \qquad k = 1, 2, 3, 5, 7. \tag{20}$$

4.4 Schwingungen in einem Antriebssystem mit Kurvengetriebe

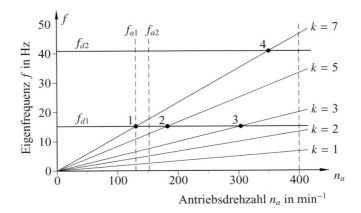

Bild 3: Campbell-Diagramm mit zwei Eigenfrequenzen und 7 Harmonischen

Das Campbell-Diagramm (siehe Bild 3) zeigt, dass im Betriebsdrehzahlbereich ($n_{max} = 400\,\text{min}^{-1}$) vier kritische Drehzahlen existieren, in denen große Schwingungen die gewünschte Hubkurve verfälschen:

$$n_{krit} = \frac{60 f_{d1}}{7}; \quad n_{krit} = \frac{60 f_{d1}}{5}; \quad n_{krit} = \frac{60 f_{d1}}{3}; \quad n_{krit} = \frac{60 f_{d2}}{7}. \tag{21}$$

Die auf Bild 3 festgestellten Resonanzstellen sind in Tabelle 2 zusammengefasst. Es ist zu erkennen, dass selbst bei Antriebsdrehzahlen, deren Drehfrequenz weit unterhalb der Eigenfrequenz des Systems liegt, Resonanzen möglich sind.

Tabelle 2: Resonanzdrehzahlen unterhalb von 400 min^{-1}

Nr.	Ordnung	Nr. der Eigenfreq.	Frequenz f_{krit} in Hz	Kreisfrequenz Ω_{krit} in s^{-1}	Drehzahl n_{krit} in min^{-1}
1	7	1	2,17	13,63	130,17
2	5	1	3,04	19,08	182,24
3	3	1	5,06	31,81	303,74
4	7	2	5,84	36,67	350,19

Zu 4):

Die Antwort des Systems, speziell die Bewegung der Masse 2 mit der beschreibenden Koordinate φ_2, kann mit Hilfe des Superpositionsprinzips aus der Summe der Systemantworten auf die harmonischen Anteile der Anregungsfunktion (18) gewonnen werden. Da die Eigenfrequenzen und Eigenformen des Systems in (16) und (17) bestimmt wurden, kann mit modalen Koordinaten $p_i(t)$ gerechnet werden. Der Zusammenhang zwischen modalen und realen Koordinaten lautet $\boldsymbol{\varphi} = \boldsymbol{V}\boldsymbol{p}$ und in einzelne Koordinaten aufgelöst:

$$\varphi_1(t) = v_{11} p_1(t) + v_{12} p_2(t), \tag{22}$$
$$\varphi_2(t) = v_{21} p_1(t) + v_{22} p_2(t). \tag{23}$$

Die Bewegungsgleichungen (6) und (7) bzw. (8) können nun der Modaltransformation in der Form

$$\boldsymbol{V}^\mathrm{T} \boldsymbol{M} \boldsymbol{V} \ddot{\boldsymbol{p}} + \boldsymbol{V}^\mathrm{T} \boldsymbol{B} \boldsymbol{V} \dot{\boldsymbol{p}} + \boldsymbol{V}^\mathrm{T} \boldsymbol{C} \boldsymbol{V} \boldsymbol{p} = \boldsymbol{V}^\mathrm{T} \boldsymbol{f} \tag{24}$$

unterworfen werden. Dabei ergeben sich die modalen Massen und Steifigkeiten

$$\mu_i = \boldsymbol{v}_i^\mathrm{T} \boldsymbol{M} \boldsymbol{v}_i = J_1 v_{1i}^2 + J_2 v_{2i}^2 \tag{25}$$
$$\gamma_i = \boldsymbol{v}_i^\mathrm{T} \boldsymbol{C} \boldsymbol{v}_i = c_1 v_{1i}^2 + c_2 (v_{1i} - v_{2i})^2 \tag{26}$$

mit den Zahlenwerten $\mu_1 = \mu_2 = 1\,\mathrm{kg\,m^2}$, $\gamma_1 = 9105{,}45\,\mathrm{N\,m}$, $\gamma_2 = 65\,894{,}54\,\mathrm{N\,m}$, wobei auch $\gamma_i = \mu_i \omega_i^2$ gelten muss. Die Bewegungsgleichungen der Modalkoordinaten haben nun folgende Form:

$$\mu_i \ddot{p}_i + \mu_i d_M \dot{p}_i + \gamma_i p_i = c_1 v_{1i} \sum_{k=0,1,2,3,5,7} A_k \cos k\Omega t, \quad i = 1, 2 \tag{27}$$

Da nur die Schwingungen interessieren, wird der statische Anteil A_0 ignoriert. Die analytische Lösung der Gleichung (27) lässt sich mit den Lösungsverfahren für den Einmassenschwinger gewinnen. Sie lautet mit dem Abstimmungsverhältnis $\eta_i = \Omega/\omega_i$:

$$p_i(t) = \frac{c_1 v_{1i}}{\gamma_i} \sum_{k=1,2,3,5,7} A_k \frac{(1 - k^2 \eta_i^2) \cos k\Omega t + 2 D_i k \eta_i \sin k\Omega t}{(1 - k^2 \eta_i^2)^2 + 4 D_i^2 k^2 \eta_i^2}, \quad i = 1, 2 \tag{28}$$

Aus den modalen Koordinaten lässt sich aus (23) der gesuchte Abtriebswinkel

$$\varphi_2(t) = v_{21} p_1(t) + v_{22} p_2(t) = \sum_{k=1,2,3,5,7} (a_k \cos k\Omega t + b_k \sin k\Omega t) \tag{29}$$

berechnen. Für die beiden in der Aufgabenstellung genannten Antriebsdrehzahlen sind die Koeffizienten a_k und b_k in der Tabelle 3 zusammengestellt.

Die Drehfrequenz $f_{a1} = 2{,}17\,\mathrm{Hz}$ entspricht nahezu einem Siebtel der ersten Resonanzdrehzahl. Da die siebte Harmonische in der Anregungs-Hubkurve enthalten ist, kommt es hier zu einer Resonanz, die zu einer deutlichen Abweichung der Bewegung von φ_2 von der gewünschten Hubkurve führt, siehe Bild 4a.

Die etwas höhere Drehzahl von $f_{a2} = 2{,}53\,\mathrm{Hz}$ entspricht etwa einem Sechstel der ersten Resonanzdrehzahl. Da die sechste Ordnung in der Hubkurve nicht enthalten ist, kommt es nur zu einer geringen Abweichung zwischen φ_2 und der Hubkurve, siehe Bild 4b.

4.4 Schwingungen in einem Antriebssystem mit Kurvengetriebe

Tabelle 3: FOURIER-Koeffizienten der Lösung (29)

Ordnung	$f_{a1} = 2{,}17\,\text{Hz}$		$f_{a2} = 2{,}53\,\text{Hz}$	
	a_k	b_k	a_k	b_k
0	0,1004	0	0,1004	0
1	0,1744	0,0009	0,1759	0,0011
2	0,1105	0,0012	0,1146	0,0015
3	0,0428	0,0008	0,0470	0,0011
5	−0,0107	−0,0005	−0,0174	−0,0016
7	−0,0011	0,0599	−0,0055	0,0005

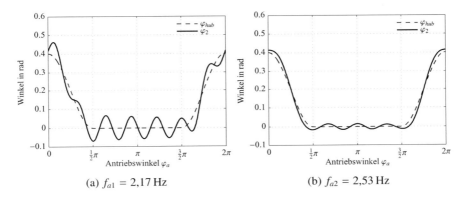

(a) $f_{a1} = 2{,}17\,\text{Hz}$ (b) $f_{a2} = 2{,}53\,\text{Hz}$

Bild 4: Auslenkungen φ_2 bei Drehfrequenzen f_{a1} und f_{a2}

Für Antriebe mit periodischen Bewegungen werden häufig Kurvengetriebe eingesetzt. Diese erzeugen eine Hubkurve, mit der nahezu beliebige Bewegungsverläufe, einschließlich bewegungsloser Rastphasen erzeugt werden können. Durch eine FOURIERzerlegung der Hubkurve-Funktion können die höheren Harmonischen in der Hubkurve erkannt werden. Es sind Resonanzen höherer (k-ter) Ordnung. Diese können das Antriebssystem bei Drehfrequenzen weit unterhalb der tiefsten Eigenfrequenz zu gefährlichen störenden Schwingungen anregen.

Weiterführende Literatur

[47] Lüder, R.: *Zur Synthese periodischer Bewegungsgesetze von Mechanismen unter Berücksichtigung von Elastizität und Spiel.* Fortschritt-Berichte VDI, Reihe 11, Nr. 225. VDI-Verlag Düsseldorf, 1995.

4.5 Anlaufvorgang eines Antriebssystems mit elastischer Kupplung

Bei einem Antriebssystem wird das Antriebsmoment nicht schlagartig aufgebracht, sondern in einer gewissen Anlaufzeit bis zum Maximum gesteigert. Im Abschnitt 4 von [22] wird anhand eines Zweimassensystems aus Motor, Kupplung und Arbeitsorgan gezeigt, dass je nach Verhältnis der Anlaufzeit zur Periodendauer der Torsionseigenschwingung mehr oder weniger starke Schwingungen im Antriebssystem entstehen. Anhand des Beispiels soll der Grundgedanke einer numerischen Zeitschrittintegration durch einen einfachen Algorithmus dargestellt werden, der in einem Tabellenkalkulationsprogramm realisiert werden kann. [‡]

Für das im Bild 1 dargestellte ungebundene Zweimassen-Torsionsschwingungssystem ist das von der elastischen Kupplung übertragene Drehmoment beim Anlaufvorgang ohne Last am Abtriebsrotor im Zeitbereich zu berechnen. Dabei ist die Dämpfung zu berücksichtigen.

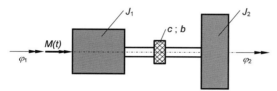

Bild 1: Torsionsschwingungsmodell für einen Motor, Kupplung und Abtriebsrotor

Gegeben:

Parameterwerte:

$$J_1 = 0{,}005\,\text{kg m}^2,\ J_2 = 0{,}015\,\text{kg m}^2,\ c = 100\,\text{Nm},\ b = 0{,}2\,\text{Nms},$$

$$M(t) = \begin{cases} 0 & \text{für } t = 0, \\ M_0 \dfrac{t}{t_a} & \text{für } 0 < t < t_a, \\ M_0 & \text{für } t \geq t_a, \end{cases} \quad \text{mit} \quad M_0 = 2\,\text{Nm}.$$

Gesucht:

1) Eigenfrequenz
2) Zeitverlauf des Drehmomentes $M_K(t)$, das von der Kupplung übertragen wird

---

[‡] Autor: Jörg-Henry Schwabe

4.5 Anlaufvorgang eines Antriebssystems mit elastischer Kupplung

Lösung:

Zu 1):

Die Bewegungsgleichungen in den zwei Winkelkoordinaten

$$J_1\ddot{\varphi}_1 + b(\dot{\varphi}_1 - \dot{\varphi}_2) + c(\varphi_1 - \varphi_2) = M(t), \tag{1}$$

$$J_2\ddot{\varphi}_2 - b(\dot{\varphi}_1 - \dot{\varphi}_2) - c(\varphi_1 - \varphi_2) = 0 \tag{2}$$

werden nach Teilung durch die Massenträgheitsmomente voneinander subtrahiert und der Relativwinkel $q = \varphi_1 - \varphi_2$ eingeführt. Damit wird die Bewegungsgleichung für den Relativwinkel in der Form

$$J^*\ddot{q} + b\dot{q} + cq = M^*(t) \quad \text{mit} \tag{3}$$

$$J^* = \frac{J_1 J_2}{J_1 + J_2} = 0{,}00375\,\text{kg}\,\text{m}^2 \quad \text{und} \quad M_0^* = M_0\frac{J_2}{J_1 + J_2} = 1{,}5\,\text{N}\,\text{m}$$

erhalten. Mit dem Dämpfungsgrad $D = \dfrac{b}{2J^*\omega_0}$ und der Eigenkreisfrequenz des ungedämpften Systems $\omega_0 = \sqrt{c/J^*}$ kann die Bewegungsgleichung auch in der Standardform

$$\ddot{q} + 2D\omega_0\dot{q} + \omega_0^2 q = \frac{M^*}{J^*} \tag{4}$$

geschrieben werden. Die Eigenfrequenz des gedämpften Torsionsschwingers beträgt

$$f = \frac{1}{2\pi}\omega = \frac{1}{2\pi}\omega_0\sqrt{1-D^2} = 25{,}3\,\text{Hz}. \tag{5}$$

Zu 2):

Das Drehmoment in der Kupplung ergibt sich zu

$$M_K(t) = b\dot{q}(t) + cq(t). \tag{6}$$

Zeitschrittintegration

Von einer Startbedingung ausgehend werden neue Positionen und Geschwindigkeiten nach einem kleinen Zeitschritt Δt berechnet, so, als handele es sich in diesem Zeitschritt annähernd um eine gleichmäßig beschleunigte Bewegung. An der neuen Position kann nun die vorhandene Beschleunigung neu berechnet werden, die im nächsten Zeitschritt eingeht (Euler'sches Einschrittverfahren, vgl. z. B. [32]). Tabelle 1 gibt diesen Algorithmus anhand des Beispiels an. In diesem Algorithmus wird mit Absicht auf alle numerischen Verbesserungsmöglichkeiten zunächst verzichtet. Bei einer Periodendauer der Eigenschwingung von $T \approx 0{,}04\,\text{s}$ wird der Zeitschritt $\Delta t = 0{,}001\,\text{s}$ gewählt.

In einem Tabellenkalkulationsprogramm werden die Formeln einmalig formuliert und können dann auf beliebig viele Zeitschritte kopiert werden (Tabelle 2).

Tabelle 1: Einfacher Algorithmus zur Zeitschrittintegration

n	Zeit $t_n = n\Delta t$	M_n^*	Winkel q_n	Geschwindigkeit $\dot{q}_n$	Beschleunigung α_n	Drehmoment M_K
0	0,0	0	0	0	$(M_0^* - b\dot{q}_0 - cq_0)/J^*$	$b\dot{q}_0 + cq_0$
1	0,001	0	$q_n = q_{n-1} + \frac{\alpha_{n-1}}{2}(\Delta t)^2 + \dot{q}_{n-1}\Delta t$	$\dot{q}_0 + \alpha_0 \Delta t$	$(M_1^* - b\dot{q}_1 - cq_1)/J^*$	$b\dot{q}_1 + cq_1$
2	0,002	0,1	dto.	$\dot{q}_1 + \alpha_1 \Delta t$	$(M_2^* - b\dot{q}_2 - cq_2)/J^*$	$b\dot{q}_2 + cq_2$
3	0,003	0,2	dto.	$\dot{q}_2 + \alpha_2 \Delta t$	$(M_3^* - b\dot{q}_3 - cq_3)/J^*$	$b\dot{q}_3 + cq_3$
⋮	⋮	⋮	⋮	⋮	⋮	⋮
n			$q_n = q_{n-1} + \dot{q}_{n-1}\Delta t + \frac{1}{2}\alpha_{n-1}(\Delta t)^2$ $\dot{q}_n = \dot{q}_{n-1} + \alpha_{n-1}\Delta t$ $\alpha_n = (M_n^* - b\dot{q}_n - cq_n)/J^*$ $M_K = b\dot{q}_n + cq_n$		$n = 0, 1, 2, 3, \ldots$ Anfangsbedingung: $q_0 = 0$, $\dot{q}_0 = 0$	

Tabelle 2: Berechnungstabelle in einem Tabellenkalkulationsprogramm

E2 f_x =(1/0,00375)*(B2-0,2*D2-100*C2)

	A	B	C	D	E	F
1	t	M_stern	phi	omega	alpha	M_Kupp
2	0	0	0	0	0	0
3	0,001	0	0	0	0	0
4	0,002	0	0	0	0	0
5	0,003	0	0	0	0	0
6	0,004	0	0	0	0	0
7	0,005	0	0	0	0	0
8	0,006	0,3	0	0	80	0
9	0,007	0,6	0,00004	0,08	154,666667	0,02
10	0,008	0,9	0,00019733	0,23466667	222,222222	0,06666667
11	0,009	1,2	0,00054311	0,45688889	281,14963	0,14568889
12	0,01	1,5	0,00114057	0,73803852	330,222617	0,26166519

Ergebnisse

Erwartungsgemäß regt ein schneller Anlaufvorgang Torsionsschwingungen an, die durch die Dämpfung wieder abklingen (Bild 2). Die Schwingungsanregung bei einem langsamen Anstieg des Antriebsmomentes ist deutlich geringer. In [22, Abschnitt 4.3.3.2] wird eine analytische Lösung für das ungedämpfte System angegeben. Die Ergebnisse der Zeitschrittintegration sind mit diesen analytisch bekannten Zusammenhängen, abgesehen vom Abklingverhalten, vergleichbar.

Kupplung mit nichtlinearer Kennlinie

Bei der numerischen Zeitschrittintegration kann z. B. auch eine Feder mit nichtlinearer Kennlinie simuliert werden. Das Moment der Drehfeder wird in der Form

$$M_F = c\varphi \cdot (1 + \varepsilon\varphi^2) \tag{7}$$

4.5 Anlaufvorgang eines Antriebssystems mit elastischer Kupplung

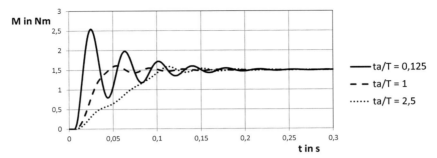

Bild 2: Kupplungsmoment bei unterschiedlichen Anlaufzeiten

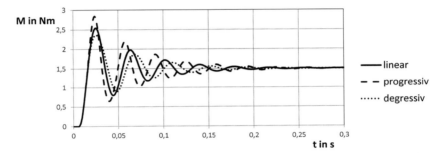

Bild 3: Kupplungsmoment bei nichtlinearem Steifigkeitsverhalten,(linear: $\varepsilon = 0$; progressiv: $\varepsilon = 500$; degressiv: $\varepsilon = -200$)

mit dem Kennwert ε für die Nichtlinearität (linear: $\varepsilon = 0$; progressiv $\varepsilon > 0$; degressiv $\varepsilon < 0$) benutzt (s. [22] Abschnitt 7). Für das Beispiel im Bild 3 wird der schnelle Übergang ($t_a/T = 0{,}125$) aus Bild 2 mit einer progressiven und einer degressiven Federcharakteristik verglichen.

Die angeregte Schwingung des Kupplungsmomentes ist mit der progressiven Feder etwas höher und schneller, die relative Verdrehung hingegen etwas geringer als mit der linearen Feder.

Anlaufvorgänge in Antriebssystemen können starke Schwingungen hervorrufen, wenn die Anlaufzeit viel kleiner als die Periodendauer der Eigenschwingung ist. Für die Berechnung dieser transienten Vorgänge können numerische Zeitschrittintegrationen genutzt werden. Die Verallgemeinerungen zum Einfluss des Verhältnisses t_a/T auf das Torsionsmoment, nachdem für $t_a/T < 0{,}2$ der Vorgang als sprunghaft und für $t_a/T > 5{,}0$ als quasistatisch angesehen werden kann, bleiben für schwach gedämpfte Systeme gültig.

Weiterführende Literatur

[32] Hermann, M.: *Numerik gewöhnlicher Differentialgleichungen: Anfangs- und Randwertprobleme*. München, Wien: Oldenbourg Verlag, 2004.

4.6 Schützenantrieb einer Webmaschine

Manche Antriebe haben die Aufgabe, eine Masse in kurzer Zeit möglichst stark zu beschleunigen. Ein solcher Antrieb ist bei traditionellen Webmaschinen der Schützenantrieb. Der „Schütze" ist das Teil, welches den Schussfaden durch das Webfach führt und zwischen die Kettfäden hindurch „geschossen" wird. Der Bewegungsablauf des Schlagmechanismus eines Schützenantriebs soll unter Berücksichtigung der elastischen Antriebsglieder analysiert werden. [‡]

Der Schützenantrieb wird von einem ungleichförmig übersetzenden Getriebe angetrieben, wobei dessen Abtrieb einen Lederriemen am Punkt A zieht, vgl. Antriebskraft F_{an} in Bild 2. Der elastische Riemen ist einerseits am Punkt B mit dem biegsamen Schlagstock verbunden, andererseits wird das Riemenende A mit konstanter Beschleunigung von dem Mechanismus (z. B. Kurvengetriebe) bewegt. Der Arbeitstakt beginnt, wenn der Schlagstock den Schützen berührt, der anfangs durch eine Haltekraft F_0 festgehalten wird. Der Schütze bewegt sich erst dann, wenn diese Haltekraft überwunden ist. Schlagstock und Riemen sind masselose Modellelemente, Reibung und Dämpfung werden als vernachlässigbar klein angesehen.

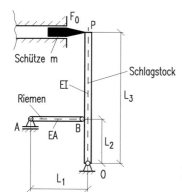

Bild 1: Bezeichnungen und Parameter des Schützenantriebs

Gegeben:

$L_1 = 200$ mm	Länge des ungespannten Riemens
$L_2 = 200$ mm, $L_3 = 500$ mm	Abmessungen des Schlagstocks
$EI = 470$ Nm²	Biegesteifigkeit des Schlagstocks
$EA = 69\,000$ N	Längssteifigkeit des Riemens
$F_0 = 180$ N	Haltekraft des Schützen
$m = 0{,}5$ kg	Masse des Schützen
$a = 120$ m/s²	Beschleunigung des Punktes A

[‡] Autor: Hans Dresig

4.6 Schützenantrieb einer Webmaschine

Gesucht:

1) Federkonstante c der Reihenschaltung von Riemen und dem bei P festgehaltenem Schlagstock
2) Vorspannzeit t_1 bis zur Erreichung der Haltekraft F_0 (erste Etappe $0 \le t \le t_1$)
3) Bewegungsgleichung des Schützes in der 2. Etappe ($t_1 \le t \le t_2$), also während des Kontaktes zwischen P und m, sowie die Eigenfrequenz des Antriebs
4) Antriebskraft F_{an} während der zweiten Etappe, Ablösezeitpunkt t_2 und Abfluggeschwindigkeit des Schützes (3. Etappe: Flugphase, $t \ge t_2$)
5) Verläufe von Weg, Geschwindigkeit und Beschleunigung des Schützes

Lösung:

Zu 1):

Der Schlagstock ist als ein masseloser Balken modelliert, dessen Lager sich am unteren Auflager O und am oberen Punkt P für $x \equiv 0$ befinden. Die Verschiebung s des Punktes A infolge der Kraft F_{an} entsteht aus der Längenänderung des Riemens ΔL_1 und der Biegeverformung u des Balkens, vgl. Bild 2a.

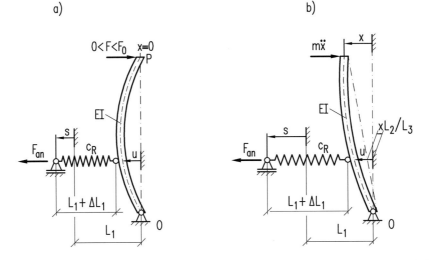

Bild 2: Koordinaten, Kräfte und Deformationen am Modell des Schützenantriebs (in der Skizze ist die Balkendicke als null anzunehmen)

$$s = \Delta L_1 + u = F_{an}/c_R + \delta F_{an} = F_{an}/c. \tag{1}$$

Mit der Federkonstanten des Riemens

$$c_R = EA/L_1 = (69\,000\,\text{N}/0{,}2\,\text{m}) = 345\,\text{kN/m} \tag{2}$$

und der Einflusszahl, die aus der Biegelinie zu berechnen oder z. B. [22] zu entnehmen ist:

$$\delta = \frac{L_2^2(L_3 - L_2)^2}{3EIL_3} = 5{,}1064 \cdot 10^{-6} \, \text{m/N} \,. \tag{3}$$

Damit ergibt sich die resultierende Federkonstante c von Riemen und Schlagstock zu

$$\underline{\underline{c = \frac{c_R}{1 + c_R \delta} = 124{,}92 \, \text{kN/m}}} \,. \tag{4}$$

Zu 2):

Die Bewegung des Schützes muss in drei Etappen untersucht werden. Die Spitze des Schlagstocks berührt während der ersten Etappe ($0 \leq t \leq t_1$) den Schützen, der zunächst festgeklemmt ist ($\dot{x} \equiv 0$, $x = 0$), d. h. Kontaktpunkt P steht still, vgl. Bild 2a. Während der ersten Etappe werden Riemen und Schlagstock so lange gespannt, bis die maximale Haltekraft F_0 an der Schlagstockspitze erreicht ist. Am Punkt A wird der Riemen ab dem Zeitpunkt $t = 0$ aus der Ruhe heraus mit der Kraft F_{an} gezogen, so dass eine konstante Beschleunigung a entsteht. Beschleunigung, Geschwindigkeit und Weg des Punktes A verlaufen in den ersten beiden Etappen gemäß

$$\ddot{s} = a, \qquad \dot{s} = at, \qquad s = \frac{1}{2}at^2 \,. \tag{5}$$

Die aus dem Momentengleichgewicht bezüglich des Lagers O folgende Beziehung zwischen der Kraft an der Schlagstockspitze und Antriebskraft lautet

$$F = (L_2/L_3)F_{an} \,. \tag{6}$$

Die erste Etappe ist zu Ende, wenn zur Zeit t_1 die Kraft F die Haltekraft F_0 erreicht. Deshalb gilt:

$$t = t_1: \quad F_0 = \frac{L_2}{L_3} F_{an}(t_1) = \frac{L_2}{L_3} c \cdot s(t_1) = \frac{L_2}{2L_3} c \cdot a t_1^2 \,. \tag{7}$$

Daraus folgt die Vorspann-Zeit

$$\underline{\underline{t_1 = \sqrt{\frac{2F_0}{c\,a} \cdot \frac{L_3}{L_2}} = 7{,}748 \cdot 10^{-3} \, \text{s}}} \,. \tag{8}$$

Zu 3):

Es wirkt während der zweiten Etappe ($t_1 \leq t \leq t_2$) die Trägheitskraft $F = m\ddot{x}$ an der Spitze des Schlagstocks auf die Masse des Schützen. Die Haltekraft ist nicht mehr vorhanden. Die Bewegungsgleichung folgt analog (6) aus dem Momentengleichgewicht, vgl. Bild 2b:

$$m\ddot{x}L_3 - F_{an}L_2 = 0 \,. \tag{9}$$

4.6 Schützenantrieb einer Webmaschine

Die Antriebskraft ist das Produkt aus Federkonstante und Federweg, vgl. Bild 2b:

$$F_{\text{an}} = c(\Delta L_1 + u) = c\left[s(t) - x\frac{L_2}{L_3}\right]. \tag{10}$$

Der Weg xL_2/L_3 des Bezugspunkts für die Verschiebung u ergibt sich aus dem Strahlensatz, vgl. Bild 2b. Die Bewegungsgleichung folgt aus (9) unter Verwendung von (10) und dem Weg $s(t)$ aus (5). Sie erhält mit $\omega^2 = (L_2/L_3)^2 c/m$ die Form

$$\underline{\underline{\ddot{x} + \omega^2 x = \frac{aL_3}{2L_2}\omega^2 t^2}}. \tag{11}$$

Mit den gegebenen Parameterwerten der Aufgabenstellung ergibt sich

$$\omega^2 = \frac{c}{m}\left(\frac{L_2}{L_3}\right)^2 = 39\,968\,\text{s}^{-2}; \qquad \omega = 199{,}9\,\text{s}^{-1}. \tag{12}$$

Die Eigenfrequenz beträgt damit

$$\underline{\underline{f = \frac{\omega}{2\pi} = 31{,}8\,\text{Hz}}}. \tag{13}$$

<u>Zu 4):</u>

Zu Beginn der zweiten Etappe befindet sich der Schütze in Ruhe:

$$t = t_1: \quad x(t_1) = 0, \quad \dot{x}(t_1) = 0. \tag{14}$$

Die Lösung der Differentialgleichung muss die Anfangsbedingungen (14) erfüllen. Sie liefert die Verläufe von Weg, Geschwindigkeit und Beschleunigung des Schützen während der zweiten Etappe, vgl. auch Bild 3:

$$x(t) = \frac{a}{\omega^2}\frac{L_3}{L_2}\left[\frac{1}{2}\omega^2 t^2 - 1 + (1 - \frac{1}{2}\omega^2 t_1^2)\cos\omega(t-t_1) - \omega t_1 \sin\omega(t-t_1)\right], \tag{15}$$

$$\dot{x}(t) = \frac{a}{\omega}\frac{L_3}{L_2}\left[\omega t - (1 - \frac{1}{2}\omega^2 t_1^2)\sin\omega(t-t_1) - \omega t_1 \cos\omega(t-t_1)\right], \tag{16}$$

$$\ddot{x}(t) = a\frac{L_3}{L_2}\left[1 - (1 - \frac{1}{2}\omega^2 t_1^2)\cos\omega(t-t_1) + \omega t_1 \sin\omega(t-t_1)\right]. \tag{17}$$

Die Antriebskraft während der zweiten Etappe ergibt sich nach dem Einsetzen der Beschleunigung in (9) zu

$$\underline{\underline{\begin{aligned}F_{\text{an}}(t) &= \frac{L_3}{L_2}m\ddot{x}(t) \\ &= ma\left(\frac{L_3}{L_2}\right)^2\left[1 - (1 - \frac{1}{2}\omega^2 t_1^2)\cos\omega(t-t_1) + \omega t_1 \sin\omega(t-t_1)\right].\end{aligned}}} \tag{18}$$

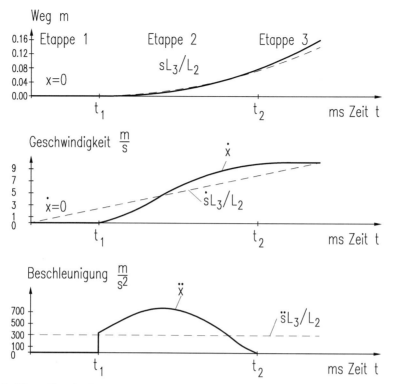

Bild 3: Weg, Geschwindigkeit und Beschleunigung des Webschützen und des Antriebs

Diese Verläufe lassen sich als Folge der kinematischen Beschleunigung und der Schwingbeschleunigung des elastischen Schlagstocks, vgl. Bild 3, interpretieren.

Die zweite Etappe ist zur Zeit t_2 beendet, wenn die beschleunigende Kraft (die hier beim Modell des masselosen Balkens der Kraft F_{an} proportional ist) auf null gesunken ist und der Schütze sich vom Schlagstock trennt. Aus der Bedingung $F_{an}(t_2) = 0$ folgt mit (18) die Gleichung zur Berechnung von $\tau = \omega(t_2 - t_1)$, woraus sich dann t_2 ergibt

$$1 - (1 - \frac{1}{2}\omega^2 t_1^2)\cos\tau + \omega t_1 \sin\tau = 0 \,. \tag{19}$$

Durch Elimination von $\cos\tau = \sqrt{1 - \sin^2\tau}$ entsteht aus (19) nach dem Quadrieren eine quadratische Gleichung für $\sin\tau$:

$$\left[1 + \frac{(\omega t_1)^4}{4}\right]\sin^2\tau + 2\omega t_1 \sin\tau + (\omega t_1)^2\left[1 - \frac{(\omega t_1)^2}{4}\right] = 0 \,. \tag{20}$$

Mit den Zahlenwerten aus (8) und (12) wird daraus nach kurzer Umformung

$$\sin^2\tau + 1{,}269\,83 \sin\tau + 0{,}393\,44 = 0 \,. \tag{21}$$

4.6 Schützenantrieb einer Webmaschine

Von den beiden Wurzeln

$$\sin \tau_1 = -0{,}536\,56; \qquad \sin \tau_2 = -0{,}733\,26 \tag{22}$$

hat nur τ_1 eine physikalische Bedeutung, da es den kleineren t_2-Wert liefert. Es ist wegen $\tau > 0$

$$\tau_1 = \pi + 0{,}566\,36 = 3{,}7079 = \omega(t_2 - t_1); \qquad \cos \tau_1 = -0{,}8439\,. \tag{23}$$

Damit ergibt sich mit (8), (12) und (23)

$$\underline{t_2 = t_1 + \tau_1/\omega = 0{,}0263\,\text{s}}\,. \tag{24}$$

Die Dauer $t_2 - t_1 = 0{,}0185\,\text{s}$, welche die Kraft auf den Schützen wirkt, ist etwas länger als eine halbe Periodendauer ($T/2 = \pi/\omega = 0{,}0157\,\text{s}$) der Eigenschwingung. Die Geschwindigkeit des Schützen ergibt sich am Ende der 2. Etappe aus (16) zu

$$\dot{x}(t_2) = \frac{a}{\omega}\frac{L_3}{L_2}\left[\omega t_2 - (1 - \frac{1}{2}\omega^2 t_1^2)\sin\omega(t_2 - t_1) - \omega t_1 \cos\omega(t_2 - t_1)\right],$$
$$\underline{\dot{x}(t_2) = 10{,}0\,\text{m/s}}\,. \tag{25}$$

Die Elastizität des Antriebs als konstruktive Maßnahme wirkt sich erwartungsgemäß positiv aus. Diese Geschwindigkeit ist infolge der Halbschwingung größer als der Wert $\dot{x}(t_2) = a(L_3/L_2)t_2 = 7{,}89\,\text{m/s}$, der sich bei einem starren Schlagstock ergeben würde. Zur Zeit t_2 löst sich der Schütze vom Schlagstock, vgl. Bild 2. Danach beginnt die dritte Etappe der Bewegung des Schützen. Während der Flugphase trägt er den Faden wegen der vorausgesetzten Reibungsfreiheit mit der Anfangsgeschwindigkeit $\dot{x}(t_2)$ durch das Webfach.

Dank der Elastizität der Getriebeglieder und Ausnutzung der Vorspannkraft lässt sich eine Abfluggeschwindigkeit des Schützes erreichen, die wesentlich größer als die Geschwindigkeit ist, die mit einem starren Antrieb zustande käme. Dabei wird die Masse erst nach Überwindung einer Haltekraft in Bewegung versetzt und nach einer Halbschwingung des elastischen Systems frei gegeben. Dieser Effekt kann bei allen Antrieben ausgenutzt werden, bei denen die Masse am Abtrieb eine hohe Geschwindigkeit erhalten soll, z. B. bei Hämmern, Schleudern, Wurfmaschinen, Sprungbewegungen, u.a. Eine Anwendung der Grundidee bei Strickmaschinen wird in [36] behandelt. Der hohe Sprung eines PKW beim Flug ins Kirchendach gelang wegen der Elastizität des Fahrwerks und der Räder [20].

Weiterführende Literatur

[20] Dresig, H.: *Analyse „Flug auf das Limbacher Kirchendach"*. 2014. URL: www.dresig.de.

[36] Jürgens, R.: *Dynamische Belastungen des Nadelfußes einer Strickmaschinennadel*. Diss. TH Karl-Marx-Stadt, 1982.

5 Biegeschwinger

5.1 Einflüsse konstruktiver Parameter auf die Grundfrequenz einer Getriebewelle

Für praktische Aufgabenstellungen, bei denen die ungefähre Größe der tiefsten Eigenfrequenz (sogenannte Grundfrequenz) interessiert, genügt es oft, diese abzuschätzen und einzugrenzen. Am Beispiel eines Biegeschwingers soll gezeigt werden, wie die Näherungen von DUNKERLEY und RAYLEIGH angewendet werden können. [‡]

Bild 1 zeigt die Skizze einer Antriebswelle, die in etwa die Verhältnisse abbildet, wie die unten angegebenen Zahlenwerte, mit denen die Gleichungen exemplarisch ausgewertet werden sollen. Die Antriebswelle besteht aus Vollmaterial und wird mit einem Berechnungsmodell beschrieben, dass aus einer als Kontinuum angenommenen Welle und zwei Massen besteht. Es werden analytische Formeln zur Berechnung der tiefsten Eigenfrequenz f_1 als Funktion von den Abmessungen und Materialparametern gesucht.

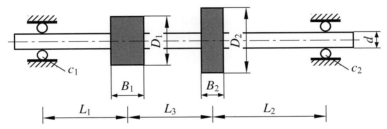

Bild 1: Skizze der Antriebswelle mit ihren Abmessungen

Gegeben:

$d = 30\,\text{mm}$	Durchmesser der Antriebswelle
$L_1 = L_3 = 150\,\text{mm},\ L_2 = 200\,\text{mm}$	Abstände der Scheibenmittelpunkte
$D_1 = 90\,\text{mm},\ D_2 = 120\,\text{mm}$	Durchmesser der Scheiben 1 und 2
$B_1 = 60\,\text{mm},\ B_2 = 40\,\text{mm}$	Breite der Scheiben 1 und 2
$c_1 = 1{,}5 \cdot 10^6\,\text{N/m},\ c_2 = 2{,}0 \cdot 10^6\,\text{N/m}$	Federkonstanten der Lager 1 und 2
$E = 2{,}1 \cdot 10^{11}\,\text{N/m}^2$	Elastizitätsmodul des Wellenmaterials
$\rho = 7{,}85 \cdot 10^3\,\text{kg/m}^3$	Dichte des Wellenmaterials

---

[‡] Autor: Hans Dresig

Gesucht:

1) Schranken für die Grundfrequenz f_1 mit Annahmen für ein Einmassen-Modell
2) Parameter für das Kontinuum und zwei Einzelmassen an den Stellen der großen Durchmesser
3) Formel für untere Grenze der tiefsten Eigenfrequenz nach DUNKERLEY
4) Formel für obere Grenze der tiefsten Eigenfrequenz nach RAYLEIGH mit der Ansatzfunktion $v(z) = \hat{v}\sin(\pi z/L)$ für die starr gelagerte Antriebswelle
5) Berechnung der tiefsten Eigenfrequenz mit einem FE-Modell
6) Vergleich der Ergebnisse für starre Lager und elastische Lager an Hand der gegebenen Zahlenwerte

Lösung:

Zu 1):

Zur Plausibilitätskontrolle wird ein Minimalmodell mit der Gesamtmasse m benutzt, die in Wellenmitte konzentriert wird. Die Federkonstanten werden auf die Balkenmitte bezogen und folgen mit dem Lagerabstand $L = L_1 + L_2 + L_3$ aus

$$\frac{1}{c} = \frac{L^3}{48EI} + \frac{c_1 + c_2}{4c_1 c_2} \,. \tag{1}$$

Es wird angenommen, dass allein der Durchmesser d der Antriebswelle die Biegesteifigkeit bestimmt und der Einfluss der Durchmesser D_1 und D_2 darauf unwesentlich ist, weil dadurch eine vernachlässigte Versteifung erfolgt. Die Biegesteifigkeit beträgt

$$EI = E\frac{\pi d^4}{64} = 8{,}35 \cdot 10^3 \, \text{Nm}^2 \,. \tag{2}$$

Die Masse der Antriebswelle ergibt sich aus dem Produkt von Volumen und Dichte:

$$m = \frac{1}{4}\pi \left(d^2(L - B_1 - B_2) + D_1^2 B_1 + D_2^2 B_2\right)\rho = 8{,}767 \, \text{kg} \,. \tag{3}$$

Die tiefste Eigenfrequenz dieses Kontinuums kann nicht kleiner sein, als bei einem Feder-Masse-System, dessen Masse m in der Mitte der Welle angeordnet ist. Wenn die Masse gleichmäßig über der Länge verteilt wäre, entsteht der andere Extremfall, bei dem die Eigenfrequenz etwa so groß ist, als ob $m/2$ in der Mitte angeordnet wäre. Mit diesen einfachen Abschätzungen ergeben sich folgende Eigenfrequenzen, innerhalb deren Grenzen die tiefste Eigenfrequenz zu erwarten ist:

$$f_{1\min} = \frac{1}{2\pi}\sqrt{\frac{c}{m}} < f_1 < \frac{1}{2\pi}\sqrt{\frac{2c}{m}} = f_{1\max} \,. \tag{4}$$

5.1 Einflüsse konstruktiver Parameter auf die Grundfrequenz einer Getriebewelle

Zu 2):

Die Antriebswelle wird in den beiden Bereichen mit großem Durchmesser (D_1 und D_2 im Bild 1) und den Breiten B_1 und B_2 durch Einzelmassen m_1 und m_2 modelliert, während der Masseanteil m_3 (mit dem Durchmesser d) als Kontinuum behandelt wird. Die Gesamtmasse setzt sich aus folgenden drei Einzelmassen zusammen:

$$m_1 = \frac{\pi}{4}(D_1^2 - d^2)B_1\rho = 2{,}663 \text{ kg},$$
$$m_2 = \frac{\pi}{4}(D_2^2 - d^2)B_2\rho = 3{,}329 \text{ kg}, \tag{5}$$
$$m_3 = \rho A L = \frac{\pi}{4}d^2(L_1 + L_2 + L_3)\rho = 2{,}774 \text{ kg}.$$

Zu 3):

Für die Abschätzung gibt es zwei Varianten zur Zerlegung des Berechnungsmodells in einfache Teilsysteme, die jeweils eine bekannte Eigenkreisfrequenz $\omega_{(i)}$ aufweisen.

a) Variante 1 (DUNKERLEY): Jedes Teilsystem besitzt alle Steifigkeiten und ist entweder ein Schwinger mit einer Masse und dem Freiheitsgrad eins oder ein Kontinuum mit seiner tiefsten Eigenfrequenz.

b) Variante 2 (NEUBER): Jedes Teilsystem besitzt nur einen einzigen Federparameter und alle Massen des ursprünglichen Systems.

Es werden hier beide Varianten kombiniert. Die linke Seite in Bild 2 zeigt, wie aus dem ursprünglichen Modell drei Teilsysteme gebildet werden, die jeweils nur einen Masseparameter haben. Das dritte Teilsystem enthält drei Federparameter, die entsprechend der rechten Seite in Bild 2, wieder in drei Teilsysteme aufgeteilt werden. Die in Klammern gesetzten Indizes der ω-Werte geben die Nummer der Teilsysteme an.

Im ersten Schritt wird die Eigenkreisfrequenz ω_1 mit der Methode von DUNKERLEY abgeschätzt, wenn die Massen m_1, m_2 und der Kontinuum-Balken isoliert behandelt werden, vgl. Bild 2:

$$\frac{1}{\omega_1^2} < \frac{1}{\omega_{(1)}^2} + \frac{1}{\omega_{(2)}^2} + \frac{1}{\omega_{(3)}^2} = \delta_{11}m_1 + \delta_{22}m_2 + \frac{1}{\omega_{(3)}^2}. \tag{6}$$

Die Einflusszahlen können aus einer Deformationsberechnung oder in [22, 50] entnommen werden:

$$\delta_{11} = \frac{L_1^2(L-L_1)^2}{3EI \cdot L} + \frac{(L-L_1)^2}{c_1 L^2} + \frac{L_1^2}{c_2 L^2}, \tag{7}$$

$$\delta_{22} = \frac{L_2^2(L-L_1)^2}{3EI \cdot L} + \frac{(L-L_2)^2}{c_2 L^2} + \frac{L_2^2}{c_1 L^2}. \tag{8}$$

Sie berücksichtigen die drei Federparameter und gelten für die Stellen, an denen sich die Massen m_1 und m_2 befinden.

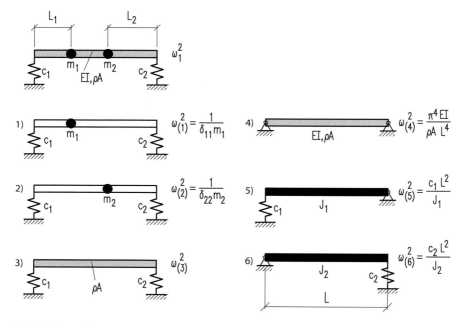

Bild 2: Berechnungsmodell der Maschinenwelle und deren Aufteilung in sechs Teilsysteme nach DUNKERLEY und NEUBER

Im zweiten Schritt kann die Eigenkreisfrequenz $\omega_{(3)}$ mit den Teilsystemen 4 bis 6 abgeschätzt werden, die sich ergeben, wenn jeweils nur ein einziger Federparameter (c_1, c_2 und $c_3 = EI/L^3 = 66\,800\,\text{N/m}$) benutzt wird (NEUBER). Nach dem Einsetzen der Trägheitsmomente $J_1 = J_2 = m_3 L^2/3$ ergibt sich

$$\frac{1}{\omega_{(3)}^2} < \frac{1}{\omega_{(4)}^2} + \frac{1}{\omega_{(5)}^2} + \frac{1}{\omega_{(6)}^2} = \frac{m_3}{\pi^4 c_3} + \frac{m_3}{3}\left(\frac{1}{c_1} + \frac{1}{c_2}\right)$$
$$= (0{,}426 + 0{,}616 + 0{,}462) \cdot 10^{-6}\,\text{s}^2 \,. \quad (9)$$

Aus (6) und (9) ergibt sich damit folgende obere Grenze für die tiefste Eigenfrequenz, wenn die Eigenkreisfrequenzen gemäß $\omega = 2\pi f$ umgerechnet werden:

$$\frac{1}{f_{1\min}^2} < (2\pi)^2 \left[\delta_{11} m_1 + \delta_{22} m_2 + m_3\left(\frac{1}{\pi^4 c_3} + \frac{1}{3c_1} + \frac{1}{3c_2}\right)\right]. \quad (10)$$

Bei starren Lagern entfallen zwei Summanden, weil $1/c_1 = 1/c_2 = 0$.

5.1 Einflüsse konstruktiver Parameter auf die Grundfrequenz einer Getriebewelle

Zu 4):

Der RAYLEIGH-Quotient liefert für eine beliebige Ansatzfunktion $v(z)$ der Schwingungsform eine obere Grenze für die tiefste Eigenfrequenz, vgl. [22]:

$$(2\pi f_{1\max})^2 < \omega_R^2 = \frac{\int_0^L EI(z)v''(z)^2\,dz + c_1 v^2(0) + c_2 v^2(L)}{\int_0^L \rho A(z)v(z)^2\,dz + m_1 v^2(z_1) + m_2 v^2(z_2)}. \tag{11}$$

In (11) wird das mit Einzelmassen besetzte Kontinuum erfasst. In einem komplizierteren Modell könnte sogar ein über die Länge veränderlicher Durchmesser berücksichtigt werden, weil $I(z)$ und $A(z)$ von $d(z)$ abhängig sein können. Da die lineare Spannungsverteilung innerhalb des Wellenquerschnitts (und damit die Annahme der EULER-BERNOULLIschen Balkentheorie) aber bei plötzlichen Durchmesseränderungen nicht gilt, wird hier wieder mit einem durchgängigen konstanten Wellendurchmesser d gerechnet.

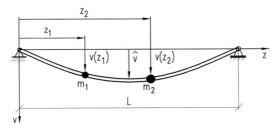

Bild 3: Näherung für die Grundschwingungsform $v(z) = \hat{v}\sin(\pi z/L)$

Um eine Ansatzfunktion für die Grundschwingungsform zu finden, wird angenommen, dass eine Streckenlast $q(z) = \hat{q}\sin(\pi z/L)$ wirkt, welche den Balken und die Federn deformiert, vgl. Bild 3. Der Verformungsverlauf $v(z)$ wird durch Integration der Differentialgleichung der Biegelinie ermittelt. Unter Beachtung der Randbedingungen ergibt sich

$$EIv'''' = q(z) = \hat{q}\sin(\pi z/L), \tag{12}$$

$$EIv''' = Q(z) = -\hat{q}\frac{L}{\pi}\cos(\pi z/L). \tag{13}$$

Die auf den Balken wirkende Streckenlast wird von den Lagern aufgenommen und entspricht der Querkraft an den Rändern des Balkens:

$$Q(0) = -Q(L) = -\frac{L}{\pi}\hat{q}. \tag{14}$$

An den Rändern wird kein Moment aufgenommen. Wegen $M(0) = M(L) = 0$ gilt

$$EIv'' = M(z) = -\hat{q}\left(\frac{L}{\pi}\right)^2 \sin\left(\frac{\pi z}{L}\right). \tag{15}$$

Die Winkel und Wege an den Rändern sind zunächst unbekannt. Es gilt:

$$EIv' = \hat{q}\left(\frac{L}{\pi}\right)^3 \cos\left(\frac{\pi z}{L}\right) + EI\varphi(0), \tag{16}$$

$$EIv(z) = \hat{q}\left(\frac{L}{\pi}\right)^4 \sin\left(\frac{\pi z}{L}\right) + EI\left[v(0) + \varphi(0)z\right]. \tag{17}$$

Die Federkräfte sind proportional den Verschiebungen am Rand, vgl. (14):

$$v(0) = Q(0)/c_1 = \hat{q}\frac{L}{\pi c_1} = \frac{\hat{q}L}{\pi}v_0, \tag{18}$$

$$v(L) = Q(L)/c_2 = \hat{q}\frac{L}{\pi c_2} = \frac{\hat{q}L}{\pi}v_L. \tag{19}$$

Daraus folgt der Neigungswinkel der Geraden:

$$\varphi(0) = \frac{v(L) - v(0)}{L} = \frac{\hat{q}L}{\pi} \cdot \frac{v_L - v_0}{L}. \tag{20}$$

Die Skizze in Bild 3 zeigt, dass sich die Verschiebung des Balkens aus der Geraden der Starrkörperbewegung und der Sinuskurve der Biegelinie summiert. Aus (17) folgt nach dem Einsetzen von $v(0)$ aus (18) und von $\varphi(0)$ aus (20) die gesuchte Ansatzfunktion für die Verformung

$$v(z) = \frac{L}{\pi}\hat{q}\left[\frac{1}{c_1} + \left(\frac{1}{c_2} - \frac{1}{c_1}\right)\frac{z}{L} + \frac{L^3}{\pi^3 EI}\sin\left(\frac{\pi z}{L}\right)\right]. \tag{21}$$

Für die Berechnung des Zählers des RAYLEIGH-Quotienten (11) werden auch die Wege der Federn und die zweite Ableitung

$$v'' = -\frac{\hat{q}L}{\pi}\frac{L}{\pi EI}\sin\left(\frac{\pi z}{L}\right), \tag{22}$$

die aus (15) folgt, benötigt. Der erste Summand im Zähler von (11) ist

$$\int_0^L EIv''(z)^2\,dz = \int_0^L \frac{1}{EI}\hat{q}^2\left(\frac{L}{\pi}\right)^4 \sin^2\left(\frac{\pi z}{L}\right)dz = \left(\frac{\hat{q}L}{\pi}\right)^2 \frac{L^3}{2\pi^2 EI}. \tag{23}$$

Die anderen beiden Summanden stammen von der potentiellen Energie der Federn

$$c_1 v^2(0) + c_2 v^2(L) = \left(\frac{\hat{q}L}{\pi}\right)^2 \left(\frac{1}{c_1} + \frac{1}{c_2}\right). \tag{24}$$

Für den Nenner werden die Verschiebungen der Massen nicht gebraucht

$$v(z_1) = \frac{\hat{q}L}{\pi}v_1, \quad v_1 = \frac{L - L_1}{Lc_1} + \frac{L_1}{Lc_2} + \frac{L^3}{\pi^3 EI}\sin\left(\pi\frac{L_1}{L}\right), \tag{25}$$

$$v(z_2) = \frac{\hat{q}L}{\pi}v_2, \quad v_2 = \frac{L - L_2}{Lc_2} + \frac{L_2}{Lc_1} + \frac{L^3}{\pi^3 EI}\sin\left(\pi\frac{L_2}{L}\right). \tag{26}$$

5.1 Einflüsse konstruktiver Parameter auf die Grundfrequenz einer Getriebewelle

Zur Berechnung des Anteils des Kontinuums an der kinetischen Energie

$$\int_0^L \rho A v(z)^2 \, dz = \int_0^L \rho A L \left(\frac{\hat{q}L}{\pi}\right)^2 \left[\frac{1}{c_1} + \frac{c_1 - c_2}{c_1 c_2} \frac{z}{L} + \frac{L^3}{\pi^3 EI} \sin\left(\pi \frac{z}{L}\right)\right]^2 \, dz \quad (27)$$

werden nach der Ausmultiplikation der eckigen Klammern folgende Integrale benötigt

$$\int_0^L dz = L, \quad \int_0^L \sin\left(\pi \frac{z}{L}\right) dz = \frac{2L}{\pi}, \quad \int_0^L \sin^2\left(\pi \frac{z}{L}\right) dz = \frac{L}{2},$$

$$\int_0^L z \, dz = \frac{L^2}{2}, \quad \int_0^L z^2 \, dz = \frac{L^3}{3}, \quad \int_0^L z \sin\left(\pi \frac{z}{L}\right) dz = \frac{L^2}{\pi}.$$

Damit ergibt sich aus (27)

$$\int_0^L \rho A v(z)^2 \, dz = \left(\frac{\hat{q}L}{\pi}\right) W_N \quad \text{mit}$$

$$W_N = \rho A L \left\{ \frac{1}{c_1 c_2} + \frac{1}{3}\left(\frac{c_1 - c_2}{c_1 c_2}\right)^2 + \frac{1}{2}\frac{L^3}{\pi^3}\left(\frac{1}{EI}\right)^2 + \frac{2(c_1 + c_2)L^3}{\pi^4 c_1 c_2 EI} \right\}. \quad (28)$$

Für den RAYLEIGH-Quotient (11) ergibt sich nach dem Einsetzen der langen Ausdrücke aus (25), (26) und (28) die Abhängigkeit von allen Parametern in der Form

$$(2\pi f_{1\max})^2 = \omega_1^2 < \omega_R^2 = \frac{L^3/(2\pi^2 EI) + 1/c_1 + 1/c_2}{W_N + m_1 v_1^2 + m_2 v_2^2}. \quad (29)$$

Zu 5):

Das verwendete FE-Modell besteht aus 14208 Elementen (3D-20 Knoten Element), vgl. Bild 4.

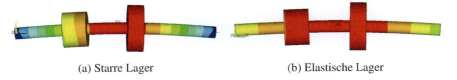

(a) Starre Lager   (b) Elastische Lager

Bild 4: Berechnete Grundschwingungsform des FE-Modells

Aus dem Deformationsverlauf ist zu erkennen, dass sich nicht einfach eine eindimensionale Biegelinie, sondern räumliche Verformungen der gesamten Antriebswelle ergeben. Die tiefste Eigenfrequenz beträgt bei starren Lagern $f_1 = 134{,}08$ Hz, bei elastischen Lagern $f_1 = 77{,}396$ Hz. Damit wird deutlich, wie wichtig die Berücksichtigung der Steifigkeiten der Kugellager bei realen Antriebswellen ist.

Zu 6):

Nachfolgend (Tabelle 1) sind die Zahlenwerte zusammengestellt, die sich mit den Daten der Aufgabenstellung aus den oben aufgeführten Gleichungen ergeben.

Tabelle 1: Zusammenstellung der zahlenwerte

Mechanische Größe	Starre Lager	Elastische Lager	Gleichung
Federkonstante c	$3{,}206 \cdot 10^6$ N/m	$1{,}657 \cdot 10^6$ N/m	(1)
Einflusszahl δ_{11}	$2{,}201 \cdot 10^{-7}$ m/N	$5{,}917 \cdot 10^{-7}$ m/N	(7)
Einflusszahl δ_{22}	$2{,}874 \cdot 10^{-7}$ m/N	$5{,}741 \cdot 10^{-7}$ m/N	(8)
Teilsystem 1 $\omega^2_{(1)}$	$1{,}706 \cdot 10^6$ s^{-2}	$0{,}6346 \cdot 10^6$ s^{-2}	(6)
Teilsystem 2 $\omega^2_{(2)}$	$1{,}045 \cdot 10^6$ s^{-2}	$0{,}5232 \cdot 10^6$ s^{-2}	(6)
Teilsystem 3 $\omega^2_{(3)}$	$2{,}346 \cdot 10^6$ s^{-2}	$0{,}6649 \cdot 10^6$ s^{-2}	(9)
Untere Grenze $f_{1\min}$	96 Hz; **113 Hz**	69 Hz; **71,2 Hz**	(4); (10)
Obere Grenze $f_{1\max}$	136 Hz; **116 Hz**	98 Hz; **76,8 Hz**	(4); (29)
FEM-Ergebnis f_1	134,08 Hz	77,396 Hz	

Das Ergebnis zeigt, dass die untere Grenze bei allen Formeln eine brauchbare Abschätzung liefert. Die Eigenfrequenz ist bei elastischen Lagern deutlich tiefer, als wenn der Lagereinfluss nicht berücksichtigt wird. Die obere Grenze ist nur bei der einfachen Abschätzung zutreffend. Als Ursache für den zu niedrigen Wert $f_{1\max} = 116$ Hz des RAYLEIGH-Quotienten ist anzusehen, dass bei der Modellierung so getan wurde, als ob auch an den Stellen der scheibenförmigen Massen der dünne Wellendurchmesser d die Biegesteifigkeit liefert. Die Welle ist aber gerade an diesen Stellen, wo die großen Durchmesser D_1 und D_2 vorhanden sind, in Wirklichkeit steifer. Eine bessere Abschätzung mit dem Rayleigh-Quotienten würde sich ergeben, wenn nur die Bereiche außerhalb der Scheiben als biegsam und die Bereiche der Scheiben als starr bei der Modellbildung angenommen worden wären.

Näherungsformeln werden in der Ingenieurpraxis für Überschlagsrechnungen und zur Plausibilitätskontrolle benötigt. Sie gestatten quantitative Aussagen über Parametereinflüsse, die bei komplexen Systemen sonst nur mit größerem Aufwand erhältlich sind. Im vorliegenden Beispiel war es möglich, den Einfluss von 12 Parametern auf die erste Eigenfrequenz analytisch zu erfassen. Das Beispiel zeigt, dass bei starker Vereinfachung des Berechnungsmodells zwar keine genauen Grenzen für die Abschätzungswerte garantiert werden können, aber etwa die richtigen Werte auf etwa zwei gültige Ziffern genau angenähert werden.

5.2 Stabilität der Biegeschwingungen einer unrunden Welle

Bei rotierenden Wellen mit nicht kreisförmigem Querschnitt (z. B. Welle mit Nut oder Doppel-T-Profil) können Instabilitätserscheinungen auftreten, die sich störend auf das Betriebsverhalten der Welle auswirken. Wie müssen die Systemparameter gewählt werden, um instabile Biegeschwingungen zu vermeiden? [‡]

Eine als masselos betrachtete elastische Welle mit rechteckigem Querschnitt trägt mittig eine starre Kreisscheibe der Masse m, siehe Bild 1 links. Die Welle besitzt die Länge l, die Hauptträgheitsmomente I_ξ und I_η sowie den Elastizitätsmodul E. Sie rotiert mit der konstanten Winkelgeschwindigkeit Ω. Die Lager der horizontalen Welle werden als starr angenommen.

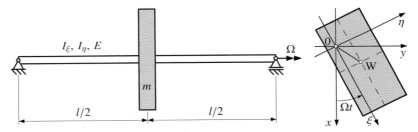

Bild 1: Modell des Rotors (links) und ausgelenkter Wellenquerschnitt in der Scheibenebene (rechts)

Gegeben:

m	Masse der Scheibe
l	Länge der Welle
I_ξ, I_η	Hauptträgheitsmomente der Welle
E	E-Modul der Welle
$\Omega = $ const	Winkelgeschwindigkeit der Welle

Gesucht:

1) Biege-Differentialgleichungen (Biege-DGLn) in mitrotierenden Koordinaten
   Hinweise:
   - Die Achsen des mitrotierenden ξ-η-ζ-Koordinatensystems liegen stets parallel zu den Hauptträgheitsachsen des Wellenquerschnitts, vergleiche Bild 1 (rechts).

[‡] Autorin: Katrin Baumann, Quelle [34, Aufgabe 33]

- Es wird vorausgesetzt, dass der Schwerpunkt S der Kreisscheibe mit dem Flächenschwerpunkt W des Wellenquerschnitts zusammenfällt.

2) Stabilitätsbedingungen und grafische Darstellung als Funktion dimensionsloser Parameter

Lösung:

Zu 1):

Da sich die Kreisscheibe in der Mitte der Welle befindet, treten bei ihrer Bewegung keine Kippbewegungen und damit keine Kreiseleffekte auf. Unter diesen Bedingungen verhält sich die Scheibe wie ein translatorisch bewegter Massepunkt.

Zur Herleitung der Biege-DGLn mittels der LAGRANGEschen Gleichungen 2. Art werden zunächst mit den kinematischen Beziehungen

$$x = \xi \cos \Omega t - \eta \sin \Omega t$$
$$y = \xi \sin \Omega t + \eta \cos \Omega t \tag{1}$$

und ihren Ableitungen

$$\dot{x} = (\dot{\xi} - \Omega \eta) \cos \Omega t - (\dot{\eta} + \Omega \xi) \sin \Omega t$$
$$\dot{y} = (\dot{\xi} - \Omega \eta) \sin \Omega t + (\dot{\eta} + \Omega \xi) \cos \Omega t \tag{2}$$

die potentielle Energie

$$W_{\text{pot}} = \frac{1}{2} \left(c_\xi \xi^2 + c_\eta \eta^2 \right) \tag{3}$$

sowie die kinetische Energie

$$W_{\text{kin}} = \frac{1}{2} m \left(\dot{x}^2 + \dot{y}^2 \right) = \frac{1}{2} m \left[(\dot{\xi} - \Omega \eta)^2 + (\dot{\eta} + \Omega \xi)^2 \right] \tag{4}$$

durch die mitrotierenden Koordinaten ausgedrückt.

In Gleichung (3) sind c_ξ und c_η die Federsteifigkeiten der unrunden Welle in den Richtungen ihrer Hauptträgheitsachsen. Für den mittig belasteten Träger auf zwei Stützen betragen sie

$$c_\xi = 48 E I_\eta / l^3 \quad \text{und} \quad c_\eta = 48 E I_\xi / l^3 . \tag{5}$$

Die Anwendung der LAGRANGEschen Gleichungen 2. Art für jede mitrotierende Koordinate ξ und η liefert anschließend die gesuchten Biege-DGLn der unrunden Welle zu

$$m \ddot{\xi} - 2 m \Omega \dot{\eta} + \left(c_\xi - m \Omega^2 \right) \xi = 0$$
$$m \ddot{\eta} - 2 m \Omega \dot{\xi} + \left(c_\eta - m \Omega^2 \right) \eta = 0 . \tag{6}$$

5.2 Stabilität der Biegeschwingungen einer unrunden Welle

Die Gleichungen (6) zeigen, dass die beiden Auslenkungsrichtungen der Welle durch die ungleichen Querschnittseigenschaften (Hauptträgheitsmomente) in den geschwindigkeitsproportionalen Termen miteinander gekoppelt sind.

Zu 2):

Durch Einsetzen des Lösungsansatzes

$$\xi = \hat{\xi}\,e^{\lambda t} \quad \text{und} \quad \eta = \hat{\eta}\,e^{\lambda t} \tag{7}$$

mit seinen Ableitungen

$$\begin{aligned}\dot{\xi} &= \hat{\xi}\,\lambda\,e^{\lambda t}, & \dot{\eta} &= \hat{\eta}\,\lambda\,e^{\lambda t}, \\ \ddot{\xi} &= \hat{\xi}\,\lambda^2\,e^{\lambda t}, & \ddot{\eta} &= \hat{\eta}\,\lambda^2\,e^{\lambda t}\end{aligned} \tag{8}$$

werden die Bewegungsgleichungen (6) zu

$$\begin{bmatrix} \left(m\lambda^2 + c_\xi - m\Omega^2\right)\hat{\xi} & -2m\Omega\lambda\,\hat{\eta} \\ 2m\Omega\lambda\hat{\xi} & +\left(m\lambda^2 + c_\eta - m\Omega^2\right)\hat{\eta}\end{bmatrix} e^{\lambda t} = 0. \tag{9}$$

Zum Lösen dieses Gleichungssystems wird die Koeffizientendeterminante Null gesetzt:

$$\Delta = \begin{vmatrix} \lambda^2 + \left(\dfrac{c_\xi}{m} - \Omega^2\right) & -2\Omega\lambda \\ 2\Omega\lambda & \lambda^2 + \left(\dfrac{c_\eta}{m} - \Omega^2\right) \end{vmatrix} \overset{!}{=} 0. \tag{10}$$

Daraus folgt die biquadratische Frequenzgleichung

$$\lambda^4 + \left(\frac{c_\xi + c_\eta}{m} + 2\Omega^2\right)\lambda^2 + \left(\frac{c_\xi}{m} - \Omega^2\right)\left(\frac{c_\eta}{m} - \Omega^2\right) = 0. \tag{11}$$

Mit dem Satz von VIETA sind die Wurzeln $\lambda_{1,\ldots,4}$ dieser Gleichung leicht zugänglich; es gilt

$$\lambda_{1,2}^2\,\lambda_{3,4}^2 = \left(\frac{c_\xi}{m} - \Omega^2\right)\left(\frac{c_\eta}{m} - \Omega^2\right). \tag{12}$$

Die Gesamtlösung der Bewegungsgleichungen (6) ist als Linearkombination aller Fundamentallösungen (7) nur dann beschränkt (d. h. stabil), wenn alle Wurzeln rein imaginär sind, $\lambda_i = j\omega_i$. Damit gilt für den stabilen Fall

$$\lambda_{1,2}^2\,\lambda_{3,4}^2 = \left(-\omega_{1,2}^2\right)\left(-\omega_{3,4}^2\right) \geq 0. \tag{13}$$

Im Umkehrschluss werden die Rotorauslenkungen instabil für

$$\omega_{1,2}^2\,\omega_{3,4}^2 = \left(\frac{c_\xi}{m} - \Omega^2\right)\left(\frac{c_\eta}{m} - \Omega^2\right) < 0. \tag{14}$$

In diesem Fall wachsen die Rotorauslenkungen gemäß (7) zeitlich unbegrenzt exponentiell an, wobei die dafür benötigte Energie der Drehbewegung des Rotors entzogen wird. Um dabei eine konstante Winkelgeschwindigkeit Ω zu erhalten, muss dem Rotor über das Antriebsmoment eine theoretisch bis ins Unendliche anwachsende Menge an Energie zugeführt werden. In der Realität ist das Antriebsmoment jedoch motorbedingt begrenzt und es kommt zum Hängenbleiben an der Instabilitätsgrenze, siehe dazu auch die Aufgabe 5.6. In diesem Sinne ist die Annahme einer konstanten Winkelgeschwindigkeit Ω nur bedingt gerechtfertigt.

Die Auswertung der Gleichung (14) liefert die Beschreibung der instabilen Bereiche

$$\omega_\xi^2 = \frac{c_\xi}{m} < \Omega^2 < \omega_\eta^2 = \frac{c_\eta}{m} \quad \text{bzw.} \quad \omega_\eta^2 = \frac{c_\eta}{m} < \Omega^2 < \omega_\xi^2 = \frac{c_\xi}{m}. \tag{15}$$

Die vom Steifigkeitsverhältnis $\alpha = \sqrt{c_\eta/c_\xi}$ abhängigen Stabilitätsgebiete lassen sich anschaulich über dem Drehzahlverhältnis $\beta = \Omega/\omega_\xi$ darstellen, siehe Bild 2. Die Stabilitätsgrenzfrequenzen ω_ξ und ω_η treten auf für $\beta = 1$ bzw. $\beta = \alpha$. Zwischen diesen beiden Frequenzen wird der unrunde Rotor instabil, außerhalb läuft er stabil. Die runde Welle mit $\alpha = 1$ verhält sich stets stabil.

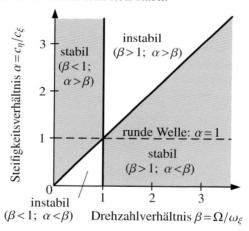

Bild 2: Stabilitätskarte

Diskussion

Gegenüber einem mitrotierenden Koordinatensystem verhalten sich die Wellensteifigkeiten einer unrunden Welle konstant. Damit ergeben sich gewöhnliche Differentialgleichungen, die mathematisch leicht zugänglich sind.

Gegenüber einem raumfesten Koordinatensystem verändern sich die Wellensteifigkeiten einer unrunden Welle jedoch periodisch mit der doppelten Umlauffrequenz. Damit enthalten die Differentialgleichungen zeitveränderliche Koeffizienten und sind mathematisch erheblich schwieriger zu untersuchen.

5.2 Stabilität der Biegeschwingungen einer unrunden Welle

Alternativ zur Herleitung der Bewegungsgleichungen mittels der LAGRANGEschen Gleichungen 2. Art führen komplexe Koordinaten $\rho = \xi + \mathrm{j}\eta$ schnell zum Ziel. Beispielhaft sei für die Anwendung komplexer Koordinaten auf die Aufgaben 5.5 und 5.6 in diesem Buch verwiesen.

Weitere Ausführungen zu freien und unwuchterzwungenen Schwingungen der unrunden Welle sowie zum Einfluss von Gewicht, Dämpfung und Lagerung finden sich in [29, Kapitel 19] und [67].

Zusammenfassung

Das Stabilitätsverhalten einer unrunden rotierenden Welle lässt sich mit Hilfe mitrotierender Koordinaten leicht abschätzen. Es hängt vom Verhältnis der Wellensteifigkeiten zueinander und von der Drehzahl ab.

Weiterführende Literatur

[29] Gasch, R., R. Nordmann und H. Pfützner: *Rotordynamik*. 2. Auflage. Berlin Heidelberg New York: Springer-Verlag, 2006.

[67] Seeliger, S.: *Lineare und nichtlineare Stabilitätsberechnung in der Rotordynamik*. VDI Fortschritt-Berichte, Reihe 11, Nr. 269. VDI-Verlag GmbH Düsseldorf, 1998.

5.3 Stabilität eines starren Rotors in anisotropen Lagern

Eine anisotrop elastische Lagerung kann einen Rotor zu instabilen Schwingungen anregen und die Funktionstüchtigkeit des Systems gefährden. In welchen Parameterbereichen kann ein anisotrop gelagerter Rotor stabil und sicher betrieben werden? [‡]

Der vertikal stehende Rotor in Bild 1 (links) ist an seinem unteren Ende in einem Kugelgelenk im ruhenden Punkt O und am oberen Ende anisotrop elastisch mit den Lagersteifigkeiten $c_x = 2c_y = c$ gelagert. Dadurch kann der Rotor um kleine Winkel $\varphi \ll 1$ bzw. $\psi \ll 1$ entsprechend Bild 1 (Mitte und rechts) kippen. Die Welle mit der Länge l trägt mittig eine Scheibe mit der Masse m und dem Radius r. Die Scheibe besitzt bezüglich der Drehachse das Trägheitsmoment $J_p = mr^2/2$ und bezüglich der Hauptachsen senkrecht zur Drehachse das Trägheitsmoment $J_a = mr^2/4$. Die Welle kann gegenüber der Nachgiebigkeit des Lagers als starr und gegenüber der Scheibenmasse als masselos betrachtet werden. Der Rotor läuft näherungsweise reibungsfrei mit der konstanten Winkelgeschwindigkeit Ω.

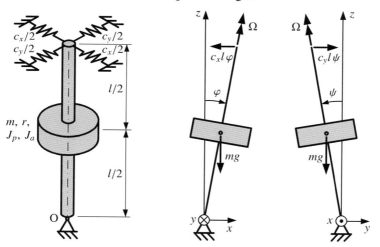

Bild 1: Anisotroper vertikaler Rotor (links) und ausgelenkte Lagen (Mitte und rechts)

Gegeben:

l	Länge der Welle
m	Masse der Scheibe
r	Radius der Scheibe
$J_p = mr^2/2$	Trägheitsmoment der Scheibe bezüglich der Drehachse

[‡] Autorin: Katrin Baumann, Quelle [34, Aufgabe 59]

5.3 Stabilität eines starren Rotors in anisotropen Lagern

$J_a = mr^2/4$ Trägheitsmoment der Scheibe bezüglich der Hauptachsen senkrecht zur Drehachse

$c_x = 2c_y = c$ Federsteifigkeiten des oberen Lagers in x- und y-Richtung

$g = 9{,}81 \text{ m/s}^2$ Erdbeschleunigung

$\varphi, \psi \ll 1$ Auslenkungen

Gesucht:

1) Bewegungsdifferentialgleichungen für kleine Auslenkungen des Rotors aus der vertikalen Lage

2) Stabilitätsbedingungen und grafische Darstellung

Lösung:

Zu 1):

Das Aufstellen der Bewegungsdifferentialgleichungen (Bewegungs-DGLn) gelingt für dieses System besonders einfach mit dem komponentenweise angewendeten Drallsatz bezüglich der ruhenden Lagerung in O,

$$\dot{L}_x = M_x \quad \text{und} \quad \dot{L}_y = M_y. \tag{1}$$

Die entsprechend Bild 1 (Mitte und rechts) am ausgelenkten Rotor angreifenden Momente M_x und M_y resultieren aus der Gewichtskraft der Scheibe und der Rückstellkraft des elastischen Lagers,

$$M_x = mg\frac{l}{2}\psi - c_y l^2 \psi \quad \text{und} \quad M_y = mg\frac{l}{2}\varphi - c_x l^2 \varphi. \tag{2}$$

Der Drall des Rotors bezüglich der x- und der y-Achse setzt sich zusammen aus einem Anteil des Dralls $L = J_p \Omega$ des Rotors um seine momentane Drehachse und der Neigungsgeschwindigkeit des Rotors um sein starres Lager am unteren Ende,

$$L_x = L\varphi + J_x \dot{\psi} \quad \text{und} \quad L_y = -L\psi + J_y \dot{\varphi}. \tag{3}$$

Die Trägheitsmomente J_x und J_y des Rotors sind dabei

$$J_x = J_y = J_a + m\left(\frac{l}{2}\right)^2 = \left[1 + \left(\frac{l}{r}\right)^2\right]\frac{mr^2}{4} = \frac{kmr^2}{4}$$

$$\text{mit} \quad k = \left[1 + \left(\frac{l}{r}\right)^2\right]. \tag{4}$$

Nach Ableiten der Gleichungen (3),

$$\dot{L}_x = J_p \Omega \dot{\varphi} + \frac{kmr^2}{4}\ddot{\psi} \quad \text{und} \quad \dot{L}_y = -J_p \Omega \dot{\psi} + \frac{kmr^2}{4}\ddot{\varphi}, \tag{5}$$

sowie Einsetzen aller gegebenen und aufgestellten Größen in den Ansatz (1) ergeben sich die Bewegungs-DGLn zu

$$\ddot{\varphi} - \frac{2}{k}\Omega\dot{\psi} - \frac{2gl}{kr^2}\left(1 - 2\frac{cl}{mg}\right)\varphi = 0$$
$$\ddot{\psi} + \frac{2}{k}\Omega\dot{\varphi} - \frac{2gl}{kr^2}\left(1 - \frac{cl}{mg}\right)\psi = 0.$$
(6)

Die beiden Bewegungs-DGLn sind über die bezogenen Kreiselmomente $2\Omega\dot{\psi}/k$ und $2\Omega\dot{\varphi}/k$ miteinander gekoppelt.

<u>Zu 2):</u>

Für die Stabilitätsuntersuchung werden zunächst die Abkürzungen

$$\alpha = \frac{2\Omega^2}{k\overline{\mu}}(1 - 2\overline{\varepsilon}) \quad \text{und} \quad \beta = \frac{2\Omega^2}{k\overline{\mu}}(1 - \overline{\varepsilon})$$
(7)

mit $\quad \overline{\varepsilon} = \dfrac{cl}{mg} \quad$ und $\quad \overline{\mu} = \dfrac{r^2\Omega^2}{kgl}$

eingeführt, wobei $\overline{\varepsilon}$ proportional zur Lagersteifigkeit c und $\overline{\mu}$ proportional zum Quadrat der Drehzahl Ω^2 ist. Damit lauten die Bewegungs-DGLn (6)

$$\ddot{\varphi} - \frac{2}{k}\Omega\dot{\psi} - \alpha\varphi = 0$$
$$\ddot{\psi} + \frac{2}{k}\Omega\dot{\varphi} - \beta\psi = 0.$$
(8)

Durch Einsetzen des Lösungsansatzes

$$\varphi = \hat{\varphi}e^{\lambda t} \quad \text{und} \quad \psi = \hat{\psi}e^{\lambda t}$$
(9)

mit seinen Ableitungen

$$\dot{\varphi} = \hat{\varphi}\lambda e^{\lambda t} \quad \text{und} \quad \dot{\psi} = \hat{\psi}\lambda e^{\lambda t} \quad \text{sowie}$$
$$\ddot{\varphi} = \hat{\varphi}\lambda^2 e^{\lambda t} \quad \text{und} \quad \ddot{\psi} = \hat{\psi}\lambda^2 e^{\lambda t}$$
(10)

in die Bewegungs-DGLn (8) ergibt sich die Koeffizientendeterminante zu

$$\Delta = \begin{vmatrix} \lambda^2 - \alpha & -\frac{2}{k}\Omega\lambda \\ \frac{2}{k}\Omega\lambda & \lambda^2 - \beta \end{vmatrix} \stackrel{!}{=} 0.$$
(11)

Daraus folgt die biquadratische Frequenzgleichung

$$\lambda^4 - \left(\alpha + \beta - \frac{4}{k^2}\Omega^2\right)\lambda^2 + \alpha\beta = 0$$
(12)

5.3 Stabilität eines starren Rotors in anisotropen Lagern

mit den Lösungen

$$\lambda_{1,2,3,4} = \pm \sqrt{\frac{\alpha+\beta}{2} - \frac{2}{k^2}\Omega^2 \pm \sqrt{\left(\frac{\alpha+\beta}{2} - \frac{2}{k^2}\Omega^2\right)^2 - \alpha\beta}} \; . \tag{13}$$

Sobald eine dieser Lösungen λ_i einen positiven Realteil besitzt, werden die Schwingungen instabil. Wegen des Pluszeichens vor der äußeren Wurzel sind die Schwingungen des Rotors nur dann stabil, wenn alle Wurzeln in Gleichung (13) rein imaginär sind. Dies ist genau dann der Fall, wenn folgende Bedingungen erfüllt sind:

1. $\alpha\beta = \dfrac{4\Omega^4}{k^4}\dfrac{1}{\bar{\mu}^2}(1-2\bar{\varepsilon})(1-\bar{\varepsilon}) > 0,$ \hfill (14)

2. $\dfrac{\alpha+\beta}{2} - \dfrac{2}{k^2}\Omega^2 = \dfrac{2\Omega^2}{k^2}\left[\dfrac{1}{\bar{\mu}}\left(1-\dfrac{3}{2}\bar{\varepsilon}\right) - 1\right] < 0,$ \hfill (15)

3. $\left(\dfrac{\alpha+\beta}{2} - \dfrac{2}{k^2}\Omega^2\right)^2 > \alpha\beta \implies \left(1 - \dfrac{3}{2}\bar{\varepsilon} - \bar{\mu}\right)^2 > (1-2\bar{\varepsilon})(1-\bar{\varepsilon}).$ \hfill (16)

Daraus ergeben sich schließlich die Stabilitätsbedingungen zu

1. $\bar{\varepsilon} > 1 \quad \text{oder} \quad \bar{\varepsilon} < \dfrac{1}{2},$ \hfill (17)

2. $\bar{\varepsilon} > \dfrac{2}{3}(1-\bar{\mu}),$ \hfill (18)

3. $\bar{\mu} > 1 - \dfrac{3}{2}\bar{\varepsilon} + \sqrt{(1-2\bar{\varepsilon})(1-\bar{\varepsilon})} \quad \text{oder}$ \hfill (19)

$\bar{\mu} < 1 - \dfrac{3}{2}\bar{\varepsilon} - \sqrt{(1-2\bar{\varepsilon})(1-\bar{\varepsilon})}.$ \hfill (20)

Diese Stabilitätsbedingungen sind in Bild 2 anschaulich in Abhängigkeit der dimensionslosen Parameter $\bar{\varepsilon}$ und $\bar{\mu}$ dargestellt. Aus dem Bild wird deutlich, dass für einen stabilen Betrieb des Rotors alle drei Bedingungen gleichzeitig erfüllt sein müssen. Dabei wird für $\bar{\varepsilon} < 0,5$ bei $\bar{\mu} < 0,25$ die Ungleichung (18) und bei $\bar{\mu} > 0,25$ die Ungleichung (19) wirksam. Für $\bar{\varepsilon} > 1$ nehmen die Stabilitätsgrenzen (19) und (20) für $\bar{\mu}$ ausschließlich negative Werte an, die außerhalb des Definitionsbereiches des zum Quadrat der Drehzahl proportionalen Parameters $\bar{\mu}$ liegen.

Diskussion

Ein stabiler Betrieb des anisotrop gelagerten Rotors ist also dann möglich, wenn entweder die Lagersteifigkeit einen gewissen Mindestwert (hier $\bar{\varepsilon} > 1$, d. h. $c > mg/l$) überschreitet oder aber bei Unterschreiten einer gewissen geringeren Lagersteifigkeit (hier $\bar{\varepsilon} < 0,5$, d. h. $c < mg/2l$) die Drehzahl hoch genug ist. Bei einem Wert von $\bar{\mu} < 2$ wird das Stabilitätsgebiet mit abnehmender Drehzahl immer kleiner, bis schließlich bei $\bar{\mu} < 0,25$, d. h. bei $\Omega < \sqrt{kgl/2r}$ keine stabile Bewegung mehr möglich ist. Ist also

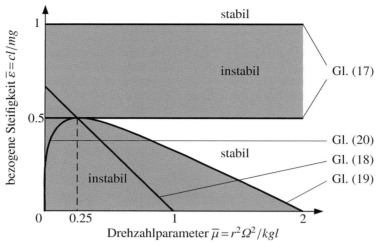

Bild 2: Stabilitätskarte

das obere Lager zu weich, so fällt der stehende ($\Omega = 0$) oder zu langsam drehende Rotor um.

Ausführungen zum beidseitig elastisch gelagerten Rotor sind in [29, Kapitel 5] enthalten.

Bei der anisotrop elastischen Lagerung eines Rotors treten – im Gegensatz zu einer isotrop elastischen Lagerung – unter bestimmten Bedingungen instabile Schwingungen aufgrund der Kreiselwirkung auf. Die Bereiche, in denen der Rotor stabil betrieben werden kann, hängen von der Lagersteifigkeit und von der Drehzahl ab.

Weiterführende Literatur

[29] Gasch, R., R. Nordmann und H. Pfützner: *Rotordynamik*. 2. Auflage. Berlin Heidelberg New York: Springer-Verlag, 2006.

5.4 Riemenschwingungen

Riemengetriebe können durch verschiedenartige Ursachen zu Schwingungen angeregt werden. Die Schwingungen umlaufender Keilriemen bestimmen in vielen Antriebssystemen bei den niedrigsten Drehzahlen störende Resonanzzustände. Versuche an umlaufenden Riemen zeigten, dass kleine Exzentrizitäten der Riemenscheiben oft eine wesentliche Ursache von erzwungenen und/oder parametererregten Biegeschwingungen sind. Zur Abschätzung des Einflusses von Vorspannkraft und Riemengeschwindigkeit auf Biegeschwingungen des oberen Trums wird das in Bild 1 gezeigte einfache Riemengetriebe betrachtet. [‡]

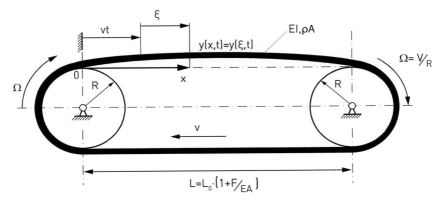

Bild 1: Struktur und Bezeichnungen des Berechnungsmodells

Gegeben:

$v = 10 \, \text{m/s}$	Riemengeschwindigkeit
$EI = 0{,}02 \, \text{N m}^2$	Biegesteifigkeit
$F = 400 \, \text{N}$	Vorspannkraft
$\rho A = 0{,}1 \, \text{kg/m}$	Masse pro Längeneinheit
$L = 0{,}8 \, \text{m}$	Länge eines Trums (L_0: Länge des ungespannten Trums)
$e = 1 \, \text{mm}$	Exzentrizität einer Riemenscheibe
$R = 43 \, \text{mm}$	Radius der Riemenscheiben

Gesucht:

1) Bewegungsgleichung eines unter einer Vorspannkraft F stehenden und mit konstanter Geschwindigkeit v bewegten Balkens mit der Biegesteifigkeit EI und der Massenbelegung ρA.

[‡] Autor: Hans Dresig

2) Vereinfachung der unter 1) gewonnenen Bewegungsgleichung nach Abschätzung der Größenordnungen ihrer Summanden, wenn als Näherung

$$y(x,t) \approx \hat{y}\sin(\pi x/L)\sin(2\pi f_s t) \tag{1}$$

die Grundschwingungsform und die Grundfrequenz f_s des vorgespannten und auf zwei gelenkigen Lagern gestützten Balkens genutzt wird.

3) Randbedingungen und stationäre Lösung für den Fall einer erzwungenen vertikalen Bewegung des rechten Riemenendes infolge einer exzentrisch gelagerten Riemenscheibe (Riemenscheine mit *Schlag*), wenn mit den unbekannten Konstanten K, α und β der Lösungsansatz

$$y(x,t) = K\sin(\alpha x) \cdot \sin(\Omega t + \beta(x-L)) \tag{2}$$

benutzt und an die Randbedingungen angepasst wird.

4) Kritische Riemengeschwindigkeit und Bewegungsgleichung für den Fall einer Parametererregung, die infolge einer durch den Schlag verursachten horizontalen Bewegung entsteht.

Lösung:

Zu 1):

Die aus Lehrbüchern (z. B. [4, 82]) bekannte Differentialgleichung der Biegelinie für die Querauslenkung $y(x)$ des vorgespannten Balkens, der mit der Streckenlast $q(x)$ belastet ist, lautet

$$(EIy'')'' - Fy'' = q(x). \tag{3}$$

Mit einem Strich wird hierbei die Ableitung nach der Ortskoordinate x beschrieben. Der mit $y(x,t)$ schwingende Balken wird durch die Trägheitskräfte belastet, also durch eine zeit- und ortsabhängige veränderliche Streckenlast

$$q(x,t) = -\rho A \frac{d^2 y(x,t)}{dt^2} = -\rho A \ddot{y}(x,t). \tag{4}$$

Bei der Bewegung des Balkens mit konstanter Geschwindigkeit v wird die Lage des sich zum Zeitpunkt t bei x befindlichen Massenelements $dm = \rho A \, dx$ auch durch die Koordinate $\xi(t)$ gemäß

$$\xi(t) = x - vt \tag{5}$$

beschrieben, vgl. Bild 1.

Differentiation nach t liefert unter Beachtung der hier geltenden Voraussetzung, dass x und t voneinander unabhängige Koordinaten sind (d. h. $dx/dt \equiv 0$):

$$\frac{d\xi}{dt} = \frac{\partial \xi}{\partial t} = -v. \tag{6}$$

5.4 Riemenschwingungen

Aus (5) folgt $\partial x/\partial \xi \equiv 1$, d. h. es gilt:

$$\frac{\partial(\ldots)}{\partial \xi} = \frac{\partial(\ldots)}{\partial x}\frac{\partial x}{\partial \xi} = \frac{\partial(\ldots)}{\partial x} = (\ldots)'. \tag{7}$$

Mit diesen Zusammenhängen kann nun die in (4) benötigte Absolutbeschleunigung des in x-Richtung bewegten Massenelements bestimmt werden.

Wegen $y = y(x,t) = y(\xi(t),t)$ folgt unter Beachtung von (6) und (7) zunächst

$$\dot{y} = \frac{\mathrm{d}y(\xi(t),t)}{\mathrm{d}t} = \frac{\partial y}{\partial \xi}\frac{\partial \xi}{\partial t} + \frac{\partial y}{\partial t} = -y'v + \frac{\partial y}{\partial t}. \tag{8}$$

Nochmalige Differentiation liefert schließlich:

$$\begin{aligned}\ddot{y} = \frac{\mathrm{d}^2 y}{\mathrm{d}t^2} &= \frac{\mathrm{d}}{\mathrm{d}t}\left(-v\frac{\partial y}{\partial \xi} + \frac{\partial y}{\partial t}\right) = -v\left(-v\frac{\partial^2 y}{\partial \xi^2} + \frac{\partial^2 y}{\partial t \partial \xi}\right) + \frac{\partial^2 y}{\partial t^2} - v\frac{\partial^2 y}{\partial t \partial \xi} \\ &= \frac{\partial^2 y}{\partial t^2} - 2v\frac{\partial y'}{\partial t} + v^2 y''.\end{aligned} \tag{9}$$

Wird dieser Ausdruck in (4) eingesetzt, ergibt sich mit (3) die gesuchte partielle Differentialgleichung für die Transversalschwingungen des längsbewegten vorgespannten Balkens, die sich auch als Bewegungsgleichung einer bewegten gespannten Saite auffassen lässt, welche um zwei Terme ergänzt wurde. Der erste Term berücksichtigt die Biegesteifigkeit und der letzte Term, der das Produkt aus Längsgeschwindigkeit v und Drehgeschwindigkeit $\frac{\partial y'}{\partial t}$ enthält, entspricht der Corioliskraft

$$(EIy'')'' + \rho A \frac{\partial^2 y}{\partial t^2} - (F - \rho A v^2) y'' - 2\rho A v \frac{\partial y'}{\partial t} = 0. \tag{10}$$

Zu 2):

Mit der vorgegebenen Näherung und wegen $\left|\sin\frac{\pi x}{L}\right| \leq 1$, $\left|\cos\frac{\pi x}{L}\right| \leq 1$ folgen unter Berücksichtigung der konkreten Parameterwerte die Größenordnungen der Beträge der einzelnen Terme, wenn für

$$f_s = \frac{\pi}{2}\sqrt{\frac{EI}{\rho A l^4}\left(1 + \frac{F l^2}{\pi^2 EI}\right)} \approx 39{,}5\,\mathrm{Hz}$$

die gegebenen Werte eingesetzt werden:

$$\left|EIy''''\right|_{\max} = EI\left(\frac{\pi}{L}\right)^4 \hat{y} = 4{,}8\,\mathrm{N/m^2} \cdot \hat{y}, \tag{11}$$

$$\left|\rho A\ddot{y}\right|_{\max} = \rho A\,(2\pi f_s)^2\,\hat{y} = 6160\,\mathrm{N/m^2} \cdot \hat{y}, \tag{12}$$

$$\left|Fy''\right|_{\max} = F\left(\frac{\pi}{L}\right)^2 \hat{y} = 400 \cdot \left(\frac{\pi}{0{,}8}\right)^2 \hat{y}\, 6169\,\mathrm{N/m^2} \cdot \hat{y}, \tag{13}$$

$$\left|\rho A v^2 y''\right|_{\max} = \rho A v^2 \left(\frac{\pi}{L}\right)^2 \hat{y} = 154\,\mathrm{N/m^2} \cdot \hat{y}, \tag{14}$$

$$\left|2\rho A v\dot{y}'\right|_{\max} = 2\rho A v (2\pi f_s)\left(\frac{\pi}{L}\right)\hat{y} = 1949\,\mathrm{N/m^2} \cdot \hat{y}. \tag{15}$$

Die Abschätzungen zeigen im Vergleich, dass der erste Term, der die Biegesteifigkeit berücksichtigt, vernachlässigbar klein ist. Der Einfluss der Fliehkraft in (14) ist zwar kleiner als der der Corioliskraft in (15), aber beide werden im Folgenden berücksichtigt. Nach Division durch ρA lautet die vereinfachte Bewegungsgleichung:

$$\frac{\partial^2 y}{\partial t^2} - (c^2 - v^2)y'' - 2v\frac{\partial y'}{\partial t} = 0. \tag{16}$$

Hierbei wurde die Wellengeschwindigkeit

$$c = \sqrt{\frac{F}{\rho A}} \tag{17}$$

eingeführt.

Zu 3):

Es wird angenommen, die rechte Riemenscheibe habe einen sogenannten Schlag, d. h. der Kreismittelpunkt der Riemenscheibe entspricht nicht der Drehachse. Infolge der Exzentrizität e bewegt sich dann das Riemenende harmonisch bei $x = L$ senkrecht zur Riemenachse, vgl. Bild 2.

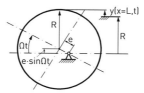

Bild 2: Geometrische Verhältnisse an der exzentrisch gelagerten Scheibe

Die Randbedingungen, unter denen (16) zu lösen ist, lauten also

$$y(x = 0, t) = 0 \quad \text{und} \quad y(x = L, t) = e \sin \Omega t. \tag{18}$$

Zur Bestimmung der noch unbekannten Konstanten des gegebenen Lösungsansatzes (2) wird dieser entsprechend partiell nach x bzw. t differenziert und in die vereinfachte Bewegungsgleichung (16) eingesetzt. Aus dem Koeffizientenvergleich bei den orts- und zeitabhängigen Funktionen ergeben sich zwei algebraische Gln. für α und β:

$$-2\alpha\beta(c^2 - v^2) - 2\alpha v\Omega = 0, \tag{19}$$
$$\Omega^2 - (\alpha^2 + \beta^2)(c^2 - v^2) - 2v\Omega\beta = 0. \tag{20}$$

Ihre Auflösung liefert mit $\Omega = v/R$:

$$\beta = -\frac{v\Omega}{c^2 - v^2} = -\frac{1}{R(F/(\rho A v^2) - 1)} \approx -0{,}5963\,\text{m}^{-1}, \tag{21}$$

$$\alpha = \frac{c\Omega}{c^2 - v^2} = \frac{\sqrt{F/(\rho A v^2)}}{R(F/(\rho A v^2) - 1)} \approx 3{,}7714\,\text{m}^{-1}. \tag{22}$$

5.4 Riemenschwingungen

Die Randbedingung bei $x = 0$ wird durch den Lösungsansatz von vornherein erfüllt. Bei $x = L$ muss wegen (18) die Relation

$$y(x=L, t) = K \sin(\alpha L) \sin \Omega t \stackrel{!}{=} e \sin \Omega t \tag{23}$$

gelten, woraus sich $K = e/\sin(\alpha L)$ ergibt. Damit erfolgen die Transversalschwingungen des Riemens im stationären Zustand gemäß

$$y(x,t) = \frac{e}{\sin(\alpha L)} \sin\left((\alpha L)\frac{x}{L}\right) \sin\left[\Omega t + (\beta L)\left(\frac{x}{L} - 1\right)\right]. \tag{24}$$

Es gibt beim bewegten Riemen keine Schwingformen mit raumfesten Schwingungsknoten, vgl. Bild 3. Die Bewegung resultiert aus einzelnen Wellenzügen, die sich mit der Wellengeschwindigkeit c bewegen.

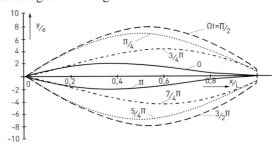

Bild 3: Erzwungene Schwingungsformen für diskrete Zeitpunkte

Zu 4):

Wenn der Nenner in (24) null wird, dann tritt Resonanz auf, also bei der Übereinstimmung von der Erregerfrequenz mit einer der Eigenfrequenzen

$$\alpha L = \frac{c \Omega L}{c^2 - v^2} = i\pi \quad \text{bzw.} \quad \Omega_i = \frac{i\pi}{cL}(c^2 - v^2). \tag{25}$$

Praktisch bedeutsam ist die niedrigste Eigenfrequenz ($i = 1$, $\Omega_1 = \omega_1 = 2\pi f_1$):

$$f_1 = \frac{\omega_1}{2\pi} = \frac{1}{2L}\sqrt{\frac{F}{\rho A}}\left(1 - \frac{\rho A v^2}{F}\right) \approx 38{,}5 \text{ Hz}. \tag{26}$$

Die tiefste kritische Riemengeschwindigkeit liegt also bei

$$v_1 = R \cdot 2\pi f_1 \approx 10{,}4 \text{ m/s}. \tag{27}$$

Der Mittelpunkt der kreisförmigen Riemenscheibe bewegt sich infolge des Schlages auch parallel zur Riemenachse und verändert die Vorspannkraft gemäß

$$F = F_0 + (EA/L)e \cos \Omega t. \tag{28}$$

Wird der relativ kleine Einfluss der Riemengeschwindigkeit und der Biegesteifigkeit vernachlässigt, so entsteht aus (10) nach dem Einsetzen der harmonisch veränderlichen Vorspannkraft die partielle Differentialgleichung

$$\rho A \ddot{y} - \left(F_0 + \frac{EA}{L} e \cos \Omega t\right) y'' = 0. \qquad (29)$$

Sie lässt sich in die Standardform der MATHIEUschen Differentialgleichung überführen. Hieraus kann der Schluss gezogen werden, dass Instabilitätsgebiete parametererregter Schwingungen existieren, bei denen störende Schwingungen mit großen Ausschlägen auftreten.

Zusammenfassung und Ausblick

Die Eigenfrequenzen eines bewegten Riemens sind niedriger als die der vergleichbaren ruhenden Saite. Die Vorspannkraft hat einen großen Einfluss, hingegen hat die Biegesteifigkeit nur einen geringen Einfluss auf die Resonanzfrequenzen. Infolge von Drehschwingungen der Scheiben entstehen pulsierende Trumkräfte, die auch parametererregte Schwingungen anregen. Auch die Vorgänge beim Einlaufen des Keilriemens in die Keilrillen der Riemenscheibe beeinflussen die Randbedingungen und damit die Schwingungen wesentlich.

Weiterführende Literatur

[21]   Dresig, H.: *Analyse von ebenen Seilschwingungen und Schwingungen von Riementrieben*. Techn. Ber. Literaturbericht (75 S.), Auerswalde, Juni 2014.

[25]   Eicher, N.: „Zur Berechnung der stationären Lösungen von rheonichtlinearen Schwingungssystemen". In: *VDI-Zeitschrift* 124 (1982) 22, S. 860–862.

[54]   Mertens, H. und B. Sauer: „Schwingungen von Keilriemengetrieben". In: *Antriebstechnik* 30 (1991) 12, S. 68–72.

[61]   Sauer, B.: *Stationäre Schwingungen von Keilriemen im Frequenzbereichbis 240 Hz*. VDI-Fortschrittberichte, Reihe 1, Nr. 160. Düsseldorf: VDI-Verlag, 1988.

5.5 Fluidgedämpfte Schwingungen des Rotors einer Kreiselpumpe

Das Schaufelrad einer doppelflutigen Kreiselpumpe wird durch das umgebende Fluid bedämpft. Im Betrieb dürfen die lateralen Schwingungen des Schaufelrades nicht zu groß werden, damit es nicht am Gehäuse anstreift. Wie groß werden die stationären Schwingungen des Schaufelrades in Abhängigkeit von der Fluiddämpfung? [‡]

Das Schaufelrad sitzt geometrisch zentriert im Punkt W mittig auf der schlanken Welle des Pumpenrotors, der mit einer im Betrieb konstanten Drehgeschwindigkeit Ω in Wälzlagern läuft. Das Schaufelrad ist nicht vollständig ausgewuchtet und besitzt die Schwerpunktsexzentrizität ε. Für die Berechnung wird dieses System als ein symmetrischer LAVAL-Rotor in starren Lagern modelliert, der aus einer masselosen elastischen Welle mit einer mittig aufgesetzten starren Scheibe besteht, siehe Bild 1 (links). Die Welle besitzt die Länge l, den Durchmesser d und den E-Modul E. Die Scheibe hat die Masse m.

Das umgebende Fluid dämpft das Schaufelrad von außen. Die über die gesamte Oberfläche des Schaufelrads verteilte Dämpfungswirkung wird aufgrund der Symmetrie des Schaufelrads als eine geschwindigkeitsproportionale Dämpfung b_a im Wellendurchstoßpunkt W zusammengefasst.

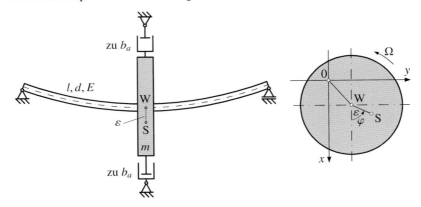

Bild 1: Modell des Rotors (links) und ausgelenkte Scheibe (rechts)

Gegeben:

$l = 650$ mm	Länge der Welle
$d = 30$ mm	Durchmesser der Welle
$E = 207\,600$ N/mm²	E-Modul der Welle
$m = 14{,}15$ kg	Masse der Scheibe

[‡] Autorin: Katrin Baumann

$	\varepsilon	= 0{,}3$ mm	Schwerpunktsexzentrizität der Scheibe
$n_B = 3600$ min^{-1}	Betriebsdrehzahl
$r_{W\max} = 0{,}9$ mm	maximal zulässige Amplitude des Wellendurchstoßpunktes W

Gesucht:

1) Wellensteifigkeit c und biegekritische Drehzahl n_0

2) Bewegungsdifferentialgleichung für $r_W = x_W + j\, y_W$

3) Amplitude $\hat{r}_W$ der erzwungenen Schwingungen bei Unwuchterregung mit grafischem Vergleich für verschiedene Dämpfungsgrade D_a

4) Minimaler Dämpfungsgrad $D_{a\min}$ zur Einhaltung der maximal zulässigen Auslenkung $r_{W\max}$ bei der Betriebsdrehzahl n_B

Lösung:

Zu 1):

Die Steifigkeit c der Welle entspricht dem Verhältnis einer statischen Last F zu der davon hervorgerufenen maximalen Ausbiegung $u_{\max}$,

$$c = \frac{F}{u_{\max}}. \tag{1}$$

Mit der maximalen Durchsenkung

$$u_{\max} = \frac{1}{48} \frac{Fl^3}{EI} \tag{2}$$

eines mittig belasteten und beidseitig gelenkig gelagerten Biegebalkens (z. B. aus der Biegetafel in [8, Kapitel C]) und dem Flächenträgheitsmoment für den Kreisquerschnitt

$$I = \frac{\pi}{64} d^4 \tag{3}$$

beträgt die Wellensteifigkeit

$$\underline{\underline{c = \frac{3\pi}{4} \frac{Ed^4}{l^3} \approx 1440\,\text{N/mm}}}. \tag{4}$$

Mit der Definition der Eigenkreisfrequenz

$$\omega_0 = \pm\sqrt{\frac{c}{m}} \approx \pm 319\,\text{s}^{-1} \tag{5}$$

beträgt die kritische Drehzahl

$$\underline{\underline{n_0 = \frac{60\,\frac{\text{s}}{\text{min}}\,\omega_0}{2\pi} \approx \pm 3046\,\text{min}^{-1}}}. \tag{6}$$

5.5 Fluidgedämpfte Schwingungen des Rotors einer Kreiselpumpe

Zu 2):

Die Bewegungsdifferentialgleichung (Bewegungs-DGL) folgt aus dem Kräftesatz für die freigeschnittene Scheibe. Dabei können die orthogonalen Kräfte und Auslenkungen in der Scheibenebene mit der komplexen Koordinate $r = x + \mathrm{j}\, y$ effizient zusammengefasst werden:

$$m\ddot{r}_S + b_a \dot{r}_W + c r_W = 0. \tag{7}$$

Die kinematische Beziehung zwischen dem Scheibenschwerpunkt S und dem Wellendurchstoßpunkt W lautet entsprechend Bild 1 (rechts)

$$x_S = x_W + \varepsilon \cos\varphi, \quad y_S = y_W + \varepsilon \sin\varphi \quad \Rightarrow \quad r_S = r_W + \varepsilon\, \mathrm{e}^{\mathrm{j}\varphi}. \tag{8}$$

Unter Berücksichtigung der konstanten Drehgeschwindigkeit Ω im stationären Zustand ergibt sich

$$\varphi = \Omega t + \varphi_0 \quad \text{mit} \quad \varphi_0 = 0 \tag{9}$$

wegen der Definition des Drehwinkels φ ausgehend von der Linie $\overline{WS}$ in der statischen Ruhelage des Rotors. Die kinematische Beziehung (8) und ihre Ableitungen betragen damit

$$r_S = r_W + \varepsilon\, \mathrm{e}^{\mathrm{j}\Omega t}, \quad \dot{r}_S = \dot{r}_W + \varepsilon\, \mathrm{j}\Omega\mathrm{e}^{\mathrm{j}\Omega t} \quad \text{und} \quad \ddot{r}_S = \ddot{r}_W - \varepsilon\, \Omega^2 \mathrm{e}^{\mathrm{j}\Omega t}. \tag{10}$$

Nach Einsetzen der Gleichungen (10) in die Gleichung (7) lautet die Bewegungs-DGL für den Wellendurchstoßpunkt W

$$m\ddot{r}_W + b_a \dot{r}_W + c r_W = \varepsilon m \Omega^2 \mathrm{e}^{\mathrm{j}\Omega t} \tag{11}$$

beziehungsweise mit der Eigenfrequenz $\omega_0 = \sqrt{c/m}$ und dem Dämpfungsgrad $D_a = b_a/(2 m \omega_0)$

$$\underline{\ddot{r}_W + 2 D_a \omega_0 \dot{r}_W + \omega_0^2 r_W = \varepsilon\, \Omega^2 \mathrm{e}^{\mathrm{j}\Omega t}.} \tag{12}$$

Zu 3):

Die erzwungenen Schwingungen im stationären Zustand werden durch die Partikulärlösung der Bewegungs-DGL beschrieben. Zu deren Berechnung werden der Gleichtaktansatz für r_W mit der komplexen Amplitude $\hat{r}_W$ und seine Ableitungen,

$$r_W = \hat{r}_W\, \mathrm{e}^{\mathrm{j}\Omega t}, \quad \dot{r}_W = \mathrm{j}\Omega\, \hat{r}_W\, \mathrm{e}^{\mathrm{j}\Omega t} \quad \text{und} \quad \ddot{r}_W = -\Omega^2 \hat{r}_W\, \mathrm{e}^{\mathrm{j}\Omega t}, \tag{13}$$

in die DGL (12) eingesetzt,

$$-\Omega^2\, \hat{r}_W\, \mathrm{e}^{\mathrm{j}\Omega t} + 2 D_a \omega_0\, \mathrm{j}\, \Omega\, \hat{r}_W\, \mathrm{e}^{\mathrm{j}\Omega t} + \omega^2 \hat{r}_W\, \mathrm{e}^{\mathrm{j}\Omega t} = \varepsilon\, \Omega^2\, \mathrm{e}^{\mathrm{j}\Omega t}. \tag{14}$$

Daraus ergibt sich mit dem Drehzahlverhältnis $\eta = \Omega/\omega_0$ die Schwingungsamplitude

$$\underline{\hat{r}_W = \frac{\varepsilon\, \Omega^2}{\omega_0^2 - \Omega^2 + 2 D_a \omega_0\, \mathrm{j}\Omega} = \frac{\varepsilon\, \eta^2}{1 - \eta^2 + 2 D_a\, \mathrm{j}\eta}.} \tag{15}$$

Der Betrag der Schwingungsamplitude $|\hat{r}_W|$ beschreibt den Umlaufradius des Wellendurchstoßpunktes. Er ist im Bild 2 für verschiedene Dämpfungsgrade grafisch dargestellt. Eine größere äußere Dämpfung D_a führt zu einer Verringerung der Maximalamplitude und zu einer Verschiebung des Amplitudenmaximums zu höheren Drehzahlen.

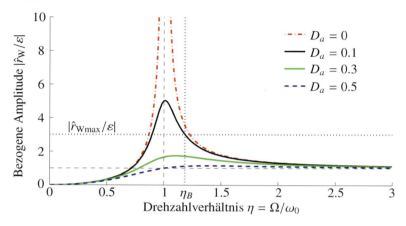

Bild 2: Unwuchterregte Schwingungen des Wellendurchstoßpunktes W für verschiedene Dämpfungsgrade D_a

Zu 4):

Der Mindestdämpfungsgrad $D_{a\,min}$ zur Einhaltung der maximal zulässigen Amplitude $|r_{Wmax}|$ am Betriebspunkt wird durch Umstellen der Gleichung (15) berechnet. Das Drehzahlverhältnis η_B am Betriebspunkt entspricht dem Verhältnis der Betriebsdrehzahl n_B zur kritischen Drehzahl n_0,

$$\eta_B = \frac{\Omega_B}{\omega_0} = \frac{n_B}{n_0} \approx 1{,}18\,. \tag{16}$$

Aus Gleichung (15) folgt der Ansatz

$$r_{Wmax} \geq |\hat{r}_W(\eta_B)| = \left| \frac{\varepsilon \eta_B^2}{1 - \eta_B^2 + 2D_{a\,min}\,j\,\eta_B} \right|, \tag{17}$$

aus dem unter Beachtung des Betrags der komplexen Zahl im Nenner der Mindestdämpfungsgrad berechnet weden kann,

$$D_{a\,min} \geq \frac{\sqrt{\left(\dfrac{\varepsilon}{r_{Wmax}}\eta_B^2\right)^2 - \left(1 - \eta_B^2\right)^2}}{2\eta_B} \approx 0{,}1\,. \tag{18}$$

Für den Betriebspunkt η_B kann der Mindestdämpfungsgrad auch im Bild 2 direkt an der Linie der maximal zulässigen Amplitude $|\hat{r}_{Wmax}/\varepsilon|$ abgelesen werden.

Diskussion

Die Auslenkung des Pumpenrotors hängt entsprechend Gleichung (15) nicht nur von der Dämpfung D_a ab, sondern auch von der Schwerpunktsexzentrizität ε sowie von der Betriebsdrehzahl n_B im Verhältnis zur kritischen Drehzahl n_0.

Die äußere Dämpfung an Laufrädern von Pumpen und anderen Strömungsmaschinen wird hauptsächlich durch das zu fördernde Fluid hervorgerufen und ist abhängig von seiner Viskosität. Bei der Auslegung von Strömungsmaschinen müssen daher auch das Fluid selbst sowie die Betriebstemperatur, welche die Viskosität stark beeinflusst, berücksichtigt werden.

Um mit der Rotorauslenkung – auch bei Betrieb mit einem Fluid geringerer Viskosität oder im Leerlauf – unterhalb der zulässigen Maximalamplitude zu bleiben, sollte der Rotor weit oberkritisch betrieben werden. Dafür kann die kritische Drehzahl mit einer niedrigeren Steifigkeit der Welle (z. B. mit einem kleineren Durchmesser) oder mit einer höheren Masse der Scheibe konstruktiv abgesenkt werden. Außerdem wird üblicherweise vor Inbetriebnahme der Pumpe die Schwerpunktsexzentrizität durch Auswuchten bis unter eine zulässige Grenze verringert.

Beim Hochfahren der Pumpe muss jedoch der Resonanzbereich durchfahren werden, in dem die stationären Schwingungsamplituden deutlich größer sind als die erlaubte Maximalauslenkung. Durch schnelles Durchfahren des Resonanzbereiches kann aber vermieden werden, dass sich diese großen Amplituden tatsächlich einstellen, vergleiche [22, Kapitel 5.2.2].

Die Bewegung des Wellendurchstoßpunktes W gibt die Lage des Rotors relativ zu seiner Nulllage im Stillstand an. Da der Wellendurchstoßpunkt als geometrischer Mittelpunkt der (im Idealfall kreisförmigen) Scheibe messtechnisch gut zugänglich ist, werden seine Auslenkungen als sogenannter *Orbit* häufig zur Beurteilung des Schwingungsverhaltens von Rotoren herangezogen, siehe dazu auch Aufgabe 5.7.

Im Gegensatz dazu ist die Exzentrizität des Schwerpunktes häufig unbekannt und seine Lage messtechnisch nicht ohne Weiteres erfassbar. Allerdings besitzt die Schwerpunktsauslenkung entscheidenden Einfluss auf die Unwuchtkräfte, die auf die Lager wirken. Sie kann analog zu obiger Berechnung der Auslenkung des Wellendurchstoßpunktes ermittelt werden und beträgt

$$\hat{r}_S = \frac{\varepsilon(2D_a \mathrm{j}\eta + 1)}{1 - \eta^2 + 2D_a \mathrm{j}\eta}. \tag{19}$$

Die Rotorauslenkungen $\hat{r}_W$ und $\hat{r}_S$ sind aufgrund der Dämpfung D_a komplexwertig. Das bedeutet, dass die Phasenverschiebung zwischen der Anregung und der Schwingungsantwort nicht genau 0° oder 180° (wie beim ungedämpften System, vergleiche Lehrbuch [22, Kapitel 5.2.1]) beträgt, sondern beliebige Werte annehmen kann.

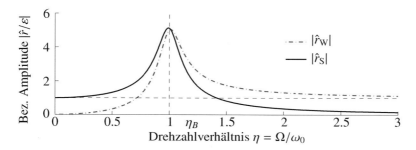

Bild 3: Unwuchterregte Schwingungen des Wellendurchstoßpunktes W und des Scheibenschwerpunktes S ($D_a = 0{,}1$)

Der grafische Vergleich der Schwingungsamplituden $|\hat{r}_W|$ und $|\hat{r}_S|$ in Bild 3 zeigt die zunehmende *Selbstzentrierung* des Rotors bei Drehzahlen oberhalb der Resonanz, vergleiche [22, Kapitel 5.2.1]. Durch die Selbstzentrierung nehmen die Unwuchtkräfte und damit auch die Lagerkräfte wieder ab, weshalb viele Rotoren (weit) oberhalb ihrer biegekritischen Drehzahl betrieben werden.

Weiterführende Informationen zur Dynamik gedämpfter Rotoren sind in [29, Kapitel 4] sowie in den Aufgaben 5.6 und 7.4 dieses Buches zu finden.

Die Berechnung der kritischen Drehzahl und der Auslenkung des Rotors sind ein Teilaspekt der dynamischen und elastomechanischen Auslegung einer Strömungsmaschine. Weitere Aspekte sind beispielsweise die Beanspruchung der Schaufeln durch Zentrifugal- und Strömungskräfte. Einen Überblick über die Auslegung von Strömungsmaschinen bieten die Literaturstellen [8, Kapitel R] und [60].

Weiterführende Literatur

[8] Beitz, W. und K.-H. Grote, Hrsg.: *DUBBEL - Taschenbuch für den Maschinenbau*. 19. Aufl. Berlin: Springer Verlag, 1997.

[60] Pfleiderer, C. und H. Petermann: *Strömungsmaschinen*. 7. Aufl. Berlin: Springer-Verlag, 2005.

5.6 Kreiselpumpe mit innerer Dämpfung

Durch Reibung in der Fügestelle zweier Bauteile oder andere Dämpfungsmechanismen innerhalb eines Systems können selbsterregte Schwingungen hervorgerufen werden, die bis zur Zerstörung führen können. Dies trifft auch auf Wellensitze von Schaufelrädern, Ventilatoren und ähnlichen Bauelementen zu. Welchen Einfluss besitzt eine (viskose) innere Dämpfung auf die Stabilität und das Hochlaufverhalten eines Rotors? [‡]

Im Punkt W des Schaufelrads der Kreiselpumpe aus Aufgabe 5.5 wirkt nun zusätzlich eine geschwindigkeitsproportionale „innere" Dämpfung b_i, siehe Bild 1 (links). Der Rotor der Kreiselpumpe wird weiterhin als symmetrischer LAVAL-Rotor mit der Wellensteifigkeit c modelliert. Die mittig sitzende Scheibe besitzt die Masse m, das Massenträgheitsmoment J_p und eine zu Demonstrationszwecken außerordentlich große Schwerpunktsexzentrizität ε. Die „äußere" Dämpfung b_a des umgebenden Fluids greift im Punkt W an. Der Rotor wird durch das Drehmoment M angetrieben.

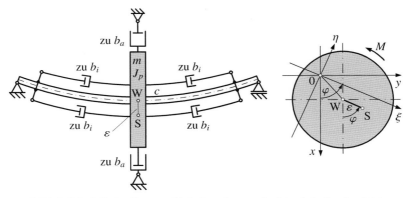

Bild 1: Modell des Rotors (links) und ausgelenkte Scheibe (rechts)

Gegeben:

c	$= 1440\,\text{N/mm}$	Steifigkeit der Welle
m	$= 14{,}15\,\text{kg}$	Masse der Scheibe
J_p	$= 15\,710\,\text{kg\,mm}^2$	Polares Massenträgheitsmoment der Scheibe
$|\varepsilon|$	$= 1\,\text{mm}$	Schwerpunktsexzentrizität der Scheibe
b_a	$= 270{,}8\,\text{N/m/s}$	äußere Dämpfung
b_i	$= (0;\ 361{,}1;\ 812{,}5)\,\text{N/m/s}$	innere Dämpfungen
α/ω_0^2	$= 0{,}004;\ 0{,}01$	relative Drehbeschleunigungen, $\omega_0^2 = c/m$
M	$= 16\,\text{Nm}$	Antriebsmoment
φ_0	$= 0$	Anfangswinkel
$\dot{\varphi}_0$	$= 0$	Anfangsdrehgeschwindigkeit

[‡] Autorin: Katrin Baumann

Gesucht:

1) Bewegungsdifferentialgleichungen für $r_W = x_W + \mathrm{j} y_W$ und φ

2) Kritische Drehzahl n_0, Stabilitätsgrenzdrehzahl n_{Gr} und Stabilitätskarte

3) Numerische Lösung der Bewegungs-DGLn für Hochläufe mit konstanten Drehbeschleunigungen $\ddot{\varphi} = \alpha$ und verschiedenen inneren Dämpfungen. Gilt die für stationäre Drehzahlen berechnete Stabilitätsgrenzdrehzahl auch für Hochläufe?

4) Numerische Lösung der Bewegungs-DGLn für Hochläufe mit einem konstanten Antriebsmoment $M = \text{const}$ und verschiedenen inneren Dämpfungen. Welche Phänomene beobachten Sie?

Lösung:

Zu 1):

Die innere Dämpfung b_i resultiert aus dem Stauchen und Dehnen des Wellenmaterials in Längsrichtung (*Werkstoffdämpfung*) und aus dem axialen Abgleiten der Scheibe auf der sich durchbiegenden Welle (*Fügestellendämpfung*) während einer Rotorumdrehung, siehe [29, Kapitel 4]. D. h. die innere Dämpfungskraft $F_{\rho i}$ greift an der Scheibe im Wellendurchstoßpunkt W an und läuft mit dem Rotor um.

Deshalb ist es zweckmäßig, nicht nur die komplexen Absolutkoordinaten

$$r = x + \mathrm{j} y \tag{1}$$

entsprechend Bild 1 (rechts) einzuführen, sondern auch mit dem Drehwinkel φ mitrotierende komplexe (Relativ-)Koordinaten

$$\rho = \xi + \mathrm{j} \eta = (x + \mathrm{j} y)\, \mathrm{e}^{-\mathrm{j}\varphi} = r\, \mathrm{e}^{-\mathrm{j}\varphi}. \tag{2}$$

Für die Kräfte in diesen beiden Koordinatensystemen gilt analog

$$F = F_x + \mathrm{j} F_y = \left(F_\xi + \mathrm{j} F_\eta\right)\mathrm{e}^{\mathrm{j}\varphi} = F_\rho\, \mathrm{e}^{\mathrm{j}\varphi}. \tag{3}$$

Die Biegedifferentialgleichung (Biege-DGL) folgt aus dem Kräftesatz für die freigeschnittene Scheibe. Dabei müssen folgende Kräfte berücksichtigt werden:

- die zur Absolutauslenkung r_W proportionale Rückstellkraft aufgrund der Wellensteifigkeit c,

- die zur Absolutgeschwindigkeit $\dot{r}_W$ proportionale Kraft der äußeren Dämpfung b_a (vergleiche dazu auch Aufgabe 5.5) sowie

- die zur mitrotierenden Relativgeschwindigkeit $\dot{\rho}_W$ proportionale und mitrotierende Kraft der inneren Dämpfung b_i,

$$F_{\rho i} = b_i \dot{\rho}_W. \tag{4}$$

5.6 Kreiselpumpe mit innerer Dämpfung

Nach Transformation der mitrotierenden inneren Dämpfungskraft (4) auf feststehende Koordinaten lautet der Kräftesatz

$$m\ddot{r}_S + b_a \dot{r}_W + b_i \dot{\rho}_W e^{j\varphi} + c\, r_W = 0. \tag{5}$$

Mit der kinematischen Beziehung

$$r_S = r_W + \varepsilon\, e^{j\varphi} \tag{6}$$

zwischen dem Wellendurchstoßpunkt W und dem Schwerpunkt S und ihren Ableitungen

$$\dot{r}_S = \dot{r}_W + j\dot{\varphi}\,\varepsilon\, e^{j\varphi},$$
$$\ddot{r}_S = \ddot{r}_W + \varepsilon\left(j\ddot{\varphi} - \dot{\varphi}^2\right) e^{j\varphi} \tag{7}$$

sowie mit der Ableitung der mitrotierenden komplexen Koordinate ρ aus Gleichung (2) für den Punkt W,

$$\dot{\rho}_W = \dot{r}_W e^{-j\varphi} - r_W j\dot{\varphi}\, e^{-j\varphi}, \tag{8}$$

wird die Biege-DGL zu

$$m\ddot{r}_W + (b_a + b_i)\,\dot{r}_W + (c - b_i j\dot{\varphi})\, r_W = -m\varepsilon\left(j\ddot{\varphi} - \dot{\varphi}^2\right) e^{j\varphi}. \tag{9}$$

Die Komponenten der Rotorauslenkungen betragen entsprechend der Definition (1)

$$x_W = \mathrm{Re}\{r_W\} \quad \text{und} \quad y_W = \mathrm{Im}\{r_W\}. \tag{10}$$

Bei der Aufstellung des Momentensatzes um den Schwerpunkt S für die Herleitung der Dreh-DGL werden die angreifenden Kräfte in ihre Komponenten in Richtung der mitrotierenden Koordinaten ξ und η zerlegt und zusätzlich das Antriebsmoment M berücksichtigt:

$$J_p \ddot{\varphi} + (c x_W + b_a \dot{x}_W)\varepsilon \sin\varphi - (c y_W + b_a \dot{y}_W)\varepsilon \cos\varphi - b_i \varepsilon \eta_W = M. \tag{11}$$

Die Rückführung der Gleichung (11) auf die absoluten Koordinaten x_W und y_W gelingt mit Hilfe der geometrischen Beziehungen

$$\xi_W = x_W \cos\varphi + y_W \sin\varphi \quad \text{und}$$
$$\eta_W = -x_W \sin\varphi + y_W \cos\varphi \tag{12}$$

sowie deren Ableitungen

$$\dot{\xi}_W = \dot{x}_W \cos\varphi - x_W \dot{\varphi} \sin\varphi + \dot{y}_W \sin\varphi + y_W \dot{\varphi} \cos\varphi \quad \text{und}$$
$$\dot{\eta}_W = -\dot{x}_W \sin\varphi - x_W \dot{\varphi} \cos\varphi + \dot{y}_W \cos\varphi - y_W \dot{\varphi} \sin\varphi. \tag{13}$$

Die Dreh-Differentialgleichung wird damit zu

$$J_p \ddot{\varphi} + [c x_W + b_a \dot{x}_W + b_i (\dot{x}_W + y_W \dot{\varphi})]\varepsilon \sin\varphi$$
$$- [c y_W + b_a \dot{y}_W + b_i (\dot{y}_W - x_W \dot{\varphi})]\varepsilon \cos\varphi = M. \tag{14}$$

Zu 2):

Die Eigenkreisfrequenz ω_0 und die kritische Drehzahl betragen

$$\omega_0 = \pm\sqrt{\frac{c}{m}} = \pm 319\,\text{s}^{-1} \quad \text{und} \quad n_0 = \frac{\omega_0}{2\pi}\frac{60\,\text{s}}{1\,\text{min}} = \pm 3046\,\text{min}^{-1}. \tag{15}$$

Die Berechnung der Stabilitätsgrenzdrehzahl n_{Gr} bzw. der Grenzkreisfrequenz Ω_{Gr} gelingt einfach und allgemeingültig durch Betrachtung der Eigenwerte in der Polebene: Die Schwingungen sind stabil für negative Realteile und instabil für positive Realteile. Für den Stabilitätsgrenzfall ist der Realteil eines Eigenwertes gerade Null,

$$\lambda = j\Omega_{Gr}. \tag{16}$$

Damit lauten der Ansatz und seine Ableitungen für die Lösung der homogenen Biege-DGL

$$\begin{aligned} r_W &= \hat{r}_W\, e^{j\Omega_{Gr}t}, \\ \dot{r}_W &= j\,\Omega_{Gr}\,\hat{r}_W\, e^{j\Omega_{Gr}t} \quad \text{und} \\ \ddot{r}_W &= -\Omega_{Gr}^2\,\hat{r}_W\, e^{j\Omega_{Gr}t}. \end{aligned} \tag{17}$$

Durch Einsetzen dieser Beziehungen in die homogene DGL zu Gleichung (9),

$$m\ddot{r}_W + (b_a + b_i)\,\dot{r}_W + (c - b_i\,j\dot{\varphi})\,r_W = 0, \tag{18}$$

ergibt sich

$$\left[-m\Omega_{Gr}^2 + (b_a + b_i)\,j\Omega_{Gr} + (c - b_i\,j\dot{\varphi})\right]\hat{r}_W\, e^{j\Omega_{Gr}t} = 0. \tag{19}$$

Nach Ausschluss der trivialen Lösung $\hat{r}_W = 0$ wird durch Aufspalten der Gleichung (19) in Real- und Imaginärteil sowie durch anschließendes Einsetzen der sich aus der Imaginärteilgleichung ergebenden Bedingung für Ω_{Gr} in die Realteilgleichung eine Gleichung für die Stabilitätsgrenze gewonnen. Unter Berücksichtigung der Eigenkreisfrequenz ω_0 beträgt die Grenzkreisfrequenz

$$\dot{\varphi} \stackrel{!}{=} \Omega_{Gr} = \left(1 + \frac{b_a}{b_i}\right)\omega_0. \tag{20}$$

Für die Stabilitätsgrenzdrehzahl n_{Gr} gilt die Gleichung (20) analog und es ergeben sich für die gegebenen inneren Dämpfungen b_i die folgenden Werte:

$$\begin{aligned} n_{Gr} &= \left(1 + \frac{b_a}{b_i}\right) n_0 = \infty, \quad 1{,}33\,n_0 \quad \text{und} \quad 1{,}75\,n_0 \\ &= \infty, \quad 4052\,\text{min}^{-1} \quad \text{und} \quad 5331\,\text{min}^{-1}. \end{aligned} \tag{21}$$

Die unendlich große Stabilitätsgrenzdrehzahl für den Rotor ohne innere Dämpfung ($b_i = 0$) bedeutet, dass sich das System stets stabil verhält. Bild 2 zeigt die Stabilitätskarte, in der die Stabilitätsgrenzdrehzahlen für die gegebenen Dämpfungsverhältnisse b_a/b_i abgelesen werden können.

5.6 Kreiselpumpe mit innerer Dämpfung

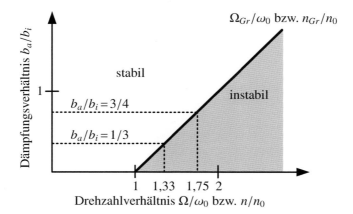

Bild 2: Stabilitätskarte

Die Abhängigkeit der Grenzdrehzahl Ω_{Gr} vom Verhältnis der äußeren zur inneren Dämpfung zeigt die Wirkung der beiden unterschiedlichen Dämpfungen: Für einen Rotor ohne äußere, aber mit innerer Dämpfung ($b_a = 0$, $b_i > 0$) beträgt die Grenzdrehzahl $\Omega_{Gr} = \omega_0$. D. h. die innere Dämpfung wirkt oberhalb der biegekritischen Drehzahl ω_0 anfachend. Ist der Rotor zusätzlich von außen gedämpft ($b_a > 0$), so kompensiert die äußere Dämpfungskraft die mit steigender Drehzahl zunehmend stärker anfachende Wirkung der inneren Dämpfung im Drehzahlbereich $\omega_0 < \Omega < \Omega_{Gr}$. Oberhalb der Grenzdrehzahl, d. h. rechts der Geraden $b_a/b_i = \eta - 1$ im Bild 2, überwiegt die destabilisierende Wirkung der inneren Dämpfung und die Rotorschwingungen klingen auf. Detailliertere Erläuterungen dazu finden sich in [29, Kapitel 4].

Zu 3):

Bei einem Rotorhochlauf mit konstanter Drehbeschleunigung wird vorausgesetzt, dass der Motor stark genug ist, um die benötigte Leistung aufzubringen. Dadurch wird die Dreh-DGL (14) erfüllt und es verbleibt nur die Biege-DGL (9), in die die konstante Drehbeschleunigung von

$$\ddot{\varphi} = \alpha \tag{22}$$

und die damit für den Hochlauf aus dem Stillstand $\dot{\varphi}_0 = 0$ bei $\varphi_0 = 0$ geltende Drehgeschwindigkeit $\dot{\varphi}$ und der Drehwinkel φ

$$\dot{\varphi} = \alpha t \quad \text{und} \quad \varphi = \frac{\alpha}{2}t^2 \tag{23}$$

eingesetzt werden:

$$m\ddot{r}_W + (b_a + b_i)\dot{r}_W + (c - b_i j\alpha t) r_W = -m\varepsilon\left(j\alpha - \alpha^2 t^2\right) e^{j\frac{\alpha}{2}t^2}. \tag{24}$$

Die Gleichung (24) kann numerisch, beispielsweise mit Scilab oder Matlab (mit der Funktion `ode45`), gelöst werden.

Bild 3 zeigt die erzwungenen Schwingungen bei Unwuchterregung der Rotorhochläufe bei Variation der inneren Dämpfung (links) sowie bei Variation der Drehbeschleunigung (rechts). Für die gegebenen Dämpfungen betragen die Dämpfungsgrade

$$D_a = \frac{b_a}{2m\omega_0} = 0{,}03 \quad \text{sowie} \quad D_i = \frac{b_i}{2m\omega_0} = 0, \ 0{,}04 \text{ und } 0{,}09 \ . \tag{25}$$

Erwartungsgemäß sinkt die Stabilitätsgrenze mit zunehmender innerer Dämpfung (Bild 3 links). Im Bild 3 rechts wird deutlich, dass die für stationäre Drehzahlen berechnete Stabilitätsgrenzdrehzahl auch für Hochläufe gilt, vergleiche [9].

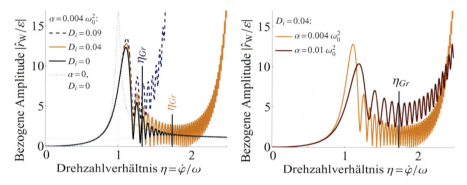

Bild 3: Erzwungene Schwingungen in Hochläufen mit verschiedenen inneren Dämpfungen D_i (links) und verschiedenen konstanten Drehbeschleunigungen α (rechts)

Zu 4):

Bei einem Rotorhochlauf mit konstantem Antriebsmoment müssen die gekoppelten DGLn (9) und (14) numerisch gelöst werden. Bild 4 zeigt den Drehzahlverlauf (links) sowie die Amplituden (rechts) der erzwungenen Schwingungen bei Unwuchterregung für verschieden große innere Dämpfungen. Dabei können folgende Phänomene beobachtet werden:

- Der Hochlauf wird an der Resonanzdrehzahl $\dot{\varphi} = \omega_0$ verzögert (für alle dargestellten Kurven), weil durch die im Resonanzbereich immer größer werdenden Biegeschwingungen des Rotors Energie aus der Drehbewegung abgezogen und der translatorischen Bewegung zugeführt wird (mathematisch beschrieben durch die Koppelterme in den Biege- und Dreh-DGLn). Dadurch steht dem Rotor nicht mehr die volle Antriebsleistung zur Verfügung und die Drehbeschleunigung nimmt ab (vergleiche dazu auch die Aufgabe 7.4).

Da die innere Dämpfung unterhalb der kritischen Drehzahl auch dämpfend wirkt, kann es bei einem im Verhältnis zur Gesamtdämpfung sehr kleinen Antriebsmoment passieren (Kurve mit $D_i = 0{,}09$), dass die gesamte Antriebsenergie in die Biegung des Rotors transferiert und in den Dämpfern dissipiert

5.6 Kreiselpumpe mit innerer Dämpfung

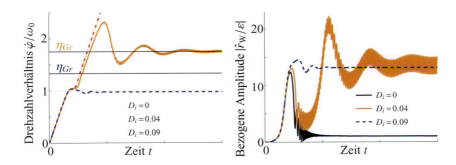

Bild 4: Erzwungene Schwingungen in Hochläufen mit konstantem Antriebsmoment bei Variation der inneren Dämpfung b_i

wird, so dass der Rotor nicht weiter beschleunigt, sondern an der Resonanzdrehzahl hängen bleibt. Die dazugehörige Stabilitätsgrenzdrehzahl wird gar nicht erreicht. Angaben zum Mindestantriebsmoment für die Resonanzdurchfahrt äußerlich gedämpfter Rotoren finden sich in [52] bzw. [53].

Je größer dagegen das Antriebsmoment bzw. je kleiner im Verhältnis dazu die innere Dämpfung ist, desto schneller wird der Resonanzbereich durchfahren und desto geringer fällt die Verzögerung aus.

- Wird die Resonanzdrehzahl überwunden (Kurven mit $D_i = 0$ und $0{,}04$), $\dot{\varphi}/\omega_0 > 1$, so nehmen die Biegeamplituden wieder ab und die überschüssige Energie wird wieder zurück in die Rotation überführt. Dadurch fährt der Rotor kurzzeitig sogar mit einer höheren Beschleunigung als zuvor hoch.

- Bei fehlender innerer Dämpfung ($D_i = 0$) verläuft der weitere Hochlauf ereignislos mit sehr kleinen Amplituden (*Selbstzentrierung*, siehe Aufgabe 5.5) bei nahezu konstanter Drehbeschleunigung.

- Mit innerer Dämpfung (Kurve mit $D_i = 0{,}04$) fährt der Rotor kurzzeitig über die Stabilitätsgrenzdrehzahl Ω_{Gr} hinaus, fällt aber wieder zurück und schwingt sich schließlich an der Stabilitätsgrenzdrehzahl ein. Auch hier findet wie an der Resonanzdrehzahl ein Energietransfer von der Rotations- in die Biegebewegung statt. Weil aber die instabilen Schwingungen nicht wieder abklingen, wird immer mehr Energie aus der Rotation abgezogen, so dass die Drehzahl sinkt. Unterhalb der Stabilitätsgrenze klingen die Biegeschwingungen dann wieder ab und die Energie wird zurück in die Drehbewegung überführt. Dann beschleunigt der Rotor erneut.

Diskussion

Die Amplitude des Rotors beim Hängenbleiben an der Stabilitätsgrenze kann aus der Bilanz zwischen der Antriebsleistung und der Leistung der inneren Dämpfung berechnet werden, siehe [9]. Interessanterweise hängt sie nicht von der Größe der inneren Dämpfung, sondern nur vom Antriebsmoment, der Eigenkreisfrequenz und der äußeren Dämpfung ab.

In dieser Aufgabe wurde ausschließlich eine viskose innere Dämpfung untersucht, die die Werkstoffdämpfung von Metallen recht gut abbildet, [29, Kapitel 4]. Für die in der Praxis viel bedeutsamere, da deutlich größere Fügestellendämpfung ist diese Modellierung jedoch unzureichend. Besser geeignet sind in diesem Fall Modelle mit COULOMBschen Reibelementen, für die in [29, Kapitel 4] auch die Stabilitätsgrenze hergeleitet wird. Der Artikel [7] vergleicht die An- und Auslaufvorgänge hinsichtlich des Stabilitätsverhaltens für drei verschiedene Modellierungen der inneren Dämpfung.

Innere Dämpfung in Rotoren führt zu selbsterregten, instabilen Schwingungen, die zur Zerstörung des Rotors führen können. Daher ist bei der Konstruktion auf eine möglichst geringe Werkstoffdämpfung sowie auf eine ausreichend feste Ausführung der Scheibensitze zu achten.

Weiterführende Literatur

[7] Baumann, K., E. Böpple, R. Markert und W. Schwarz: „Einfluss der inneren Dämpfung auf das dynamische Verhalten von elastischen Rotoren". In: *VDI-Berichte Nr. 2003. Schwingungsdämpfung.* Wiesloch, Jan. 2007, S. 55–69.

[9] Bernert, K., R. Markert und H. I. Weber: „Influence of Internal Damping on Run-up and Run-down Processes of Rotors". In: *Proceedings of the 7th IFToMM International Conference on Rotor Dynamics: September 25 - 28, 2006, Vienna, Austria; TU Vienna.* Paper-ID 115. 2006, S. 1–10.

[29] Gasch, R., R. Nordmann und H. Pfützner: *Rotordynamik.* 2. Auflage. Berlin Heidelberg New York: Springer-Verlag, 2006.

[52] Markert, R.: *Resonanzdurchfahrt unwuchtiger biegeelastischer Rotoren.* Fortschrittberichte der VDI-Zeitschriften. Reihe 11, Nr. 11. Düsseldorf VDI-Verlag, 1980. Diss., TU Berlin.

[53] Markert, R., H. Pfützner und R. Gasch: „Mindestantriebsmoment zur Resonanzdurchfahrt von unwuchtigen elastischen Rotoren". In: *Forschung im Ingenieurwesen.* Bd. 46 (1980) Nr. 2. 1980, S. 33–68.

5.7 Schlag und Unwucht am Laval-Rotor

Je nachdem, ob ein Schwingungssystem mit konstanter oder drehzahlabhängiger Amplitude harmonisch angeregt wird, ergeben sich unterschiedliche Antwortspektren (Vergrößerungsfunktionen V_1 oder V_3, [22, Kapitel 3.2.1.2]). Der Kerngedanke dieser Aufgabe besteht darin, das verschiedenartige Antwortverhalten der erzwungenen Schwingungen herzuleiten und zu interpretieren. Als Anwendungsbeispiel dient die Biegung eines Laval-Rotors, der gleichzeitig Unwucht und Schlag besitzt. Beide Effekte wirken sich auf die als Orbit gemessenen Auslenkungen aus. Ein Monitoring- und Diagnosesystem soll beide Ursachen trennen können. [‡]

Das Modell des Laval-Rotors beinhaltet eine biegeelastische masselose Welle mit einer Scheibe genau mittig zwischen zwei starren Lagern. Bild 1 veranschaulicht das physikalische Modell und die Parametrisierung mit entsprechenden Variablen. Im inertialen $_Ix$-$_Iy$-Koordinatensystem (KOS) mit dem Ursprung O auf der Lagerachse AB (Drehachse) wird die Lage des Massenschwerpunktes S und des Flächenmittelpunktes W, dem sogenannten Wellendurchstoßpunkt beschrieben. Nur die Lage von W ist direkt aus einer Orbitmessung bestimmbar. Das mitdrehende $_Rx$-$_Ry$-KOS behält den Ursprung O, während das körperfeste $_Kx$-$_Ky$-KOS seinen Ursprung in W hat. Der Rotor dreht mit dem Winkel φ und konstanter Winkelgeschwindigkeit $\dot{\varphi}=\Omega$. Mit der Eigenkreisfrequenz $\omega = \sqrt{c/m}$ ist das Abstimmungsverhältnis $\eta = \Omega/\omega$ definiert.

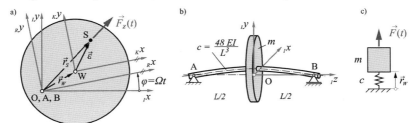

Bild 1: Laval-Rotor, a) Querschnitt der Scheibe, b) 3D-Modell, c) Feder-Masse-Schwinger

Mit Hilfe der vektoriellen Schreibweise der Minimalkoordinate $\vec{r}_W$ kann das Rotormodell entsprechend Bild 1c wie ein Schwinger mit Freiheitsgrad eins behandelt werden. Ein „Vorindex" nennt das Bezugs-KOS des Vektors, z. B. $_R\vec{\varepsilon}$ oder $_I\vec{r}_W$. Für die Auslenkung in der Scheibenebene spart die Darstellung der Vektoren als komplexer Zeiger Schreibarbeit, entsprechend Bild 2 gilt:

$$\vec{r} = x + \mathrm{j}\, y \qquad \text{mit Realteil } x \text{ und Imaginärteil } y \qquad (1)$$

$$\vec{r} = |\vec{r}|\, \mathrm{e}^{\mathrm{j}\Psi} \qquad \text{mit Betrag } r \text{ und Phase } \Psi \qquad (2)$$

$$\vec{r} = r(\cos\Psi + \mathrm{j}\,\sin\Psi). \qquad (3)$$

[‡] Autor: Thomas Thümmel

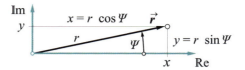

Bild 2: Vektordarstellung in der *x*-*y*-Ebene als komplexer Zeiger

Vorab werden die beiden Begriffe *Unwucht* und *Schlag* erläutert. Bild 3 veranschaulicht am starren Rotor die Sonderfälle a) Schlag ohne Fliehkraft und b) Unwucht ohne Schlag. Ein weiterer Sonderfall c) Schlag ohne Unwucht am elastischen Rotor folgt später mit Bild 4.

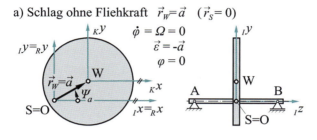

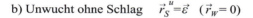

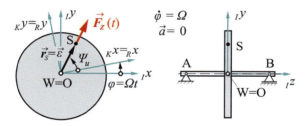

Bild 3: Starrer Rotor, a) mit Schlag ohne Fliehkraft, b) mit Unwucht ohne Schlag

Schlag: $_R\vec{a} = a\, e^{j\Psi_a}$ Der Begriff *Schlag* hat bei Rotoren nichts mit einem Stoß, einem Hieb oder einem Nadelimpuls zu tun, was man vielleicht in Bezug zur Dynamik vermuten könnte. Der Begriff Schlag beschreibt in der Rotordynamik diejenige Abweichung des Punktes W von der Drehachse (Punkt O), die bereits im Stillstand ohne äußere Kräfte vorhanden ist. Er beinhaltet also keine elastische Deformation, so z. B. keine Durchsenkung infolge Schwerkraft oder keine Auslenkung durch Fliehkräfte. Der Schwerpunkt S kann davon unabhängig eine beliebige Position einnehmen. Der Sonderfall Schlag allein ohne Fliehkraft (S=O, Bild 3a) bewirkt keine Lagerkräfte.

Schlag beeinflusst aber immer die Orbitmessung, also $_I\vec{r}_W(\varphi)$. Die Wellenauslenkung $\vec{r}_W$ resultiert aus Schlag und elastischer Deformation: $_I\vec{r}_W = {_I\vec{a}} + {_I\vec{r}_{W,elast}}$. Das bedeutet, nur mit $\vec{r}_{W,elast}=0$ und $\varphi=0$ gilt: $_I\vec{r}_W = {_R\vec{a}}$, wie im Bild 3a.

5.7 Schlag und Unwucht am Laval-Rotor

Die drei wichtigsten Ursachen für Schlag sind plastische Deformation der Welle durch Unfälle bei Montage und Transport oder thermisch bedingte Krümmung [29], aber auch Form- und Lageabweichungen. Dazu gehört auch die gewollte Form einer Kurbelwelle.

Unwucht: $\vec{U} = m\,\vec{\varepsilon} = m\,\varepsilon\,e^{j\Psi_u}$

Fliehkraft tritt bei einem rotierenden Körper auf, wenn der Massenschwerpunkt S nicht auf der Drehachse (Punkt O) liegt. Die resultierenden Kräfte bewirken Lagerkräfte und im elastischen Fall Rotorbiegung. Entsprechend Bild 1 setzt sich die Schwerpunktauslenkung $\vec{r}_S$ im Allgemeinen aus der Auslenkung $\vec{r}_W$ und dem Unwuchtparameter $\vec{\varepsilon}$ zusammen, welcher nur im Sonderfall ohne Schlag und ohne elastische Wellendeformation mit $\vec{r}_S$ identisch ist. Die Exzentrizität $_R\vec{\varepsilon}$ bleibt dadurch auch beim elastischen Rotor eine rotorfeste und drehzahlunabhängige Größe und entspricht dem Abstand von W zu S. Nur bei $\vec{r}_{W,elast} = 0$ und $\vec{a} = 0$ gilt für die Unwucht: $\vec{U} = m\,\vec{\varepsilon} = m\,\vec{r}_S = F_z/\Omega^2$, wie im Bild 3b [29, S. 63]. Ursachen einer Unwucht können normale Fertigungsungenauigkeiten, Werkstoff- und Verarbeitungsfehler sein.

Gegeben:

$m = 4{,}86\,\text{kg}$	modale Masse zur ersten Eigenschwingform des Rotors ($m_{\text{Rotor}} = 11{,}1\,\text{kg}$)
$c = 9{,}41 \cdot 10^5\,\text{N/m}$	Steifigkeit des Rotors ($EI = 4027\,\text{Nm}^2$)
$\varepsilon = 164\,\mu\text{m}$	Exzentrizität des Schwerpunktes
$a = 72{,}3\,\mu\text{m}$	Schlagradius bei sehr langsamer Drehzahl
$\Psi_u = 177{,}6°$	Phase der Unwucht
$\Psi_a = 315{,}9°$	Phase des Schlages

Die Rotorwelle aus Stahl hat einen Durchmesser von 25 mm und wiegt allein 2,4 kg. Durch zwei Schwungscheiben erhöht sich die Gesamtmasse auf 11,1 kg. Die Lager haben einen Abstand von $L = 590\,\text{mm}$. Das erste Paar Biegeeigenfrequenzen des realen Rotors liegt etwa bei 70 Hz. Der Motor erreicht maximal eine Drehzahl $n = 3000\,\text{min}^{-1}$. Somit dreht der Rotor immer unterkritisch. Ein zweites Paar von Biegeeigenfrequenzen erscheint bei ca. 282 Hz. Das Berechnungsmodell nach Bild 1c muss mit der modalen Masse von 4,86 kg gebildet werden, die zur ersten Eigenschwingform gehört, nicht mit der Gesamtmasse des Rotors ($m_{\text{Rotor}} = 11{,}1\,\text{kg}$). Unter dieser Voraussetzung bildet der Laval-Rotor eine gute Näherung für den Rotorprüfstand.

Gesucht:

Es sind die Gleichungen für erzwungene Schwingungen des Laval-Rotors mit den Erregerquellen Schlag und Unwucht herzuleiten und die daraus resultierenden Antwortspektren zu interpretieren. Die Trennbarkeit von Schlag und Unwucht beim modellbasierten Monitoring ist zu klären.

1) Spezielle Bahn des Punktes W im I-KOS $_I\vec{r}_{W0}(\varphi)$, wenn keine elastische Deformation auftritt (langsam drehend), aber Schlag $_R\vec{a} = a\,e^{j\Psi_a}$ vorliegt, zusätzlich: x- und y-Komponente von $_I\vec{r}_{W0}(\varphi)$

2) Schwingantwortspektrum $\vec{r}_W^{\,u}(\eta)$ bei stationärem Betrieb <u>mit Unwucht</u> $\vec{\varepsilon}$ ohne Schlag

   - Differentialgleichung mit den Vektoren $\vec{r}_W$ und $\vec{r}_S$ (im I-KOS)
   - Zwangsbedingung zum Ersetzen von $\vec{r}_S$ durch $\vec{r}_W$
   - Differentialgleichung für die Minimalkoordinate $\vec{r}_W$
   - Antwortspektrum $\vec{r}_W^{\,u}(j\Omega)$ bzw. $\vec{r}_W^{\,u}(\eta)$

3) Schwingantwortspektrum $\vec{r}_W^{\,a}(\eta)$ bei stationärem Betrieb <u>mit Schlag</u> $\vec{a}$ ohne Unwucht

   - Differentialgleichung für die Minimalkoordinate $\vec{r}_W$ (Kräftefreie Gleichgewichtslage $_I\vec{r}_{W0}(\varphi)$ von Teilaufgabe 1) nutzen)
   - Antwortspektrum $\vec{r}_W^{\,a}(j\Omega)$ bzw. $\vec{r}_W^{\,a}(\eta)$

4) Vektorielle Beziehungen für die Bahn des Punktes W (Orbit $\vec{r}_W$) mit den Anteilen infolge Unwucht (Betrag ε, Phase Ψ_u, $a = 0$) und infolge Schlag (Betrag a, Phase Ψ_a, $\varepsilon = 0$) im mitdrehenden $_Rx$-$_Ry$-KOS und im raumfesten $_Ix$-$_Iy$-KOS

5) Gegenüberstellung der Amplitudenspektren

   - Skizze der normierten Amplitudenspektren $|\hat{r}_W^{\,u}(\eta)|/\varepsilon$ und $|\hat{r}_W^{\,a}(\eta)|/a$
   - Amplitudenwerte von $|\hat{r}_W^{\,u}(\eta)|$ für $\eta = 0;\ 0{,}5;\ 1{,}5;\ 3{,}0$ und $\eta \gg 3$
   - Amplitudenwerte von $|\hat{r}_W^{\,a}(\eta)|$ für die gleichen η-Werte
   - Skizzen der normierten Orbits $|\hat{r}_W^{\,u}(\varphi,\eta)|/\varepsilon$ und $|\hat{r}_W^{\,a}(\varphi,\eta)|/a$ jeweils unter die Amplitudenspektren an der Position der oben gewählten η-Werte
   - Bild der Orbits mit den realen Parametern für ε, Ψ_u, a und Ψ_a bei den Drehzahlen, die $\eta = 0{,}5$ und $\eta = 1{,}5$ entsprechen. Sind damit die Parameter identifizierbar?

6) Lagerkraftvektoren $\vec{F}_A(\eta)$ und $\vec{F}_B(\eta)$ infolge der Federauslenkung $\vec{r}_W$ (Wellenbiegung) bei gleichzeitigem Auftreten von Schlag und Unwucht

Lösung:

Zu 1):

Im mit dem Winkel φ drehenden rotorfesten R-KOS ist der Schlagvektor $_R\vec{a} = a\,e^{j\Psi_a}$ konstant und ohne elastische Deformation bleibt auch der Vektor $_R\vec{r}_W$ konstant:

$$_R\vec{r}_{W0} = {_R\vec{a}} \quad \text{wegen} \quad \vec{r}_{W,\text{elast}} = 0\,. \tag{4}$$

5.7 Schlag und Unwucht am Laval-Rotor

Im I-KOS ergibt sich der Vektor $_I\vec{r}_{W0}(\varphi)$ aus der Drehtransformation

$$_I\vec{r}_{W0}(\varphi) = {_R\vec{r}_{W0}}\, e^{j\varphi}. \tag{5}$$

Bei langsamer Drehung um den Winkel φ ohne elastische Deformation der Welle folgt also der Orbit des Punktes W als Kreisbahn im $_Ix$-$_Iy$-KOS

$$_I\vec{r}_{W0}(\varphi) = {_R\vec{a}}\, e^{j\varphi} = a\, e^{j\Psi_a}\, e^{j\varphi} = a\, e^{j(\varphi+\Psi_a)}. \tag{6}$$

Die x- und y-Komponenten der Bahnkurve $_I\vec{r}_{W0}(\varphi)$ lauten:

$$_I\vec{r}_{W0}(\varphi) = \begin{bmatrix} x_{W0} \\ y_{W0} \end{bmatrix} = \begin{bmatrix} a\cos(\varphi+\Psi_a) \\ a\sin(\varphi+\Psi_a) \end{bmatrix}. \tag{7}$$

Zu 2):

Der Impulssatz wird immer einheitlich im Inertialsystem angewendet und der Index „I" weggelassen. Bei dem rotorfesten Parameter $_R\vec{\varepsilon}$ wird auf den Index „R" verzichtet.

Am Modell des Laval-Rotors (Bild 1) greifen die Trägheitskräfte in S an und die Federrückstellkräfte in W. Die Gleichgewichtslage der Biegefeder liegt bei $\vec{r}_W^u = 0$, d. h. der Rotor hat keinen Schlag ($\vec{r}_{W0} = 0$, $a = 0$) ist aber elastisch. Aus dem Impulssatz folgt

$$m\,\ddot{\vec{r}}_S^u + c\,\vec{r}_W^u = \vec{0}. \tag{8}$$

Entsprechend Bild 1 gilt die Zwangsbedingung

$$\vec{r}_S^u = \vec{r}_W^u + {_I\vec{\varepsilon}} = \vec{r}_W^u + {_R\vec{\varepsilon}}\, e^{j\Omega t}. \tag{9}$$

Der rotorfeste Vektor $_R\vec{\varepsilon} = \vec{\varepsilon}$ ist dabei mit dem Winkel $\varphi = \Omega t$ in das I-KOS zu transformieren. Wird die zweifach zeitlich abgeleitete Zwangsbedingung (9)

$$\ddot{\vec{r}}_S^u = \ddot{\vec{r}}_W^u - \vec{\varepsilon}\,\Omega^2\, e^{j\Omega t} \tag{10}$$

in die Differentialgleichung (8) eingesetzt, ergibt sich

$$m\,\ddot{\vec{r}}_W^u + c\,\vec{r}_W^u = m\,\vec{\varepsilon}\,\Omega^2\, e^{j\Omega t}. \tag{11}$$

Damit ist das Problem auf die Minimalkoordinate $\vec{r}_W$ zurückgeführt.

Mit dem Ansatz

$$\vec{r}_W^u = \hat{\vec{r}}_W^u\, e^{j\Omega t} \tag{12}$$

folgt mit $c/m = \omega^2$ und $\eta = \Omega/\omega$ schließlich:

$$(-\Omega^2 m + c)\,\hat{\vec{r}}_W^u\, e^{j\Omega t} = m\,\vec{\varepsilon}\,\Omega^2\, e^{j\Omega t},$$

$$\hat{\vec{r}}_W^u = \frac{m\,\vec{\varepsilon}\,\Omega^2}{-\Omega^2 m + c} = \frac{\eta^2}{1-\eta^2}\,\vec{\varepsilon} = V_3(\eta)\,\vec{\varepsilon}. \tag{13}$$

Zu 3):

Ist am elastischen Rotor nur Schlag vorhanden und der Unwuchtparameter $\varepsilon = 0$, sind Schwerpunkt S und Punkt W identisch, siehe Bild 4. Gegenüber Bild 3a (dort ohne Fliehkraft mit $\vec{r}_S = 0$) gilt jetzt $\vec{r}_S^a = \vec{r}_W^a$.

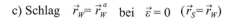

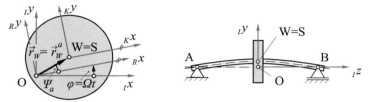

Bild 4: LAVAL-Rotor (elastisch) mit Schlag ohne Unwucht, $\varepsilon = 0$ (Sonderfall c)

Bei langsamer Drehung ohne äußere Kräfte besitzt W entsprechend (6) die Auslenkung $\vec{r}_{W0}$, die als kräftefreie Gleichgewichtslage dienen kann. Für die Rückstellkraft ist diese Referenzlage von der tatsächlichen momentanen Auslenkung abzuziehen. Dadurch entsteht mit dem Impulssatz folgende Differentialgleichung:

$$m \ddot{\vec{r}}_W^a + c (\vec{r}_W^a - \vec{r}_{W0}) = 0. \tag{14}$$

Mit $\vec{r}_{W0}$ aus (6), Weglassen des Index „R" bei $\vec{a}$ sowie $\varphi = \Omega t$ folgt

$$m \ddot{\vec{r}}_W^a + c \vec{r}_W^a = c\, a\, e^{j(\Omega t + \Psi_a)} = c\, \vec{a}\, e^{j\Omega t}. \tag{15}$$

Mit dem Ansatz entsprechend der rechten Seite

$$\vec{r}_W^a = \hat{r}_W^a\, e^{j\Omega t} \tag{16}$$

ergibt sich für die Schwingantwort des Punktes W

$$(-\Omega^2 m + c)\, \hat{r}_W^a\, e^{j\Omega t} = c\, \vec{a}\, e^{j\Omega t},$$

$$\hat{r}_W^a = \frac{c\, \vec{a}}{-\Omega^2 m + c} = \frac{1}{1 - \eta^2}\, \vec{a} = V_1(\eta)\, \vec{a}. \tag{17}$$

Zu 4):

Jetzt werden die Sonderfälle Unwucht und Schlag aus den Teilaufgaben 2) und 3) zusammengefasst. Bild 5 verdeutlicht die vektoriellen Zusammenhänge im mitdrehenden R-KOS.

Für die einzelnen Komponenten infolge Schlag und infolge Unwucht gilt die Vektorgleichung:

$$_R\vec{r}_W = {_R\vec{r}_W^u} + {_R\vec{r}_W^a} = {_R[\hat{r}_W^u\, e^{j\Psi_u}]} + {_R[\hat{r}_W^a\, e^{j\Psi_a}]} = {_R\hat{r}_W\, e^{j\Psi}}. \tag{18}$$

5.7 Schlag und Unwucht am LAVAL-Rotor

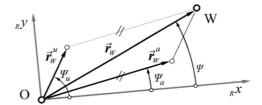

Bild 5: Vektorkomponenten zum Punkt W infolge Unwucht und Schlag

Im inertialen System ergibt sich der Vektor ${}_I\vec{r}_W(t)$ aus der Drehtransformation:

$$ {}_I\vec{r}_W(t) = {}_R\vec{r}_W\, e^{j\Omega t}. \tag{19}$$

Werden die Teillösungen mit Unwucht aus (13) und mit Schlag (17) als Funktion vom Abstimmungsverhältnis η zusammengeführt, folgt schließlich für den Orbit des Punktes W:

$$ {}_I\vec{r}_W(t) = \left[\frac{\eta^2}{1-\eta^2}\vec{\varepsilon} + \frac{1}{1-\eta^2}\vec{a} \right] e^{j\Omega t}. \tag{20}$$

Sollen die beiden Parameter $\vec{\varepsilon}$ und $\vec{a}$ für Unwucht und Schlag getrennt aus dem Orbit ${}_I\vec{r}_W(t)$ ermittelt werden, ohne dass der Schlag $\vec{a}$ aus einer Sondermessung bei extrem langsamer Drehung bekannt ist, dann ist der Rotororbit bei zwei unterschiedlichen Betriebsdrehzahlen, d. h. für zwei η zu messen. Die beiden Summanden in (20) verändern sich dabei unterschiedlich, womit $\vec{\varepsilon}$ und $\vec{a}$ trennbar sind.

Zu 5):

Mit den gegebenen Zahlenwerten für das Abstimmungsverhältnis η im Fall von Unwucht nach (13) bzw. Schlag nach (17) ergeben sich die normierten Antwortspektren im Bild 6.

Der Orbit von W ist kreisförmig, wobei im Fall „Unwucht" für $\eta < \sqrt{2}/2$ der Radius $|\hat{r}_W^u(\varphi, \eta)|$ kleiner als ε bleibt, für $\eta > 1$ ist der nicht normierte Radius immer größer als ε und nähert sich für sehr große $\eta \gg 1$ dem Wert ε.

Im Fall von Schlag ohne Unwucht bei langsamer Drehung ($\eta \ll 1$) entspricht der Orbitradius $|\hat{r}_W^a(\varphi, \eta)|$ dem Schlag a (normiert: Wert 1), während der Radius für $\eta \gg 1$ gegen Null strebt.

Das Bild 7 zeigt die berechneten Orbits mit den realen Parametern für ε, Ψ_u, a und Ψ_a bei den Drehzahlen $2100\,\text{min}^{-1}$ und $6300\,\text{min}^{-1}$, die $\eta = 0{,}5$ und $\eta = 1{,}5$ entsprechen. Die einzelnen Komponenten infolge Unwucht und infolge Schlag bestimmen $\vec{r}_W$ wie in Bild 5. Nicht nur η bzw. die Drehzahlabhängigkeit verändert den resultierenden Orbit, sondern auch die unterschiedliche Phasenlage von Unwucht- und Schlaganteil haben großen Einfluss. Die Sensitivität der Orbits hinsichtlich der zu identifizierenden Parameter wird mit Bild 7 anschaulich. Dafür wird hier zum physikalischen Verständnis auch eine real unzulässige Drehzahl angenommen.

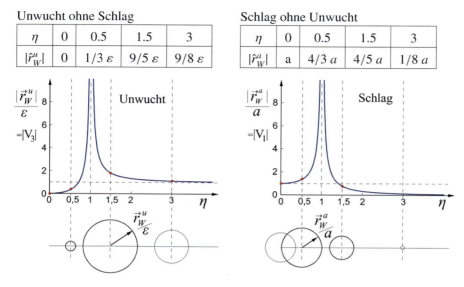

Bild 6: Normierte Antwortspektren und Orbits des Punktes W

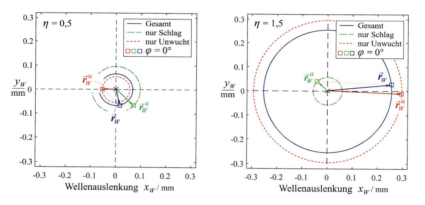

Bild 7: Orbits des Punktes W infolge Schlag und Unwucht mit realen Parametern

Zu 6):

Die Kräfte in den Lagern A und B (Bild 1) resultieren aus der elastischen Rückstellkraft infolge der Wellenauslenkung $\vec{r}_W$. Bei langsamer Drehung ohne äußere Kräfte besitzt W entsprechend (6) die Auslenkung $\vec{r}_{W0} = \vec{a}\, e^{j\varphi}$. Mit elastischer Biegung und gleichzeitigem Auftreten von Schlag und Unwucht gilt infolge Symmetrie und Hebelgesetz

$$\vec{F}_A(\eta) = \vec{F}_B(\eta) = \frac{1}{2} c\, [\vec{r}_W(\eta) - \vec{a}\, e^{j\varphi}]. \tag{21}$$

5.7 Schlag und Unwucht am LAVAL-Rotor

Nach Einsetzen von $\vec{r}_W = \vec{r}_W^a + \vec{r}_W^u$ aus (20) ergibt sich folgende Beziehung:

$$\vec{F}_A(\eta) = \vec{F}_B(\eta) = \frac{1}{2} c \left[\frac{\eta^2}{1-\eta^2} (\vec{\varepsilon} + \vec{a}) \right] e^{j\varphi} . \tag{22}$$

Im Fall einer Kraftmessung an den Lagern, wie in Auswuchtmaschinen üblich, kann nicht wie bei Orbitmessung eine Trennung von Schlag und Unwucht erfolgen, denn die Parameter $\vec{a}$ für Schlag und $\vec{\varepsilon}$ für Unwucht treten in (22) nur gemeinsam als Summe auf. Die Summe $(\vec{a} + \vec{\varepsilon})$ entspricht der Schwerpunktauslenkung $_R\vec{r}_S(\Omega = 0)$, woraus die Fliehkraft resultiert.

Der wesentliche Unterschied zwischen den Phänomenen Unwucht und Schlag für erzwungenen Schwingungen liegt darin, dass sich eine drehzahlabhängige Erregeramplitude anders auf das Antwortverhalten eines Einmassen-Schwingers auswirkt als eine Konstante. Im Fall von Schlag ohne Unwucht verringern Drehzahlen im überkritischen Bereich den Radius des Orbits des Wellendurchstoßpunktes W. Anders verhält es sich für die drehzahlabhängige Unwuchterregung: Niedrige Drehzahlen im unterkritischen Bereich haben einen kleinen Orbitradius zur Folge, wohingegen die Amplitude für hohe Drehzahlen gegen den festen Wert ε strebt.

Die Trennung der Parameter $\vec{\varepsilon}$ für Unwucht und $\vec{a}$ für Schlag allein aus Lagerkraftmessungen ist nicht möglich. Aus Orbitmessungen der Wellenauslenkung bei zwei Drehzahlen kann dies gelingen [69].

Weiterführende Literatur

[29] Gasch, R., R. Nordmann und H. Pfützner: *Rotordynamik*. 2. Auflage. Berlin Heidelberg New York: Springer-Verlag, 2006.

[69] Thümmel, T., M. Rossner, H. Ulbrich und D. Rixen: „Unterscheidung verschiedener Fehlerarten beim modellbasierten Monitoring". In: *Tagungsband SIRM 2015 in Magdeburg*. 2015, Paper–ID 57.

5.8 Lagereinfluss auf das Eigenverhalten einer Spindel

Einfache Biegeschwinger kommen z. B. im Bauwesen als Stützkonstruktionen für bestimmte Aggregate (Lüfter usw.), aber auch im Maschinenbau als langsam rotierende Wellen mit größeren Massen (Werkzeuge, Pumpenräder, usw.) am auskragenden Teil vor. Zur Untersuchung ihres Eigenverhaltens sind dabei die Lagernachgiebigkeiten zu berücksichtigen. [‡]

Zur überschlägigen Ermittlung der Eigenfrequenzen und Eigenschwingformen einer nur langsam rotierenden Spindel mit starrem Körper am freien Ende (unter Berücksichtigung der radialen Lagerelastizitäten inklusive Nachgiebigkeiten der Umbauteile) wird ein einfaches Berechnungsmodell gemäß Bild 1 zu Grunde gelegt. Insbesondere soll der Einfluss der Lagersteifigkeit c_2 auf die Eigenfrequenzen untersucht werden.

Hinweis: Für die Ermittlung der Nachgiebigkeiten kann Tab. 5.1 in [22] genutzt werden.

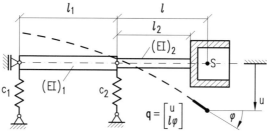

Bild 1: Berechnungsmodell der Spindel mit Definition der Koordinaten

Folgende Voraussetzungen sollen erfüllt sein:

- Hauptachsenbiegung bei schlankem Balken (ebenes Problem),
- Balkenmasse gegenüber m vernachlässigbar,
- Kreiselwirkung sei nicht relevant (axiales $\gg$ polares Trägheitsmoment),
- Längssteifigkeit $\gg$ Biegesteifigkeit ($Al^2 \gg I$).

Gegeben:

$l = 0{,}2\,\text{m}$	Bezugslänge
$c_1 = 2{,}3 \cdot 10^7\,\text{N/m}$	Radiale Steifigkeit des linken Lagers (Bezugssteifigkeit)
$m = 16{,}3\,\text{kg}$	Masse des Starrkörpers
$J^S = ml^2/5$	axiales Trägheitsmoment des Starrkörpers
$(EI)_1/(c_1 l^3) = 1/6$	Steifigkeitsverhältnis 1

[‡] Autor: Ludwig Rockhausen

5.8 Lagereinfluss auf das Eigenverhalten einer Spindel

$(EI)_2/(c_1 l^3) = 1/8$ Steifigkeitsverhältnis 2
$0{,}1 \leq c_2/c < \infty$ variables Steifigkeitsverhältnis
$l_1/l = 1{,}2$ Längenverhältnis 1
$l_2/l = 0{,}8$ Längenverhältnis 2

Gesucht:

1) Nachgiebigkeitsmatrix $\boldsymbol{D} = (1/c_1)\boldsymbol{D}^*$ und Steifigkeitsmatrix $\boldsymbol{C} = c_1 \boldsymbol{C}^*$ in Abhängigkeit des Lagerparameters $\kappa = c_2/c_1$ ($\boldsymbol{q} = [u, l\varphi]^\mathrm{T}$)

2) Massenmatrix $\boldsymbol{M} = m\boldsymbol{M}^*$ sowie die Eigenfrequenzen in Abhängigkeit von κ

3) Eigenfrequenzen und Eigenschwingformen speziell für $\kappa = 2{,}5$

Lösung:

Zu 1):

Mit den einander entsprechenden Längenbezeichnungen aus Tab. 5.1 in [22] und hier

$$l = l_2\big|_{[22]}, \quad l_1 = l_1\big|_{[22]}, \quad l - l_2 = l_3\big|_{[22]} \tag{1}$$

folgen die Elemente der zu den Koordinaten u und φ (bzw. der entsprechend Fall 4 aus Tab. 5.1 in [22] zugeordneten, am Schwerpunkt S angreifenden Kraft F_1 sowie dem Moment M_2) gehörigen Nachgiebigkeitsmatrix $\overline{\boldsymbol{D}}$ zu:

$$\left.\begin{aligned}
\bar{d}_{11} &= \frac{l^2}{c_1 l_1^2} + \frac{(l_1+l)^2}{c_2 l_1^2} + \frac{l_1 l^2}{3(EI)_1} + \frac{l^3-(l-l_2)^3}{3(EI)_2}, \\
\bar{d}_{12} &= \bar{d}_{21} = \frac{l}{c_1 l_1^2} + \frac{l_1+l}{c_2 l_1^2} + \frac{l_1 l}{3(EI)_1} + \frac{l^2-(l-l_2)^2}{2(EI)_2}, \\
\bar{d}_{22} &= \left(\frac{1}{c_1}+\frac{1}{c_2}\right)\cdot\frac{1}{l_1^2} + \frac{l_1}{3(EI)_1} + \frac{l_2}{(EI)_2}.
\end{aligned}\right\} \tag{2}$$

Werden für die hier genutzten generalisierten Koordinaten $\boldsymbol{q} = [q_1, q_2]^\mathrm{T} = [u, l\varphi]^\mathrm{T}$ die generalisierten Kräfte

$$\boldsymbol{Q} = [Q_1, Q_2]^\mathrm{T} = [F_1, M_2/l]^\mathrm{T} \tag{3}$$

definiert, so gilt für sie die Beziehung

$$\begin{bmatrix} F_1 \\ M_2 \end{bmatrix} = \begin{bmatrix} 1 & 0 \\ 0 & 1 \end{bmatrix}\begin{bmatrix} Q_1 \\ Q_2 \end{bmatrix} = \boldsymbol{TQ}. \tag{4}$$

Aus der mit den Kraftgrößen formulierten potentiellen Energie

$$2W_\mathrm{pot} = [F_1, M_2]\,\overline{\boldsymbol{D}}\begin{bmatrix} F_1 \\ M_2 \end{bmatrix} = \boldsymbol{Q}^\mathrm{T}\boldsymbol{T}^\mathrm{T}\overline{\boldsymbol{D}}\boldsymbol{TQ} \stackrel{!}{=} \boldsymbol{Q}^\mathrm{T}\boldsymbol{DQ} \tag{5}$$

folgt damit die den generalisierten Koordinaten q zugeordnete Nachgiebigkeitsmatrix

$$D = \frac{1}{c_1}D^* = \frac{1}{c_1}\begin{bmatrix} d_{11}^* & d_{12}^* \\ d_{21}^* & d_{22}^* \end{bmatrix} = T^T \bar{D} T = \begin{bmatrix} \bar{d}_{11} & l\bar{d}_{12} \\ l\bar{d}_{21} & l^2\bar{d}_{22} \end{bmatrix}. \qquad (6)$$

Ausführlich ergibt sich für die Elemente der dimensionslosen Matrix D^*:

$$\left.\begin{aligned} d_{11}^* &= \left(\frac{l}{l_1}\right)^2 + \frac{c_1}{c_2}\left(\frac{l}{l_1}\right)^2\left(1+\frac{l_1}{l}\right)^2 + \frac{c_1 l^3}{3(EI)_1}\frac{l_1}{l} + \frac{c_1 l^3}{3(EI)_2}\left(1-\left(1-\frac{l_2}{l}\right)^3\right), \\ d_{12}^* &= \left(\frac{l}{l_1}\right)^2 + \frac{c_1}{c_2}\left(\frac{l}{l_1}\right)^2\left(1+\frac{l_1}{l}\right) + \frac{c_1 l^3}{3(EI)_1}\frac{l_1}{l} + \frac{c_1 l^3}{2(EI)_2}\left(1-\left(1-\frac{l_2}{l}\right)^2\right), \\ d_{21}^* &= d_{12}^*, \\ d_{22}^* &= \left(\frac{l}{l_1}\right)^2\left(1+\frac{c_1}{c_2}\right) + \frac{c_1 l^3}{3(EI)_1}\frac{l_1}{l} + \frac{c_1 l^3}{(EI)_2}\frac{l_2}{l}. \end{aligned}\right\} \quad (7)$$

Die Steifigkeitsmatrix wird mittels Inversion der Nachgiebigkeitsmatrix erhalten:

$$C = c_1 C^* = \left(\frac{1}{c_1}D^*\right)^{-1} = c_1 D^{*-1} \quad \Rightarrow \quad C^* = D^{*-1}. \qquad (8)$$

Mit den gegebenen Parameterverhältnissen und dem variablen Steifigkeitsverhältnis κ ergibt sich konkret

$$D^*(\kappa) = \frac{1}{900\kappa}\begin{bmatrix} (25829\kappa + 15125)/5 & 6241\kappa + 1375 \\ 6241\kappa + 1375 & 5(1709\kappa + 125) \end{bmatrix} \qquad (9)$$

bzw.

$$C^*(\kappa) = \frac{3}{169(512\kappa + 1175)}\begin{bmatrix} 25(1709\kappa + 125) & -5(6241\kappa + 1375) \\ -5(6241\kappa + 1375) & 25829\kappa + 15125 \end{bmatrix}. \qquad (10)$$

Zu 2):

Aus der kinetischen Energie

$$2W_{\text{kin}} = m\dot{u}^2 + J^S\dot{\varphi}^2 = m\dot{q}_1^2 + (J^S/l^2)\dot{q}_2^2 \qquad (11)$$

folgt wegen

$$m_{jk} = \frac{\partial^2 W_{\text{kin}}}{\partial \dot{q}_j \partial \dot{q}_k}$$

(vgl. Abschn. 6 in [22]) die Massenmatrix des Systems:

$$M = m \cdot \text{diag}\left\{1, \frac{J^S}{ml^2}\right\} = mM^* \quad \Rightarrow \quad M^* = \text{diag}\left\{1, \frac{1}{5}\right\}. \qquad (12)$$

5.8 Lagereinfluss auf das Eigenverhalten einer Spindel

Gemäß Abschn. 6 in [22] kann jetzt das lineare Eigenwertproblem für die homogenen Bewegungsgleichungen

$$m\boldsymbol{M}^*\ddot{\boldsymbol{q}} + c_1\boldsymbol{C}^*\boldsymbol{q} = \boldsymbol{0} \tag{13}$$

formuliert werden:

$$(\boldsymbol{C}^*(\kappa) - \lambda \boldsymbol{M}^*)\boldsymbol{v} = \boldsymbol{0}. \tag{14}$$

Hierbei wurde nach Division durch c der dimensionslose Eigenwert

$$\lambda = \omega_0^2/(c_1/m) \tag{15}$$

eingeführt.

Wegen der Forderung nach nichttrivialen Lösungen von (14) muss deren Koeffizientendeterminante null werden. Nach der Entwicklung dieser zweireihigen Determinante ergibt sich dann die quadratische Eigenwertgleichung

$$\lambda^2 - \frac{515610\,\kappa + 236250}{86528\,\kappa + 198575}\lambda + \frac{67500\,\kappa}{86528\,\kappa + 198575} = 0. \tag{16}$$

Aus den beiden Nullstellen $\lambda_{1,2}(\kappa)$ von (16) folgen mit (15) die Eigenfrequenzen zu:

$$f_{1,2}(\kappa) = \frac{1}{2\pi}\sqrt{\lambda_{1,2}(\kappa)\cdot\frac{c_1}{m}}\quad [\text{Hz}]. \tag{17}$$

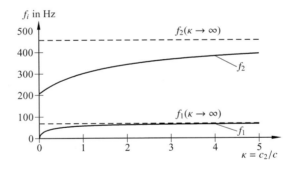

Bild 2: Eigenfrequenzen in Abhängigkeit vom Lagerparameter κ

Deren Verläufe sind in Bild 2 einschließlich der zugehörigen Asymptoten

$$\lim_{\kappa\to\infty} f_{1,2}(\kappa) = \frac{1}{832\pi}\sqrt{15\cdot\left(34374 \mp 2\cdot\sqrt{269434569}\right)\frac{c_1}{m}} \approx \begin{cases} 69{,}2\,\text{Hz} \\ 456{,}3\,\text{Hz} \end{cases} \tag{18}$$

dargestellt.

Die erste Eigenfrequenz für $\kappa \to 0$ wird null. Dies liegt daran, dass in diesem Fall die Fesselung am rechten Lager entfällt und somit eine Starrkörperdrehung um das linke Lager möglich wird.

Zu 3):

Speziell für $\kappa = c_2/c_1 = 5/2$ ergeben sich für die Eigenwerte und Eigenfrequenzen:

$$\begin{aligned} \lambda_1 &= 0{,}1142, & f_1 &\approx 63{,}9\,\text{Hz}, \\ \lambda_2 &= 3{,}562, & f_2 &\approx 356{,}8\,\text{Hz}. \end{aligned} \tag{19}$$

Entsprechend (14) folgen die zugeordneten Eigenvektoren, die in der Modalmatrix zusammengefasst werden

$$\boldsymbol{V} = [\boldsymbol{v}_1, \boldsymbol{v}_2] = \begin{bmatrix} 0{,}901\,66 & -0{,}221\,81 \\ 1 & 1 \end{bmatrix}. \tag{20}$$

Es sollen die Eigenschwingformen grafisch darstellt werden. Dazu ist es zweckmäßig, zusätzlich zur Verschiebung $u = q_1 \triangleq v_{1i}$ ($i = 1$ bzw. $i = 2$) des Schwerpunktes und der einfach über

$$u - (l - l_2)\varphi = q_1 - (1 - l_2/l)q_2 \triangleq v_{1i} - (1 - l_2/l)v_{2i} \tag{21}$$

zu berechnenden Verschiebung des rechten Endes vom elastischen Balken noch die Lagerverschiebungen zu bestimmen. Dazu werden die (normierten) Lagerkräfte benötigt, welche über die Momentengleichgewichte an der frei geschnittenen Spindel gemäß Bild 3 bestimmt werden:

$$\left. \begin{aligned} \frac{J_S}{l}\ddot{q}_2 + m\ddot{q}_1 l - F_A l_1 &= 0, \\ \frac{J_S}{l}\ddot{q}_2 + m\ddot{q}_1 (l + l_1) + F_B l_1 &= 0. \end{aligned} \right\} \tag{22}$$

Aufgelöst liefert das

$$\begin{bmatrix} F_A \\ F_B \end{bmatrix} = m\frac{l}{l_1} \begin{bmatrix} 1 & \frac{J_S}{ml^2} \\ -\left(1 + \frac{l_1}{l}\right) & -\frac{J_S}{ml^2} \end{bmatrix} \ddot{\boldsymbol{q}}. \tag{23}$$

Andererseits folgt aus den Bewegungsgleichungen (13) für die Beschleunigungen

$$\ddot{\boldsymbol{q}} = -\frac{c_1}{m}\boldsymbol{M}^{*-1}\boldsymbol{C}^*\boldsymbol{q}, \tag{24}$$

womit sich nach dem Einsetzen in (23) der folgende Ausdruck ergibt:

$$\begin{bmatrix} F_A \\ F_B \end{bmatrix} = c\frac{l}{l_1} \begin{bmatrix} -1 & -1 \\ \left(1 + \frac{l_1}{l}\right) & 1 \end{bmatrix} \boldsymbol{C}^*\boldsymbol{q}. \tag{25}$$

Die Lagerverschiebungen können jetzt aus diesen Kräften berechnet werden, wenn sie durch die jeweiligen Lagersteifigkeiten dividiert werden:

$$\begin{bmatrix} u_A \\ u_B \end{bmatrix} = \begin{bmatrix} F_A/c_1 \\ F_B/c_2 \end{bmatrix} = \begin{bmatrix} 1 & 0 \\ 0 & 1/\kappa \end{bmatrix} \begin{bmatrix} F_A/c_1 \\ F_B/c_1 \end{bmatrix} = \frac{l}{l_1} \begin{bmatrix} -1 & -1 \\ \left(1 + \frac{l_1}{l}\right)/\kappa & 1/\kappa \end{bmatrix} \boldsymbol{C}^*\boldsymbol{q}. \tag{26}$$

5.8 Lagereinfluss auf das Eigenverhalten einer Spindel

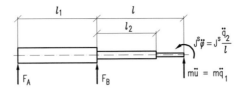

Bild 3: Freigeschnittene Spindel

Nun gilt für die i-te Eigenschwingung (i-te Fundamentallösung) unter Verwendung der Zeitfunktion der i-ten modalen Koordinate $p_i(t) = \hat{p}_i \sin \omega_i t$:

$$\boldsymbol{q}_i(t) = \boldsymbol{v}_i p_i(t), \quad u_{Ai}(t) = \bar{u}_{Ai} p_i(t), \quad u_{Bi}(t) = \bar{u}_{Bi} p_i(t). \tag{27}$$

Einsetzen in (26) und Koeffizientenvergleich bei $p_i(t)$ liefert für die normierten Lagerverschiebungen

$$\begin{bmatrix} \bar{u}_A \\ \bar{u}_B \end{bmatrix}_i = \frac{l}{l_1} \begin{bmatrix} -1 & -1 \\ \left(1 + \frac{l_1}{l}\right)/\kappa & 1/\kappa \end{bmatrix} \boldsymbol{C}^* \boldsymbol{v}_i. \tag{28}$$

Damit ist es nun möglich, die Biege-Eigenschwingformen qualitativ richtig zu zeichnen. Eine bessere, hier aus Platzgründen nicht weiter verfolgte Variante ist die der Ermittlung der Biegelinien bei bekannten (normierten) Lagerkräften, was mit (25) und (27) problemlos möglich ist. Dieser Weg wurde für die Erstellung der Bilder 4a und 4b gegangen.

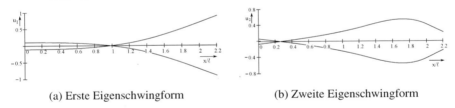

(a) Erste Eigenschwingform   (b) Zweite Eigenschwingform

Bild 4: Erste und zweite Eigenschwingform

Eigenschwingungen von Spindeln oder anderen einfachen Biegesystemen können oft schon mit wenigen Freiheitsgraden beschrieben werden. Auch eine Berücksichtigung von Lager- bzw. Umbauelastizitäten ist problemlos möglich. Etwas Aufwand kann nötig werden, wenn Eigenschwingformen grafisch veranschaulicht werden sollen.

Weiterführende Literatur

[76] Weck, M.: *Berechnung des statischen und dynamischen Verhaltens von Spindel-Lager-Systemen*. Techn. Ber. CAD-Berichte, Kernforschungszentrum Karlsruhe, 1978.

[77] Weck, M.: *Werkzeugmaschinen 2: Konstruktion und Berechnung*. 8. Aufl. VDI-Buch. Springer Vieweg, 2006.

6 Lineare Schwinger mit Freiheitsgrad N

6.1 Schwingungen eines Versuchsstandes

Bei Schwingungsuntersuchungen ist darauf zu achten, dass die Schwingungen des Versuchsobjektes mit denen des Grundgestells nicht gekoppelt sind, damit sich eine Anregung des Gestells nicht auf die Messergebnisse auswirkt. [‡]

Ein Versuchsstand besteht aus einem elastisch gebetteten starren Körper und einer biegeelastischen Welle, die sich ihrerseits gegenüber dem Gestellblock abstützt (Bild 1).

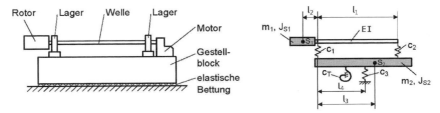

Bild 1: Versuchsstand, links: Schematische Darstellung; rechts: Berechnungsmodell

Das Berechnungsmodell, welches zur Abschätzung (sowohl des Einflusses der elastischen Lagerung als auch des elastisch gebetteten Gestellblocks) auf die Eigenfrequenzen benutzt wird, erfasst die elastische Bettung über eine resultierende Längs- und eine resultierende Drehfeder. Die Wellenmasse wird gegenüber der Rotormasse vernachlässigt. Die Biegesteifigkeit der Welle ist zu berücksichtigen. Kreiseleffekte des Rotors seien unwesentlich.

Es sind die Eigenfrequenzen des Berechnungsmodells jenen gegenüberzustellen, die sich für eine starr angenommene Aufstellung des Gestellblocks ergeben.

Gegeben:

l_1	= 1 m	Länge des Biegebalkens
l_2	= 0,12 m	Abstand zwischen Rotorschwerpunkt und linker Lagerstelle
l_3	= 0,72 m	Abstand zwischen Gestellblock-Schwerpunkt und linker Lagerstelle
l_4	= 0,6 m	Abstand zwischen dem Zentrum der elastischen Bettung und linker Lagerstelle
m_1	= 8 kg	Rotormasse
J_{S1}	= 0,041 kg m^2	Trägheitsmoment des Rotors
m_2	= 100 kg	Masse des Gestellblocks

[‡] Autor: Jörg-Henry Schwabe, Quelle [18, Aufgabe 27]

$J_{S2} = 2{,}0\,\mathrm{kg\,m^2}$ Trägheitsmoment des Gestellblocks
$c_1 = 5{,}0 \cdot 10^6\,\mathrm{N/m}$ Lagersteifigkeit des linken Lagers
$c_2 = 3{,}0 \cdot 10^6\,\mathrm{N/m}$ Lagersteifigkeit des rechten Lagers
$EI = 8350\,\mathrm{Nm^2}$ Biegesteifigkeit der Welle
$c_3 = 5{,}63 \cdot 10^6\,\mathrm{N/m}$ resultierende vertikale Steifigkeit der Bettung
$c_T = 0{,}92 \cdot 10^6\,\mathrm{N\,m}$ resultierende Drehsteifigkeit der Bettung

Gesucht:

1) Festlegung geeigneter Lagekoordinaten sowie der generalisierten Koordinaten

2) Steifigkeits- und Massenmatrix des Systems bezüglich der generalisierten Koordinaten

3) Eigenfrequenzen und –formen des Gesamtsystems

4) Eigenfrequenzen für die Welle bei starr angenommener Aufstellung des Gestellblocks im Vergleich zu denen des Gesamtsystems

Lösung:

Zu 1):

Das Berechnungsmodell hat vier Freiheitsgrade, jeweils die Vertikalverschiebung und Drehung der Starrkörper Rotor und Gestellblock.

Es ist zweckmäßig, auch an den Stellen, wo Federn wirken, Koordinaten einzuführen, so dass entsprechend Bild 2 die 11 Lagekoordinaten $y_1, \cdots, y_7, \psi_1, \psi_2, \alpha, \beta$ zur Beschreibung verwendet werden. Es müssen also noch $11 - 4 = 7$ Zwangsbedingungen zwischen den Lagekoordinaten bestehen.

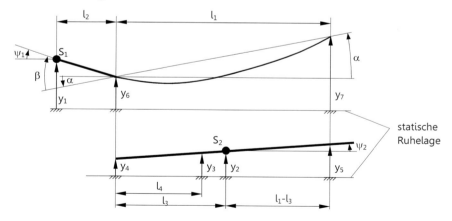

Bild 2: Festlegung der Koordinaten

6.1 Schwingungen eines Versuchsstandes

Von den in Bild 2 definierten 11 Lagekoordinaten werden die folgenden 4 als generalisierte Koordinaten gewählt, wobei die Winkel mit einer typischen Abmessung multipliziert werden, um gleiche Dimensionen zu erhalten:

$$\boldsymbol{q} = \begin{bmatrix} q_1 \\ q_2 \\ q_3 \\ q_4 \end{bmatrix} = \begin{bmatrix} y_1 \\ y_2 \\ l_1\psi_1 \\ l_1\psi_2 \end{bmatrix}. \tag{1}$$

Zu 2):

Unter der Voraussetzung kleiner Winkel gelten entsprechend Bild 2 die Zwangsbedingungen:

$$y_3 = y_2 - (l_3 - l_4)\psi_2 = q_2 - \frac{(l_3 - l_4)}{l_1} q_4, \tag{2}$$

$$y_4 = y_2 - l_3\psi_2 = q_2 - \frac{l_3}{l_1} q_4, \tag{3}$$

$$y_5 = y_2 + (l_1 - l_3)\psi_2 = q_2 + \left(1 - \frac{l_3}{l_1}\right) q_4, \tag{4}$$

$$y_6 = y_1 - l_2\psi_1 = q_1 - \frac{l_2}{l_1} q_3, \tag{5}$$

$$y_7 = y_6 + l_1\alpha = y_6 + l_1(\beta - \psi_1) \tag{6}$$

$$= q_1 - \left(1 + \frac{l_2}{l_1}\right) q_3 + l_1\beta \quad \text{mit} \quad \alpha = \beta - \psi_1.$$

Die noch fehlende siebente Gleichung wird aus Gleichgewichts- und Verformungsbetrachtungen an der freigeschnittenen Welle (Bild 3) erhalten.

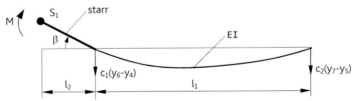

Bild 3: Moment, Kräfte und Verformungen an der freigeschnittenen Welle

Das Momentengleichgewicht bezüglich des linken Lagers ergibt

$$M = -c_2(y_7 - y_5)l_1 \tag{7}$$

und für den relativen Biegewinkel β gilt mit der Nutzung von Einflusszahlen (siehe [22, Abschnitt 5]):

$$\beta = \frac{l_1}{3EI} M. \tag{8}$$

Gleichung (7) in (8) eingesetzt ergibt

$$\beta = \frac{-c_2 l_1^2}{3EI}(y_7 - y_5). \tag{9}$$

Mit den Gleichungen (4) und (6) wird daraus:

$$\beta = \frac{-c_2 l_1^2}{3EI + c_2 l_1^3}\left[q_1 - q_2 - \left(1 + \frac{l_2}{l_1}\right)q_3 - \left(1 - \frac{l_3}{l_1}\right)q_4\right]. \tag{10}$$

Für y_7 ergibt sich damit nach (6):

$$y_7 = \frac{3EI}{3EI + c_2 l_1^3}\left[q_1 - \left(1 + \frac{l_2}{l_1}\right)q_3\right] + \frac{c_2 l_1^3}{3EI + c_2 l_1^3}\left[q_2 + \left(1 - \frac{l_3}{l_1}\right)q_4\right]. \tag{11}$$

Zur Ermittlung der Systemmatrizen werden die kinetische und potentielle Energie benutzt:

$$2W_{\text{kin}} = m_1 \dot{y}_1^2 + J_{S1} \dot{\psi}_1^2 + m_2 \dot{y}_2^2 + J_{S2} \dot{\psi}_2^2, \tag{12}$$

$$2W_{\text{pot}} = c_1(y_6 - y_4)^2 + c_2(y_7 - y_5)^2 + c_3 y_3^2 + c_T \psi_2^2 + \frac{3EI}{l_1}\beta^2. \tag{13}$$

Das Einsetzen der Gln. (2), (3), (4), (5), (10) und (11) in (12) und (13) ergibt mit Einführung der Ersatzsteifigkeit

$$c_E = c_2 / \left(1 + \frac{c_2 l_1^3}{3EI}\right) \tag{14}$$

die kinetische und potentielle Energie in der Form

$$2W_{\text{kin}} = m_1 \dot{q}_1^2 + \left(\frac{J_{S1}}{l_1^2}\right)\dot{q}_3^2 + m_2 \dot{q}_2^2 + \left(\frac{J_{S2}}{l_1^2}\right)\dot{q}_4^2, \tag{15}$$

$$2W_{\text{pot}} = c_1\left(q_1 - q_2 - \frac{l_2}{l_1}q_3 + \frac{l_3}{l_1}q_4\right)^2 + c_3\left(q_2 - \frac{l_3 - l_4}{l_1}q_4\right)^2 \tag{16}$$
$$+ c_E\left[q_1 - q_2 - \left(1 + \frac{l_2}{l_1}\right)q_3 - \left(1 - \frac{l_3}{l_1}\right)q_4\right]^2 + \frac{c_T}{l_1^2}q_4^2.$$

Die Steifigkeits- und Massenmatrix des Systems werden mit den Ableitungen

$$m_{lk} = \frac{\partial^2 W_{\text{kin}}}{\partial \dot{q}_l \partial \dot{q}_k} \quad \text{und} \quad c_{lk} = \frac{\partial^2 W_{\text{pot}}}{\partial q_l \partial q_k} \tag{17}$$

gewonnen[22]:

$$\boldsymbol{M} = \begin{bmatrix} m_1 & 0 & 0 & 0 \\ 0 & m_2 & 0 & 0 \\ 0 & 0 & J_{S1}/l_1^2 & 0 \\ 0 & 0 & 0 & J_{S2}/l_1^2 \end{bmatrix}, \tag{18}$$

6.1 Schwingungen eines Versuchsstandes

$$C = \begin{bmatrix} c_1 + c_E & -c_1 - c_E & -c_1 \dfrac{l_2}{l_1} - c_E\left(1 + \dfrac{l_2}{l_1}\right) & c_1 \dfrac{l_3}{l_1} - c_E\left(1 - \dfrac{l_3}{l_1}\right) \\ & c_1 + c_E + c_3 & c_1 \dfrac{l_2}{l_1} + c_E\left(1 + \dfrac{l_2}{l_1}\right) & c_{24} \\ & & c_1 \left(\dfrac{l_2}{l_1}\right)^2 + c_E\left(1 + \dfrac{l_2}{l_1}\right)^2 & c_{34} \\ \text{symmetrisch} & & & c_{44} \end{bmatrix} \quad (19)$$

mit

$$c_{24} = -c_1 \frac{l_3}{l_1} + c_E \left(1 - \frac{l_3}{l_1}\right) - c_3 \frac{l_3 - l_4}{l_1}, \tag{20}$$

$$c_{34} = -c_1 \frac{l_2 l_3}{l_1^2} + c_E \left(1 + \frac{l_2}{l_1}\right)\left(1 - \frac{l_3}{l_1}\right), \tag{21}$$

$$c_{44} = c_1 \left(\frac{l_3}{l_1}\right)^2 + c_E \left(1 - \frac{l_3}{l_1}\right)^2 + c_3 \left(\frac{l_3 - l_4}{l_1}\right)^2 + \frac{c_T}{l_1^2}. \tag{22}$$

Zu 3):

Das Eigenwertproblem lautet

$$\left(C - \omega^2 M\right) v = 0. \tag{23}$$

Es ist zweckmäßig, Faktoren aus den Matrizen in der Weise herauszuziehen, dass die Elemente der Matrizen dimensionslos werden und eine numerisch geeignete Größenordnung erhalten. Werden c_1 und m_1 als Bezugsgröße genutzt, so wird:

$$C = c_1 \cdot C^*, \quad M = m_1 \cdot M^*. \tag{24}$$

Aus (23) wird mit (24)

$$(C^* - \lambda M^*) v = 0, \tag{25}$$

wobei

$$\lambda = \frac{\omega^2 m_1}{c_1} = \frac{m_1}{c_1}(2\pi f)^2 \tag{26}$$

der dimensionslose Eigenwert ist.

Mit den gegebenen Zahlenwerten wird:

$$M^* = \begin{bmatrix} 1 & 0 & 0 & 0 \\ 0 & 12{,}5 & 0 & 0 \\ 0 & 0 & 0{,}005\,125 & 0 \\ 0 & 0 & 0 & 0{,}25 \end{bmatrix}, \tag{27}$$

$$C^* = \begin{bmatrix} 1{,}004\,97 & -1{,}004\,97 & -0{,}125\,56 & 0{,}718\,61 \\ & 2{,}130\,97 & 0{,}125\,56 & -0{,}853\,73 \\ & & 0{,}020\,63 & -0{,}084\,84 \\ \text{symmetrisch} & & & 0{,}719\,00 \end{bmatrix}. \tag{28}$$

Die Lösung des linearen Eigenwertproblems (25) mit entsprechender Software ergibt:

$$\lambda_1 = 0{,}079\,438, \; \lambda_2 = 0{,}115\,657, \; \lambda_3 = 1{,}019\,136, \; \lambda_1 = 6{,}862\,58. \tag{29}$$

Mit diesen Werten werden die Eigenfrequenzen nach Gl. (26) erhalten:

$$\begin{aligned} \omega_1 &= 222{,}82\,\text{s}^{-1}, & \Longrightarrow \quad f_1 &= 35{,}5\,\text{Hz}, \\ \omega_2 &= 268{,}86\,\text{s}^{-1}, & \Longrightarrow \quad f_2 &= 42{,}8\,\text{Hz}, \\ \omega_3 &= 798{,}10\,\text{s}^{-1}, & \Longrightarrow \quad f_3 &= 127{,}0\,\text{Hz}, \\ \omega_4 &= 2071{,}00\,\text{s}^{-1}, & \Longrightarrow \quad \underline{\underline{f_4 = 329{,}6\,\text{Hz}}}. \end{aligned} \tag{30}$$

Die Eigenvektoren werden in der zugehörigen Modalmatrix V zusammengefasst:

$$V = \begin{bmatrix} 0{,}2966 & 0{,}8823 & -0{,}0397 & 0{,}3634 \\ 0{,}2696 & -0{,}0768 & 0{,}0213 & -0{,}0313 \\ 0{,}5496 & 3{,}5821 & -8{,}9205 & -10{,}12 \\ 0{,}0910 & -0{,}5733 & -1{,}5296 & 1{,}1503 \end{bmatrix}. \tag{31}$$

Die Eigenvektoren sind hier so normiert, dass $v_i^T M^* v_i = 1$ gilt. In Bild 4 sind die einzelnen Eigenformen dargestellt, wofür auch Gl. (11) genutzt wurde.

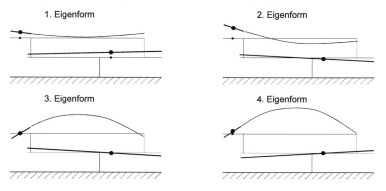

Bild 4: Eigenformen des Gesamtsystems

Deutlich zu erkennen ist bei allen vier Eigenformen die Kopplung der Wellenschwingungen mit den Schwingungen des elastisch gebetteten Gestellblocks. Daraus folgt, dass eine auf das Grundgestell einwirkende Erregung (z. B. unwuchtiger Motor) durchaus die Welle mit dem Rotor zu Schwingungen anregen kann und damit die gewünschten Messergebnisse verfälscht werden.

6.1 Schwingungen eines Versuchsstandes

Zu 4):

Wird der Einfluss des elastisch gebetteten Gestellblocks vernachlässigt, so ergeben sich infolge $y_2 = q_2 \equiv 0$ und $l_1\psi_2 = q_4 \equiv 0$ die Matrizen für die Steifigkeit und Massen aus (18) und (19) durch Streichen der zweiten und vierten Zeile und Spalte. Es entsteht damit ein zu (23) analoges Eigenwertproblem der Größe 2×2, welches bei Nutzung dimensionsloser Matrizen gemäß (24) lautet:

$$\begin{bmatrix} 1{,}00497 - \lambda & -0{,}12556 \\ -0{,}12556 & 0{,}02063 - 0{,}005125\lambda \end{bmatrix} \begin{bmatrix} v_1 \\ v_3 \end{bmatrix} = \begin{bmatrix} 0 \\ 0 \end{bmatrix}. \tag{32}$$

Hieraus ergeben sich die Eigenwerte:

$$\lambda_1 = 0{,}20068, \quad \lambda_2 = 4{,}8296. \tag{33}$$

Mit (26) folgen daraus die Eigenfrequenzen:

$$\begin{aligned} \omega_1 &= 354{,}15\,\text{s}^{-1}, & \Longrightarrow \quad f_1 &= 56{,}4\,\text{Hz}, \\ \omega_2 &= 1737{,}38\,\text{s}^{-1}, & \Longrightarrow \quad f_2 &= 276{,}5\,\text{Hz}. \end{aligned} \tag{34}$$

Das Einsetzen der Eigenwerte aus (33) in (32) ergibt die Amplitudenverhältnisse:

$$\left(\frac{v_3}{v_1}\right)_1 = 6{,}4056, \quad \left(\frac{v_3}{v_1}\right)_2 = -30{,}460. \tag{35}$$

Die Eigenformen sind im Bild 5 dargestellt.

Bild 5: Eigenformen der Welle bei starrer Aufstellung des Gestellblocks

Der Vergleich der Eigenfrequenzen des Systems ohne Berücksichtigung des elastisch gebetteten Gestellblocks entsprechend (34) mit denen des ursprünglichen Gesamtsystems entsprechend (30) zeigt erhebliche Abweichungen. Demnach ist eine derartige Modellvereinfachung nicht zur Ermittlung der tatsächlichen Eigenfrequenzen des Gesamtsystems geeignet.

Bei praktischen Schwingungsuntersuchungen ist im Allgemeinen der Einfluss der Aufstellbedingungen zu berücksichtigen. Fundamentblöcke müssen hinreichend große Massen haben, damit sie als Versuchsstände einsetzbar sind.

6.2 Elastisch aufgehängter Motorblock mit Freiheitsgrad 6

Viele Maschinen und deren Baugruppen lassen sich auf ein lineares Berechnungsmodell mit endlichem Freiheitsgrad reduzieren. Ein elastisch aufgehängter, als starre Maschine modellierter Motorblock hat den Freiheitsgrad 6. Die Lage der Eigenfrequenzen ist im Zusammenhang mit dem Drehzahlbereich des Motors von Interesse. Zur Bewertung der Auswirkung von Resonanzen sind die Eigenformen wesentlich. [‡]

Gegeben ist die aus Aufgabe 1.8 bekannte Motor-Getriebeeinheit. Der Gesamtkörper ist durch drei Stützen, an deren Ende sich jeweils ein als punktförmig anzunehmendes Federelement befindet, inertial gefesselt (siehe Bild 1). Die Federelemente liegen jeweils an den mit schwarzen Punkten P_1, P_2 und P_3 markierten Stellen. Die drei Stützen sind baugleich und haben eine Kraglänge von 0,2 m. Die Stütze 3 befindet sich in y-Richtung in der Mitte des Motorblocks. Bei den Stützen 1 und 3 sind die Kraftelemente auf Höhe der Oberkante des Motorblocks montiert, bei Stütze 2 auf Höhe der Unterkante.

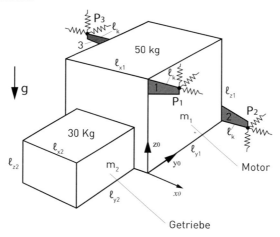

Bild 1: Elastisch aufgehängter Motorblock aus zwei Komponenten

Die Federelemente weisen nur translatorische Steifigkeiten auf, die rotatorischen Verdrehsteifigkeiten sind zu vernachlässigen. Die translatorischen Steifigkeiten der Federelemente sind durch drei unabhängige Werte $c_x = 10\,\text{N/mm}$, $c_y = 10\,\text{N/mm}$ und $c_z = 20\,\text{N/mm}$ gegeben. Die Einbaulage aller Federelemente ist so, dass deren Achsen parallel zu den Achsen des körperfesten Koordinatensystems (x_0-y_0-z_0) gemäß Bild 1 sind.

[‡]Autor: Michael Beitelschmidt

6.2 Elastisch aufgehängter Motorblock mit Freiheitsgrad 6

Gegeben:

$m_1 = 50\,\text{kg},\ m_2 = 30\,\text{kg}$ Masse des Motorblocks und des Getriebes

$l_{x1} = 0{,}3\,\text{m},\ l_{y1} = 0{,}5\,\text{m},\ l_{z1} = 0{,}4\,\text{m}$ Maße des Motorblock-Quaders

$l_{x2} = 0{,}2\,\text{m},\ l_{y2} = 0{,}3\,\text{m},\ l_{z2} = 0{,}2\,\text{m}$ Maße des Getriebe-Quaders

$c_x = c_y = 10\,\text{N/mm},\ c_z = 20\,\text{N/mm}$ Translatorische Federsteifigkeit der Stütze

$g = 9{,}81\,\text{m/s}^2$ Erdbeschleunigung

Gesucht:

1) Bewegungsgleichung in der Form $\boldsymbol{M\ddot{q}} + \boldsymbol{Cq} = \boldsymbol{f}$
2) Statische Gleichgewichtslage $\boldsymbol{q}_0$
3) Eigenfrequenzen f_i und Eigenformen $\boldsymbol{v}_i$

Lösung:

Zu 1):

Bezogen auf das körperfeste Koordinatensystem $\mathcal{K}_0(x_0-y_0-z_0)$ ist der Ortsvektor des Schwerpunktes S der Motor-Getriebeeinheit (Aufgabe 1.8)

$$_0\boldsymbol{r}_S^T = \begin{bmatrix} -0{,}15 & 0{,}10 & 0{,}1625 \end{bmatrix}\ \text{m}. \tag{1}$$

Der Angriffspunkt P_j der Federkraft der j-ten Feder ist

$$_0\boldsymbol{r}_{P_1} = \begin{bmatrix} l_k \\ 0 \\ l_{z1} \end{bmatrix},\quad _0\boldsymbol{r}_{P_2} = \begin{bmatrix} l_k \\ l_{y1} \\ 0 \end{bmatrix},\quad _0\boldsymbol{r}_{P_3} = \begin{bmatrix} -l_{x1} - l_k \\ l_{y1}/2 \\ l_{z1} \end{bmatrix}. \tag{2}$$

Das körperfeste Koordinatensystem $\mathcal{K}_S(\xi\text{-}\eta\text{-}\zeta)$ mit dem Schwerpunkt S hat die gleiche Orientierung wie $\mathcal{K}_0$. Somit kann der Angriffspunkt P_j der Federkraft für jede Feder j durch die körperfesten Koordinaten $\xi_j,\ \eta_j,\ \zeta_j$ angegeben werden

$$\boldsymbol{r}_{P_1} = {}_0\boldsymbol{r}_{P_1} - {}_0\boldsymbol{r}_S = \begin{bmatrix} l_k - l_{Sx} \\ -l_{Sy} \\ l_{z1} - l_{Sz} \end{bmatrix},\quad \boldsymbol{r}_{P_2} = {}_0\boldsymbol{r}_{P_2} - {}_0\boldsymbol{r}_S = \begin{bmatrix} l_k - l_{Sx} \\ l_{y1} - l_{Sy} \\ -l_{Sz} \end{bmatrix}, \tag{3}$$

$$\boldsymbol{r}_{P_3} = {}_0\boldsymbol{r}_{P_3} - {}_0\boldsymbol{r}_S = \begin{bmatrix} -(l_{x1} + l_k + l_{Sx}) \\ l_{y1}/2 - l_{Sy} \\ l_{z1} - l_{Sz} \end{bmatrix}. \tag{4}$$

Der Trägheitstensor des gesamten Systems bezogen auf das Koordinatensystem $\mathcal{K}_S$ (ξ-η-ζ) wurde in der Aufgabe 1.8 berechnet

$$\boldsymbol{J}^S = \begin{bmatrix} J^S_{\xi\xi} & J^S_{\xi\eta} & J^S_{\xi\zeta} \\ J^S_{\eta\xi} & J^S_{\eta\eta} & J^S_{\eta\zeta} \\ J^S_{\zeta\xi} & J^S_{\zeta\eta} & J^S_{\zeta\zeta} \end{bmatrix} = \begin{bmatrix} 5{,}2208 & 0 & 0 \\ 0 & 1{,}4292 & -0{,}75 \\ 0 & -0{,}75 & 4{,}7417 \end{bmatrix} \text{ kg m}^2 . \tag{5}$$

Zur Aufstellung der Bewegungsgleichung wird ein raumfestes Koordinatensystem $\mathcal{K}(x$-y-$z)$ festgelegt, dessen Ursprung im Schwerpunkt der Motor-Getriebeeinheit liegt. Im Ausgangszustand ist das körperfeste Koordinatensystem $\mathcal{K}_S(\xi$-η-$\zeta)$ deckungsgleich mit dem raumfesten Koordinatensystem $\mathcal{K}(x$-y-$z)$, in welchem die Verschiebungen s_x, s_y, s_z und die kleinen Neigungswinkel φ_x, φ_y, φ_z um diese Achsen gelten.

Die elastisch abgestützte Motor-Getriebeeinheit hat den Freiheitsgrad 6, da die elastischen Federn keine Bewegungseinschränkung des starren Körpers verursachen und selbst als masselos anzusehen sind. Die Bewegungsgleichungen für dieses Modell können z. B. mit den Gleichungen nach LAGRANGE aufgestellt werden [22].

Hier soll allerdings der alternative Weg unter direkter Verwendung des Impuls- und Drallsatzes dargestellt werden. Dieser Weg bietet sich bei ungebundenen Körpern an, da keine bindungskonformen Koordinaten verwendet werden müssen. Zudem kann mit diesem Verfahren auch eine Dämpfung in den Federelementen berücksichtigt werden. Als Koordinaten werden Verschiebungen $\boldsymbol{s}$ des Schwerpunkts S und kleine Verdrehungen $\boldsymbol{\varphi}$ um die Koordinatenachsen zum generalisierten Koordinatenvektor $\boldsymbol{q} = [s_x, s_y, s_z, \varphi_x, \varphi_y, \varphi_z]^T$ zusammengefasst. Zudem sollen die Vektoren $\boldsymbol{s} = [s_x, s_y, s_z]^T$ sowie $\boldsymbol{\varphi} = [\varphi_x, \varphi_y, \varphi_z]^T$ verwendet werden.

Die Impulsbilanz der Motor-Getriebeeinheit mit Gesamtmasse $m = m_1 + m_2$ lautet

$$\underbrace{\begin{bmatrix} m & 0 & 0 \\ 0 & m & 0 \\ 0 & 0 & m \end{bmatrix}}_{m\boldsymbol{E}} \begin{bmatrix} \ddot{s}_x \\ \ddot{s}_y \\ \ddot{s}_y \end{bmatrix} = m\boldsymbol{E} \cdot \ddot{\boldsymbol{s}} = \underbrace{\begin{bmatrix} 0 \\ 0 \\ -mg \end{bmatrix}}_{\boldsymbol{F}_g} + \sum_{j=1}^{3} \boldsymbol{F}_j , \tag{6}$$

wobei $\boldsymbol{E}$ die Einheitsmatrix ist und $\boldsymbol{F}_i$ die räumlichen Federkraftvektoren in den drei Aufhängepunkten darstellen. Die Drehimpulsbilanz lautet

$$\boldsymbol{J}^S \ddot{\boldsymbol{\varphi}} = \sum_{i=1}^{3} \left(\boldsymbol{r}_{Pi} \times \boldsymbol{F}_j + \boldsymbol{M}_j \right) , \tag{7}$$

da aufgrund kleiner Verdrehungen $\dot{\boldsymbol{\varphi}} = \boldsymbol{\Omega}$ gilt und der Term $\boldsymbol{\Omega} \times \boldsymbol{J}\boldsymbol{\Omega}$ entfallen kann. Gemäß der Aufgabenstellung sollen die Federelemente keine Momente erzeugen, deshalb kann $\boldsymbol{M}_j = \boldsymbol{0}$ gesetzt werden.

6.2 Elastisch aufgehängter Motorblock mit Freiheitsgrad 6

Nun stellt sich die Aufgabe, die Federkräfte in Abhängigkeit von den generalisierten Koordinaten darzustellen. Zunächst gilt

$$\boldsymbol{F}_j = -\boldsymbol{C}_j \, \boldsymbol{q}_{loc,j} \tag{8}$$

mit der lokalen Auslenkung der j-ten Feder $\boldsymbol{q}_{loc,j}$ und der Steifigkeitsmatrix $\boldsymbol{C}_j$ des j-ten Federelements. $\boldsymbol{C}_j$ kann prinzipiell beliebig voll besetzt sein. In dieser Aufgabe sind die Federelemente gleich, orthotrop und es gilt

$$\boldsymbol{C}_j = \begin{bmatrix} c_x & 0 & 0 \\ 0 & c_y & 0 \\ 0 & 0 & c_z \end{bmatrix} \tag{9}$$

für alle drei Federn. Die lokale Auslenkung $\boldsymbol{q}_{loc,j}$ am Federelement setzt sich aus zwei Anteilen zusammen, denn die Verschiebung des Schwerpunkts wirkt auch an jedem Federpunkt. Des Weiteren kommt ein Anteil aus der Verdrehung des Körpers mit dem Hebelarm vom Schwerpunkt zum Federpunkt hinzu. In Bild 2 ist dies für eine ebene Verdrehung in der x-y-Ebene dargestellt.

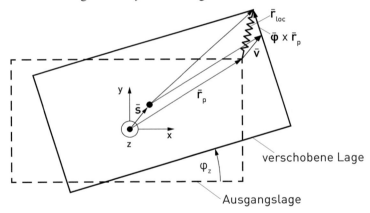

Bild 2: Verdrehung in der x-y-Ebene

Da die Verdrehungen klein sind, gilt

$$\boldsymbol{q}_{loc,j} = \boldsymbol{s} + \boldsymbol{\varphi} \times \boldsymbol{r}_{P_j} \tag{10}$$

und damit ergeben sich mit Gleichung (8) die Federkräfte

$$\boldsymbol{F}_j = -\boldsymbol{C}_j \boldsymbol{s} - \boldsymbol{C}_j \boldsymbol{\varphi} \times \boldsymbol{r}_{P_j}, \tag{11}$$

was mit Hilfe des Tensors des Kreuzprodukts als

$$\boldsymbol{F}_j = -\boldsymbol{C}_j \boldsymbol{s} - \boldsymbol{C}_j \tilde{\boldsymbol{r}}_{P_j}^{\mathrm{T}} \boldsymbol{\varphi} \tag{12}$$

geschrieben werden kann. Wird diese Gleichung in Impuls- und Drallsatz (6) und (7) eingesetzt, wobei beim Drallsatz nochmals der Tensor des Kreuzprodukts verwendet wird, ergibt sich:

$$m\boldsymbol{E} \cdot \ddot{\boldsymbol{s}} = \boldsymbol{F}_g - \sum_{j=1}^{3} \left(\boldsymbol{C}_j \boldsymbol{s} + \boldsymbol{C}_j \tilde{\boldsymbol{r}}_{P_j}^{\mathrm{T}} \boldsymbol{\varphi} \right), \tag{13}$$

$$\boldsymbol{J}^S \ddot{\boldsymbol{\varphi}} = - \sum_{j=1}^{3} \tilde{\boldsymbol{r}}_{P_j} \left(\boldsymbol{C}_j \boldsymbol{s} + \boldsymbol{C}_j \tilde{\boldsymbol{r}}_{P_j}^{\mathrm{T}} \boldsymbol{\varphi} \right). \tag{14}$$

Die Koordinaten s und φ können aus den Summen ausgeklammert werden und die Gleichungen (13) und (14) zu

$$m\boldsymbol{E} \cdot \ddot{\boldsymbol{s}} + \sum_{j=1}^{3} \boldsymbol{C}_j \boldsymbol{s} + \sum_{j=1}^{3} \boldsymbol{C}_j \tilde{\boldsymbol{r}}_{P_j}^{\mathrm{T}} \boldsymbol{\varphi} = \boldsymbol{F}_g \tag{15}$$

$$\boldsymbol{J}^S \ddot{\boldsymbol{\varphi}} + \sum_{j=1}^{3} \tilde{\boldsymbol{r}}_{P_i} \boldsymbol{C}_j \boldsymbol{s} + \sum_{j=1}^{3} \tilde{\boldsymbol{r}}_{P_j} \boldsymbol{C}_j \tilde{\boldsymbol{r}}_{P_j}^{\mathrm{T}} \boldsymbol{\varphi} = 0 \tag{16}$$

umgeformt werden. Beide Gleichungen können zu einer Gleichung

$$\underbrace{\begin{bmatrix} m\boldsymbol{E} & 0 \\ 0 & \boldsymbol{J}^S \end{bmatrix}}_{M} \begin{bmatrix} \ddot{\boldsymbol{s}} \\ \ddot{\boldsymbol{\varphi}} \end{bmatrix} + \underbrace{\begin{bmatrix} \sum_{j=1}^{3} \boldsymbol{C}_j & \sum_{j=1}^{3} \boldsymbol{C}_j \tilde{\boldsymbol{r}}_{P_j}^{\mathrm{T}} \\ \sum_{j=1}^{3} \tilde{\boldsymbol{r}}_{P_j} \boldsymbol{C}_j & \sum_{j=1}^{3} \tilde{\boldsymbol{r}}_{P_j} \boldsymbol{C}_j \tilde{\boldsymbol{r}}_{P_j}^{\mathrm{T}} \end{bmatrix}}_{C} \begin{bmatrix} \boldsymbol{s} \\ \boldsymbol{\varphi} \end{bmatrix} = \underbrace{\begin{bmatrix} \boldsymbol{F}_g \\ 0 \end{bmatrix}}_{f} \tag{17}$$

oder kurz

$$\boldsymbol{M}\ddot{\boldsymbol{q}} + \boldsymbol{C}\boldsymbol{q} = \boldsymbol{f} \tag{18}$$

zusammengefasst werden.

Wäre zu jedem Federelement auch eine lokale Dämpfungsmatrix $\boldsymbol{D}_j$ gegeben, würde die Federkraft

$$\boldsymbol{F}_j = -\boldsymbol{C}_j \cdot \boldsymbol{q}_{loc,j} - \boldsymbol{D}_j \cdot \dot{\boldsymbol{q}}_{loc,j} \tag{19}$$

lauten. Die Bewegungsgleichung (18) wäre um den Term mit der Dämpfungsmatrix zu erweitern

$$\underline{\underline{\boldsymbol{M}\ddot{\boldsymbol{q}} + \boldsymbol{B}\dot{\boldsymbol{q}} + \boldsymbol{C}\boldsymbol{q} = \boldsymbol{f}}}, \tag{20}$$

wobei sich analog zur Steifigkeitsmatrix die Dämpfungsmatrix ergibt:

$$\boldsymbol{B} = \sum_{j=1}^{3} \begin{bmatrix} \boldsymbol{D}_j & \boldsymbol{D}_j \tilde{\boldsymbol{r}}_{P_j}^{\mathrm{T}} \\ \tilde{\boldsymbol{r}}_{P_j} \boldsymbol{D}_j & \tilde{\boldsymbol{r}}_{P_j} \boldsymbol{D}_j \tilde{\boldsymbol{r}}_{P_j}^{\mathrm{T}} \end{bmatrix}. \tag{21}$$

6.2 Elastisch aufgehängter Motorblock mit Freiheitsgrad 6

Werden die Zahlenwerte eingesetzt, ergibt sich:

$$M = \begin{bmatrix} 80 & 0 & 0 & 0 & 0 & 0 \\ 0 & 80 & 0 & 0 & 0 & 0 \\ 0 & 0 & 80 & 0 & 0 & 0 \\ 0 & 0 & 0 & 5{,}2208 & 0 & 0 \\ 0 & 0 & 0 & 0 & 1{,}4292 & -0{,}7500 \\ 0 & 0 & 0 & 0 & -0{,}7500 & 4{,}7417 \end{bmatrix} \quad (22)$$

$$C = \begin{bmatrix} 30000 & 0 & 0 & 0 & 3125 & -4500 \\ 0 & 30000 & 0 & -3125 & 0 & 3500 \\ 0 & 0 & 60000 & 9000 & -7000 & 0 \\ 0 & -3125 & 9000 & 5242{,}2 & -1050 & 568{,}75 \\ 3125 & 0 & -7000 & -1050 & 8742{,}2 & 531{,}25 \\ -4500 & 3500 & 0 & 568{,}75 & 531{,}25 & 5600 \end{bmatrix} \quad (23)$$

$$f = \begin{bmatrix} 0; & 0; & -784{,}8; & 0; & 0; & 0 \end{bmatrix}^T. \quad (24)$$

Die Maßeinheiten entsprechen den SI-EInheiten, sie sind in der Matrix M kg oder kg m², in der Matrix C N/m oder N m und beim Kraftvektor f N oder N m.

Zu 2):

Zur Bestimmung der statischen Gleichgewichtslage wird in (18) der Beschleunigungsvektor $\ddot{q}$ zu Null gesetzt. Es ergibt sich die Gleichung zur Bestimmung der statischen Ruhelage $Cq_0 = f$, woraus die statische Gleichgewichtslage folgt:

$$q_0 = C^{-1}f = \begin{bmatrix} 0{,}000\,513\,3 \\ 0{,}004\,090\,0 \\ -0{,}019\,544\,6 \\ 0{,}034\,191\,0 \\ -0{,}011\,451\,3 \\ -0{,}004\,529\,9 \end{bmatrix} = \begin{bmatrix} 0{,}5133 \text{ mm} \\ 4{,}0900 \text{ mm} \\ -19{,}5446 \text{ mm} \\ 1{,}9590° \\ -0{,}6561° \\ -0{,}2595° \end{bmatrix}. \quad (25)$$

Die ersten drei Einträge in q_0 stehen für die Translationen, die letzten drei für die Rotationen um die Achsen von $\mathcal{K}(x\text{-}y\text{-}z)$.

Zu 3):

Für die Berechnung der Eigenfrequenzen und Eigenformen wird die homogene Gleichung $M\ddot{q} + Cq = 0$ verwendet. Dazu wird das allgemeine Eigenwertproblem gelöst:

$$(C - \lambda M)v = 0. \tag{26}$$

Mit einer Mathematik-Software (Matlab, GNU Octave, o. ä.) können die Eigenwerte und Eigenvektoren numerisch ermittelt werden. Da die Massenmatrix positiv-definit und die Steifigkeitsmatrix positiv-definit bzw. positiv-semidefinit ist, sind bei diesem Eigenwertproblem alle Eigenwerte reell und positiv oder Null. Der Körper ist in allen 3 Raumrichtungen mit Federelementen gefesselt, wobei alle Federelemente nicht im Schwerpunkt angreifen, so existieren keine Starrkörperbewegungen und genau 6 Eigenfrequenzen $f_i = \omega_i/2\pi$, die sich aus den Eigenwerten $\lambda_i = \omega_i^2$ berechnen lassen. Die Ergebnisse sind nachfolgend aufgelistet.

Tabelle 1: Ergebnisse der Lösung des Eigenwertproblems (26)

i	1	2	3	4	5	6
λ_i	222,586	315,829	469,190	1134,553	1379,299	7069,482
f_i in Hz	2,375	2,828	3,447	5,361	5,911	13,382

Für jeden Eigenwert λ_i bzw. jede Eigenfrequenz f_i existiert ein Eigenvektor v_i, der das folgende lineare homogene Gleichungssystem erfüllt:

$$(C - \lambda_i M)v_i = 0, \quad i = 1, \ldots, 6. \tag{27}$$

Der Eigenvektor beschreibt anschaulich eine Eigenschwingform und kann nur bis auf einen festzulegenden Maßstabfaktor bestimmt werden, da die rechte Seite des Gleichungssystems Null ist. Dieser wird durch eine Normierungsbedingung festgelegt, wie z. B.

$$\|v_i\| = 1. \tag{28}$$

Durch Zusammenfassung aller Eigenvektoren entsteht die sogenannte Modalmatrix

$$V = (v_1, v_2, \ldots, v_6) \tag{29}$$

$$V = \begin{bmatrix} 0,0594 & 0,0857 & 0,0245 & 0,0278 & 0,0156 & 0,0035 \\ -0,0762 & 0,0446 & 0,0623 & -0,0286 & -0,0022 & 0,0013 \\ 0,0250 & -0,0437 & 0,0786 & 0,0394 & -0,0457 & -0,0124 \\ -0,1408 & 0,1233 & -0,1661 & 0,2257 & -0,2777 & -0,0290 \\ -0,0304 & -0,0582 & 0,0386 & 0,1170 & -0,0285 & 0,8618 \\ 0,1397 & 0,0498 & -0,0141 & -0,2945 & -0,2983 & 0,1791 \end{bmatrix} \begin{matrix} \Big\} \text{ in m} \\ \\ \Big\} \text{ in rad} \end{matrix}$$

6.2 Elastisch aufgehängter Motorblock mit Freiheitsgrad 6

Der Motorblock mit Getriebe in einer elastischen Aufhängung ist ein Beispiel für ein Schwingungssystem mit Freiheitsgrad 6. Mit diesem einfachen System können die Motorlager hinsichtlich dynamischer Eigenschaften ausgelegt werden. Für kleine Auslenkungen und ein lineares Federgesetz lässt sich die Bewegungsgleichung als lineares Differentialgleichungssystem zweiter Ordnung mit konstanten Koeffizienten formulieren. Als Koordinaten können drei Schwerpunktauslenkungen und drei kleine Verdrehungen um die Koordinatenachsen verwendet werden. Es können sechs Eigenfrequenzen mit zugehörigen Eigenformen bestimmt werden, welche das räumliche Schwingungsverhalten des Motorblocks beschreiben.

6.3 Stationäre Schwingungen einer Nadelbarre mit elastischem Antrieb

Nadelbarren gehören zu den Arbeitsorganen vieler Textilmaschinen, z. B. Wirkmaschinen. Infolge der periodischen Antriebsbewegung dieser Barren (Rast- Umkehrbewegung, vgl. Bild 2) kann es auf Grund ihrer Elastizität und Trägheit sowie wegen der nachgiebigen Antriebselemente in bestimmten Drehzahlbereichen zu stärkeren Schwingungen kommen, die den technologischen Ablauf erheblich stören. [‡]

Für die Untersuchung des Schwingungsverhaltens im stationären Betrieb (Antriebswinkelgeschwindigkeit Ω = const) ist das in Bild 1 gezeigte Berechnungsmodell zu nutzen.

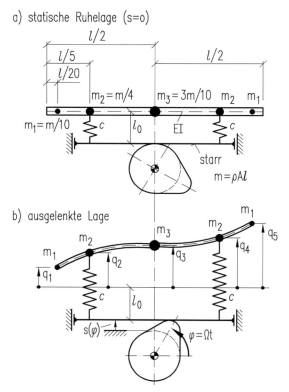

Bild 1: Berechnungsmodell des Nadelbarrenantriebs

Die Biegesteifigkeit EI (Hauptachsenbiegung) und die Massebelegung ρA sind über die Länge l des schlanken Barrens konstant. Zur Erfassung der Trägheit wurde der Barren in 5 Abschnitte unterteilt und deren Masse jeweils in ihrer Mitte als

---
[‡] Autor: Ludwig Rockhausen

6.3 Stationäre Schwingungen einer Nadelbarre mit elastischem Antrieb

Punktmasse angeordnet, so dass ein Schwingungsmodell mit fünf Freiheitsgraden (vgl. Bild 1b) zu betrachten ist. Die als schwach vorausgesetzte Dämpfung werde erst bei den erzwungenen stationären Schwingungen durch modale Dämpfungsgrade D_i berücksichtigt.

Gegeben:

$l, EI, \rho A$	Länge, Biegesteifigkeit und Massebelegung der Barre
c	Steifigkeit jeweils eines Antriebs
n	Drehzahl der Kurvenscheibe
$\hat{s}$	Wegamplitude des Antriebs
$\varphi_B = 7\pi/9$	Antriebswinkel für Bewegung der Barre
$\kappa = \dfrac{cl^3}{EI} = \dfrac{2}{9} \cdot 10^3$	Steifigkeitsverhältnis
$\dfrac{EI}{\rho A l^4} = 196 \, \text{s}^{-2}$	Quadrat der Bezugskreisfrequenz
$D_i = 0{,}02$	Modale Dämpfungsgrade, $i = 1, \ldots, 5$

Die Antriebsfunktion lautet für $\varphi = \Omega t$ und $k \in \mathbb{Z}$:

$$s(\varphi) = \begin{cases} \frac{1}{2}\hat{s}\left(1 - \cos(2\pi \frac{\varphi}{\varphi_B})\right), & 2k\pi \leq \varphi \leq 2k\pi + \varphi_B, \\ 0 & 2k\pi + \varphi_B < \varphi < 2(k+1)\pi. \end{cases} \quad (1)$$

Die Steifigkeitsmatrix des ungefesselten Balkens bezüglich der in Bild 1b definierten Koordinaten lautet

$$C_B = \frac{100 EI}{27 l^3} \begin{bmatrix} 88 & -144 & 72 & -24 & 8 \\ & 252 & -156 & 72 & -24 \\ & & 168 & -156 & 72 \\ \text{symm.} & & & 252 & -144 \\ & & & & 88 \end{bmatrix}. \quad (2)$$

Gesucht:

1) Bewegungsgleichungen des diskreten Systems für $\boldsymbol{q} = [q_1, \ldots, q_5]^T$ in der Form

$$m\boldsymbol{M}^*\ddot{\boldsymbol{q}} + \frac{EI}{l^3}\boldsymbol{C}^*\boldsymbol{q} = \boldsymbol{f}(t), \quad m = \rho A l. \quad (3)$$

Wie können die beiden unter 2) beschriebenen Sonderfälle erfasst und behandelt werden?

2) Eigenfrequenzen und Eigenschwingformen; grafische Darstellung der ersten vier Schwingformen; Vergleich mit den beiden Sonderfällen

- $c \to \infty$ (Antriebe starr, Barre elastisch)

- $EI \to \infty$ (Antriebe elastisch, Barre starr)

3) Auf Wegamplitude $\hat{s}$ bezogene stationäre erzwungene Schwingungen

$$\frac{q_j(\varphi)}{\hat{s}} = \frac{q_j(\varphi + 2\pi)}{\hat{s}}, \quad (j = 1, \ldots, 5) \tag{4}$$

für die Drehzahlen $n_1 = 100\,\text{min}^{-1}$ und $n_2 = 120\,\text{min}^{-1}$ bei Nutzung modaler Koordinaten.

4) Grafische Darstellung des Zeitverlaufs ($\varphi(t) = \Omega t$) von $\frac{q_1(\varphi)}{\hat{s}}$ und $\frac{q_3(\varphi)}{\hat{s}}$ für beide Drehzahlen in $0 \leq \varphi \leq 2{,}5\pi$ sowie die erzwungene Schwingform des Barrens zu 2 Zeitpunkten der Bewegungsphase des Antriebs (möglichst Extrema des Zeitverlaufs)

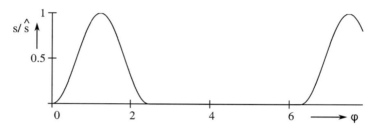

Bild 2: Diagramm der Antriebsbewegung (Rast-Umkehr-Bewegung)

Lösung:

Zu 1):

Aus der kinetischen Energie des diskretisierten Systems (m_j gemäß Bild 1)

$$W_{\text{kin}} = \frac{1}{2} \sum_{j=1}^{5} m_j (\dot{q}_j + \dot{s})^2 = \frac{m}{2} (\dot{\boldsymbol{q}} + \boldsymbol{e}\dot{s})^{\text{T}} \boldsymbol{M}^* (\dot{\boldsymbol{q}} + \boldsymbol{e}\dot{s}) \tag{5}$$

mit $\boldsymbol{e} = [1,\ 1,\ 1,\ 1,\ 1]^{\text{T}}$ folgt entsprechend der LAGRANGEschen Gleichungen 2. Art

$$\frac{\text{d}}{\text{d}t}\left(\frac{\partial W_{\text{kin}}}{\partial \dot{\boldsymbol{q}}^{\text{T}}}\right) = m\boldsymbol{M}^*(\ddot{\boldsymbol{q}} + \boldsymbol{e}\ddot{s}) \quad \text{und} \quad \frac{\partial W_{\text{kin}}}{\partial \boldsymbol{q}^{\text{T}}} \equiv \boldsymbol{0}, \tag{6}$$

wobei

$$\boldsymbol{M}^* = \text{diag}\left\{\frac{1}{10}, \frac{1}{4}, \frac{3}{10}, \frac{1}{4}, \frac{1}{10}\right\} \tag{7}$$

die dimensionslose Massenmatrix ist.

Zur Ermittlung der Steifigkeitsmatrix wird die potentielle Energie des Systems formuliert. Sie ergibt sich als Summe der Energien von Balken und Antrieben:

$$W_{\text{pot}} = \frac{1}{2}\boldsymbol{q}^{\text{T}}\boldsymbol{C}_B\boldsymbol{q} + \frac{1}{2}c(q_2^2 + q_4^2) \stackrel{!}{=} \frac{1}{2}\boldsymbol{q}^{\text{T}}\boldsymbol{C}\boldsymbol{q}. \tag{8}$$

6.3 Stationäre Schwingungen einer Nadelbarre mit elastischem Antrieb

Hieraus folgt:

$$C = C_B + c \cdot \text{diag}\{0, 1, 0, 1, 0\} = \frac{EI}{l^3} C_B^* + c\, C_L^*, \tag{9}$$

$$C_B^* = \frac{l^3}{EI} C_B, \quad C_L^* = \text{diag}\{0, 1, 0, 1, 0\}.$$

Bei Nutzung des in der Aufgabenstellung definierten Steifigkeitsverhältnisses κ ergibt sich schließlich:

$$C = C(\kappa) = \frac{EI}{l_3}(C_B^* + \kappa\, C_L^*) = \frac{EI}{l_3} C^*(\kappa). \tag{10}$$

Mit (6) und (10) lauten nun die (bereits durch m dividierten) Bewegungsgleichungen:

$$\underline{M^* \ddot{q} + \frac{EI}{ml^3} C^*(\kappa) q = -M^* e\ddot{s}(t)}. \tag{11}$$

Die Betrachtungen der beiden Sonderfälle ($c \to \infty$ bzw. $1/\kappa = 0$ und $EI \to \infty$ bzw. $\kappa = 0$) bedürfen einiger Überlegungen, denn diese Sonderfälle haben wegen zusätzlicher innerer starrer Bindungen eine Reduktion der Anzahl der Freiheitsgrade zur Folge.

Für $c \to \infty$ (Fall a) gilt $q_2 = q_4 \equiv 0$. Der Zusammenhang zwischen den ursprünglichen Koordinaten q und den verbleibenden $q_a = [q_1, q_3, q_5]^T$ kann also in der Form

$$q = T_a q_a, \quad T_a = \begin{bmatrix} 1 & 0 & 0 \\ 0 & 0 & 0 \\ 0 & 1 & 0 \\ 0 & 0 & 0 \\ 0 & 0 & 1 \end{bmatrix} \tag{12}$$

geschrieben werden.

Für $EI \to \infty$ (Fall b) bleibt der Balken unverformt, d.h. es existiert eine lineare Abhängigkeit (kleine Kippwinkel des Balkens $\psi \approx 5(q_4 - q_2)/3l$ vorausgesetzt) zwischen den ursprünglichen Koordinaten q und den in $q_b = [q_2, q_4]^T$ erfassten Lagerverschiebungen:

$$q = T_b q_b, \quad T_b = \frac{1}{4} \begin{bmatrix} 5 & -1 \\ 4 & 0 \\ 2 & 2 \\ 0 & 4 \\ -1 & 5 \end{bmatrix}. \tag{13}$$

Gemäß Abschnitt 6.4.4 in [22] werden nun die Matrizen für Masse und Steifigkeit der reduzierten Modelle über Energiebetrachtungen mittels Matrixmultiplikationen der ursprünglichen Matrizen und Transformationsmatrizen erhalten:

$$M^*_{a,b} = T^T_{a,b} M^* T_{a,b}, \quad C^*_{a,b} = T^T_{a,b} C^* T_{a,b}. \tag{14}$$

Konkret ergibt sich:

$$M^*_a = \frac{1}{10} \mathrm{diag}\{1,3,1\}, \quad C^*_a = \frac{100}{27} \begin{bmatrix} 88 & 72 & 8 \\ 72 & 168 & 72 \\ 8 & 72 & 88 \end{bmatrix}, \tag{15}$$

$$M^*_b = \frac{1}{80} \begin{bmatrix} 39 & 1 \\ 1 & 39 \end{bmatrix}, \quad C^*_b = C^*_b(\kappa) = \kappa \, \mathrm{diag}\{1,1\}. \tag{16}$$

Zu 2):

Zur Ermittlung des Eigenverhaltens werden die homogenen Systeme von (11) als auch die homogenen Gln. der beiden Sonderfälle

$$M^*_{a,b} \ddot{q}_{a,b} + \frac{EI}{ml^3} C^*_{a,b} q_{a,b} = 0 \tag{17}$$

untersucht.

Der Ansatz $q(t) = \hat{p} v \sin(\omega_0 t + \beta)$ überführt das jeweilige homogene Differentialgleichungssystem in ein homogenes algebraisches Gleichungssystem für die Unbekannten v (für q_a, q_b analog). Es ergeben sich nach Division durch $EI/(ml^3)$ und mit Einführung des dimensionslosen Eigenwertes

$$\lambda = \frac{ml^3}{EI} \omega_0^2 \tag{18}$$

die Eigenwertprobleme

$$(C^*(\kappa) - \lambda M^*) v = 0 \quad \text{bzw.} \quad \left(C^*_{a,b} - \lambda M^*_{a,b}\right) v_{a,b} = 0. \tag{19}$$

Die numerische Lösung der linearen Matrix-Eigenwertprobleme mittels Mathematik-Software (Mathcad, Matlab usw.) liefert die in Tabelle 1 aufgelisteten Wurzeln der Eigenwerte und die zugehörigen Eigenfrequenzen f_{0i}. Für Letztere gilt wegen des gegebenen Verhältnisses $EI/(\rho A l^4) = 196\,\mathrm{s}^{-2}$:

$$f_{0i} = \frac{\omega_{0i}}{2\pi} = \frac{7}{\pi} \sqrt{\lambda_i} \, \mathrm{Hz}. \tag{20}$$

Aus dem Vergleich der Eigenfrequenzen in Tabelle 1 ist zu erkennen, dass der Sonderfall starrer Antriebe ($c \to \infty$) das vorliegende System ungenügend beschreibt,

6.3 Stationäre Schwingungen einer Nadelbarre mit elastischem Antrieb

Tabelle 1: Wurzeln der Eigenwerte und Eigenfrequenzen

	i	1	2	3	4	5
$\kappa=2000/9$	$\sqrt{\lambda_i}$	19,714	20,803	24,127	78,011	101,72
	f_{0i} / Hz	43,93	46,35	53,76	173,8	226,7
$c \to \infty$	$\sqrt{\lambda_i}$	22,69	54,43	71,5	/	/
	f_{0i} / Hz	50,6	121,3	159,4	/	/
$EI \to \infty$	$\sqrt{\lambda_i}$	21,08	21,63	/	/	/
	f_{0i} / Hz	47,0	48,2	/	/	/

da vor allem die Abweichungen bei der zweiten und dritten Eigenfrequenz deutlich zu hoch sind. Der Sonderfall einer starren Barre ($EI \to \infty$) liefert für die ersten beiden Eigenfrequenzen zwar gute Näherungen, könnte aber bei der Untersuchung der erzwungenen stationären Schwingungen das Systemverhalten nur als sehr grobe Näherung erfassen, weil wegen der symmetrisch vorausgesetzten Erregung nur die erste Eigenform angeregt würde, vgl. auch Punkt 3.

Die für die weiteren Untersuchungen benötigten und den Eigenfrequenzen f_{0i} zugehörigen Eigenvektoren des Systems mit $\kappa = 2000/9$ werden in der Modalmatrix

$$V = V(\kappa = 2000/9) = [v_1, v_2, v_3, v_4, v_5]$$

$$= \begin{bmatrix} 0{,}1896 & 1 & 1 & 1 & 1 \\ 0{,}5251 & 0{,}5693 & 0{,}3081 & -0{,}7026 & -0{,}8333 \\ 1 & 0 & -0{,}3960 & 0 & 0{,}6028 \\ 0{,}5251 & -0{,}5693 & 0{,}3081 & 0{,}7026 & -0{,}8333 \\ 0{,}1896 & -1 & 1 & -1 & 1 \end{bmatrix} \tag{21}$$

zusammengefasst. Damit lassen sich die Eigenschwingformen $U_i(x)$ für $-l/2 \leq x \leq l/2$ als Biegelinien darstellen, denn die v_{ji} sind ja die normierten Verschiebungen der Massen m_j bei der i-ten Eigenfrequenz. Bild 3a zeigt die symmetrischen Eigenformen (ohne fünfte), Bild 3b die beiden antimetrischen. Zur grafischen Darstellung wurden hier die statischen Biegelinien mit den Stützwerten v_{ji} genutzt, wofür ein lineares Gleichungssystem zur Bestimmung der Koeffizienten der kubischen Polynome für die einzelnen Abschnitte zu lösen war.

<u>Zu 3):</u>

Mit der Modaltransformation $q = Vp$ erfolgt der Übergang auf modale Koordinaten, was aus der ersten Gleichung von (11) nach Division durch die hier dimensionslosen modalen Massen $\mu_i^* = v_i^T M^* v_i$ und bei Berücksichtigung modaler Dämpfungsgrade

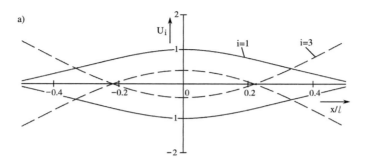

(a) symmetrische (nur erste und dritte)

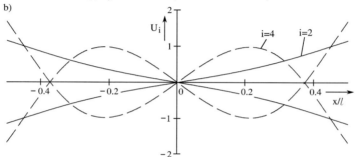

(b) antimetrische (zweite und vierte)

Bild 3: Eigenschwingformen $U_i(x)$ der Barre

D_i (vgl. Aufgabenstellung) die Bewegungsgleichung

$$\ddot{p}_i + 2D_i\omega_{0i}\dot{p}_i + \omega_{0i}^2 p_i = -\ddot{s}(t)\frac{\boldsymbol{v}_i^{\mathrm{T}}\boldsymbol{M}^*\boldsymbol{e}}{\mu_i^*} = -\ddot{s}(t)\frac{h_i^*}{\mu_i^*}, \quad i = 1,\ldots,5 \qquad (22)$$

liefert.

Wegen der symmetrischen Anregung spielen für die stationären erzwungenen Schwingungen auch nur die symmetrischen Eigenformen ($i = 1, 3, 5$) eine Rolle, was sich insbesondere bei den *modalen Kräften* h_i^* widerspiegelt, vgl. Tabelle 2.

Tabelle 2: Bezogene modale Kraftfaktoren

i	1	2	3	4	5
h_i^*/μ_i^*	$-1{,}3492$	0	0,798 75	0	0,054 54

Das bedeutet, dass im stationären Zustand $p_2(t) = p_4(t) \equiv 0$ gilt, denn die durch Anfangsstörungen bedingten Eigenschwingungen sind infolge der Dämpfung abgeklungen.

6.3 Stationäre Schwingungen einer Nadelbarre mit elastischem Antrieb

Zur weiteren Behandlung der Gln. (22) (für $i = 1, 3, 5$) ist es zweckmäßig, den Drehwinkel $\varphi = \Omega t$ als neue unabhängige Koordinate zu nutzen. Mit den Abkürzungen

$$(\ldots)^{\cdot} = \frac{d(\ldots)}{d\varphi}\frac{d\varphi}{dt} = \frac{d(\ldots)}{d\varphi}\Omega = \Omega \cdot (\ldots)' \quad \text{und} \tag{23}$$

$$\eta_i = \frac{\Omega}{\omega_{0i}} = \frac{\Omega}{\sqrt{\lambda_i}}\sqrt{\frac{\rho A l^4}{EI}} \tag{24}$$

wird für jede ganze Zahl k:

$$p_i'' + \frac{2D_i}{\eta_i}p_i' + \frac{1}{\eta_i^2}p_i = -s''(\varphi) \cdot \frac{h_i^*}{\mu_i^*} =$$

$$= -\frac{h_i^*}{\mu_i^*}\frac{\hat{s}}{2}\left(\frac{2\pi}{\varphi_B}\right)^2 \cdot \begin{cases} \cos\left(2\pi\frac{\varphi}{\varphi_B}\right); & 2k\pi \leq \varphi \leq 2k\pi + \varphi_B, \\ 0; & 2k\pi + \varphi_B < \varphi < (k+1)2\pi. \end{cases} \tag{25}$$

Wegen $p_i(\varphi + 2k\pi) = p_i(\varphi)$ folgt daraus die stationäre Lösung (nur $k = 0$ betrachtet):

$$p_i(\varphi) = \begin{cases} \exp\left(-\frac{D_i}{\eta_i}\varphi\right) \cdot (A_{1i}\cos\varepsilon_i\varphi + B_{1i}\sin\varepsilon_i\varphi) \\ + C_i\cos(2\pi\frac{\varphi}{\varphi_B}) + E_i\sin(2\pi\frac{\varphi}{\varphi_B}); & 0 < \varphi \leq \varphi_B, \\ \exp\left(-\frac{D_i}{\eta_i}(\varphi - \varphi_B)\right) \cdot & \varphi_B < \varphi \leq 2\pi, \\ (A_{2i}\cos\varepsilon_i(\varphi - \varphi_B) + B_{2i}\sin\varepsilon_i(\varphi - \varphi_B)); \end{cases} \tag{26}$$

wobei $\varepsilon_i = \sqrt{1 - D_i^2}/\eta_i$ eine Abkürzung darstellt. Die Konstanten C_i und E_i als Koeffizienten der Partikulärlösung folgen zu:

$$\begin{bmatrix} C_i \\ E_i \end{bmatrix} = \frac{-(h_i^*/\mu_i^*) \cdot \hat{s}/2}{\left(\left(\frac{\varphi_B}{2\pi\eta_i}\right)^2 - 1\right)^2 + \left(2D_i\frac{\varphi_B}{2\pi\eta_i}\right)^2}\begin{bmatrix} \left(\frac{\varphi_B}{2\pi\eta_i}\right)^2 - 1 \\ 2D_i\frac{\varphi_B}{2\pi\eta_i} \end{bmatrix}, \quad i = 1, 3, 5 \quad . \tag{27}$$

Die noch unbestimmten Konstanten A_{1i}, A_{2i}, B_{1i}, B_{2i} werden so bestimmt, dass die vollständige Lösung auch die Periodizitäts- und Übergangsbedingungen erfüllt:

$$\begin{aligned} p_i(\varphi = 0) &= p_i(\varphi = 2\pi), & p_i(\varphi = \varphi_B - 0) &= p_i(\varphi = \varphi_B + 0), \\ p_i'(\varphi = 0) &= p_i'(\varphi = 2\pi), & p_i'(\varphi = \varphi_B - 0) &= p_i'(\varphi = \varphi_B + 0). \end{aligned} \tag{28}$$

Dies liefert für jedes $i = 1, 3, 5$ ein inhomogenes lineares Gleichungssystem für diese Konstanten, was numerisch für die gegebenen Drehzahlen (η_i jeweils bestimmt) mittels Mathematik-Software gelöst wird. Es ergeben sich die in Tabelle 3 angegebenen Werte.

Da die Eigenvektoren alle auf die Maximalwerte normiert sind, kann der Einfluss der fünften Eigenform auf die erzwungenen Schwingungen vernachlässigt werden (Faktor ca. 10^{-3}), d. h. es gilt:

$$\underline{\boldsymbol{q}(t) \approx \boldsymbol{v}_1 p_1(t) + \boldsymbol{v}_3 p_3(t)}\,. \tag{29}$$

Tabelle 3: Konstanten für die Lösung (26)

	$n = 100\,\text{min}^{-1}$			$n = 120\,\text{min}^{-1}$		
	$i = 1$	$i = 3$	$i = 5$	$i = 1$	$i = 3$	$i = 5$
$A_{1i} \cdot 10^3/\hat{s}$	−5,6809	2,6111	$9,7534 \cdot 10^{-3}$	−11,561	4,1900	$14,047 \cdot 10^{-3}$
$B_{1i} \cdot 10^3/\hat{s}$	−0,4582	−0,1996	$0,1954 \cdot 10^{-3}$	−1,3365	0,4116	$0,2836 \cdot 10^{-3}$
$A_{2i} \cdot 10^3/\hat{s}$	6,3316	−3,0652	$-9,7447 \cdot 10^{-3}$	13,319	−4,7292	$-13,996 \cdot 10^{-3}$
$B_{2i} \cdot 10^3/\hat{s}$	1,6969	0,1273	$-0,1862 \cdot 10^{-3}$	−0,3357	−0,5204	$-0,30175 \cdot 10^{-3}$

Zu 4):

Um einen Eindruck vom Zeitverlauf $\varphi(t) = \Omega t$ zu erhalten, sind die Verläufe von $q_1(t)/\hat{s}$ und $q_3(t)/\hat{s}$ in Bild 4 für $n = 100\,\text{min}^{-1}$ und in Bild 5 für $n = 120\,\text{min}^{-1}$ aufgetragen. Es ist zu erkennen, dass während der Rast noch erhebliche Schwingungen auftreten, die auch am Ende der Rastphase noch nicht vollständig abgeklungen sind.

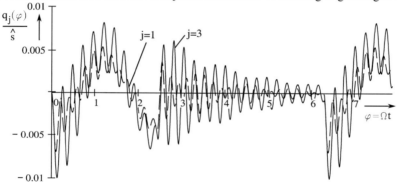

Bild 4: Zeitverläufe bei $n = 100\,\text{min}^{-1}$

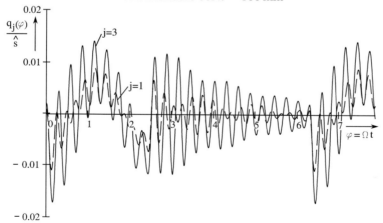

Bild 5: Zeitverläufe bei $n = 120\,\text{min}^{-1}$

6.3 Stationäre Schwingungen einer Nadelbarre mit elastischem Antrieb

Insbesondere bei $n = 120\,\text{min}^{-1}$ (= 2 Hz) ist sehr deutlich zu erkennen, dass pro Periode etwa 22 Vollschwingungen entstehen, d. h. es liegt hier näherungsweise eine Resonanz der 22. Erregerharmonischen mit der ersten Eigenfrequenz (ca. 44 Hz) vor.

Um eine Vorstellung zu den erzwungenen Schwingformen zu bekommen, sind in den Bildern 6 ($n = 100\,\text{min}^{-1}$) und 7 ($n = 120\,\text{min}^{-1}$) die Biegelinien zu jeweils zwei konkreten Zeitpunkten t_k (bzw. Winkeln φ_k) dargestellt, die natürlich eine Überlagerung der ersten und dritten Eigenform zeigen.

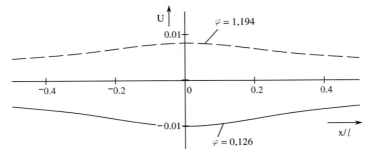

Bild 6: Erzwungene Schwingform $U(x)$ bei $n = 100\,\text{min}^{-1}$

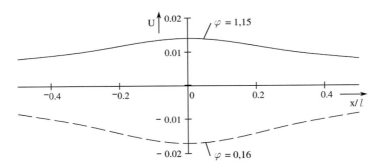

Bild 7: Erzwungene Schwingform $U(x)$ bei $n = 120\,\text{min}^{-1}$

Balkenartige Arbeitsorgane (Barren, Webladenbalken, ...), die über elastische Elemente quer zu ihrer Längsachse periodisch angetrieben werden, zeigen oft erhebliche Biegeschwingungen, vor allem in Resonanznähe.

Kenntnisse über den Einfluss einzelner Systemparameter auf das Schwingungsverhalten können für die Absicherung des technologischen Ablaufs entscheidend sein, weshalb Untersuchungen mittels entsprechender Modelle nützlich sind.

Weiterführende Literatur

[28]   Fischer, U. und W. Stephan: *Mechanische Schwingungen*. 3. Aufl. Fachbuchverlag Leipzig, 1993.

6.4 Eigenverhalten einer elastisch gelagerten Maschinenwelle

Maschinenwellen kommen im Maschinenbau häufig vor. Um Biege-Resonanzschwingungen möglichst schon im Entwurfsstadium auszuschließen, sind Kenntnisse zum Eigenverhalten dieser Baugruppen erforderlich. Oft können in dieser Phase noch einzelne Parameter (z. B. Lagerabstand und –steifigkeit) in vorgegebenen Grenzen variiert werden, um Einfluss auf das Eigenverhalten zu nehmen. [‡]

Die im Bild 1a gezeigte, mittels Wälzlagern im Gestell gestützte Maschinenwelle aus Stahl (ohne konstruktive Details dargestellt) trägt mittig ein Zahnrad sowie am rechten Ende eine Kupplungshälfte.

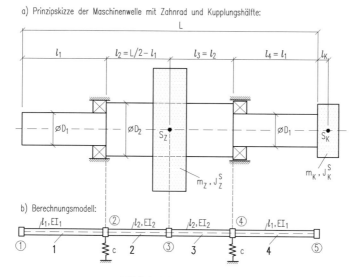

Bild 1: Maschinenwelle

Bei der Anordnung der Lager existiert im vorliegenden Fall eine gewisse Freiheit, was mit der variablen Länge l_1 (bzw. $\beta = l_1/L$) erfasst wird. Zu untersuchen ist für den vorgegebenen Parameterbereich das Eigenverhalten der Welle im Hinblick auf die Biege- bzw. Querschwingungen. Da bezüglich der Wellenachse Rotationssymmetrie vorliegt, kann den Untersuchungen ein ebenes Modell zu Grunde gelegt werden. Schubeinfluss und Rotationsträgheit der Wellenquerschnitte kann unberücksichtigt bleiben.

Neben diesen Gegebenheiten soll die Untersuchung noch unter folgenden vereinfachenden Annahmen vorgenommen werden:

- Zahnrad und Kupplungshälfte werden als starre Körper angesehen

---

[‡] Autor: Ludwig Rockhausen

6.4 Eigenverhalten einer elastisch gelagerten Maschinenwelle

- Die Kupplungshälfte sei starr mit dem rechten Wellenende verbunden
- Die versteifende Wirkung des aufgekeilten Zahnrades bleibt unberücksichtigt
- Drehzahl sei so gering, dass Kreiselwirkung keine Rolle spielt
- Dämpfung des Systems sei sehr klein, so dass sie in die Untersuchung des Eigenverhaltens nicht einbezogen werden muss
- Zur Erfassung des mechanischen Verhaltens der Welle wird diese zweckmäßigerweise in vier Balkenelemente (insgesamt 5 Knoten mit jeweils zwei Freiheitsgraden) aufgeteilt (vgl. Bild 1b), wobei die Elementsteifigkeitsmatrizen dem Abschnitt 6 von [22] entnommen und die Lagerfedern näherungsweise den Knoten 2 und 4 zugeordnet werden (Breite der Wälzlager wird vernachlässigt). Hinsichtlich der Elementmassenmatrizen wird auf die Angaben in [44] zurückgegriffen. Die Zusatzträgheiten der Starrkörper werden an den Knoten 3 und 5 berücksichtigt.

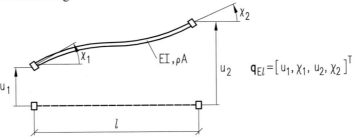

Bild 2: Definition der Knotenfreiheitsgrade (ebenes Balkenelement)

Bei gleicher Definition der Knotenfreiheitsgrade eines Balkenelementes (Länge l, Massebelegung ρA) wie in [22] (ohne Längsdeformation, vgl. Bild 2) gilt nach [44] dafür die Massenmatrix:

$$M_E = \frac{\rho A l}{420} \begin{bmatrix} 156 & 22l & 54 & -13l \\ 22l & 4l^2 & 13l & -3l^2 \\ 54 & 13l & 156 & -22l \\ -13l & -3l^2 & -22l & 4l^2 \end{bmatrix}.$$

Gegeben:

$L = 210\,\text{mm}$ Länge der Welle

$l_K = 8\,\text{mm}$ Abstand des Kupplungsschwerpunktes vom Wellenende

$D_1 = 24\,\text{mm},$

$D_2 = 30\,\text{mm}$ Durchmesser der Wellenabschnitte

$E = 2{,}1 \cdot 10^{11}\,\text{N/m}^2$ Elastizitätsmodul

$\rho = 7850\,\text{kg/m}^3$ Dichte des Wellenwerkstoffes

$c = 1{,}2 \cdot 10^5$ N/mm   radiale Lagersteifigkeit
$m_Z = 1{,}1$ kg   Masse des Zahnrades
$J_Z^S = 6{,}7 \cdot 10^{-4}$ kg m²   Axiales Trägheitsmoment des Zahnrades
$m_K = 0{,}15$ kg   Masse der Kupplungshälfte
$J_K^S = 1{,}8 \cdot 10^{-5}$ kg m²   Axiales Trägheitsmoment der Kupplungshälfte
42 mm $\leq l_1 \leq$ 73,5 mm   Längenbereich für Lageranordnung
(bzw.: $0{,}2 \leq \beta = l_1/L \leq 0{,}35$)

Hinweis: Als generalisierte Koordinaten sind zweckmäßigerweise die Knotenverschiebungen sowie die mit der Länge L multiplizierten Knotendrehwinkel in der Anordnung

$$\boldsymbol{q} = [q_1, q_2, \ldots, q_{10}]^\mathrm{T} = [u_1, L\chi_1, u_2, L\chi_2, \ldots, L\chi_5]^\mathrm{T}$$

zu nutzen, wenn u_j die Biegeverschiebung und χ_j der Biegewinkel des Knotens j ist.

Gesucht:

1) Zuordnungsmatrizen $\boldsymbol{T}_\nu$ ($\nu = 1,\ldots,4$) zwischen den dem Balkenelement der Nummer ν zugeordneten Knotenfreiheitsgraden und dem globalen Koordinatenvektor $\boldsymbol{q}$

2) Elementsteifigkeitsmatrizen gemäß $\boldsymbol{C}_\nu(\beta) = \frac{\pi}{32} EL \cdot \boldsymbol{C}_\nu^*(\beta)$, ($\nu = 1,\ldots,4; \beta = l_1/L$)

3) Potentielle Energie W_pot der Gesamtstruktur und Gesamtsteifigkeitsmatrix $\boldsymbol{C}(\beta) = \frac{\pi}{32} EL \cdot \boldsymbol{C}^*(\beta)$

4) Kinetische Energie W_kin der Maschinenwelle bei Nutzung der Elementmassenmatrizen $\boldsymbol{M}_\nu(\beta) = (\pi \rho L^3/1680) \cdot \boldsymbol{M}_\nu^*(\beta)$ sowie die Massenmatrix des Systems in der Form $\boldsymbol{M}(\beta) = (\pi \rho L^3/1680) \cdot \boldsymbol{M}^*(\beta)$

5) Abschätzung der ersten Eigenfrequenz (Welle als starrer Körper mit Zusatzmassen auf Lagerfedern; nur Vertikalschwingung)

6) Lösung des linearen Eigenwertproblems (Nutzung mathematischer Software); Darstellung der ersten 3 Eigenwerte (bzw. Eigenfrequenzen) in Abhängigkeit des Parameters β

7) Für $\beta = 0{,}22$ und $\beta = 0{,}3$ Darstellung der den beiden ersten Eigenfrequenzen zugehörigen Eigenschwingformen

Lösung:

<u>Zu 1):</u>

Mit dem zum Balkenelement ν ($\nu = 1,\ldots,4$) gehörigen lokalen Koordinatenvektor

$$\boldsymbol{y}_\nu = [u_\nu, \chi_\nu, u_{\nu+1}, \chi_{\nu+1}]^\mathrm{T} \tag{1}$$

folgt aus dem Vergleich mit $\boldsymbol{q}$:

$$u_j = q_{2j-1}, \quad \chi_j = q_{2j}/L; \qquad j = 1, \ldots, 5 \tag{2}$$

mit j als Nummer des jeweiligen Knotens.

Die Beziehung zwischen $\boldsymbol{y}_\nu$ und $\boldsymbol{q}$ lässt sich dann in der einfachen Form

$$\boldsymbol{y}_\nu = \boldsymbol{T}_\nu \boldsymbol{q} \tag{3}$$

schreiben, wobei die Matrixelemente von $\boldsymbol{T}_\nu$ wie folgt belegt sind:

$$[\boldsymbol{T}_\nu]_{1,2\nu-1} = [\boldsymbol{T}_\nu]_{3,2\nu+1} = 1, \quad [\boldsymbol{T}_\nu]_{2,2\nu} = [\boldsymbol{T}_\nu]_{4,2\nu+2} = 1/L. \tag{4}$$

Alle anderen Matrixelemente sind Null. Zum Beispiel ist:

$$\boldsymbol{T}_3 = \begin{bmatrix} 0 & 0 & 0 & 0 & 1 & 0 & 0 & 0 & 0 & 0 \\ 0 & 0 & 0 & 0 & 0 & 1/L & 0 & 0 & 0 & 0 \\ 0 & 0 & 0 & 0 & 0 & 0 & 1 & 0 & 0 & 0 \\ 0 & 0 & 0 & 0 & 0 & 0 & 0 & 1/L & 0 & 0 \end{bmatrix}. \tag{5}$$

<u>Zu 2):</u>

Da alle Wellenabschnitte Kreisquerschnitt besitzen, ergeben sich die bezogenen (4×4)-Elementsteifigkeitsmatrizen $\boldsymbol{C}_\nu^*(\beta)$ für das Biegeproblem wegen $l_1 = l_4 = L \cdot \beta$ und $l_2 = l_3 = L \cdot (1/2 - \beta)$ gemäß [22] zu:

$$\boldsymbol{C}_1^*(\beta) = \boldsymbol{C}_4^*(\beta) = \left(\frac{D_1}{L}\right)^4 \frac{1}{\beta^3} \begin{bmatrix} 6 & 3\beta L & -6 & 3\beta L \\ & 2\beta^2 L^2 & -3\beta L & \beta^2 L^2 \\ & \text{symm.} & 6 & -3\beta L \\ & & & 2\beta^2 L^2 \end{bmatrix}. \tag{6}$$

$$\boldsymbol{C}_2^*(\beta) = \boldsymbol{C}_3^*(\beta) = \left(\frac{D_2}{L}\right)^4 \frac{1}{(1/2-\beta)^3} \cdot$$

$$\cdot \begin{bmatrix} 6 & 3(1/2-\beta)L & -6 & 3(1/2-\beta)L \\ & 2(1/2-\beta)^2 L^2 & -3(1/2-\beta)L & (1/2-\beta)^2 L^2 \\ & \text{symm.} & 6 & -3(1/2-\beta)L \\ & & & 2(1/2-\beta)^2 L^2 \end{bmatrix}. \tag{7}$$

<u>Zu 3):</u>

Die gesamte potentielle Energie resultiert aus der Formänderung (Biegung) der Welle und aus derjenigen der Lagerfedern:

$$
\begin{aligned}
2W_{\text{pot}} &= \sum_{\nu=1}^{4} \boldsymbol{y}_\nu^{\text{T}} \boldsymbol{C}_\nu(\beta) \boldsymbol{y}_\nu + c \cdot (u_2^2 + u_4^2) \\
&= \frac{\pi}{32} EL \left(\boldsymbol{q}^{\text{T}} \left(\sum_{\nu=1}^{4} \boldsymbol{T}_\nu^{\text{T}} \boldsymbol{C}_\nu^*(\beta) \boldsymbol{T}_\nu \right) \boldsymbol{q} + \frac{32c}{\pi EL} \left(q_3^2 + q_7^2 \right) \right) \\
&\stackrel{!}{=} \frac{\pi}{32} EL \cdot \boldsymbol{q}^{\text{T}} \boldsymbol{C}^*(\beta) \boldsymbol{q}.
\end{aligned}
\qquad (8)
$$

Hierbei wurden die Gln. (2) und (3) berücksichtigt.

Die dimensionslose Gesamtsteifigkeitsmatrix $\boldsymbol{C}^*(\beta)$ entsteht also dadurch, dass den Diagonalelementen (3,3) und (7,7) von $\boldsymbol{C}_W^*(\beta) = \sum_{\nu=1}^{4} \boldsymbol{T}_\nu^{\text{T}} \boldsymbol{C}_\nu^*(\beta) \boldsymbol{T}_\nu$ der Lageranteil $\frac{32c}{\pi EL}$ hinzuaddiert wird (wegen $c_{jk} = c_{kj} = \partial^2 W_{\text{pot}}/\partial q_j \partial q_k$).

Die in den Elementmatrizen vorkommende Länge L kürzt sich infolge der zweifachen Multiplikation mit $\boldsymbol{T}_\nu$ heraus. Auf eine ausführliche Angabe der (10×10)-Matrix $\boldsymbol{C}^*(\beta)$ wird hier aus Platzgründen verzichtet. Das konkrete Aufstellen von $\boldsymbol{C}^*(\beta)$ wird ohnehin zweckmäßigerweise mit Hilfe einer Mathematik-Software vorgenommen.

Zu 4):

Entsprechend den konkret vorliegenden Verhältnissen gilt für die bezogenen (4×4)-Elementmassenmatrizen mit $\gamma = (1/2 - \beta)$:

$$
\boldsymbol{M}_1^*(\beta) = \boldsymbol{M}_4^*(\beta) = \left(\frac{D_1}{L}\right)^2 \beta \begin{bmatrix} 156 & 22\beta L & 54 & -13\beta L \\ & 4\beta^2 L^2 & 13\beta L & -3\beta^2 L^2 \\ \text{symm.} & & 156 & -22\beta L \\ & & & 4\beta^2 L^2 \end{bmatrix}, \qquad (9)
$$

$$
\boldsymbol{M}_2^*(\beta) = \boldsymbol{M}_3^*(\beta) = \left(\frac{D_1}{L}\right)^2 \gamma \begin{bmatrix} 156 & 22\gamma L & 54 & -13\gamma L \\ & 4\gamma^2 L^2 & 13\gamma L & -3\gamma^2 L^2 \\ \text{symm.} & & 156 & -22\gamma L \\ & & & 4\gamma^2 L^2 \end{bmatrix}. \qquad (10)
$$

Damit lässt sich nun die kinetische Energie des Systems formulieren, wobei zusätzlich die Anteile der beiden Starrkörper Zahnrad und Kupplungshälfte zu berücksichtigen

6.4 Eigenverhalten einer elastisch gelagerten Maschinenwelle

sind:

$$\begin{aligned}
2W_{\text{kin}} &= \sum_{\nu=1}^{4} \dot{\boldsymbol{y}}_\nu^T \boldsymbol{M}_\nu(\beta) \dot{\boldsymbol{y}}_\nu + m_Z \dot{u}_3^2 + J_Z^S \dot{\chi}_3^2 + m_K(\dot{u}_5 + l_K \dot{\chi}_5)^2 + J_K^S \dot{\chi}_5^2 \\
&= \frac{\pi \rho L^3}{1680} \left\{ \dot{\boldsymbol{q}}^T \left(\sum_{\nu=1}^{4} \boldsymbol{T}_\nu^T \boldsymbol{M}_\nu^*(\beta) \boldsymbol{T}_\nu \right) \dot{\boldsymbol{q}} + \right. \\
&\quad \left. + \frac{1680}{\pi \rho L^3} \left(m_Z \dot{q}_5^2 + \frac{J_Z^S}{L^2} \dot{q}_6^2 + m_K \left(\dot{q}_9 + \frac{l_K}{L} \dot{q}_{10} \right)^2 + \frac{J_K^S}{L^2} \dot{q}_{10}^2 \right) \right\} \\
&\stackrel{!}{=} \frac{\pi \rho L^3}{1680} \cdot \dot{\boldsymbol{q}}^T \boldsymbol{M}^*(\beta) \dot{\boldsymbol{q}} .
\end{aligned} \quad (11)$$

Ähnlich wie bei der Gesamtsteifigkeitsmatrix müssen auch hier einigen Matrixelementen von $\boldsymbol{M}_W^*(\beta) = \sum_{\nu=1}^{4} \boldsymbol{T}_\nu^T \boldsymbol{M}_\nu^*(\beta) \boldsymbol{T}_\nu$ die entsprechenden Anteile von Zahnrad und Kupplung hinzu addiert werden. Das betrifft die Diagonalelemente (5,5), (6,6), (9,9), (10,10) sowie die Außerdiagonalelemente (9,10) und (10,9). Konkret liefert das

$$\boldsymbol{M}^*(\beta) = \boldsymbol{M}_W^*(\beta) + \frac{1680}{\pi \rho L^3} \begin{bmatrix} \boldsymbol{0}_{[4 \times 4]} & \boldsymbol{0}_{[4 \times 6]} \\ \boldsymbol{0}_{[6 \times 4]} & \boldsymbol{M}_{ZK} \end{bmatrix} \quad (12)$$

mit der (6×6)-Submatrix

$$\boldsymbol{M}_{ZK} = \begin{bmatrix} m_Z & 0 & 0 & 0 & 0 & 0 \\ 0 & J_Z^S/L^2 & 0 & 0 & 0 & 0 \\ 0 & 0 & 0 & 0 & 0 & 0 \\ 0 & 0 & 0 & 0 & 0 & 0 \\ 0 & 0 & 0 & 0 & m_K & m_K l_K/L \\ 0 & 0 & 0 & 0 & m_K l_K/L & J_K^S/L^2 + m_K (l_K/L)^2 \end{bmatrix} . \quad (13)$$

<u>Zu 5):</u>

Zur Abschätzung der ersten Eigenfrequenz der Vertikalschwingung wird der Einfachschwinger mit der Gesamtmasse

$$\begin{aligned}
m(\beta) &= 2\rho(A_1 l_1 + A_2 l_2) + m_Z + m_K \\
&= \frac{\pi \rho L^3}{2} \left(\left(\frac{D_1}{L}\right)^2 \beta + \left(\frac{D_2}{L}\right)^2 (1/2 - \beta) \right) + m_Z + m_K \\
&= \left(114{,}195 \cdot \left(\frac{1}{98} - \frac{9\beta}{1225} \right) + 1{,}25 \right) \text{ kg}
\end{aligned} \quad (14)$$

und der Federsteifigkeit $2c = 2{,}4 \cdot 10^8$ N/m zu Grunde gelegt. Das liefert:

$$f_N(\beta) = \frac{1}{2\pi} \sqrt{\frac{2{,}4 \cdot 10^8}{1{,}25 + 114{,}195 \cdot (1/98 - 9\beta/1225)}} \text{ Hz}. \tag{15}$$

Der Verlauf dieser Abhängigkeit ist in Bild 3 mit eingezeichnet. Die tatsächliche erste Eigenfrequenz der Maschinenwelle wird unterhalb von f_N liegen, da die Biegenachgiebigkeit der Welle und die Drehträgheiten einen verringernden Einfluss haben.

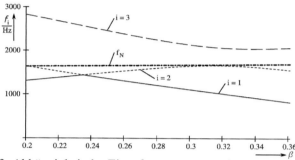

Bild 3: Abhängigkeit der Eigenfrequenzen von der Lageranordnung

Eine derartige Abschätzung der untersten Eigenfrequenz ist vor allem für die Überprüfung der Ergebnisse numerischer Berechnungen bei Modellen mit vielen Freiheitsgraden zweckmäßig, um die Größenordnung der zu erwartenden Frequenzen zu kennen.

Zu 6):

Aus dem sich gemäß Abschnitt 6.3 in [22] ergebenden Eigenwertproblem

$$\left(\boldsymbol{C}(\beta) - \omega^2 \boldsymbol{M}(\beta)\right)\boldsymbol{v} = \left(\frac{\pi}{32} EL \cdot \boldsymbol{C}^*(\beta) - \omega^2 \frac{\pi \rho L^3}{1680} \boldsymbol{M}^*(\beta)\right)\boldsymbol{v} = \boldsymbol{0} \tag{16}$$

folgt nach Division durch $\pi EL/32$ das entsprechende dimensionslose Eigenwertproblem

$$(\boldsymbol{C}^*(\beta) - \lambda \cdot \boldsymbol{M}^*(\beta))\boldsymbol{v} = \boldsymbol{0} \tag{17}$$

mit dem dimensionslosen Eigenwert

$$\lambda = \lambda(\beta) = \frac{2\rho L^2}{105 E} \omega^2(\beta). \tag{18}$$

Die mittels mathematischer Software vorzunehmende numerische Lösung von (17) liefert die Eigenwerte $\lambda_i(\beta)$ und Eigenvektoren $\boldsymbol{v}_i(\beta)$ für $i = 1, \ldots, 10$.

Die Eigenfrequenzen ergeben sich dann zu:

$$f_i(\beta) = \frac{1}{2\pi} \sqrt{\frac{105 E}{2\rho L^2} \lambda_i(\beta)}, \qquad i = 1, \ldots, 10. \tag{19}$$

6.4 Eigenverhalten einer elastisch gelagerten Maschinenwelle

Zu 7):

Bild 3 zeigt die drei ersten Eigenfrequenzen und die Näherung f_N in Abhängigkeit vom Parameter $\beta = l_1/L$. Es ist zu erkennen, dass sich die Verläufe der beiden ersten Eigenfrequenzen bei $\beta \approx 0{,}235$ schneiden (die unterste wird aber immer mit f_1 bezeichnet), was auf einen Wechsel der zugehörigen Eigenformen hinweist, vgl. Bilder 4 und 5.

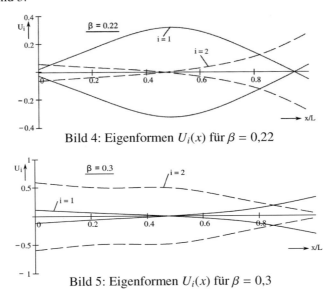

Bild 4: Eigenformen $U_i(x)$ für $\beta = 0{,}22$

Bild 5: Eigenformen $U_i(x)$ für $\beta = 0{,}3$

Für $\beta < 0{,}235$ ist die erste Form eine mit einer Vertikalbewegung gekoppelte Biegeschwingung, die zweite eine Kippschwingung mit Biegung. Bei $\beta > 0{,}235$ vertauschen sich qualitativ die Formen. Dies lässt sich mit dem geringeren Lagerabstand erklären, denn bei kleiner werdendem Lagerabstand entsteht eine kleinere effektive Drehfedersteifigkeit, was eine geringere Frequenz der Kippschwingung zur Folge hat.

Die erste Eigenfrequenz erreicht bei $\beta \approx 0{,}235$ mit $f_1 \approx 1444$ Hz ihren Maximalwert.

Die Untersuchung der Biegeschwingungen elastisch gelagerter Wellen liefert Erkenntnisse zu Eigenfrequenzen und Eigenschwingformen. Eine effektive Methode dafür ist die Modellierung solcher Strukturen mittels Finiten Balkenelementen, wobei diskrete Federn für die Lager und Starrkörper für auf der Welle sitzende Funktionsteile berücksichtigt werden können.

Weiterführende Literatur

[44]   Link, M.: *Finite Elemente in der Statik und Dynamik*. 3. Aufl. B. G. Teubner-Verlag, 2002.

6.5 Abschätzung der unteren Eigenfrequenzen eines WZM-Tischantriebs

Bei Tischantrieben mancher Fräsmaschinen erfolgt die Bewegungs- und Kraftübertragung mittels Zahnriemen und Kugelgewindespindel. Diese bestimmen durch ihre Nachgiebigkeiten gemeinsam mit axialen Lagersteifigkeiten maßgeblich die unteren Eigenfrequenzen des Antriebssystems. Da infolge des periodischen Schneideneingriffs beim Fräsen entsprechende Erregerharmonische auftreten, ist die Kenntnis dieser Eigenfrequenzen vor allem für die Reglerauslegung und dessen Einstellung wichtig. Auch hinsichtlich der Vermeidung von Resonanzen höherer Ordnung werden sie benötigt. [‡]

Zur überschlägigen Bestimmung der unteren Eigenfrequenzen des Tischantriebs kann ein ungefesseltes diskretes Schwingungsmodell mit vier Freiheitsgraden zu Grunde gelegt werden, siehe Bild 1, wobei Spiel, Dämpfung und Reibung unberücksichtigt bleiben sollen.

Der vorgespannte Zahnriemen werde näherungsweise wie ein masseloses Seil mit der mittleren Längssteifigkeit $\overline{EA}$ behandelt, wobei vorausgesetzt wird, dass beide Trume immer auf Zug belastet sind. Die Spindelsteifigkeit wird zunächst nur anteilig berücksichtigt. Die Feder mit der Steifigkeit c_3 für $x_3 = 0$ und die Feder mit der Steifigkeit c_1 für $u_1 = 0$ sind kräftefrei; Es gelte: $x_4(x_3 = 0, \varphi_3 = 0) = 0$.

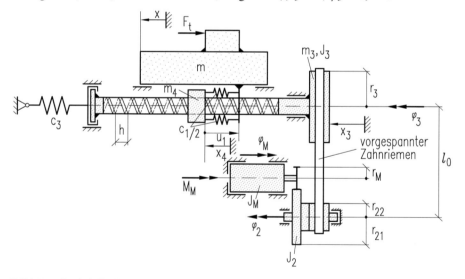

Bild 1: Prinzipielle Struktur des Tischantriebs (für $\varphi_2 = \varphi_3$ wirke in den Trumen nur die Vorspannkraft)

[‡] Autor: Ludwig Rockhausen

6.5 Abschätzung der unteren Eigenfrequenzen eines WZM-Tischantriebs

Gegeben:

$m = 1320\,\text{kg}$	Tischmasse
$J_M = 0{,}007\,\text{kg}\,\text{m}^2$	Trägheitsmoment des Motorläufers
$J_2 = 0{,}015\,\text{kg}\,\text{m}^2$	Trägheitsmoment der Zwischenwelle
$m_3 = 52{,}4\,\text{kg}$ $J_3 = 0{,}028\,\text{kg}\,\text{m}^2$	Masse und Trägheitsmoment der Spindel
$m_4 = 27\,\text{kg}$	Masse der Spindelmutter
$r_M = 16\,\text{mm}$	Teilkreisradius des Motorritzels
$r_{21} = 92\,\text{mm}$, $r_{22} = 23\,\text{mm}$	Radien der Zwischenwelle
$r_3 = 96\,\text{mm}$	Radius der Riemenscheibe auf der Spindel
$h = 12\,\text{mm}$	Spindelsteigung (Gewinde)
$l_0 = 380\,\text{mm}$	Achsabstand Spindel - Zwischenwelle
$\overline{EA} = 0{,}15 \cdot 10^6\,\text{N}$	mittlere Längssteifigkeit des Zahnriemens
$c_1 = 1{,}89 \cdot 10^8\,\text{N/m}$	resultierende axiale Steifigkeit zwischen Spindel, Spindelmutter und Tisch
$c_3 = 1{,}55 \cdot 10^8\,\text{N/m}$	Steifigkeit des Spindel-Axiallagers (Längssteifigkeit der Spindel anteilig enthalten)
F_t; M_M	technologische Kraft; Motormoment

Gesucht:

1) Freie Länge l der Riementrume und Steifigkeit $c_2/2$ eines Trums des vorgespannten Zahnriemens
2) Bewegungsgleichungen für $\boldsymbol{q} = [u_1, r_{22}\varphi_2, r_3\varphi_3, x_4]^T$ in der Form $m\boldsymbol{M}^*\ddot{\boldsymbol{q}} + c_2\boldsymbol{C}^*\boldsymbol{q} = \boldsymbol{f}$
3) Eigenfrequenzen und Eigenvektoren
4) Verbale Interpretation der Eigenschwingformen bei zusätzlicher Nutzung der normierten Energieverteilungen auf die Federn und Massen bzw. Drehmassen

Lösung:

Zu 1):

Die freie Länge eines Trums folgt aus den geometrischen Betrachtungen in Bild 2:

Mit dem Satz von Pythagoras gilt:

$$l_0^2 = l^2 + (r_3 - r_{22})^2 \implies$$

$$l = l_0\sqrt{1 - \left(\frac{r_3 - r_{22}}{l_0}\right)^2} = 372{,}92\,\text{mm} \approx 373\,\text{mm}. \tag{1}$$

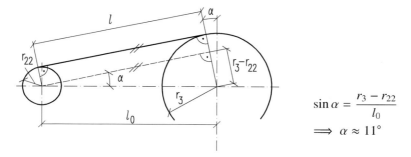

$$\sin\alpha = \frac{r_3 - r_{22}}{l_0}$$
$$\Longrightarrow \alpha \approx 11°$$

Bild 2: Geometrische Größen am Riementrieb

Damit folgt für die Steifigkeit eines Trums

$$\frac{c_2}{2} = \frac{\overline{EA}}{l} = 4{,}0223 \cdot 10^5 \text{ N/m}. \tag{2}$$

<u>Zu 2):</u>

In Bild 1 wurden 7 Lagekoordinaten eingeführt: x, u_1, x_3, x_4, φ_2, φ_3, φ_M. Das System hat aber vier Freiheitsgrade, weshalb drei Zwangsbedingungen zu formulieren sind. Es gilt:

$$\left.\begin{aligned}\dot{x} &= \dot{x}_4 - \dot{u}_1, \\ \dot{x}_4 &= \dot{x}_3 - \dot{\varphi}_3 \cdot \frac{h}{2\pi}, \\ r_M\dot{\varphi}_M &= r_{21}\dot{\varphi}_2.\end{aligned}\right\} \tag{3}$$

Mit der in der Aufgabenstellung vorgenommenen Definition der generalisierten Koordinaten $\boldsymbol{q}$ (vgl. Bild 1) sowie mit der getroffenen Nullpunktfestlegung ergibt sich daraus:

$$\left.\begin{aligned}\dot{x}_3 &= \dot{q}_4 + \frac{h}{2\pi r_3}\dot{q}_3 \quad \text{bzw.} \quad x_3 = q_4 + \frac{h}{2\pi r_3}q_3, \\ \dot{x} &= \dot{q}_4 - \dot{q}_3, \qquad\qquad\qquad \dot{\varphi}_M = \frac{r_{21}}{r_M r_{22}}\dot{q}_2.\end{aligned}\right\} \tag{4}$$

Kinetische und potentielle Energie lassen sich dann bei Nutzung der auf den Winkel φ_2 reduzierten Drehmasse

$$J_2^* = J_M\left(\frac{r_{21}}{r_M}\right)^2 + J_2 \tag{5}$$

wie folgt formulieren:

$$\begin{aligned}2W_\text{kin} &= m\dot{x}^2 + J_M\dot{\varphi}_M^2 + J_2\dot{\varphi}_2^2 + m_3\dot{x}_3^2 + J_3\dot{\varphi}_3^2 + m_4\dot{x}_4^2 \\ &= m(\dot{q}_4 - \dot{q}_1)^2 + \frac{J_2^*}{r_{22}^2}\dot{q}_2^2 + m_3\left(\dot{q}_4 + \frac{h}{2\pi r_3}\dot{q}_3\right)^2 + \frac{J_3}{r_3^2}\dot{q}_3^2 + m_4\dot{q}_4^2,\end{aligned} \tag{6}$$

6.5 Abschätzung der unteren Eigenfrequenzen eines WZM-Tischantriebs

$$2W_{\text{pot}} = c_1 u_1^2 + \frac{c_2}{2}\left((r_3\varphi_3 - r_{22}\varphi_2)^2 + (r_{22}\varphi_2 - r_3\varphi_3)^2\right) + c_3 x_3^2$$
$$= c_1 q_1^2 + c_2 \cdot (q_3 - q_2)^2 + c_3 \cdot \left(q_4 + \frac{h}{2\pi r_3}q_3\right)^2. \tag{7}$$

Zur Erfassung der weiteren am System wirkenden eingeprägten Kraftgrößen wird deren virtuelle Arbeit aufgeschrieben:

$$\delta W^{(e)} = -F_t\,\delta x + M_M\,\delta\varphi_M = -F_t\,(\delta q_4 - \delta q_1) + \frac{M_M\,r_{21}}{r_M\,r_{22}}\delta q_2. \tag{8}$$

Hieraus folgen gemäß Abschnitt 6 in [22] durch partielle Differentiation nach den generalisierten Geschwindigkeiten bzw. den generalisierten Koordinaten die Matrizen für Masse und Steifigkeit:

$$\boldsymbol{M} = m \begin{bmatrix} 1 & 0 & 0 & -1 \\ & \dfrac{J_2^*}{mr_{22}^2} & 0 & 0 \\ & & \dfrac{m_3\left(\frac{h}{2\pi}\right)^2 + J_3}{mr_3^2} & \dfrac{m_3}{m}\dfrac{h}{2\pi r_3} \\ \text{symm.} & & & 1 + \dfrac{m_3}{m} + \dfrac{m_4}{m} \end{bmatrix} = m \cdot \boldsymbol{M}^* \tag{9}$$

$$\boldsymbol{C} = c_2 \begin{bmatrix} c_1/c_2 & 0 & 0 & 0 \\ & 1 & -1 & 0 \\ & & 1 + \dfrac{c_3}{c_2}\left(\dfrac{h}{2\pi r_3}\right)^2 & \dfrac{c_3}{c_2}\dfrac{h}{2\pi r_3} \\ \text{symm.} & & & c_3/c_2 \end{bmatrix} = c_2 \cdot \boldsymbol{C}^*. \tag{10}$$

Die *rechte Seite* der Bewegungsgleichungen folgt aus dem Koeffizientenvergleich bei den δq_j der virtuellen Arbeit $\delta W^{(e)} = \sum_{j=1}^{4} f_j \cdot \delta q_j = \delta \boldsymbol{q}^{\text{T}} \cdot \boldsymbol{f}$ mit (8):

$$\boldsymbol{f} = [F_t,\ M_M r_{21}/(r_M r_{22}),\ 0,\ -F_t]^{\text{T}}. \tag{11}$$

Mit $\boldsymbol{M}, \boldsymbol{C}, \boldsymbol{f}$ sind auch die Bewegungsgln. bekannt. Bei gegebenem Motormoment M_M und technologischer Kraft $F_t(t)$ könnten diese für bestimmte Anfangsbedingungen integriert werden.

Zu 3):

Das zu den homogenen Bewegungsgleichungen gehörige lineare Matrix-Eigenwertproblem hat die Form (vgl. Abschn. 6.3 in [22])

$$\left(\boldsymbol{C} - \omega_0^2 \boldsymbol{M}\right)\boldsymbol{v} = \left(c_2 \cdot \boldsymbol{C}^* - \omega_0^2 m \cdot \boldsymbol{M}^*\right)\boldsymbol{v} = \boldsymbol{0}. \tag{12}$$

Nach Division durch c_2 wird mit dem dimensionslosen Eigenwert

$$\lambda = \omega_0^2 m/c_2 \tag{13}$$

das entsprechende dimensionslose Problem erhalten:

$$(C^* - \lambda M^*) v = 0. \tag{14}$$

Dieses wird zweckmäßigerweise mittels geeigneter Mathematik-Software numerisch gelöst. Es ergeben sich die in Tabelle 2 aufgeführten Eigenwerte und Eigenfrequenzen.

Tabelle 2: Eigenwerte und Eigenfrequenzen

i	λ_i	$f_{0i} = \omega_{0i}/(2\pi)$ in Hz
1	0	0
2	98,85	39,1
3	459,1	84,2
4	7243,7	334,4

Die zugehörigen Eigenvektoren werden in der Modalmatrix zusammengefasst:

$$V = [v_1, v_2, v_3, v_4]$$

$$= \begin{bmatrix} 0 & -0{,}169\,58 & 0{,}011\,00 & 1 \\ -1 & 0{,}029\,51 & 6{,}2106 \cdot 10^{-3} & 4{,}5492 \cdot 10^{-5} \\ -1 & -1 & -1 & -0{,}116\,25 \\ 1{,}9900 \cdot 10^{-2} & 0{,}233\,47 & 5{,}3702 \cdot 10^{-3} & 0{,}967\,57 \end{bmatrix}. \tag{15}$$

Die Null-Eigenfrequenz kommt dadurch zustande, dass es sich bei dem hier untersuchten Modell um ein ungefesseltes Schwingungssystem handelt. Der zugehörige Eigenvektor beschreibt dann die Bewegung des starr gedachten Systems. Für $i \geq 2$ handelt es sich um *echte* Eigenfrequenzen, d. h. bei diesen Frequenzen schwingen die massebehafteten Körper des Systems relativ zueinander.

Zu 4):

Da eine bildliche Veranschaulichung der Eigenschwingformen wegen der verzweigten Struktur hier schwer bzw. nur unzureichend realisierbar ist, werden zur Charakterisierung derselben die für die jeweiligen Modellelemente vorhandenen normierten Energien berechnet und verglichen.

Wegen der Fundamental-Lösungen für $2 \leq i \leq 4$ gemäß

$$q_i(t) = v_i \hat{p}_i \cdot \sin(\omega_{0i} t + \beta_i) = v_i \cdot p_i(t); \quad \dot{q}_i(t) = v_i \cdot \dot{p}_i(t) \tag{16}$$

mit

$$p_i(t) = \hat{p}_i \cdot \sin(\omega_{0i} t + \beta_i) \tag{17}$$

6.5 Abschätzung der unteren Eigenfrequenzen eines WZM-Tischantriebs

als i-te Hauptkoordinate (vgl. Abschn. 6.3 in [22]) gilt entsprechend (6) und (7):

$$(W_{\text{kin}})_i = \frac{m}{2}\dot{p}_i^2 \cdot \left\{ \frac{m}{m}(v_{4i} - v_{1i})^2 + \frac{J_2^*}{mr_{22}^2}v_{2i}^2 \right.$$
$$\left. + \frac{m_3}{m}\left(v_{4i} + \frac{h}{2\pi r_3}v_{3i}\right)^2 + \frac{J_3}{mr_3^2}v_{3i}^2 + \frac{m_4}{m}v_{4i}^2 \right\}, \quad (18)$$

$$(W_{\text{pot}})_i = \frac{c_2}{2}p_i^2 \cdot \left\{ \frac{c_1}{c_2}v_{1i}^2 + \frac{c_2}{c_2}(v_{3i} - v_{2i})^2 + \frac{c_3}{c_2}\left(v_{1i} + \frac{h}{2\pi r_3}v_{3i}\right)^2 \right\}. \quad (19)$$

In Tabelle 3 sind die Werte der in den geschweiften Klammern stehenden Summanden (bei W_{kin} noch mit λ_i multipliziert) angegeben. Dabei ist zu beachten, dass ein Vergleich wegen der willkürlich wählbaren Normierung der Eigenvektoren nur für jede Schwingform i sinnvoll ist.

Tabelle 3: Normierte potentielle und kinetische Energien

Summanden	i		
	2	3	4
$(c_1/c_2) \cdot v_{1i}^2$	6,75	0,0284	234,94
$(c_2/c_2) \cdot (v_{3i} - v_{2i})^2$	1,06	1,01	0,013
$\frac{c_3}{c_2}\left(v_{4i} + \frac{h}{2\pi r_3}v_{3i}\right)^2$	8,79	0,0406	179,5
$\frac{m}{m}(v_{4i} - v_{1i})^2 \lambda_i$	16,06	0,01	7,62
$\frac{J_2^*}{mr_{22}^2}v_{2i}^2\lambda_i$	0,03	$6{,}25 \cdot 10^{-3}$	$5{,}30 \cdot 10^{-6}$
$\frac{m_3}{m}\left(v_{4i} + \frac{h}{2\pi r_3}v_{3i}\right)^2\lambda_i$	0,18	$3{,}84 \cdot 10^{-3}$	267,9
$\frac{J_3}{mr_3^2}v_{3i}^2\lambda_i$	0,23	1,06	0,225
$\frac{m_4}{m}v_{4i}^2\lambda_i$	0,11	$2{,}7 \cdot 10^{-4}$	138,7

Aus den in der Tabelle herauslesbaren wesentlichen Energien (W_{pot} und W_{kin} jeweils getrennt betrachtet; grau hinterlegte Felder) ist zu erkennen, dass es sich bei der zur ersten von null verschiedenen Eigenfrequenz f_2 gehörigen Eigenform um eine Längsschwingung des Tisches mit der Masse m in Verbindung mit den gewissermaßen in Reihe geschalteten Federn mit den Steifigkeiten c_1 und c_3 handelt, d. h. es gilt für diese Frequenz die Abschätzung

$$f_2 \approx \frac{1}{2\pi}\sqrt{\frac{c_1 c_3}{m(c_1 + c_3)}} = 40{,}4\,\text{Hz}\,. \tag{20}$$

Bei der Frequenz f_3 dominiert die Drehschwingung der Spindel, wobei der Zahnriemen hier als die wesentliche Nachgiebigkeit fungiert, d. h. es ist:

$$f_3 \approx \frac{1}{2\pi}\sqrt{\frac{c_2 r_3^2}{J_3}} = 81{,}9\,\text{Hz}\,. \tag{21}$$

Bei f_4 gibt es schließlich eine Längsschwingung von Spindel und Spindelmutter in Verbindung mit den quasi parallel geschalteten Federn c_1 und c_3, also gilt angenähert:

$$f_4 \approx \frac{1}{2\pi}\sqrt{\frac{c_1 + c_3}{m_3 + m_4}} = 331{,}3\,\text{Hz}\,. \tag{22}$$

Mittels relativ einfacher Berechnungsmodelle kann eine Abschätzung des Eigenverhaltens (Eigenfrequenzen, Eigenformen) von Antriebssystemen erfolgen. Eine Betrachtung der normierten Energieverteilungen bei den einzelnen Eigenfrequenzen gestattet Aussagen zu den jeweils wesentlich beteiligten Elementen der Struktur, woraus sich oft einfache Näherungen für Eigenfrequenzen herleiten lassen.

Weiterführende Literatur

[55] Milberg, J.: *Werkzeugmaschinen - Grundlagen: Zerspantechnik, Dynamik, Baugruppen und Steuerungen*. 2. Aufl. Berlin Heidelberg: Springer Verlag, 1995.

6.6 Digitaldruckmaschine

Bei einer Digitaldruckmaschine (Bild 1) wird das elastische Transportband für die Papierbögen durch einen Motor an der Walze des Bogenauslaufs angetrieben. Durch Reibschluss bewegt es vier gummierte Übertragungswalzen, die wiederum die metallischen Entwicklungswalzen antreiben. Die Druckfarben werden beim Rollkontakt in den Kontaktzonen übertragen. Es kommt darauf an, dass die Bilder der einzelnen Druckfarben möglichst genau aufeinander passen, weil das menschliche Auge bereits Abweichungen von 20 μm bemerkt. Verformungen des Antriebsstranges sollen die Druckbildqualität nicht beeinflussen. Die Papierübergabe am Einlauf hat einen starken Einfluss auf den Übertragungsvorgang des Toners in den Modulen 1 bis 4. [‡]

Der Bogeneinlauf auf das Transportband verursacht eine plötzliche Verschiebung (Störung). Das Transportband verbindet die einzelnen Übertragungswalzen der Module, die Antriebswalze und die Umlenkrolle. Zur Beurteilung der Druckbildqualität sollen die Längsschwingungen des Transportbandes berechnet werden, die nach dem Einlaufstoß auftreten. Die Dämpfung braucht nicht berücksichtigt zu werden, da sie auf den interessierenden Spitzenwert kaum Einfluss hat. In der Kontaktzone zwischen den Walzen (Kontaktzone 1) und zwischen den Walzen und dem Transportband (Kontaktzone 2) wird Haften angenommen.

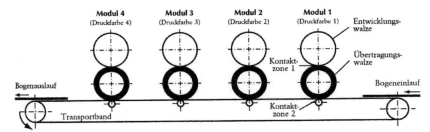

Bild 1: Struktur einer Digitaldruckmaschine (aus Dissertation von P. Langer [41])

Gegeben:

$R_1 = R_2 = 90\,\text{mm}$ — Walzenradius
$J_1 = 42{,}2 \cdot 10^3\,\text{kg}\,\text{mm}^2$ — Trägheitsmoment der Entwicklungswalze
$J_2 = 55{,}0 \cdot 10^3\,\text{kg}\,\text{mm}^2$ — Trägheitsmoment der Übertragungswalze
$c = 8{,}1 \cdot 10^5\,\text{N/m}$ — Federsteifigkeit jedes Transportband-Abschnittes
$q_{10} = 10\,\mu\text{m}$ — Anfangswert einer angenommenen Störung

---

[‡] Autor: Hans Dresig

Gesucht:

1) Reduktion der Module (Walzenpaare) auf eine Einzelmasse
2) Massen- und Steifigkeitsmatrix, Bewegungsgleichung
3) Freie Schwingungen $q_k(t)$ für eine plötzliche Wegverschiebung q_{10}
4) Eine Empfehlung für die Anordnung der Farben auf den Modulen

Lösung:

Zu 1):

Analog zur Untersuchung in [41] wird angenommen, dass die Walzen aufeinander abrollen ohne zu gleiten. Die Abrollbedingung wird durch die Zwangsbedingung $R_1\varphi_1 = R_2\varphi_2$ ausgedrückt.

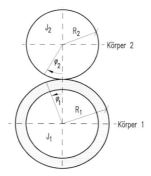

Bild 2: Bezeichnungen an den Walzen

Die kinetische Energie eines Walzenpaares beträgt, vgl. Bild 2,

$$W_{\text{kin}} = \frac{1}{2}J_1\dot{\varphi}_1^2 + \frac{1}{2}J_2\dot{\varphi}_2^2 = \frac{1}{2}\left[J_1\left(\frac{R_2}{R_1}\right)^2 + J_2\right]\dot{\varphi}_2^2. \quad (1)$$

Wegen $R_1 = R_2$ gilt $W_{\text{kin}} = \frac{1}{2}(J_1 + J_2)\dot{\varphi}_2^2 = \frac{1}{2}m\dot{q}^2$. Diese kinetische Energie der drehenden Walzen soll identisch sein mit der Energie einer äquivalenten Einzelmasse m, die mit dem Transportband verbunden ist und sich mit der Koordinate q bewegt. Nach der Berücksichtigung der Zwangsbedingung $q = R\varphi_2$, woraus $\dot{q} = R\dot{\varphi}_2$ folgt, ergibt sich die Einzelmasse zu

$$\underline{\underline{m = (J_1 + J_2)/R^2 = 12{,}0\,\text{kg}}}. \quad (2)$$

Zu 2):

Alle Module werden durch das Transportband verbunden, das abschnittsweise durch lineare Federn modelliert wird, vgl. Bild 3.

6.6 Digitaldruckmaschine

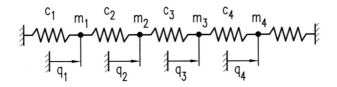

Bild 3: Schwingerkette als Berechnungsmodell

Koordinatenvektor:

$$\boldsymbol{q} = \begin{bmatrix} q_1 & q_2 & q_3 & q_4 \end{bmatrix}^T. \tag{3}$$

Bei einer Schwingerkette ist die Massenmatrix eine Diagonalmatrix und die Steifigkeitsmatrix hat eine Bandstruktur, wenn die Koordinaten fortlaufend nummeriert werden:

$$\boldsymbol{M} = \text{diag}\{m_1, m_2, m_3, m_4\}. \tag{4}$$

Da alle reduzierten Massen gleich groß sind ($m_1 = m_2 = m_3 = m_4 = m$), ist die Massenmatrix $\boldsymbol{M} = m\boldsymbol{E}$ proportional der Einheitsmatrix. Weil alle Federkonstanten gleich groß sind ($c_1 = c_2 = c_3 = c_4 = c_5 = c$), beträgt die Steifigkeitsmatrix

$$\boldsymbol{C} = \begin{bmatrix} c_1+c_2 & -c_2 & 0 & 0 \\ -c_2 & c_2+c_3 & -c_3 & 0 \\ 0 & -c_3 & c_3+c_4 & -c_4 \\ 0 & 0 & -c_4 & c_4+c_5 \end{bmatrix} = c\begin{bmatrix} 2 & -1 & 0 & 0 \\ -1 & 2 & -1 & 0 \\ 0 & -1 & 2 & -1 \\ 0 & 0 & -1 & 2 \end{bmatrix}, \tag{5}$$

Mit den Daten der Aufgabenstellung ist $m = 12{,}0\,\text{kg}$, $c = 8{,}1 \cdot 10^5\,\text{N/m}$. Die Bewegungsgleichungen dieses Schwingungssystems lauten

$$\boldsymbol{M}\ddot{\boldsymbol{q}} + \boldsymbol{C}\boldsymbol{q} = \boldsymbol{0}. \tag{6}$$

Zu 3):

Aus der Bewegungsgleichung folgt das Eigenwertproblem $(\boldsymbol{C} - \omega^2 \boldsymbol{M})\boldsymbol{v} = \boldsymbol{0}$ mit dem Lösungsansatz $\boldsymbol{q} = \boldsymbol{v}e^{j\omega t}$ mit den Eigenformen $\boldsymbol{v}$. Seine Lösung ergibt die Modalmatrix, welche alle Eigenformen $\boldsymbol{v}_i$ enthält:

$$\boldsymbol{V} = \begin{bmatrix} \boldsymbol{v}_1 & \boldsymbol{v}_2 & \boldsymbol{v}_3 & \boldsymbol{v}_4 \end{bmatrix} = \begin{bmatrix} v_{11} & v_{12} & v_{13} & v_{14} \\ v_{21} & v_{22} & v_{23} & v_{24} \\ v_{31} & v_{32} & v_{33} & v_{34} \\ v_{41} & v_{42} & v_{43} & v_{44} \end{bmatrix}. \tag{7}$$

Mit den Eigenformen v_i, deren Komponenten in der Matrix angegeben sind, lassen sich die modalen Massen und die modalen Steifigkeiten berechnen ($i = 1, 2, 3, 4$):

$$\mu_i = v_i^T M v_i = m_1 v_{1i}^2 + m_2 v_{2i}^2 + m_3 v_{3i}^2 + m_4 v_{4i}^2, \tag{8}$$

$$\gamma_i = v_i^T C v_i = c_1 v_{1i}^2 + c_2(v_{1i}-v_{2i})^2 + c_3(v_{2i}-v_{3i})^2 + c_4(v_{3i}-v_{4i})^2 + c_5 v_{4i}^2. \tag{9}$$

Falls die Eigenformen bekannt sind, können damit die Eigenfrequenzen kontrolliert werden, denn es gilt:

$$\omega_i^2 = \gamma_i/\mu_i = (2\pi f_i)^2, \qquad i = 1, 2, 3, 4 \quad . \tag{10}$$

Beim Einlauf des Papierbogens erfolgt eine einseitige Wegerregung der Schwingerkette, die eine sprunghafte Erregung der ersten Masse des Modells darstellt. Damit wird Energie in die Schwingerkette eingetragen, die sich in freien Schwingungen äußert. Es interessieren die Wegverläufe, da sie Einfluss auf die Druckbildqualität haben. Die allgemeine Lösung für freie Schwingungen eines ungedämpften linearen Schwingungssystems, auf deren Herleitung hier verzichtet wird, lautet (vgl. z. B. [22] in Abschnitt 6.3.3) für alle Koordinaten:

$$q(t) = \sum_{i=1}^{4} \frac{1}{\mu_i} v_i v_i^T M \left[q_0 \cos \omega_i t + \frac{u_0}{\omega_i} \sin \omega_i t \right]. \tag{11}$$

Die Anfangsbedingungen q_0 und u_0 beschreiben, dass alle Massen in Ruhe sind, außer der Masse m_1, die um $q_{10} = 10\,\mu\text{m}$ verschoben wird:

$$t = 0: \quad q(0) = q_0 = \begin{bmatrix} q_{10} & 0 & 0 & 0 \end{bmatrix}^T, \quad \dot{q}(0) = u_0 = \begin{bmatrix} 0 & 0 & 0 & 0 \end{bmatrix}^T. \tag{12}$$

Im speziellen Fall sind also alle Anfangsgeschwindigkeiten null ($u_0 = 0$), und nur die erste Koordinate wird ausgelenkt. Damit folgt aus (11) die spezielle Lösung für $k = 1, 2, 3, 4$

$$\begin{aligned} q_k(t) &= m_1 q_{10} \sum_{i=1}^{4} \frac{v_{ki} v_{1i}}{\mu_i} \cos \omega_i t = \sum_{i=1}^{4} \hat{q}_{ki} \cos \omega_i t \\ &= \hat{q}_{k1} \cos \omega_1 t + \hat{q}_{k2} \cos \omega_2 t + \hat{q}_{k3} \cos \omega_3 t + \hat{q}_{k4} \cos \omega_4 t \end{aligned} \tag{13}$$

Mit den Amplituden der vier Eigenschwingformen:

$$\hat{q}_{ki} = m_1 q_{10} \frac{v_{ki} v_{1i}}{\mu_i}. \tag{14}$$

In der Aufgabe liegt eine homogene Schwingerkette vor. Für die Eigenfrequenzen und Elemente der Modalmatrix existieren geschlossene analytische Lösungen, die in [22] (dort Tabelle 4.3) angegeben sind:

$$\omega_i = 2\pi f_i = 2\sqrt{\frac{c}{m}} \sin \frac{i\pi}{2(n+1)}, \qquad v_{ki} = 1{,}051\,46 \sin \frac{ki\pi}{n+1}. \tag{15}$$

6.6 Digitaldruckmaschine

Einsetzen der Zahlenwerte ergibt

$$f_1 = 25{,}56\,\text{Hz}, \quad f_2 = 48{,}61\,\text{Hz}, \quad f_3 = 66{,}91\,\text{Hz}, \quad f_4 = 78{,}65\,\text{Hz}. \quad (16)$$

Die Modalmatrix ist ($v_{ki\max} = 1$ für jede Ordnung i) mit $\beta = 0{,}618\,03$:

$$\boldsymbol{V}^* = \begin{bmatrix} \boldsymbol{v}_1 & \boldsymbol{v}_2 & \boldsymbol{v}_3 & \boldsymbol{v}_4 \end{bmatrix} = \begin{bmatrix} \beta & 1 & 1 & \beta \\ 1 & \beta & -\beta & -1 \\ 1 & -\beta & -\beta & 1 \\ \beta & -1 & 1 & -\beta \end{bmatrix}. \quad (17)$$

Im allgemeinen Fall einer Schwingerkette mit unterschiedlichen Massen und Steifigkeiten müssen die modalen Größen numerisch berechnet werden.

Die Eigenformen sind in Bild 4 skizziert. Die einzelnen Eigenformen lassen sich an der Anzahl der Schwingungsknoten unterscheiden, die (i+1) beträgt, wenn die Lagerpunkte auch dazu gezählt werden.

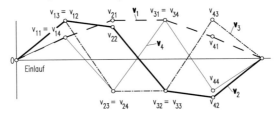

Bild 4: Eigenformen der homogenen Schwingerkette

Die berechneten Weg-Zeit-Verläufe an den vier Massen sind in Bild 5 dargestellt. Sie wurden durch numerische Integration gewonnen, entsprechen aber genau Formel (17). Aus (14) sind die Anteile der einzelnen Eigenformen und Eigenfrequenzen an dem resultierenden Verlauf sichtbar. Aus (8) ergeben sich mit den Daten der Modalmatrix (17) gleich große modale Massen:

$$\mu_i = m\left(v_{1i}^2 + v_{2i}^2 + v_{3i}^2 + v_{4i}^2\right) = 2{,}763\,92\,m; \quad i = 1, 2, 3, 4. \quad (18)$$

Einsetzen der Zahlenwerte in (13) ergibt wegen $\hat{q}_{ki} = q_{10} v_{ki} v_{1i}/2{,}763\,92$ die Verläufe

$$\frac{q_1(t)}{q_{10}} = 0{,}1382(\cos\omega_1 t + \cos\omega_4 t) + 0{,}3618(\cos\omega_2 t + \cos\omega_3 t) \leq 1, \quad (19)$$

$$\frac{q_2(t)}{q_{10}} = 0{,}2236(\cos\omega_1 t + \cos\omega_4 t - \cos\omega_2 t - \cos\omega_3 t) \leq 0{,}8944, \quad (20)$$

$$\frac{q_3(t)}{q_{10}} = 0{,}2236(\cos\omega_1 t - \cos\omega_4 t - \cos\omega_2 t + \cos\omega_3 t) \leq 0{,}8944, \quad (21)$$

$$\frac{q_4(t)}{q_{10}} = 0{,}1382(\cos\omega_1 t + \cos\omega_4 t) - 0{,}3618(\cos\omega_2 t - \cos\omega_3 t) \leq 1. \quad (22)$$

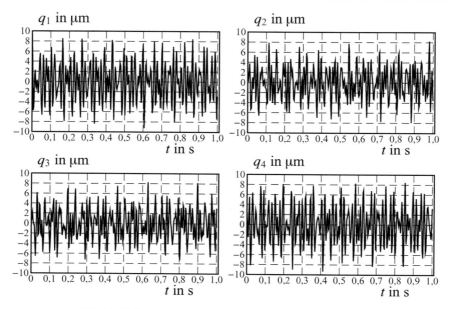

Bild 5: Schwingwege der homogenen Schwingerkette

Der Extremwert $q_{k\,\text{max}}$ einer Auslenkung kann nicht größer sein als die Summe der Beträge aller modalen Komponenten:

$$q_{k\text{ext}} \leq \sum_{i=1}^{4} |\hat{q}_{ki}|, \qquad k = 1, 2, 3, 4 \quad . \tag{23}$$

Das Gleichheitszeichen würde gelten, wenn alle modalen Koordinaten zum gleichen Zeitpunkt einen Extremwert annehmen. Die maximalen Schwingwege, die innerhalb der ersten Sekunde erreicht werden, betragen bei der homogenen Schwingerkette, vgl. Bild 5:

$$q_{1\text{max}} = 10\,\mu\text{m}, \quad q_{2\text{max}} = 8{,}16\,\mu\text{m}, \quad q_{3\text{max}} = 7{,}64\,\mu\text{m}, \quad q_{4\text{max}} = 8{,}56\,\mu\text{m}.$$

Der Vergleich zeigt, dass diese Maximalwerte unterhalb der berechneten Grenzwerte liegen, die für die homogene Schwingerkette in (19) bis (22) am Zeilenende mit angegeben sind. Längere Ein – und Auslaufbereiche (kleinere Steifigkeiten dort) ergeben noch größere Unterschiede zwischen den Ausschlägen der Walzen, was konstruktiv realisierbar ist. Bei Beibehaltung der Steifigkeiten c_2 bis c_4 liefert die numerische Analyse die Maximalwerte:

$c_1 = c_5 = c/2:$
$$q_{1\text{max}} = 10\,\mu\text{m}, \quad q_{2\text{max}} = 6{,}73\,\mu\text{m}, \quad q_{3\text{max}} = 6{,}82\,\mu\text{m}, \quad q_{4\text{max}} = 8{,}33\,\mu\text{m},$$
$c_1 = c_5 = c/5:$
$$q_{1\text{max}} = 10\,\mu\text{m}, \quad q_{2\text{max}} = 6{,}60\,\mu\text{m}, \quad q_{3\text{max}} = 6{,}78\,\mu\text{m}, \quad q_{4\text{max}} = 8{,}06\,\mu\text{m}.$$

Zu 4):

Gleich große Schwankungen der einzelnen Farben beim Drucken werden vom menschlichen Auge verschieden stark wahrgenommen. Es ist also hierbei zweckmäßig, in den Modulen 2 und 3 solche Druckfarben zu übertragen, auf die das Auge am empfindlichsten reagiert.

Die dynamischen Eigenschaften des Antriebsstranges können bei der Festlegung der Druckfarben-Reihenfolge berücksichtigt werden. Die Analyse des Schwingungsverhaltens erlaubt, die Konstruktion so zu gestalten, dass die beste Druckqualität erreicht wird.

Weiterführende Literatur

[41] Langer, P.: *Dynamische Wechselwirkungen der Teilsysteme einer Digitaldruckmaschine*. Diss. Technische Universität Dresden, 2004.

6.7 Kreiselkorrekturerreger

Vibrationserregte Kerne von Formgebungs- und Verdichtungseinrichtungen müssen eine gleichmäßige oder entsprechend technologischen Anforderungen definierte Beschleunigungsverteilung über ihre Länge aufweisen. Meist können die Kerne nur einseitig elastisch gelagert werden. Zudem verändern sich durch unterschiedliche Erregerfrequenzen, Füllzustände und Verdichtungsgrade die Beschleunigungsverteilungen. Im Vibrationserregersystem können Kreiselmomente zur gezielten Korrektur der Kernbewegung genutzt werden. Das Kreiselmoment resultiert aus der Richtungsänderung des Drallvektors eines im Erregersystem mitdrehenden Kreisels. [‡]

Bild 1 zeigt einen elastisch gelagerten, zylinderförmigen Kern. Im Zentrum befindet sich eine Welle mit Unwuchten, deren resultierende Erregerkraft am Schwerpunkt angreift. In der Mitte der Unwuchtwelle dreht ein Kreisel mit, der separat angetrieben und in der Drehzahl regelbar ist.

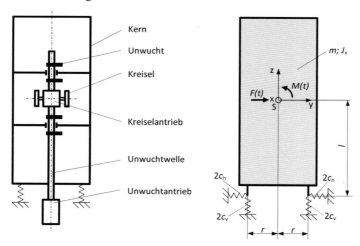

Bild 1: Schematische Darstellung des Kerns (links) und Berechnungsmodell (rechts)

Als Modell wird ein ebenes, ungedämpftes System gebildet. Jede vertikale Schnittebene entlang der Zylinderachse zeigt das gleiche Bewegungsverhalten, nur mit einem entsprechenden Zeitversatz. Die Eigendrehung des Kreisels um die horizontale Achse erfolgt mit der Winkelgeschwindigkeit Ω_K und zusätzlich wird der Kreisel um die vertikale Achse mit der Kreisfrequenz Ω der Unwuchten gedreht. Daraus resultiert ein Kreiselmoment um eine Achse, die senkrecht auf der Kreiselachse und der Unwuchtachse steht und die Größe $M_K = J_p \Omega_K \Omega$ hat (siehe [22, Abschnitt 2.3.2 sowie 5.2.3]). Dieses Kreiselmoment läuft mit den Unwuchten um und hat daher in der betrachteten Schnittebene die Zeitfunktion $M(t) = M_K \sin \Omega t$.

[‡] Autor: Jörg-Henry Schwabe

6.7 Kreiselkorrekturerreger

Gegeben:

m	$= 1000\,\text{kg}$	Masse des Kerns
J_x	$= 812\,\text{kg}\,\text{m}^2$	Massenträgheitsmoment des Kerns um die x-Achse
l	$= 1,5\,\text{m}$	vertikaler Abstand der Federn zum Schwerpunkt
r	$= 0,35\,\text{m}$	horizontaler Abstand der Federn zum Schwerpunkt
c_v	$= 3,0 \cdot 10^6\,\text{N/m}$	vertikale Federsteifigkeit einer von insgesamt 4 gleichen Federn
c_h	$= 7,5 \cdot 10^5\,\text{N/m}$	horizontale Federsteifigkeit einer Feder
$m_u r_u$	$= 0,56\,\text{kg}\,\text{m}$	Unwucht
J_p	$= 0,049\,\text{kg}\,\text{m}^2$	gesamtes polares Massenträgheitsmoment des Kreisels
$f_{\text{err}1}$	$= 30\,\text{Hz}$	Erregerfrequenz der Unwucht beim Betriebspunkt 1
$f_{\text{err}2}$	$= 50\,\text{Hz}$	Erregerfrequenz der Unwucht beim Betriebspunkt 2

Gesucht:

1) Bewegungsgleichungen in den Koordinaten y und φ_x

2) Allgemeine Lösung für die Bewegungsamplituden

3) Horizontale Beschleunigungsamplituden der stationären erzwungenen Schwingung am Kern als Vielfaches der Erdbeschleunigung für die Höhen $z = 1,5\,\text{m}$ und $z = -1,5\,\text{m}$ ohne Betrieb des Kreisels für die Betriebspunkte 1 und 2

4) Winkelgeschwindigkeit des Kreisels, damit über die gesamte Höhe des Kerns die Beschleunigungsamplituden gleich groß sind

5) Beschleunigungsamplituden am Kern, wenn die Kreiseldrehzahl entsprechend 4) eingestellt wird

Lösung:

<u>Zu 1):</u>
Bild 2 zeigt das Berechnungsmodell im ausgelenkten Zustand mit den wirkenden Kräften. Für die Kräfte und Momente gelten unter der Annahme kleiner Bewegungen und Winkel:

$$F_{ch} = 2c_h(y + l\varphi_x)\,, \qquad (1)$$
$$F_{cv} = 2c_v r \varphi_x\,, \qquad (2)$$
$$F(t) = m_u r_u \Omega^2 \sin \Omega t\,, \qquad (3)$$
$$M(t) = J_p \Omega_K \Omega \sin \Omega t\,. \qquad (4)$$

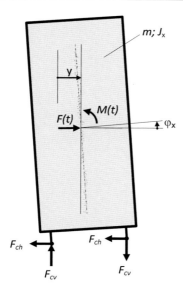

Bild 2: Modell im ausgelenkten Zustand mit Kräften

Es werden die Bewegungsgleichungen für die Koordinatenrichtungen y und φ_x durch die Formulierung von Gleichgewichtsbedingungen aufgestellt. Die entkoppelte vertikale Bewegungsrichtung z ist nicht von Interesse:

$$m\ddot{y} + 2F_{ch} = F(t), \tag{5}$$

$$J_x\ddot{\varphi}_x + 2lF_{ch} + 2rF_{cv} = M(t). \tag{6}$$

Unter Nutzung der Gleichungen (1) bis (4) ergeben sich die Bewegungsgleichungen in Matrizenschreibweise:

$$\begin{bmatrix} m & 0 \\ 0 & J_x \end{bmatrix}\begin{bmatrix} \ddot{y} \\ \ddot{\varphi}_x \end{bmatrix} + \begin{bmatrix} 4c_h & 4c_h l \\ 4c_h l & 4c_h l^2 + 4c_v r^2 \end{bmatrix}\begin{bmatrix} y \\ \varphi_x \end{bmatrix} = \begin{bmatrix} m_u r_u \Omega^2 \sin\Omega t \\ J_p \Omega_K \Omega \sin\Omega t \end{bmatrix}. \tag{7}$$

Zu 2):

Da ohne Dämpfung gerechnet wird, kann mit dem einfachen Ansatz

$$\begin{bmatrix} y(t) \\ \varphi_x(t) \end{bmatrix} = \begin{bmatrix} \hat{y} \\ \hat{\varphi}_x \end{bmatrix} \sin\Omega t \tag{8}$$

ein Gleichungssystem zur direkten Bestimmung der Bewegungsamplituden aufgestellt werden:

$$\begin{bmatrix} 4c_h - \Omega^2 m & 4c_h l \\ 4c_h l & 4c_h l^2 + 4c_v r^2 - \Omega^2 J \end{bmatrix}\begin{bmatrix} \hat{y} \\ \hat{\varphi}_x \end{bmatrix} = \begin{bmatrix} m_u r_u \Omega^2 \\ J_p \Omega_K \Omega \end{bmatrix}. \tag{9}$$

6.7 Kreiselkorrekturerreger

Gleichung (9) stellt ein lineares Gleichungssystem der Form

$$A\hat{q} = b \tag{10}$$

dar. Die Lösung für die gesuchten Bewegungsamplituden ist damit

$$\hat{q} = A^{-1}b, \tag{11}$$

wobei die zu erhaltenden Amplituden vorzeichenbehaftet sind.

Die zentrifugale Beschleunigungsamplitude in Abhängigkeit der Höhe ergibt sich aus:

$$\hat{a}(z) = -\Omega^2(\hat{y} - z\hat{\varphi}_x). \tag{12}$$

Zu 3):

Beim Betriebspunkt 1 nimmt das Gleichungssystem (9) die Werte

$$\begin{bmatrix} 3\,000\,000\,\text{N/m} & 4\,500\,000\,\text{N} \\ 4\,500\,000\,\text{N} & 8\,220\,000\,\text{N\,m} \end{bmatrix} \begin{bmatrix} \hat{y} \\ \hat{\varphi}_x \end{bmatrix} = \begin{bmatrix} 19\,898\,\text{N} \\ 0 \end{bmatrix} \tag{13}$$

an. Die Weg- und Winkelamplituden ergeben sich daraus zu:

$$\hat{y}_1 = -0{,}000\,631\,\text{m}, \quad \hat{\varphi}_{x1} = -0{,}000\,137\,\text{rad}. \tag{14}$$

Mit (12) werden die Beschleunigungsamplituden

$$\hat{a}_1(z=1{,}5\,\text{m}) = 15{,}1\,\text{m/s}^2, \quad \hat{a}_1(z=-1{,}5\,\text{m}) = 29{,}7\,\text{m/s}^2 \tag{15}$$

erhalten.

Am Betriebspunkt 2 wird in gleicher Weise vorgegangen. Die berechneten Werte sind in Tabelle 1 zusammengefasst. Zur Diskussion der Beschleunigungsunterschiede ist es zudem hilfreich, die Eigenfrequenzen des Systems zu bestimmen, die bei 3,3 Hz und 18 Hz liegen. Der Kern ohne Kreiseldrehung und Federn hätte eine gleichmäßige Beschleunigungsverteilung. Durch die untere Federebene werden Kippschwingungen des Kerns angeregt, die sich bei der Erregerfrequenz von 30 Hz wegen der Nähe zur Eigenfrequenz stärker ausprägen als bei der Erregerfrequenz von 50 Hz.

Zu 4):

Die Beschleunigungsamplituden über der Höhe des Kerns werden gleich groß, wenn der Kern nicht kippt, das heißt, wenn $\hat{\varphi}_x$ zu Null wird. Mit der CRAMERschen Regel kann die Lösung des Gleichungssystems (10) für $\hat{\varphi}_x$ formuliert werden:

$$\hat{\varphi}_x = \hat{q}_2 = \frac{1}{\det A} \cdot \det \begin{bmatrix} a_{11} & b_1 \\ a_{21} & b_2 \end{bmatrix}. \tag{16}$$

Dann ist der Zähler des Bruchs (16) zu Null zu setzen

$$(4c_h - \Omega^2 m) J_p \Omega_K \Omega - 4c_h l m_u r_u \Omega^2 = 0, \quad (17)$$

woraus die notwendige Winkelgeschwindigkeit des Kreisels folgt:

$$\underline{\underline{\Omega_K = \frac{4c_h l m_u r_u}{J_p(4c_h - \Omega^2 m)} \Omega}}. \quad (18)$$

Am Betriebspunkt 1 mit einer Erregerfrequenz von 30 Hz wird eine Winkelgeschwindigkeit des Kreisels von 298 s^{-1} (entspricht einer Drehzahl n_1 = 2846 min^{-1}) benötigt. Am Betriebspunkt 2 mit einer Erregerfrequenz von 50 Hz wird eine Winkelgeschwindigkeit des Kreisels von 169 s^{-1} (n_2 = 1614 min^{-1}) benötigt.

Zu 5):

Die Beschleunigungsamplituden mit Kreiseldrehung werden wieder aus der Lösung des Gleichungssystems (9) unter Verwendung der in 4. bestimmten Winkelgeschwindigkeiten des Kreisels berechnet. Die damit erhaltenen Werte sind in Tabelle 1 angeführt.

Tabelle 1: Beschleunigungsamplituden am Kern ohne und mit Kreiselkorrektur

	Ohne Kreiselkorrektur		Mit Kreiselkorrektur	
	f_{err} = 30 Hz Ω_K = 0 s^{-1}	f_{err} = 50 Hz Ω_K = 0 s^{-1}	f_{err} = 30 Hz Ω_K = 298 s^{-1}	f_{err} = 50 Hz Ω_K = 169 s^{-1}
$\hat{a}(z=1{,}5\,\text{m})$	1,5 g	5,2 g	2,2 g	5,7 g
$\hat{a}(z=-1{,}5\,\text{m})$	3,0 g	6,2 g	2,2 g	5,7 g

Das System ist ein Beispiel für die Nutzung von Kreiselmomenten. Es ist eine mögliche Variante die Beschleunigungsverteilung über der Höhe des Kerns zu beeinflussen. Dabei ist die Drehzahlregelung des Kreisels sehr einfach, der bauliche Aufwand im Erregersystem jedoch höher.

Weiterführende Literatur

[39] Kuch, H., J.-H. Schwabe und U. Palzer: *Herstellung von Betonwaren und Betonfertigteilen.* Düsseldorf: Verlag Bau+Technik, 2009.

[65] Schwabe, J.-H.: „Vorrichtung zur Herstellung von Formteilen aus einem verdichtungsfähigen Gemenge, Rütteltisch und Schwingungserreger". DE10062530C1. 2000. Patentschrift.

6.8 Gezielte Änderung von Eigenfrequenzen

Die betriebsbedingte Winkelerregung am Ende einer schwingungsfähigen Antriebswelle erfolgt in einem Frequenzbereich, der zwischen der zweiten und dritten Torsionseigenfrequenz liegt. Der resonanzfreie Bereich soll vergrößert werden. Es ist konstruktiv nur möglich, die Trägheitsmomente aller Scheiben um höchstens 10 % ihres ursprünglichen Wertes zu ändern. Es soll geprüft werden, wie groß der Abstand der beiden Eigenfrequenzen maximal werden kann, wenn die möglichen Parameteränderungen ausgeschöpft werden. Welche Trägheitsmomente müssen für diesen Zweck wie verändert werden? [‡]

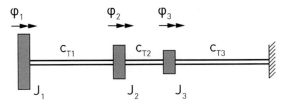

Bild 1: Berechnungsmodell des Torsionsschwingers

Gegeben:

Parameterwerte eines Torsionsschwingers für das Modell einer Antriebswelle, bei der das rechte Ende infolge einer gegebenen Winkelerregung als Einspannstelle modelliert wird, vgl. Bild 1:

Trägheitsmomente: $J_1 = 0{,}04\,\text{kg}\,\text{m}^2$, $J_2 = 0{,}02\,\text{kg}\,\text{m}^2$, $J_1 = 0{,}01\,\text{kg}\,\text{m}^2$

Drehfederkonstanten: $c_{T1} = 20\,000\,\text{N}\,\text{m}$, $c_{T2} = 40\,000\,\text{N}\,\text{m}$, $c_{T3} = 20\,000\,\text{N}\,\text{m}$

Näherungsformel für die relative Änderung der i-ten Eigenfrequenz bei kleinen Parameteränderungen $\Delta J_k = J_k - J_{k0}$, welche die Elemente v_{ki} der Modalmatrix und die Sensitivitätskoeffizienten

$$\mu_{ik} = J_k v_{ki}^2 / \sum_{l=1}^{n} J_l v_{li}^2 \tag{1}$$

benutzt, vgl. [22]:

$$\frac{\Delta f_i}{f_{i0}} = -\frac{1}{2} \mu_{ik} \frac{\Delta J_k}{J_{k0}} . \tag{2}$$

[‡] Autor: Hans Dresig

Gesucht:

1) Bewegungsgleichungen, Massenmatrix und Steifigkeitsmatrix
2) Eigenfrequenzen f_i und Eigenschwingformen v_i
3) Sensitivitätskoeffizienten μ_{ik}
4) Abschätzung des größtmöglichen Abstands zwischen der 2. und 3. Eigenfrequenz, wenn alle Trägheitsmomente um höchstens 10 % ihrer ursprünglichen Werte verändert werden.

Lösung:

Zu 1):

Die Bewegungsgleichungen ergeben sich nach Anwendung des Schnittprinzips aus dem Momenten-Gleichgewicht an jeder der drei Scheiben:

$$J_1 \ddot{\varphi}_1 + c_{T1}(\varphi_1 - \varphi_2) = 0, \tag{3}$$

$$J_2 \ddot{\varphi}_2 - c_{T1}(\varphi_1 - \varphi_2) + c_{T2}(\varphi_2 - \varphi_3) = 0, \tag{4}$$

$$J_3 \ddot{\varphi}_3 - c_{T2}(\varphi_2 - \varphi_3) + c_{T3}\varphi_3 = 0. \tag{5}$$

Massenmatrix und Steifigkeitsmatrix folgen aus einem Koeffizientenvergleich:

$$M = \begin{bmatrix} J_1 & 0 & 0 \\ 0 & J_2 & 0 \\ 0 & 0 & J_3 \end{bmatrix}, \quad C = \begin{bmatrix} c_{T1} & -c_{T1} & 0 \\ -c_{T1} & c_{T1}+c_{T2} & -c_{T2} \\ 0 & -c_{T2} & c_{T2} \end{bmatrix}. \tag{6}$$

Zu 2):

Zur Lösung des Eigenwertproblems

$$(C - \omega^2 M)v = 0 \tag{7}$$

gehört die Modalmatrix mit drei Eigenvektoren, welche die Eigenschwingformen beschreiben

$$V = \begin{bmatrix} v_{11} & v_{12} & v_{13} \\ v_{21} & v_{22} & v_{23} \\ v_{31} & v_{32} & v_{33} \end{bmatrix} = \begin{bmatrix} 1 & 0{,}4464 & 0{,}0298 \\ 0{,}6802 & 1 & -0{,}4300 \\ 0{,}4659 & 0{,}9132 & 1 \end{bmatrix}. \tag{8}$$

Die Eigenfrequenzen sind

$$f_{10} = 63{,}65\,\text{Hz}, \quad f_{20} = 202{,}57\,\text{Hz}, \quad f_{30} = 442{,}21\,\text{Hz}. \tag{9}$$

6.8 Gezielte Änderung von Eigenfrequenzen

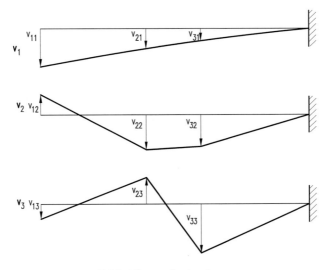

Bild 2: Eigenschwingformen

Zu 3):

Die modalen Massen sind von der Normierungsbedingung für die Eigenformen abhängig, die in vorliegendem Falle lautet: $v_{ik\,\mathrm{max}} = 1$, vgl. (8) und Bild 2.

$$\mu_1 = \mathbf{v}_1^\mathrm{T} \mathbf{M} \mathbf{v}_1 = J_1 v_{11}^2 + J_2 v_{21}^2 + J_3 v_{31}^2 = 5{,}1425 \cdot 10^{-2}\,\mathrm{kg}, \tag{10}$$

$$\mu_2 = \mathbf{v}_2^\mathrm{T} \mathbf{M} \mathbf{v}_2 = J_1 v_{12}^2 + J_2 v_{22}^2 + J_3 v_{32}^2 = 3{,}6310 \cdot 10^{-2}\,\mathrm{kg}, \tag{11}$$

$$\mu_3 = \mathbf{v}_3^\mathrm{T} \mathbf{M} \mathbf{v}_3 = J_1 v_{13}^2 + J_2 v_{23}^2 + J_3 v_{33}^2 = 1{,}3734 \cdot 10^{-2}\,\mathrm{kg}. \tag{12}$$

Die Sensitivitätskoeffizienten sind das Verhältnis der kinetischen Energie des k-ten Trägheitsmomentes zur kinetischen Energie der Schwingung mit der i-ten Eigenform bei der i-ten Eigenfrequenz, vgl. [22]. Sie betragen für das Beispiel, bei dem nur der Einfluß auf f_2 und f_3 interessiert:

$$\mu_{21} = \frac{J_1 v_{12}^2}{\mu_2} = 0{,}2195;\quad \mu_{22} = \frac{J_2 v_{22}^2}{\mu_2} = 0{,}5508;\quad \mu_{23} = \frac{J_3 v_{32}^2}{\mu_2} = 0{,}2297;\quad (13)$$

$$\mu_{31} = \frac{J_1 v_{13}^2}{\mu_3} = 0{,}0026;\quad \mu_{32} = \frac{J_2 v_{23}^2}{\mu_3} = 0{,}2693;\quad \mu_{33} = \frac{J_3 v_{33}^2}{\mu_3} = 0{,}7281. \quad (14)$$

Zu 4):

Die Änderungen der beiden Eigenfrequenzen ergeben sich mit (2)

$$\Delta f_2 = f_2 - f_{20} = -\frac{1}{2}\left(\mu_{21}\frac{\Delta J_1}{J_1} + \mu_{22}\frac{\Delta J_2}{J_2} + \mu_{23}\frac{\Delta J_3}{J_3}\right) f_{20}, \tag{15}$$

$$\Delta f_3 = f_3 - f_{30} = -\frac{1}{2}\left(\mu_{31}\frac{\Delta J_1}{J_1} + \mu_{32}\frac{\Delta J_2}{J_2} + \mu_{33}\frac{\Delta J_3}{J_3}\right) f_{30}. \tag{16}$$

Eine Vergrößerung (oder Verkleinerung) der Trägheitsmomente senkt (oder erhöht) beide Frequenzen, entsprechend der Regel über Parametereinflüsse [22], allerdings in unterschiedlichem Maße. Aus der Größe der Sensitivitätskoeffizienten lässt sich der quantitative Einfluss jedes Trägheitsmomentes in der Nähe der ursprünglichen Parameterwerte erkennen. Mit den Zahlenwerten aus (13) und (14) kann der Einfluss der relativen Änderungen bei diesem Beispiel beurteilt werden.

Eine Erhöhung der Frequenzdifferenz ist erreichbar, wenn f_2 durch die Veränderung der Trägheitsmomente mehr sinkt als f_3. Sie ist aber auch erreichbar, wenn f_3 sich infolge derselben Veränderung mehr erhöht als f_2. Aus (15) und (16) ergibt sich die allgemeine Beziehung für die Frequenzdifferenz:

$$\begin{aligned} f_3 - f_2 &= f_{30} - f_{20} - \frac{1}{2}\left(\mu_{31}\frac{\Delta J_1}{J_1} + \mu_{32}\frac{\Delta J_2}{J_2} + \mu_{33}\frac{\Delta J_3}{J_3}\right)f_{30} \\ &\quad + \frac{1}{2}\left(\mu_{21}\frac{\Delta J_1}{J_1} + \mu_{22}\frac{\Delta J_2}{J_2} + \mu_{23}\frac{\Delta J_3}{J_3}\right)f_{20} \\ &= f_{30} - f_{20} - \frac{1}{2}(\mu_{31}f_{30} - \mu_{21}f_{20})\frac{\Delta J_1}{J_1} \\ &\quad - \frac{1}{2}(\mu_{32}f_{30} - \mu_{22}f_{20})\frac{\Delta J_2}{J_2} - \frac{1}{2}(\mu_{33}f_{30} - \mu_{23}f_{20})\frac{\Delta J_3}{J_3}. \end{aligned} \quad (17)$$

Mit den speziellen Zahlenwerten aus (9), (13) und (14) gilt

$$f_3 - f_2 = \left(442{,}21 - 202{,}57 + 21{,}66\frac{\Delta J_1}{J_1} - 3{,}76\frac{\Delta J_2}{J_2} - 137{,}72\frac{\Delta J_3}{J_3}\right) \text{ Hz}. \quad (18)$$

Daraus folgt, dass die Trägheitsmomente J_2 und J_3 einen anderen tendenziellen Einfluss als J_1 haben, und dass das Trägheitsmoment J_3 die Frequenzdifferenz wesentlich mehr beeinflusst als die anderen beiden. Bei der Verminderung von J_2 und J_3 um je 10% und bei der entsprechend großen Erhöhung von J_1, d. h. bei

$$\frac{\Delta J_1}{J_1} = -\frac{\Delta J_2}{J_2} = -\frac{\Delta J_3}{J_3} = 0{,}1 \quad (19)$$

ist demnach etwa eine Differenz von $f_3 - f_2 = 256{,}0\,\text{Hz}$ gegenüber der bisherigen Differenz von $f_{30} - f_{20} = (442{,}21 - 202{,}57)\,\text{Hz} = 239{,}64\,\text{Hz}$ zu erwarten. Zum Vergleich: Bei um 10 % veränderten Trägheitsmomenten liefert die exakte Rechnung die in Tabelle 1 angegebenen Werte. Dabei entsprechen die Trägheitsmomente bei Variante 3 obiger Abschätzung.

Interessant ist, dass bei der exakten Lösung der Frequenzgleichung bei Variante 1 eine noch größere Frequenzdifferenz als bei Variante 3 zustande kommt. Dies liegt daran, dass genau genommen die Eigenfrequenzen nicht linear von den Parameteränderungen abhängen. Es ist also möglich, den resonanzfreien Bereich durch die Verminderung von J_3 und die Vergrößerung von J_1 auf ca. 257 Hz zu erweitern. Durch die Richtung der Veränderung von J_2 wird bestimmt, ob dieser Bereich oberhalb oder unterhalb von f_2 beginnt.

6.8 Gezielte Änderung von Eigenfrequenzen

Tabelle 1: Genaue Eigenfrequenzen bei gegebenen Parametern

Var.	$J_1/\text{kg m}^2$	$J_2/\text{kg m}^2$	$J_3/\text{kg m}^2$	f_2/Hz	f_3/Hz	$f_3 - f_2$/Hz
1	0,044	0,022	0,009	197,19	454,837	**257,64**
2	0,044	0,022	0,011	193,14	421,63	228,49
3	0,044	0,018	0,009	209,29	466,03	**256,74**
4	0,044	0,018	0,011	203,85	434,46	230,61

Es ist möglich, bei linearen Schwingungssystemen Sensitivitätskoeffizienten μ_{ik} zu berechnen, mit denen der Einfluss kleiner Änderungen eines k-ten Masseparameters auf die i-te Eigenfrequenz beurteilt werden kann. In der Umgebung eines Startmodells kann die Größe der Änderung aller Eigenfrequenzen bei Parameteränderungen abgeschätzt werden. Damit lassen sich näherungsweise solche Werte von Masseparametern berechnen, die Eigenfrequenzen in einem geforderten Bereich ergeben. Eine quantitative Beurteilung ist auf Grund der nichtlinearen Zusammenhänge bei großen Parameteränderungen nicht berechtigt, aber bei schrittweiser Approximation nur in mehreren Schritten möglich.

7 Nichtlineare und selbsterregte Schwinger

7.1 Zur Kinetik einer Kardanwelle

Eine Kardanwelle (auch Kreuzgelenkwelle genannt) als Standard-Maschinenelement ermöglicht die Umleitung eines Drehmomentes über zwei nicht fluchtende Wellen, wenn Winkelversatz und paralleler Achsversatz auftreten. Beispiele für ihren Einsatz finden sich unter anderem beim Antrieb von Schleppern landwirtschaftlicher Maschinen oder im Antrieb vom Zweirädern. In dieser Aufgabe sollen die kinematischen Verhältnisse eines Kreuzgelenkes analysiert werden. Zwei Kreuzgelenke werden zur Kardanwelle kombiniert und die daraus resultierende ungleichförmige Abtriebsbewegung einschließlich schwankender Drehmomente genauer untersucht. [‡]

Die Kardanwelle im Bild 1 enthält zwei Kreuzgelenke. Beide Gelenke besitzen den gleichen Beugungswinkel ($\alpha_1 = \alpha_2$) und die Gabeln der Zwischenwelle liegen in einer Ebene. An- und Abtriebswelle liegen bei idealem Einbau mit der Zwischenwelle in einer Ebene. In dieser Konstellation ergibt sich trotz Winkel- und Achsversatz eine gleichmäßige Übersetzung vom Antrieb zum Abtrieb, obwohl sich die Zwischenwelle mit einer anderen und wechselnden Winkelgeschwindigkeit drehen wird als An- und Abtrieb.

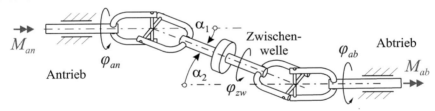

Bild 1: Räumliche Darstellung einer Kardanwelle

Gegeben:

$n = 600\,\text{min}^{-1}$	Antriebsdrehzahl
$\alpha_1 = 10°$	Beugungswinkel des antriebsseitigen Kardangelenkes
$\alpha_2 = 10°,\ 20°,\ 50°$	Beugungswinkel des Kardangelenkes zum Abtrieb
$M_a = 36\,\text{Nm}$	Konstantanteil des Abtriebsdrehmoments M_{ab}
$M_b = 17\,\text{Nm}$	Wechselamplitude des Abtriebsdrehmoments M_{ab}
$J = 0{,}26\,\text{kgm}^2$	Massenträgheitsmoment der Zwischenwelle

Im Bild 2 ist ein separates Kreuzgelenk mit An- und Abtrieb (könnte auch Zwischenwelle sein) dargestellt. An beiden Wellen ist jeweils ein raumfestes Koordinatensystem (KOS) angebracht. Die Abtriebswelle schließt mit der x-Achse den

---
[‡] Autor: Thomas Thümmel

Beugungswinkel α ein und wird über das Kreuzgelenk mit ungleichmäßiger Übersetzung bewegt. Das x^*-y^*-z^*-KOS entsteht durch eine Drehung des x-y-z-KOS um die y-Achse (mit dem Winkel α). Der Abtrieb dreht sich mit dem Winkel φ_2 um die x^*-Achse. Die Drehung ist mit Zwanglauf an die Antriebsdrehung gekoppelt. Die Punkte P_1 und P_2 an den jeweiligen Gabeln kennzeichnen die Anfangslage des Kreuzgelenkes, wohingegen die mit Stern gekennzeichnete Lage einen um den Winkel φ_1 bzw. φ_2 verdrehten Zustand darstellt.

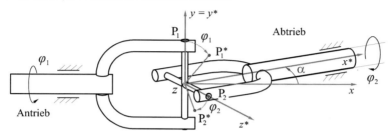

Bild 2: Geometrische Verhältnisse und Parameter im Kardangelenk

Gesucht:

1) Winkelbeziehung am separaten Kardangelenk $\varphi_2 = \varphi_2(\varphi_1, \alpha)$

2) Zusammenhang zwischen der Winkelgeschwindigkeit $\dot\varphi_2$ und der Antriebswinkelgeschwindigkeit $\dot\varphi_1$.

3) Ungleichförmigkeitsgrad am separaten Kardangelenk $\delta = (\dot\varphi_{2\max} - \dot\varphi_{2\min})/\Omega$

4) Winkelbeziehung für die komplette Kardanwelle mit zwei verschiedenen Beugungswinkeln α_1 und α_2, d. h. Formel für $\varphi_{ab} = \varphi_{ab}(\varphi, \alpha_1, \alpha_2)$.

5) Grafische Darstellung zum Verlauf der bezogenen Winkelgeschwindigkeiten φ'_{zw} und φ'_{ab} über dem Antriebswinkel φ im Intervall von 0 bis 360° bei einem Beugungswinkel von $\alpha_1 = 10°$, speziell dazu φ'_{ab} bei Variation des Beugungswinkels am zweiten Kardangelenk mit $\alpha_2 = 10°$ und 20°
Zusätzlich: Bild für $\varphi'_{ab}(\varphi)$ bei einem Beugungswinkel von $\alpha_2 = 50°$ (andere Skalierung)

6) Antriebsmoment der Kardanwelle bei konstanter Antriebsdrehzahl ($\dot\varphi = \Omega$), mit dem Lastmoment $M_{ab} = M_a + M_b \cos 3\varphi$ und mit der Drehträgheit der Zwischenwelle J. Substitution $J'_{\text{red}}(\varphi) = 2J\varphi'_{zw}\varphi''_{zw}$ und Zwischenschritt φ''_{zw} nutzen

7) Grafik zum Verlauf von $M_{\text{an}}(\varphi)$, Fourierentwicklung für $M_{\text{an}}(\varphi)$ und Darstellung des Fourierspektrums bis zur 8. Erregerordnung (EO).

7.1 Zur Kinetik einer Kardanwelle

Lösung:

Zu 1):

Folgender Weg wird gegangen: zuerst die Koordinaten der Punkte $P_1^*(\varphi_1)$ bzw. $P_2^*(\varphi_2)$ im verdrehten Zustand (orange dargestellt) mit Index * berechnen, dann beide im xyz-KOS darstellen und die Orthogonalitätsbedingung am Kardankreuz nutzen.

Aufgrund der gegebenen Geometrie lauten die Koordinaten von P_1 im *xyz*-KOS

$$\boldsymbol{r}_{P_1} = \begin{pmatrix} 0 \\ R \\ 0 \end{pmatrix}. \tag{1}$$

Der Punkt P_1^* entsteht durch eine *Drehung des Ortsvektors* mit dem Winkel φ_1 um die x-Achse. Mit der Drehmatrix $\boldsymbol{A}_1(\varphi_1)$ [22, Kap.2.2.1] berechnen sich die Koordinaten von P_1^* zu

$$\boldsymbol{r}_{P_1^*} = \boldsymbol{A}_1 \cdot \boldsymbol{r}_{P_1} = \begin{pmatrix} 1 & 0 & 0 \\ 0 & \cos\varphi_1 & -\sin\varphi_1 \\ 0 & \sin\varphi_1 & \cos\varphi_1 \end{pmatrix} \cdot \begin{pmatrix} 0 \\ R \\ 0 \end{pmatrix} = R \begin{pmatrix} 0 \\ \cos\varphi_1 \\ \sin\varphi_1 \end{pmatrix}. \tag{2}$$

Im gedrehten $x^*y z^*$-KOS lauten die Koordinaten von P_2

$$\boldsymbol{r}_{P_2} = \begin{pmatrix} 0 \\ 0 \\ R \end{pmatrix}. \tag{3}$$

Der Punkt P_2^* entsteht durch eine *Drehung des Ortsvektors* mit dem Winkel φ_2 um die x^*-Achse. Mit der Drehmatrix $\boldsymbol{A}_1^*(\varphi_2)$ berechnen sich die Koordinaten von P_2^* im *-KOS zu

$$\boldsymbol{r}_{P_2^*} = \boldsymbol{A}_1^*(\varphi_2) \cdot \boldsymbol{r}_{P_2} = \begin{bmatrix} 1 & 0 & 0 \\ 0 & \cos\varphi_2 & -\sin\varphi_2 \\ 0 & \sin\varphi_2 & \cos\varphi_2 \end{bmatrix} \cdot \begin{bmatrix} 0 \\ 0 \\ R \end{bmatrix} = R \begin{bmatrix} 0 \\ -\sin\varphi_2 \\ \cos\varphi_2 \end{bmatrix}. \tag{4}$$

Da die Koordinaten im *xyz*-System gesucht sind, müssen die eben ermittelten Koordinaten von P_2^* durch eine *Drehung des Koordinatensystems* um die y-Achse (mit dem Winkel $-\alpha$) transformiert werden. Mit der Drehmatrix $\boldsymbol{A}_2(-\alpha)$ berechnen sich die Koordinaten von P_2^* im xyz-KOS zu

$$\boldsymbol{r}_{P_2^*} = \boldsymbol{A}_2(-\alpha) \cdot \boldsymbol{r}_{P_2^*} = R \begin{bmatrix} \cos\alpha & 0 & \sin\alpha \\ 0 & 1 & 0 \\ -\sin\alpha & 0 & \cos\alpha \end{bmatrix} \cdot \begin{bmatrix} 0 \\ -\sin\varphi_2 \\ \cos\varphi_2 \end{bmatrix} = R \begin{bmatrix} \sin\alpha\cos\varphi_2 \\ -\sin\varphi_2 \\ \cos\alpha\cos\varphi_2 \end{bmatrix}. \tag{5}$$

Die Forderung, dass beide Ortsvektoren senkrecht zueinander stehen (Kreuzgelenk!), entspricht dem Verschwinden des Skalarproduktes und es folgt:

$$\boldsymbol{r}_{P_1^*}^T \cdot \boldsymbol{r}_{P_2^*} = R^2 \begin{bmatrix} 0 \\ \cos\varphi_1 \\ \sin\varphi_1 \end{bmatrix}^T \cdot \begin{bmatrix} \cos\varphi_2 \sin\alpha \\ -\sin\varphi_2 \\ \cos\varphi_2 \cos\alpha \end{bmatrix} \stackrel{!}{=} 0, \tag{6}$$

$$0 = -\cos\varphi_1 \sin\varphi_2 + \sin\varphi_1 \cos\varphi_2 \cos\alpha. \tag{7}$$

Vereinfachen liefert die Beziehung zwischen den Winkeln am separaten Kreuzgelenk

$$\underline{\underline{\tan\varphi_2 = \tan\varphi_1 \cos\alpha}}. \tag{8}$$

Zu 2):

Im Weiteren wird $\varphi = \varphi_1$ gesetzt. Es gilt allgemein

$$\frac{\partial(\ )}{\partial\varphi} = (\ )'. \tag{9}$$

Differenzieren von $\tan\varphi_2$ nach der Zeit und nochmaliges Einsetzen von $\tan\varphi_2$ aus (8) ergibt:

$$\frac{d}{dt}\tan\varphi_2 = \frac{d}{dt}\tan\varphi \cos\alpha, \tag{10}$$

$$\dot\varphi_2(1 + \tan^2\varphi_2) = \dot\varphi \frac{\cos\alpha}{\cos^2\varphi}, \tag{11}$$

$$\stackrel{(8)}{\longrightarrow} \dot\varphi_2\left(1 + (\tan\varphi \cos\alpha)^2\right) = \dot\varphi \frac{\cos\alpha}{\cos^2\varphi}. \tag{12}$$

Auflösen nach $\dot\varphi_2$ und Nutzung trigonometrischer Beziehungen liefert

$$\dot\varphi_2 = \dot\varphi \frac{\cos\alpha}{\cos^2\varphi + \sin^2\varphi \cos^2\alpha} = \dot\varphi \frac{\cos\alpha}{1 - \sin^2\varphi \sin^2\alpha}. \tag{13}$$

Mit den Substitutionen $a = \cos\alpha$ und $b = \sin^2\alpha$ entsteht das Ergebnis

$$\underline{\underline{\dot\varphi_2 = \dot\varphi \varphi_2' = \dot\varphi \frac{a}{1 - b\sin^2\varphi}}} \quad \text{mit} \quad \varphi_2' = \frac{\partial\varphi_2}{\partial\varphi} = \frac{a}{1 - b\sin^2\varphi}. \tag{14}$$

Für die später benötigte partielle Ableitung φ_2'' folgt damit

$$\varphi_2'' = \frac{\partial\varphi_2'}{\partial\varphi} = \frac{\partial}{\partial\varphi}\left(\frac{a}{1 - b\sin^2\varphi}\right) = -a(1 - b\sin^2\varphi)^{-2} \cdot (-2b\sin\varphi\cos\varphi), \tag{15}$$

$$\underline{\underline{\varphi_2'' = \frac{2ab\sin\varphi\cos\varphi}{\left(1 - b\sin^2\varphi\right)^2}}}. \tag{16}$$

7.1 Zur Kinetik einer Kardanwelle

Zu 3):

Aus (14) mit positivem $\dot\varphi$ geht hervor, dass $\dot\varphi_2$ maximal wird, wenn $\sin\varphi_1$ maximal ist, also den Wert 1 annimmt. Weiterhin ist $\dot\varphi_2$ minimal, wenn $\sin\varphi = 0$ gilt. Es wird als mittlere Winkelgeschwindigkeit die konstante Antriebswinkelgeschwindigkeit $\dot\varphi = \Omega$ vorausgesetzt. Es folgt mit den Substitutionen $a = \cos\alpha$ und $b = \sin^2\alpha$ und $a^2 = (1-b)$:

$$\dot\varphi_{2\max} = \frac{a}{1-b}\Omega = \frac{1}{a}\Omega \quad \text{und} \quad \dot\varphi_{2\min} = a\Omega. \tag{17}$$

Damit ergibt sich insgesamt mit der Voraussetzung $0 \leq \alpha < 90°$

$$\underline{\underline{\delta}} = \frac{\dot\varphi_{2\max} - \dot\varphi_{2\min}}{\Omega} = \frac{1}{a} - a = \frac{b}{a} = \frac{\sin^2\alpha}{\cos\alpha} = \underline{\underline{\tan\alpha\sin\alpha}}. \tag{18}$$

Mit den Zahlenwerten für den Beugungswinkel α folgen für den Ungleichförmigkeitsgrad die Werte entsprechend der Tabelle. Für $\alpha = 60°$ wird bereits ein Wert größer als Eins erreicht.

Beugungswinkel α	0	10°	20°	30°	50°	60°
Ungleichförmigkeitsgrad δ	0	0,031	0,125	0,289	0,913	1,5

Zu 4):

Für die Kardanwelle im Bild 1 mit zwei über eine Zwischenwelle gekoppelten Kardangelenken resultiert die Abtriebsdrehung aus zweimaliger Anwendung von (8), so dass sich die mit dem Kosinus schwankenden Übersetzungen bei gleichem Beugungswinkel aufheben.

$$\tan\varphi_{zw} = \frac{1}{\cos\alpha_1}\tan\varphi_{an} \quad \text{und} \quad \tan\varphi_{ab} = \cos\alpha_2 \tan\varphi_{zw}, \tag{19}$$

$$\underline{\underline{\tan\varphi_{ab} = \frac{\cos\alpha_2}{\cos\alpha_1}\tan\varphi_{an}}}. \tag{20}$$

Zu 5):

Die auf den Antrieb der Kardanwelle bezogenen Winkelgeschwindigkeiten $\varphi_{zw}{'}$ und $\varphi_{ab}{'}$ im Bild 3 folgen aus (14). Dabei ist wie schon bei der Herleitung von (19) die Einbaurichtung zu beachten. Es gilt:

$$\varphi_{zw}{'} = \frac{\partial \varphi_{zw}}{\partial \varphi} = \frac{\cos\alpha_1}{1 - \sin^2\alpha_1 \cos^2\varphi}, \tag{21}$$

$$\varphi_{ab}{'} = \frac{\partial \varphi_{ab}}{\partial \varphi_{zw}}\frac{\partial \varphi_{zw}}{\partial \varphi} = \frac{\cos\alpha_2}{1 - \sin^2\alpha_2 \sin^2\varphi_{zw}}\varphi_{zw}{'}. \tag{22}$$

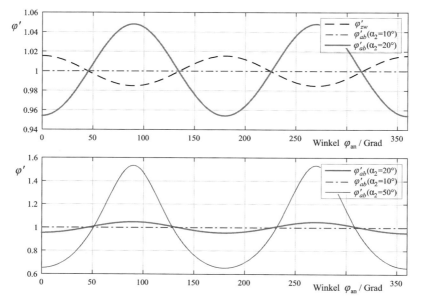

Bild 3: Normierte Winkelgeschwindigkeiten der Kardanwelle

Die Grafik im Bild 3 verwendet immer den Beugungswinkel von $\alpha_1 = 10°$. Die normierte Winkelgeschwindigkeit φ'_{ab} bei Variation des Beugungswinkels am zweiten Kardangelenk mit $\alpha_2 = 10°$ und $20°$ bezeugt bei $10°$ die vollständige Kompensation. Das untere Teilbild mit $\varphi'_{ab}(\alpha_2 = 50°)$ weist auf die deutliche Asymmetrie für größere Beugungswinkel hin.

Zu 6):

Unter der Annahme konstanter Antriebswinkelgeschwindigkeit $\dot{\varphi} = \Omega$ gilt die Differentialgleichung, vgl. [22, Kap.2.4.2.1], [73]

$$\frac{1}{2} J'_{red}(\varphi) \Omega^2 = M_{red}(\varphi, \dot{\varphi}, t). \tag{23}$$

Mit dem Trägheitsmoment J, dem Lastmoment $M_{ab} = M_a + M_b \cos 3\varphi$ und der Einbaubedingung $\alpha_1 = \alpha_2$ bzw. $\varphi'_{ab} = 1$, sowie mit der Kinematikbeziehung von (16) für φ''_{zw} folgt:

$$M_{red}(\varphi, \dot{\varphi}, t) = M_{an} + M_a + M_b \cos 3\varphi, \tag{24}$$

$$J_{red}(\varphi) = J \cdot (\varphi'_{zw})^2 \quad \text{und} \quad J'_{red}(\varphi) = 2J \varphi'_{zw} \varphi''_{zw}. \tag{25}$$

Nach dem Einsetzen ergibt sich für das Antriebsmoment

$$\underline{M_{an}(\varphi) = J \varphi'_{zw} \varphi''_{zw} \Omega^2 - (M_a + M_b \cos 3\varphi)}. \tag{26}$$

7.1 Zur Kinetik einer Kardanwelle

Der Term $\varphi'_{zw} \varphi''_{zw}$ lautet nach einigen Umformungen, vgl. (14) und (16)

$$\varphi'_{zw} \varphi''_{zw} = \frac{a^2 b \, \sin 2\varphi}{(1 - b \, \sin^2 \varphi)^3} \tag{27}$$

und kann wegen $b = \sin^2 \alpha \ll 1$ mit dem Nenner gleich 1 angenähert werden, so dass für das Antriebsmoment die Dominanz der 2. Erregerordnung (EO) durch die Trägheitswirkung und der 3. EO durch das Lastmoment erkennbar wird.

$$\underline{\underline{M_{an}(\varphi) \approx J a^2 b \Omega^2 \sin 2\varphi - (M_a + M_b \cos 3\varphi)}}. \tag{28}$$

Zu 7):

Das wechselnde Antriebsmoment enthält als periodische Funktion viele Erregerharmonische, wobei wie unter 6.) abgeleitet, der Gleichanteil (gestrichelte Linie im Bild 4 oben, Balken bei Frequenz 0 im Bild 4 unten) sowie die 2. EO und 3. EO dominieren. Der Gleichanteil von ca. 36 Nm resultiert aus dem Konstantanteil M_a des Lastmomentes, die 3. EO im Wesentlichen aus M_b. Wegen der Drehzahl von 600 min^{-1} beträgt die Grundfrequenz (1. EO) 10 Hz, die Frequenz der 2. EO 20 Hz usw. Beachtenswert erscheint, dass mit den im Beispiel verwendeten Parameterwerten infolge der Zwischenwellenträgheit das Antriebsmoment zeitweise auch das Vorzeichen wechseln kann, was unter Umständen einen Kontaktverlust und Stoß im spielbehafteten Antriebsstrang auslöst.

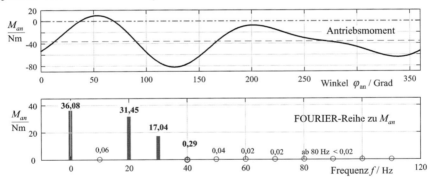

Bild 4: Antriebsmoment der Kardanwelle unter Wechsellast und diskrete Werte des Spektrums

Durch Umleitung einer Drehbewegung über einen Beugungswinkel zweier Wellen mit Hilfe eines Kreuzgelenkes entsteht eine ungleichmäßige Übersetzung bzw. eine schwankende Abtriebswinkelgeschwindigkeit trotz gleichmäßiger Antriebsbewegung. Ein richtiger Zusammenbau von zwei Gelenken mit einer Zwischenwelle kompensiert diese ungleichmäßige Übersetzung vollständig. Dennoch dreht die Zwischenwelle ungleichmäßig, so dass

durch deren Drehträgheit ein Wechselanteil im Drehmoment an der Antriebswelle entsteht. Damit können Torsionsschwingungen angeregt werden. Durch die höheren Harmonischen dieses periodischen Antriebsmomentes besteht auch die Gefahr zu Resonanzen höherer Ordnung mit einer Eigenfrequenz im Antriebsstrang.

Weiterführende Literatur

[24] Duditza, F.: *Kardangelenkgetriebe und ihre Anwendungen.* VDI Verlag, 1973.

[42] Laschet, A.: *Simulation von Antriebssystemen. Modellbildung der Schwingungssysteme und Beispiele aus der Antriebstechnik.* Berlin, Heidelberg: Springer-Verlag, 1988.

[73] VDI-Richtlinie 2149: *Getriebedynamik, Blatt 1 - Starrkörper-Mechanismen.* Beuth Verlag. 2008.

[74] VDI-Richtlinie 2722: *Gelenkwellen und Gelenkwellenstränge mit Kreuzgelenken.* Norm. Beuth Verlag. 2003.

Links im Internet:

http://www.klein-gelenkwellen.de
http://www.elbe-gmbh.de/pdf
http://www.schweizer-fn.de/antrieb/gelenkwelle/gelenkwelle.php

7.2 Reibungsschwingungen in einem Positionierantrieb

In Schwingungssystemen mit trockener Reibung können selbsterregte Friktionsschwingungen entstehen, die durch ruckartige Bewegungen gekennzeichnet sind. Solche Schwingungen müssen insbesondere dann vermieden werden, wenn es auf eine genaue Positionierung der angetriebenen Massen ankommt. Zur Bestimmung der Entstehungsbedingungen dieser Schwingungen ist die stark nichtlineare Bewegungsgleichung abschnittsweise zu lösen. [‡]

Bild 1 stellt das Modell eines Positionierantriebes dar, der durch trockene Reibung beeinflusst ist. Die Koordinate $u(t)$ charakterisiert den Antriebsweg und führt im Anlauf eine gleichmäßig beschleunigte Bewegung aus. Das zu bewegende Element hat die Masse m. Die im Antrieb vorhandene Elastizität ist in der Feder mit der Steifigkeit c zusammengefasst. F ist die aus der trockenen Reibung herrührende Gegenkraft. Für den Zustand des Gleitens soll F_R = const gelten. Im Fall der Ruhe ist F eine Reaktionskraft, deren Größe durch F_H nach oben begrenzt ist. Aus physikalischen Gründen gilt im Fall des Losbrechens $F_R \leq F_H$, was hier wegen der Konstanz der Gleitreibkraft für alle Gleitgeschwindigkeiten erfüllt ist. l_0 ist die Länge der ungedehnten Feder.

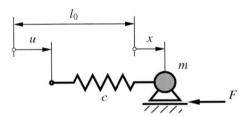

Bild 1: Minimalmodell eines Positionierantriebs

Gegeben:

m	= 1200 kg	Masse des Maschinentisches
c	= 80 MN/m	Federsteifigkeit des Antriebs, auf eine Axialsteifigkeit reduziert
a	= 0,0167 m/s²	Konstante Beschleunigung der Antriebsbewegung
F_H	= 1200 N	Maximale Haftreibkraft
F_R	= 0,9F_H; 0,7F_H	Gleitreibkraft mit Werten für zwei zu betrachtende Fälle.

Gesucht:

1) Verläufe von Weg, Geschwindigkeit und Beschleunigung

[‡] Autor: Uwe Schreiber, Quelle [34, Aufgabe 32]

2) Bedingungen für das Entstehen selbsterregter Schwingungen
3) Abschätzung der erreichbaren Positioniergenauigkeit in allgemeiner Form
4) Ergebnisse mittels geeigneter Berechnungssoftware für die gegebenen Parameterwerte.

Lösung:

Zu 1):

Das Bewegungsgesetz für den Federfußpunkt u mit konstanter Beschleunigung a als Funktion der Zeit t lautet

$$u(t) = \frac{a}{2}t^2. \tag{1}$$

Infolge der Haftung kann sich die Masse m erst in Bewegung setzen, wenn die Feder eine Vorspannkraft überträgt, die die maximale Haftkraft F_H überschreitet. Die darauf folgende Schwingung wird nur dann weiter angefacht, wenn die Geschwindigkeit der Masse m wieder den Wert null erreicht, so dass die Feder erneut auf eine Kraft F_H vorgespannt wird. Ist das nicht der Fall, so kommt die der Grundbewegung $u(t)$ überlagerte lineare Schwingung infolge der (hier unberücksichtigten) Dämpfung zur Ruhe.

Die Bewegungsgleichung (2) des Schwingungssystems für den Gleitzustand lässt sich durch Freischneiden der Masse und Antragen der Schnittkräfte sowie der d'Alembertschen Trägheitskraft (vgl. Bild 2) leicht angeben.

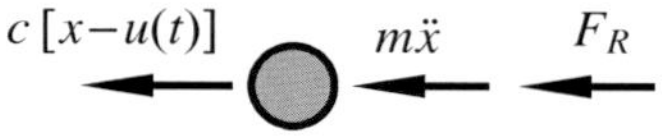

Bild 2: Kräftebild an der gleitenden Masse

$$m\ddot{x} + c[x - u(t)] + F_R = 0. \tag{2}$$

Die Vorzeichen der Reibkräfte sind von der Bewegungsrichtung (Vorzeichen der Geschwindigkeit) abhängig. Bei dieser Aufgabe wird nur die Bewegung der Masse vom Losbrechen bis zum nächsten Liegenbleiben betrachtet. In dieser Etappe ändert sich das Vorzeichen der Geschwindigkeit nicht. So kann auf die Fallunterscheidung bezüglich der Vorzeichen der Reibkräfte in der ersten Etappe verzichtet werden. Für das Losrutschen wird $\dot{x} > 0$ angenommen.

Mit (1) und der Eigenkreisfrequenz $\omega = \sqrt{c/m}$ ergibt sich aus (2)

$$\ddot{x} + \omega^2 x = -\frac{F_R}{m} + \frac{1}{2}\omega^2 a t^2. \tag{3}$$

Die Anfangsbedingungen sind mit (4) gegeben:

$$x(t_0) = 0, \quad \dot{x}(t_0) = 0, \tag{4}$$

7.2 Reibungsschwingungen in einem Positionierantrieb

wobei nach oben gesagtem der Zeitpunkt t_0 aus dem statischen Kraftgleichgewicht für $F = F_H$ (vgl. Bild 2) nach (5) berechnet wird.

$$-c\,u(t_0) + F_H = 0. \tag{5}$$

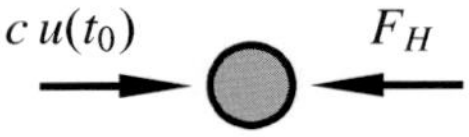

Bild 3: Kräftebild an der haftenden Masse

Mit (1) ergibt sich daraus die Zeit

$$t_0 = \sqrt{\frac{2F_H}{ca}}. \tag{6}$$

Zur Lösung der Differentialgleichung (3) mit den Anfangsbedingungen (4) bietet sich die Aufteilung in die homogene und partikuläre Lösung an. Die homogene Lösung lautet

$$x_h = A \cos \omega(t - t_0) + B \sin \omega(t - t_0), \tag{7}$$

wobei die Zeitverschiebung $t - t_0$ im Hinblick auf die spätere Anpassung an die Anfangsbedingung gewählt wurde. Für die partikuläre Lösung wird ein *Ansatz vom Typ der rechten Seite* gemacht. Da $-\frac{F_R}{m} + \frac{1}{2}\omega^2 a t^2$ ein Polynom 2. Ordnung ist, wird der Ansatz

$$x_p = C_2 t^2 + C_1 t + C_0 \tag{8}$$

gewählt. Wird dieser in die Differentialgleichung (3) eingesetzt, so ergeben sich durch Koeffizientenvergleich die Gleichungen

$$C_2 \omega^2 t^2 = \omega^2 \frac{a}{2} t^2, \quad C_1 \omega^2 t = 0, \quad 2C_2 + C_0 \omega^2 = -\frac{F_R}{m}, \tag{9}$$

woraus sich die Konstanten

$$C_2 = \frac{a}{2}, \quad C_1 = 0 \quad \text{und} \quad C_0 = -\frac{1}{\omega^2}\left(\frac{F_R}{m} + a\right)$$

berechnen lassen. Die Gesamtlösung aus homogenem und partikulärem Anteil lautet somit

$$x(t) = A \cos \omega(t - t_0) + B \sin \omega(t - t_0) + \frac{a}{2}t^2 - \frac{1}{\omega^2}\left(\frac{F_R}{m} + a\right). \tag{10}$$

Die Geschwindigkeit folgt aus der Ableitung

$$\dot{x}(t) = -A \sin \omega(t - t_0) + B \cos \omega(t - t_0) + at. \tag{11}$$

Wird die Erfüllung der Anfangsbedingungen (4) von den Gleichungen (10) und (11) gefordert, ergibt sich:

$$x(t_0) = A + \frac{a}{2}t_0^2 - \frac{1}{\omega^2}\left(\frac{F_R}{m} + a\right), \quad \dot{x}(t_0) = \omega B + at_0 = 0, \qquad (12)$$

woraus mit Einsetzen von t_0 gemäß (6)

$$A = \frac{F_R - F_H}{c} + \frac{a}{\omega^2} = \frac{a}{\omega^2}\left(1 + \frac{F_R - F_H}{ma}\right),$$

$$B = -\frac{a}{\omega}\sqrt{\frac{2F_H}{ca}} = -\frac{a}{\omega^2}\sqrt{\frac{2F_H}{ma}} \qquad (13)$$

folgt. Somit lautet die Gesamtlösung:

$$x(t) = \frac{a}{\omega^2}\left[\left(1 + \frac{F_R - F_H}{ma}\right)\cos\omega(t - t_0) - \sqrt{\frac{2F_H}{ma}}\sin\omega(t - t_0) + \frac{1}{2}(\omega t)^2 - \left(\frac{F_R}{m} + a\right)\right], \qquad (14)$$

$$\dot{x}(t) = \frac{a}{\omega}\left[-\left(1 + \frac{F_R - F_H}{ma}\right)\sin\omega(t - t_0) - \sqrt{\frac{2F_H}{ma}}\cos\omega(t - t_0) + \omega t\right], \qquad (15)$$

$$\ddot{x}(t) = a\left[-\left(1 + \frac{F_R - F_H}{ma}\right)\cos\omega(t - t_0) + \sqrt{\frac{2F_H}{ma}}\sin\omega(t - t_0) + 1\right]. \qquad (16)$$

Zu 2):

Die Bedingungen $\dot{x}(t_0) = 0$ und $\ddot{x}(t_0) = 0$ seien gleichzeitig nach einer Rutschphase mit $\dot{x} > 0$ für $t = t_i$ erfüllt. Zur Trennung der Einflüsse werden gemäß der Aufgabenstellung folgende Parameter eingeführt:

$$b = \frac{F_H}{ma}, \quad \beta = \frac{F_R}{F_H}. \qquad (17)$$

Mit $\alpha = \omega(t_1 - t_0) = \omega(t)$ und (6) werden für $\dot{x}(t_1) = 0$ und $\ddot{x}(t_1) = 0$:

$$-[b(1 - \beta) - 1]\sin\alpha + \sqrt{2b}\cos\alpha = \alpha + \sqrt{2b}, \qquad (18)$$

$$-[b(1 - \beta) - 1]\cos\alpha + \sqrt{2b}\sin\alpha = -1. \qquad (19)$$

Durch Auflösen dieser Gleichungen nach b und β ergibt sich eine Parameterdarstellung für die durch die Koordinaten $b; \beta$ bestimmte Grenzkurve zwischen Stabilitäts- und Instabilitätsbereich:

$$b = \frac{1}{2}\left(\frac{\alpha\cos\alpha - \sin\alpha}{1 - \cos\alpha}\right)^2, \quad \beta = 1 - \frac{1}{b}\left(1 - \frac{1 + \sqrt{2b}\cos\alpha}{\cos\alpha}\right). \qquad (20)$$

Es gilt $t_1 - t_0 > 0$ und somit $\alpha > 0$. Wegen $0 < \beta < 1$ ist der physikalisch sinnvolle Bereich von α weiter eingeschränkt: $5{,}0825 < \alpha < 2\pi$.

7.2 Reibungsschwingungen in einem Positionierantrieb

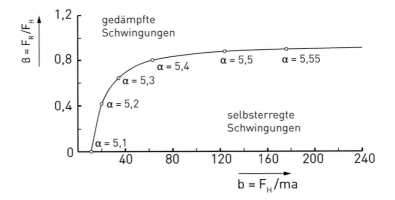

Bild 4: Grenzkurve zwischen stabilem und instabilem Bereich

Die Grenzkurve ist in Bild 4 dargestellt. Sie ist unabhängig von der Steifigkeit des Antriebs. Die sogenannte Stabilitätskarte verdeutlicht die bekannte Erscheinung, dass selbsterregte Reibungsschwingungen umso eher zu erwarten sind, je kleiner das Verhältnis zwischen Reib- und maximaler Haftkraft ist. Diese als *Stick-Slip* bezeichneten Reibungsschwingungen stören das ordnungsgemäße Arbeiten eines Positionierantriebes erheblich. Für alle Parameterkombinationen oberhalb der Grenzkurve ergibt sich eine gedämpfte Schwingung (die in jedem System enthaltene Dämpfung wurde hier in den Bewegungsgleichungen nicht berücksichtigt). Für genügend große Beschleunigungen ($b < 9{,}42$) treten nur gedämpfte Schwingungen auf.

Zu 3):

Die Strecke, die ein Antrieb aus dem Stand bis zum nächsten Stillstand wenigstens zurücklegt, ist ein Maß für die Positioniergenauigkeit: Da kleinere Strecken nicht zurückgelegt werden können, lässt sich eine gewünschte Position im ungünstigsten Fall nur bis auf den halben Wert dieser Strecke genau anfahren. Um möglichst wenig Strecke zurückzulegen, wird sehr langsam gefahren, so dass für diese Betrachtung für die Beschleunigung $a = 0$ angenommen werden kann. Für $u(t)$ in (2) wird $u(t_0)$ gemäß (5) gesetzt. Es ergibt sich:

$$m\ddot{x} + cx - F_H + F_R = 0, \tag{21}$$

$$\ddot{x} + \omega^2 x = \omega^2 \frac{F_H - F_R}{c}. \tag{22}$$

Aus der Lösung (14) folgt für $a = 0$:

$$x(t) = \frac{1}{\omega^2}\left[\frac{F_R - F_H}{m}\cos\omega(t-t_0) - \frac{F_R}{m}\right] = \frac{F_R - F_H}{c}\cos\omega(t-t_0) - \frac{F_R}{c}. \tag{23}$$

Es ergibt sich der Weg für eine halbe Schwingung (nach welcher die Geschwindigkeit erneut den Wert null erreicht und die Masse wieder zum Stehen kommt) aus der

Differenz der Positionen:

$$x\left(t = t_0 + \frac{\pi}{\omega}\right) - x(t = t_0) = 2\frac{F_R - F_H}{c}.\qquad(24)$$

Die Hälfte der nach (24) zurückgelegten Strecke beschränkt die Positioniergenauigkeit. Diese ist damit bezüglich der mechanischen Komponenten nur von den Reib- und Steifigkeitsverhältnissen des Antriebs abhängig. Geringere Unterschiede zwischen Haft- und Gleitreibung oder eine höhere Steifigkeit des Antriebs können die Abweichungen beim Positionieren verringern und somit die Positioniergenauigkeit verbessern.

Zu 4):

Bild 5 zeigt das Modell des Antriebs in SimulationX.

Bild 5: Minimalmodell des Positionierantriebs in SimulationX

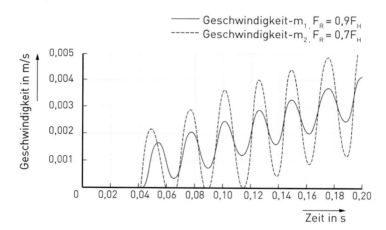

Bild 6: Geschwindigkeitsverlauf bei verschiedenen Reibkraftverhältnissen: durchgezogen – ohne Rattern (instabiler Bereich), gestrichelt mit Rattern (instabiler Bereich)

Die gegebenen Parameterwerte entsprechen den Punkten (60; 0,9) bzw. (60; 0,7) der Stabilitätskarte, wobei nur der zweite im Bereich selbsterregter Schwingungen liegt (vgl. Bild 4).

Die in Bild 6 dargestellten Zeitverläufe der Geschwindigkeiten der Masse bestätigen dies: Für das Verhältnis der Reibkräfte von 0,7 kommt es zu Beginn zu selbsterregten Schwingungen. Die Masse erreicht die Geschwindigkeit null und bleibt liegen. Nach dem Losbrechen schwingt sie mit größeren Amplituden als zuvor, was einer Anfachung der Schwingung entspricht. Im anderen Fall geschieht dies nicht.

7.2 Reibungsschwingungen in einem Positionierantrieb

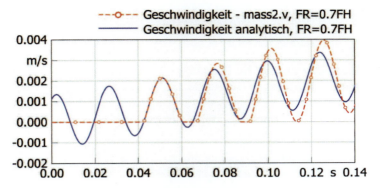

Bild 7: Vergleich Simulationsergebnis und analytische Lösung

Bild 7 zeigt, dass die analytische Lösung gemäß (14) das Verhalten des Antriebs lediglich ab der Zeit des Losbrechens ($t_0 = 0{,}042\,43$ s) bis zum nächsten Liegenbleiben (Geschwindigkeit $v = 0$ bei ca. $0{,}06$ s) zutreffend beschreibt, was für die Suche der Grenzkurve zwischen stabilem und instabilem Verhalten jedoch ausreichend ist.

Bei Positioniervorgängen kann es zu unerwünschten Stick-Slip-Schwingungen kommen. Eine von der Antriebssteifigkeit unabhängige Grenzkurve trennt den Parameterbereich selbsterregter gedämpfter Schwingungen ab. Die erreichbare Positioniergenauigkeit ist bezüglich der mechanischen Eigenschaften abhängig von den Reib- und Steifigkeitsverhältnissen. Eine Verringerung des Unterschieds zwischen Haft- und Gleitreibung oder eine Vergrößerung der Steifigkeit des Antriebs können die Positioniergenauigkeit erhöhen.

Weiterführende Literatur

[3] Autorenkollektiv ITI: *Handbuch SimulationX*. Dresden, 2015. www.simulationx.com.

[14] Danek, O., G. Nickl und H. Berthold: *Selbsterregte Schwingungen an Werkzeugmaschinen*. Berlin: VEB Verlag Technik, 1962.

[70] Tobias, S. A.: *Schwingungen an Werkzeugmaschinen*. München: Carl Hanser Verlag, 1961.

7.3 Nichtlineare Schwingungen eines Vibrationstisches

Vibrationstische dienen der Verdichtung von Formbeton. Zum Ausgleich der Massenkräfte werden Gegenschwingmassen verwendet. Die Nichtlinearität der verwendeten Gummifedern wird bewusst genutzt, um eine weitgehende Unempfindlichkeit der Amplitude gegenüber Parameteränderungen (z. B. der Formmasse) zu erreichen. [‡]

Die schematische Darstellung eines Vibrationstisches zur Verdichtung von Formbeton zeigt Bild 1. Der Tisch wird durch einen angeflanschten Unwuchterreger erregt.

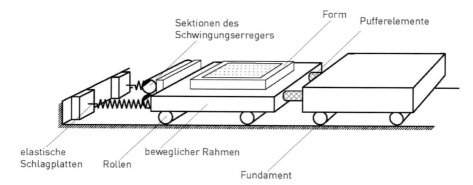

Bild 1: Skizze des Vibrationstisches

Über eine nichtlineare Feder mit der Federsteifigkeit c_2, deren Federkraft sich mit dem Federweg s aus der Beziehung

$$F_2 = c_{20} \cdot s(1 + s^2/a^2) \qquad (1)$$

ergibt, ist eine Gegenschwingmasse angelenkt.

Gegeben:

$m_1 = 440\,\text{kg}$	Masse des Vibrationstisches und des Unwuchterregers
$m_2 = 440\,\text{kg}$	Gegenschwingmasse
$c_1 = 2\,\text{MN/m}$	Steifigkeit der Gestellfeder
$c_{20} = 20\,\text{MN/m}$	Linearer Anteil der Federsteifigkeit c_2
$a = \infty;\ 3;\ 1\,\text{mm}$	Parameter der Nichtlinearität nach (1), beginnend bei linear über leicht nichtlinear bis deutlich nichtlinear
$D_2 = 0{,}05$	Dämpfungsgrad für die 2. Eigenschwingform und
$\hat{F} = 24\,\text{kN}$	Amplitude der Erregerkraft

[‡] Autor: Uwe Schreiber, Quelle [34, Aufgabe 61]

7.3 Nichtlineare Schwingungen eines Vibrationstisches

Gesucht:

1) Eigenfrequenzen des Systems,

2) Dämpfungskonstanten b_1 und b_2 (proportional zu den linearen Steifigkeitswerten angesetzt), so dass der vorgeschriebene Dämpfungsgrad D_2 erreicht wird.

3) Schwingungsamplitude $\hat{q}_1$ des Vibrationstisches über der Erregerdrehzahl Ω für die mit a gegebenen verschiedenen Stärken der Nichtlinearität von Feder mit der Federsteifigkeit c_2.

Lösung:

Zu 1):

Die Bewegungsgleichungen für das im Bild 2 skizzierte Modell lassen sich unter Nutzung von (1) in Matrixform wie folgt darstellen:

$$\begin{bmatrix} m_1 & 0 \\ 0 & m_2 \end{bmatrix} \begin{bmatrix} \ddot{q}_1 \\ \ddot{q}_2 \end{bmatrix} + \begin{bmatrix} b_1+b_2 & -b_2 \\ -b_2 & b_2 \end{bmatrix} \begin{bmatrix} \dot{q}_1 \\ \dot{q}_2 \end{bmatrix} + \begin{bmatrix} c_1+c_{20} & -c_{20} \\ -c_{20} & c_{20} \end{bmatrix} \begin{bmatrix} q_1 \\ q_2 \end{bmatrix} +$$

$$+ \begin{bmatrix} c_{20} & -c_{20} \\ -c_{20} & c_{20} \end{bmatrix} \begin{bmatrix} q_1 \\ q_2 \end{bmatrix} \cdot \frac{(q_1-q_2)^2}{a^2} = \begin{bmatrix} q_1 \\ q_2 \end{bmatrix} \cdot \sin \Omega t \,. \quad (2)$$

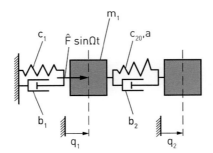

Bild 2: Modell des Schwingungssystems

Zur Ermittlung der Eigenfrequenzen ist das Eigenwertproblem

$$\left\{ \begin{bmatrix} c_1+c_{20} & -c_{20} \\ -c_{20} & c_{20} \end{bmatrix} - \omega^2 \begin{bmatrix} m_1 & 0 \\ 0 & m_2 \end{bmatrix} \right\} \begin{bmatrix} \hat{q}_1 \\ \hat{q}_2 \end{bmatrix} = \begin{bmatrix} 0 \\ 0 \end{bmatrix} \quad (3)$$

zu lösen. Die charakteristische Gleichung liefert die Eigenfrequenzen des linearisierten Systems:

$$\underline{\underline{f_1 = \frac{\omega_1}{2\pi} = 7{,}49\,\text{Hz}}}, \qquad \underline{\underline{f_2 = \frac{\omega_2}{2\pi} = 48{,}60\,\text{Hz}}}.$$

Zu 2):

Analog zur Aufgabe 4.3 werden die Dämpferkonstanten entsprechend der RAYLEIGH-Dämpfung unter Verwendung des Faktors α proportional zu den linearen Steifigkeitswerten gemäß (4) gewählt:

$$\alpha = \frac{b_1}{c_1} = \frac{b_2}{c_{20}} = \alpha = 2\frac{D_2}{\omega_2} = 2\frac{D_1}{\omega_1} = 0{,}000\,327\,4\,\text{s}\,. \tag{4}$$

Daraus ergibt sich für die erste Hauptkoordinate

$$D_1 = D_2 \frac{\omega_1}{\omega_2} = 0{,}0077 \tag{5}$$

und für die Dämpfungskonstanten

$$\underline{b_1 = 654{,}8\,\text{Ns/m}} \quad\text{sowie}\quad \underline{b_2 = 6548\,\text{Ns/m}}\,. \tag{6}$$

Zu 3):

Für nichtlineare Systeme eignet sich die Lösungsmethode der Harmonischen Balance, wie sie in SimulationX implementiert ist. Um die Aufgabe in SimulationX zu lösen, lassen sich beispielsweise die Eingangsgrößen als Parameter definieren, vgl. Bild 3.

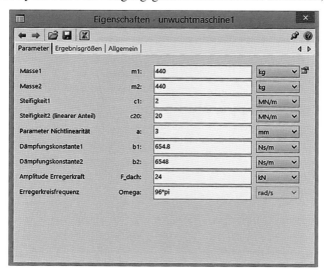

Bild 3: Parameter Schwingungssystems

Im allgemeinen Fall, in dem Ω in (2) auch veränderlich sein kann, ergibt sich das Argument der Winkelfunktion φ nicht aus dem Produkt Ωt, sondern gemäß (7):

$$\varphi = \int \Omega \,\text{d}t\,. \tag{7}$$

7.3 Nichtlineare Schwingungen eines Vibrationstisches

Nachdem φ nach (7) berechnet und Ωt bei der Erregerkraft durch φ substituiert wurde, lässt sich (2) direkt eingeben, wie die letzte Zeile im Gleichungsteil von Bild 4 zeigt.

Die Zusammenhänge, dass $\dot{q} = q_p$ die zeitliche Ableitung von q und $\ddot{q} = q_{pp}$ die Ableitung von $\dot{q}$ nach der Zeit sind, müssen zusätzlich angegeben werden (für die Vektoren siehe Zeilen 4 und 5 in Bild 4). Darüber hinaus werden in den Zeilen 6 bis 9 die Matrizen belegt.

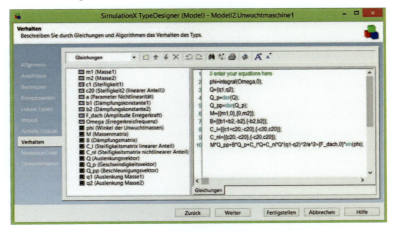

Bild 4: Gleichungssystem des Schwingungssystems in SimulationX

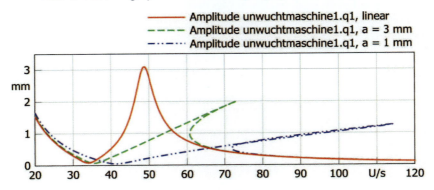

Bild 5: Schwingweg der Masse m_1 über der Drehzahl der Unwuchtmassen für den eingeschwungenen Zustand bei verschiedenen Stärken der Nichtlinearität (Parameter a)

Mit Wahl des Arbeitspunktes in Resonanznähe lassen sich stärkere Schwingungen am Tisch erzeugen. Eine Resonanz beim Einmassensystem hätte jedoch starke Fundamentkräfte zur Folge. Um diese zu vermeiden, wird für ein Zweimassensystem die Resonanznähe mit der zweiten Eigenfrequenz gesucht. Dabei ist es möglich, die Fundamentkräfte durch Wahl einer kleinen Federsteifigkeit für c_1 gering zu halten, trotz der gewünschten großen Amplituden in der Bewegung der Tischmasse. Dafür wird c_1 stets wesentlich kleiner als c_{20} gewählt.

Bild 5 zeigt die Ergebnisse der stationären Simulation für die Amplituden der Auslenkung der Masse 1. Variiert wurden die Parameterwerte für a, die die Stärke der Nichtlinearität bestimmen. Das lineare System ($a = \infty$) liefert das bekannte Ergebnis des linearen Schwingers mit einem Freiheitsgrad: Nahe der Eigenfrequenz erreicht die Kurve ihr Maximum. Die Spitze zeigt senkrecht nach oben. Mit zunehmender Nichtlinearität neigen sich die Kurven. Nimmt dabei die Steifigkeit wie im Beispiel zu (progressives Verhalten), neigen sie sich nach rechts bzw. zu höheren Erregerdrehzahlen (bei degressiven Verhalten würden sie sich nach links neigen). Durch die Nichtlinearität wird eine gewisse Unempfindlichkeit der Ausschläge von Frequenz- oder Parameteränderungen erreicht. Besonders bei großen Nichtlinearitäten wie bei $a = 1$ mm verläuft die Überhöhung sehr flach. Dies hat zur Folge, dass sich in einem breiten Drehzahlbereich (hier z. B. zwischen 80 und 110 U/s) bei kleinen Frequenzänderungen die Amplituden der Ausschläge nur wenig ändern (etwa um 0,4 mm, was einem Anstieg von 14 µm/(U/s) entspricht). Aus gleichem Grund ändern sich die Amplituden der Ausschläge auch bei Parameteränderungen und damit verbundenen Verschiebungen der Eigenfrequenz in diesem Drehzahlbereich nur wenig. Es bildet sich also ein breiter Resonanzbereich mit etwa gleichbleibend hohen Amplituden aus.

Stationäre Schwingungen nichtlinearer Systeme zeigen eine gewisse Unabhängigkeit der Schwingungsamplituden von Frequenz- oder Parameteränderungen in Resonanznähe. Diese Eigenschaft lässt sich nutzen, um z. B. bei sich ändernden Parameterwerten wie dem der Masse der Zuladung wichtige technologische Werte wie den der Schwingungsamplituden etwa gleichbleibend hoch zu halten.

Weiterführende Literatur

[3] Autorenkollektiv ITI: *Handbuch SimulationX*. Dresden, 2015. www.simulationx.com.

7.4 Resonanzdurchfahrt einer unwuchtig beladenen Waschmaschine

Beim Schleudern rotiert die Trommel einer Waschmaschine weit im überkritischen Bereich, so dass sowohl beim Anfahren als auch beim Auslaufen kritische Drehzahlen durchfahren werden müssen. Ist die Wäsche stark ungleichmäßig in der Trommel verteilt, läuft die Waschmaschine erfahrungsgemäß „nicht rund". Wie beeinflusst eine solche Unwucht das Hochfahren und das Auslaufen eines Rotors? [‡]

Die Waschmaschine in Bild 1 (links) ist mit einem einzelnen großen Wäschestück der Masse m_W unter der Schwerpunktsexzentrizität ε beladen. Die Wäschetrommel kann als starrer Rotor mit der Masse m_T und dem Massenträgheitsmoment J_T bezüglich ihres Schwerpunktes S betrachtet werden. Die Trommel rotiert innerhalb des Bottichs, in dem sie starr montiert ist, um ihre Schwerpunktachse. Gegenüber dem Maschinengehäuse ist der Bottich mit der Masse m_B und dem Massenträgheitsmoment J_B gegenüber seinem Schwerpunkt in S elastisch und gedämpft gelagert. Das Maschinengehäuse (Masse m_G) selbst sei starr aufgestellt. Der Motor sitzt auf dem Bottich und treibt die Wäschetrommel mit dem Motormoment M_M über ein Getriebe mit der Übersetzung i_M an.

Die beweglichen Bauteile der Waschmaschine (Trommel mit Wäsche sowie Bottich innerhalb des Waschmaschinengehäuses) werden durch das Modell in Bild 1 (rechts) abgebildet. Dabei wirkt der Motor mit dem Riementrieb zwischen Trommel und Bottich, so dass das Antriebsmoment M_{an} sowohl auf die Trommel als auch – in entgegengesetzter Richtung – auf den Bottich einwirkt.

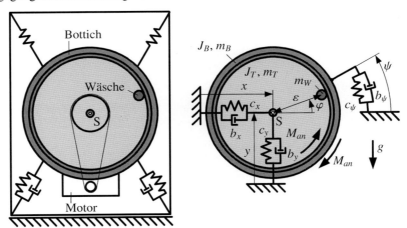

Bild 1: Systemskizze (links) und Modell (rechts) der unwuchtig beladenen Waschmaschine

---

[‡]Autoren: Katrin Baumann und Uwe Schreiber

Die Bewegung des Bottichs wird durch die Translationen x und y seines Schwerpunkts S sowie durch den Drehwinkel ψ beschrieben. Die Trommel dreht sich idealisiert reibungsfrei innerhalb des Bottichs mit dem Winkel φ. Die Winkel ψ und φ beziehen sich auf eine raumfeste Horizontale.

Die elastische und gedämpfte Aufhängung des Bottichs im Maschinengehäuse wird unter Berücksichtigung der Einbauwinkel der Feder-Dämpfer-Elemente auf im Drehpunkt angreifende Federn und Dämpfer reduziert. Um das Drehmoment abstützen zu können, führen die Wirkungslinien der realen Federn und Dämpfer nicht durch den Drehpunkt. Deshalb müssen im Modell neben den translatorischen Federn c_x und c_y sowie den translatorischen Dämpfern b_x und b_y auch eine Drehfeder c_ψ sowie ein Drehdämpfer b_ψ berücksichtigt werden.

Gegeben:

m_W	$= 1{,}4\,\text{kg bzw. } 1{,}6\,\text{kg}$	Masse der Wäsche
ε	$= 0{,}20\,\text{m}$	Schwerpunktsexzentrizität der Wäsche
J_T	$= 0{,}28\,\text{kg m}^2$	Massenträgheitsmoment der Trommel
m_T	$= 5\,\text{kg}$	Masse der Trommel
J_B	$= 1\,\text{kg m}^2$	Massenträgheitsmoment des Bottichs
m_B	$= 40\,\text{kg}$	Masse des Bottichs
m_G	$= 30\,\text{kg}$	Masse des Gehäuses
c_x	$= 2773\,\text{N/m}$	horizontale Steifigkeit der Lagerung
c_y	$= 27\,500\,\text{N/m}$	vertikale Steifigkeit der Lagerung
c_ψ	$= 627\,\text{Nm/rad}$	Drehsteifigkeit der Lagerung
b_x	$= 4{,}7\,\text{Ns/m}$	horizontale Dämpfungskonstante der Lagerung
b_y	$= 65\,\text{Ns/m}$	vertikale Dämpfungskonstante der Lagerung
b_ψ	$= 1{,}6\,\text{Nms/rad}$	Drehdämpfungskonstante der Lagerung
M_M	$= 0{,}35\,\text{N m}$	Motormoment
α	$= 200\,\text{rad/s}^2$	Drehbeschleunigung am Motor
i_M	$= 13{,}96$	Übersetzung Motor $\to$ Trommel
g	$= 9{,}81\,\text{m/s}^2$	Erdbeschleunigung

Gesucht:

1) Bewegungsdifferentialgleichungen für das Modell gemäß Bild 1

2) Näherungswerte für die Eigenfrequenzen (analytisch/numerisch) für $m_W = 1{,}4\,\text{kg}$ und Eigenschwingformen (numerisch)

3) Numerische Berechnung der Drehzahlverläufe des Hoch- und Auslaufs für die gegebenen Parameterwerte unter Variation der Wäschemasse bei

   - entweder einer konstanten Drehbeschleunigung α
   - oder einem konstanten Antriebsmoment M_M

7.4 Resonanzdurchfahrt einer unwuchtig beladenen Waschmaschine

4) Simulation der Bottich-Schwingungen im Hoch- und Auslauf für die gegebenen Parameterwerte

5) Vereinfachung des Modells für den Fall, dass die Horizontalbewegung vernachlässigbar ist

6) Bedingung für seitliches Verschieben (*Wandern*) der Waschmaschine und numerische Überprüfung

Lösung:

Zu 1):

Die Bewegungsdifferentialgleichungen (Bewegungs-DGLn) für die Waschmaschine können günstig mit den LAGRANGEschen Gleichungen 2. Art aufgestellt werden. Die dafür benötigten Ausdrücke für die kinetische und die potentielle Energie des Systems betragen

$$W_{\text{kin}} = \frac{1}{2} J_T \dot{\varphi}^2 + \frac{1}{2}(m_T + m_B)(\dot{x}^2 + \dot{y}^2) + \frac{1}{2} J_B \dot{\psi}^2 + \frac{1}{2} m_W (\dot{x}_W^2 + \dot{y}_W^2), \tag{1}$$

$$W_{\text{pot}} = \frac{1}{2} c_x x^2 + \frac{1}{2} c_y y^2 + \frac{1}{2} c_\psi \psi^2 + (m_T + m_B) g y + m_W g y_W. \tag{2}$$

Darin bezeichnen x_W und y_W die Position des Schwerpunktes der Wäsche in vertikaler bzw. horizontaler Richtung, die durch die kinematischen Beziehungen

$$x_W = x + \varepsilon \cos \varphi \quad \text{und} \quad y_W = y + \varepsilon \sin \varphi \tag{3}$$

beschrieben wird. Die ebenfalls benötigten Ableitungen $\dot{x}_W$ und $\dot{y}_W$ sind damit

$$\dot{x}_W = \dot{x} - \varepsilon \dot{\varphi} \sin \varphi \quad \text{und} \quad \dot{y}_W = \dot{y} + \varepsilon \dot{\varphi} \cos \varphi. \tag{4}$$

Die virtuelle Arbeit resultiert aus dem Antriebsmoment M_{an} und der Lagerdämpfung

$$\delta W^{(e)} = M_{\text{an}} \delta \varphi - M_{\text{an}} \delta \psi - b_x \dot{x} \delta x - b_y \dot{y} \delta y - b_\psi \dot{\psi} \delta \psi. \tag{5}$$

Dabei muss für das an der Trommel wirkende Moment M_{an} die Getriebeübersetzung i_M des Motormoments M_M berücksichtigt werden,

$$M_{\text{an}} = i_M M_M. \tag{6}$$

Unter Berücksichtigung der kinematischen Beziehungen liefert die Anwendung der LAGRANGEschen Gleichungen 2. Art auf die LAGRANGE-Funktion $L = W_{\text{kin}} - W_{\text{pot}}$ mit den vier generalisierten Koodinaten x, y, ψ und φ die gesuchten Bewegungs-DGLn

$$(m_B + m_T + m_W)\ddot{x} + b_x \dot{x} + c_x x = m_W \varepsilon (\ddot{\varphi} \sin \varphi + \dot{\varphi}^2 \cos \varphi), \tag{7}$$

$$(m_B + m_T + m_W)\ddot{y} + b_x \dot{y} + c_y y = m_W \varepsilon (-\ddot{\varphi} \cos \varphi + \dot{\varphi}^2 \sin \varphi) \tag{8}$$
$$- (m_B + m_T + m_W) g,$$

$$J_B \ddot{\psi} + b_\psi \dot{\psi} + c_\psi \psi = -M_{\text{an}}, \tag{9}$$

$$(J_T + m_W \varepsilon^2) \ddot{\varphi} - m_W \varepsilon (\ddot{x} \sin \varphi - \ddot{y} \cos \varphi) = M_{\text{an}} - m_W \varepsilon g \cos \varphi. \tag{10}$$

Die Gleichungen (7)-(10) sind vier gekoppelte nichtlineare Differentialgleichungen. Bemerkenswert ist, dass die Rotation φ der Wäschetrommel mit den Auslenkungen x und y verbunden ist. Der Term $m_W \varepsilon (\ddot{x} \sin\varphi - \ddot{y} \cos\varphi)$ aus der Dreh-DGL (10) wird im Folgenden als Koppelterm bezeichnet.

Zu 2):

Für kleine Schwingungen können die nichtlinearen Bewegungs-DGLn (7)-(10) linearisiert und voneinander getrennt werden. Für das ungedämpfte System lassen sich daraus Näherungswerte für die Eigenfrequenz abschätzen. Aus den Bewegungs-DGLn (7)-(10) ergeben sich unter Annahme entkoppelter einfacher Schwingformen folgende Gleichungen:

$$(m_B + m_T + m_W)\ddot{x} + c_x x = 0 \tag{11}$$

$$(m_B + m_T + m_W)\ddot{y} + c_y y = -(m_B + m_T + m_W)g \tag{12}$$

$$J_B \ddot{\psi} + c_\psi \psi = -M_{an} \tag{13}$$

$$(J_T + m_W \varepsilon^2) \ddot{\varphi} = M_{an} - m_W \varepsilon g \cos\varphi. \tag{14}$$

Die Eigenfrequenzen betragen damit näherungsweise

- für die Horizontalschwingung x:

$$\omega_{0x}^2 = \frac{c_x}{m_B + m_T + m_W} \quad \Longrightarrow \quad f_{0x} = \frac{\omega_{0x}}{2\pi} \approx \underline{\underline{1{,}2\,\text{Hz} = f_2}}, \tag{15}$$

- für die Vertikalschwingung y:

$$\omega_{0y}^2 = \frac{c_y}{m_B + m_T + m_W} \quad \Longrightarrow \quad f_{0y} = \frac{\omega_{0y}}{2\pi} \approx \underline{\underline{3{,}9\,\text{Hz} = f_3}} \tag{16}$$

- sowie für das Kippen des Bottichs ψ:

$$\omega_{0\psi}^2 = \frac{c_\psi}{J_B} \quad \Longrightarrow \quad f_{0\psi} = \frac{\omega_{0\psi}}{2\pi} \approx \underline{\underline{4{,}0\,\text{Hz} = f_4}}. \tag{17}$$

Die Rotation der Wäschetrommel φ ist eine Starrkörperdrehung,

$$\omega_{0\varphi}^2 = \frac{0}{J_T + m\varepsilon^2} \quad \Longrightarrow \quad f_{0\varphi} = \frac{\omega_{0\varphi}}{2\pi} = \underline{\underline{0\,\text{Hz} = f_1}}. \tag{18}$$

Zur numerischen Berechnung mit SimulationX können die Gleichungen (7)-(10) direkt eingegeben (analog Aufgabe 7.3), ein Mehrkörpermodell gemäß Bild 2 oder ein vereinfachtes Modell nach Bild 1 (rechts) aufgebaut werden.

Die damit berechneten gedämpften Eigenfrequenzen zeigt die Tabelle im Bild 2. Die Frequenzen sowie die Animation der Schwingformen stimmen mit den Ergebnissen der analytischen Abschätzung gut überein.

7.4 Resonanzdurchfahrt einer unwuchtig beladenen Waschmaschine

i	f_i in Hz (gedämpft)	D_i
1	$2{,}5431 \cdot 10^{-5}$	$7{,}3789 \cdot 10^{-12}$
2	1,2276	0,007 774
3	3,8832	0,028 978
4	3,9594	0,031 547

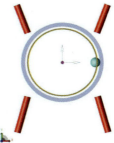

Bild 2: Mit SimulationX berechnete Eigenfrequenzen sowie modale Dämpfungen und Mehrkörpermodell

Zu 3):

In Bild 3 sind die Drehzahlverläufe für verschiedene Varianten des Hochlaufs und des Abtourens aufgezeichnet. Aufgestellt wurden die Gleichungen für die Vorgabe des Motormomentes. Oft ist jedoch auch ein Drehzahlverlauf oder die Beschleunigung gegeben, die alternativ am Motor vorgegeben werden können. Nach der Formel $M_{an} = (J_T + m_W \varepsilon^2)\alpha_{an}$ lassen sie sich für das Starrkörpersystem ineinander umrechnen. Im dynamischen Fall liefert ihre wahlweise Verwendung unterschiedliche Ergebnisse: Wird die Drehzahl (oder die Drehbeschleunigung – also die Bewegungsgröße) vorgegeben, folgt der Drehzahlverlauf genau dieser Vorgabe. Bei Vorgabe des Antriebsmomentes muss dies nicht der Fall sein. Wie im Bild 3 zu sehen, wird beim Hochlauf der Anstieg der Drehzahl im Resonanzgebiet verzögert und beim Abtouren der Drehzahlabfall beschleunigt (die Drehzahl steigt langsamer an oder fällt schneller ab). Dies liegt daran, dass Rotationsenergie der Wäschetrommel in die Fundamentschwingung (des Bottichs) übertragen und dort in den Dämpfern dissipiert wird. Ist das Motormoment zu klein oder ist die Unwucht zu groß, kann die Resonanz beim Hochlauf gar nicht durchfahren werden. Das System schwingt dann mit großen Amplituden (die von der Größe der Dämpfung begrenzt werden,

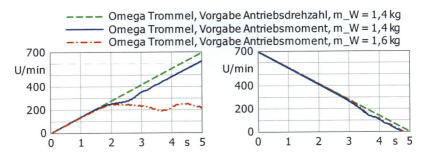

Bild 3: Drehzahlverläufe der Trommel beim Hochfahren (links) und Abtouren (rechts) bei Vorgabe der Drehbeschleunigung oder des Antriebsmomentes sowie unter Variation der Wäschemasse

vgl. Bild 4) und es treten große Kräfte auf (vgl. Bild 6). Dieses Phänomen ist unter dem Begriff *Sommerfeld-Effekt* bekannt. Das Modell kann ihn nur abbilden, wenn statt der Bewegungsgröße das Motormoment vorgegeben wird.

Zu 4):

Wie stark Rotordrehung und Fundamentschwingung interagieren, hängt von der aktuellen Größe des Koppelterms $m_W \varepsilon (\ddot{x} \sin \varphi - \ddot{y} \cos \varphi)$ in Gleichung (10) ab, dessen Größe mit den Beschleunigungen des Bottichs variiert. Nachfolgendes Bild 4 zeigt die Beschleunigungsverläufe in x und y:

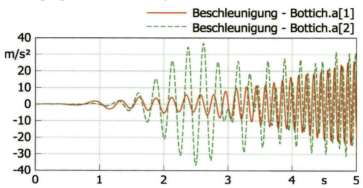

Bild 4: Beschleunigung des Bottichs in x - (a[1]) und y - (a[2]) Richtung

In der Resonanz der Querschwingung (ca. 1,2 Hz) bei etwa 1 s ist die Querbeschleunigung zwar größer als die Vertikalbeschleunigung, bleibt insgesamt jedoch aufgrund der schnellen Durchfahrt klein. Bei etwa 2,5 s kommt es zur Resonanz mit der Vertikalschwingung (ca. 4 Hz), in der sich größere Amplituden ausbilden. Dadurch wächst auch der Koppelterm $m_W \varepsilon (\ddot{x} \sin \varphi - \ddot{y} \cos \varphi)$ an, so dass es – wie oben beschrieben – zur Verzögerung des Hochlaufs kommt.

Zu 5):

Die maximalen Bewegungen und Belastungen treten bei Resonanz mit der Vertikalschwingung y auf. Dort sind die vertikalen Amplituden deutlich größer als die horizontalen. Sind die Maximalbelastungen Gegenstand der Untersuchungen, können die Gleichung für die Horizontalschwingungen x sowie $m_W \varepsilon \ddot{x} \sin \varphi$ vernachlässigt werden. Da der Drehfreiheitsgrad des Bottichs ohnehin entkoppelt ist, genügen für die Beschreibung des Phänomens des Hängenbleibens die Freiheitsgrade für die Drehung φ des Rotors und die Vertikalbewegung y des Bottichs. Aus den Gleichungen (8) und (10) folgen damit die Bewegungsgleichungen für ein reduziertes Modell mit zwei Freiheitsgraden,

$$(m_B + m_T + m_W) \ddot{y} + b\dot{y} + ky = m_W \varepsilon (\dot{\varphi}^2 \sin \varphi - \ddot{\varphi} \cos \varphi) - (m_B + m_T + m_W)g \quad (19)$$

$$(J_T + m_W \varepsilon^2) \ddot{\varphi} + m_W \varepsilon \ddot{y} \cos \varphi = M_{an} - m_W \varepsilon g \cos \varphi \,. \quad (20)$$

7.4 Resonanzdurchfahrt einer unwuchtig beladenen Waschmaschine

Zu 6):

Zur Untersuchung des seitlichen *Wanderns* der Waschmaschine werden die Aufstandskräfte F_N und F_T der Waschmaschine betrachtet. Der Freischnitt des Maschinengehäuses in Bild 5 verdeutlicht die wirkenden Kräfte.

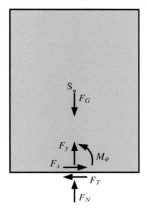

Bild 5: Freischnitt des Waschmaschinengehäuses

Aus dem Betrieb der Waschmaschine resultieren die Kräfte F_x, F_y und das Moment M_ψ, die über die elastische und bedämpfte Lagerung des Bottichs auf das Maschinengehäuse einwirken,

$$F_x = c_x x + b_x \dot{x}, \quad F_y = c_y y + b_y \dot{y} \quad \text{und} \quad M_\psi = c_\psi \psi + b_\psi \dot{\psi}. \tag{21}$$

Die Gewichtskraft des Gehäuses mit der Masse m_G ergibt sich zu

$$F_G = m_G g. \tag{22}$$

Die Kontaktkraft F_N folgt aus der Gleichgewichtsbedingung in vertikaler Richtung sowie den Gleichungen (21) zu

$$F_N = F_G - F_y = m_G g - (c_y y + b_y \dot{y}). \tag{23}$$

Falls die Vertikalkraft F_y die Gewichtskraft kompensiert oder übersteigt,

$$\underline{\underline{c_y y + b_y \dot{y} \geq m_G g}}, \tag{24}$$

so wird F_N null (oder rechnerisch gar negativ). Dies bedeutet, dass der Kontakt gelöst wird ($F_N = 0$ und $F_T = 0$) und die Waschmaschine abhebt. Dann führt die Horizontalkraft F_x zu einer seitlichen Verschiebung der Maschine.

Besteht aber Kontakt, $F_N > 0$, so wirkt zusätzlich die Tangentialkraft F_T, die sich aus der horizontalen Gleichgewichtsbedingung zu

$$F_T = F_x \tag{25}$$

ergibt. In Umkehrung der Haftbedingung und unter Berücksichtigung der Gleichungen (21)-(23) kommt es zum Rutschen, wenn gilt

$$|F_T| > \mu_0 F_N \tag{26}$$

bzw.

$$|c_x x + b_x \dot{x}| \geq \mu_0 \left[m_G g - (c_y y + b_y \dot{y}) \right]. \tag{27}$$

Für das gegebene System übersteigt die vertikale Federkraft in der Resonanz der Vertikalschwingung die Gewichtskraft des Gehäuses, siehe Bild 6. Da die auftretenden Querkräfte dabei gering bzw. nahezu null sind, kann die Bedingung (24) (in Gleichung (27) als Sonderfall enthalten) für das Abheben der Maschine mit guter Näherung für das Wandern der Maschine herangezogen werden.

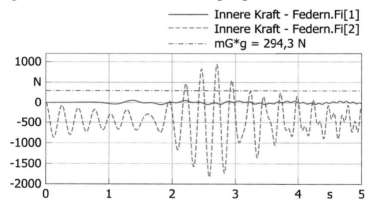

Bild 6: Federkräfte in x-Richtung (Fi[1]) und y-Richtung (Fi[2]) beim Hochlauf, verglichen mit der Gewichtskraft des Gehäuses

Diskussion

Die beobachteten Phänomene in den Hoch- und Ausläufen der Wäschetrommel resultieren aus der Kopplung der Drehbewegung der Trommel mit den translatorischen Schwingungen, insbesondere der vertikalen Schwingung des Bottichs über die elastisch-gedämpfte Aufstellung des Systems. Die Stärke der Kopplung hängt ab vom Verhältnis der Unwucht $m_W \varepsilon$, von der Masse des Bottichs m_B sowie von den translatorischen Beschleunigungen $\ddot{x}$ und $\ddot{y}$ zum Antriebsmoment M_{an}.

Im allgemeinen Fall sind die Berücksichtigung des Koppelterms und die Vorgabe des Antriebsmomentes statt der Drehzahl für die Modellbildung wichtig. Durch die Kopplung zwischen Rotor- und Bottichbewegung wird rotatorische Antriebsenergie in die Vertikalschwingungen überführt. Bei entsprechender Größe des Koppelterms ist eine Verzögerung des Hochlaufs zu beobachten, die bei starker Kopplung zum Hängenbleiben in der Resonanz führen kann.

7.4 Resonanzdurchfahrt einer unwuchtig beladenen Waschmaschine

Für den Fall eines starken Motors mit einem großen Antriebsmoment M, einer großen Bottichmasse m_B und/oder einer kleinen Unwucht $m_W\varepsilon$ bleibt der Koppelterm klein und es ist möglich, ihn zu vernachlässigen. Dann ist für ein konstantes Antriebsmoment die Drehbeschleunigung ebenfalls konstant und kann direkt vorgegeben werden. Die Unwucht wirkt entsprechend den Gleichungen (7) und (8) ausschließlich als Anregung für die Vertikal- und Horizontalschwingungen des Systems.

Wegen der Entkopplung der Bottichdrehung von den restlichen Freiheitsgraden sowie der hier nur geringen Wirkung in Querrichtung genügt auch ein Modell mit zwei Freiheitsgraden gemäß (19) und (20), um den *Sommerfeldeffekt* abzubilden. Für das *Wandern* kann dann die Bedingung (24) des Abhebens der Maschine vom Boden herangezogen werden.

Die Kopplung von Rotations- und Translationsbewegungen spielt außerdem eine große Rolle bei elastischen Rotoren mit innerer Dämpfung, siehe dazu auch die Aufgabe 5.6.

Große Unwuchten beziehungsweise zu geringe Antriebsmomente können zu Verzögerungen bis hin zum Hängenbleiben in der Resonanz beim Hochlauf von Rotoren führen. Aus diesem Grund und zur Vermeidung großer Schwingungs- und Geräuschamplituden verfügen moderne Waschmaschinen über eine Unwuchterkennung.

Weiterführende Literatur

[2] Aurich, H. und W. Weidauer: „Schwingungen an Waschvollautomaten". In: *Wiss. Zeitschr. der TH Karl-Marx-Stadt 14* (1972) 2, S. 197–211.

[3] Autorenkollektiv ITI: *Handbuch SimulationX*. Dresden, 2015. www.simulationx.com.

7.5 Selbstsynchronisation von Unwuchterregern an einem Schwingtisch

Für die Vibrationserregung von Schwingtischen werden häufig mehrere Elektro-Außenvibratoren an einem Tisch montiert, die nicht mechanisch oder elektronisch gekoppelt sind und somit keinem Zwanglauf unterliegen. An diesen Tischen wird der Effekt der Selbstsynchronisation von Unwuchterregern genutzt, der die Unwuchten bei den richtigen Randbedingungen zu einer gemeinsamen Drehzahl und einer festen und gewünschten Phasenlage zueinander synchronisieren kann. Für einfache, idealisierte Modelle können Synchronisationsbedingungen angewandt werden, die aus analytischen Betrachtungen bekannt sind. Für praktische Anwendungen und die Einbeziehung vieler weiterer Einflussgrößen sind numerische Simulationen für diese nichtlinearen Systeme notwendig. ‡

Es soll die synchrone Phasenlage von zwei Unwuchterregern an einem starren Vibrationstisch nach Bild 1 gefunden werden. Für die Erregung mit zwei Unwuchterregern soll die Anwendung der Synchronisationsbedingungen, die aus analytischen Lösungen bekannt sind, und eine numerische Simulation gegenübergestellt werden. Mit dem numerischen Modell soll dann auch die Selbstsynchronisation von vier Unwuchterregern untersucht werden.

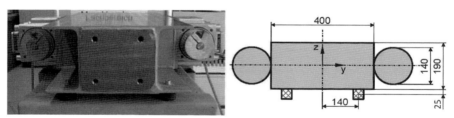

Bild 1: Vibrationstisch   Bild 2: Modell

Für eine analytische Betrachtung wird das System nach Bild 2 vereinfacht. Der Schwingtisch stellt einen elastisch gelagerten Starrkörper im Raum dar. Der Tisch ist in beiden vertikalen Ebenen symmetrisch aufgebaut, so dass zunächst nur eine ebene Bewegung in der Symmetrieebene betrachtet wird, in der auch die Unwuchtkräfte wirken.

Die Selbstsynchronisation von Unwuchterregern beruht darauf, dass über das Schwingungssystem eine Kopplung zwischen den Vibratoren hergestellt wird. So wird durch die Schwingbewegung des Lagerpunktes des Unwuchtrotors eine Momentenwirkung auf den Rotor eingebracht, die die Rotordrehung beeinflusst. Anderseits bestimmen die Unwuchten an dem Schwingtisch mit ihrer Drehzahl und Phasenlage zueinander die Schwingform des Tisches und jedes einzelnen Lagerpunktes der Unwuchtrotoren.

---

‡Autor: Jörg-Henry Schwabe

7.5 Selbstsynchronisation von Unwuchterregern an einem Schwingtisch

Die Selbstsynchronisation beruht auf der freien Findung der Phasenlagen zwischen den Unwuchtrotoren. Eine Vorgabe von festen Winkelgeschwindigkeiten der Rotoren im Modell würde auch feste Phasenlagen der Rotoren bedeuten. Damit wäre die Untersuchung von Selbstsynchronisationseffekten nicht möglich. Die Rotorwinkel sind also bei der Modellbildung als freie Koordinaten einzuführen.

Im Bild 3 ist ein ebenes Modell für den Schwingtisch mit zwei gleichen Unwuchterregern dargestellt.

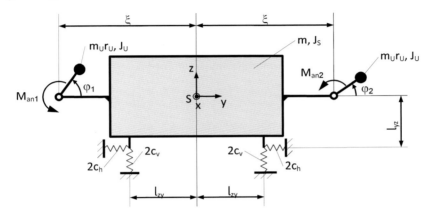

Bild 3: Berechnungsmodell mit Parametern und Koordinaten

Gegeben:

$m = 128 \, \text{kg}$	Gesamtmasse von Tisch und Unwuchterregern $m = m_{\text{Tisch}} + 2m_{\text{Vibrator}} = 96 \, \text{kg} + 2 \cdot 16 \, \text{kg} = 128 \, \text{kg}$
$J_S = 4{,}0 \, \text{kg} \, \text{m}^2$	gesamtes Trägheitsmoment um den Schwerpunkt
$c_v = 180\,000 \, \text{N/m}$	vertikale Federsteifigkeit einer Feder
$c_h = 40\,000 \, \text{N/m}$	horizontale Federsteifigkeit einer Feder
$l_{yz} = 0{,}12 \, \text{m}$	vertikaler Abstand Schwerpunkt – Feder
$l_{zy} = 0{,}14 \, \text{m}$	horizontaler Abstand Schwerpunkt - Feder
$m_u r_u = 0{,}045 \, \text{kg} \, \text{m}$	Umwucht eines Unwuchterregers
$J_u = 0{,}0032 \, \text{kg} \, \text{m}^2$	Trägheitsmoment eines Unwuchtrotors
$\xi = 0{,}27 \, \text{m}$	Abstand der Drehpunkte der Unwuchten zum Schwerpunkt des Tisches
M_{an}	Antriebsmoment am Unwuchtrotor ($M_K = 8 \, \text{Nm}$, $s_K = 0{,}15$, $\Omega = 314 \, \text{s}^{-1}$)
$f_{\text{err}} = 50 \, \text{Hz}$	Erregerfrequenz der Unwuchterreger (Betriebsdrehzahl $n = 3000 \, \text{min}^{-1}$)

Gesucht:

1) Synchrone Phasenlagen von zwei Unwuchterregern durch Anwendung analytischer Synchronisationsbedingungen

   1.1) Eigenfrequenzen des Schwingtisches

   1.2) Synchrone Phasenwinkel bei gleicher und bei entgegengesetzter Drehrichtung der Unwuchten

2) Synchrone Phasenlagen von zwei Unwuchterregern durch eine numerische Simulation

3) Synchrone Phasenlagen von vier Unwuchterregern durch eine numerische Simulation, Plausibilitätsprüfung

Lösung:

Zu 1):

Im Abschnitt 7 von [22] sind Bedingungen für die Selbstsynchronisation von zwei Unwuchten an einem Schwingtisch enthalten. Sie besagen, dass eine selbständige Synchronisation auftritt, wenn die Bedingung

$$m\xi^2 > 2J_S \qquad (1)$$

erfüllt ist und zwischen den Winkelkoordinaten der Unwuchten

$$\varphi_1 = \Omega t \quad \text{und} \quad \varphi_2 = \Omega t + \alpha \qquad (2)$$

der Phasenwinkel α vorhanden ist.

Bei gleicher Drehrichtung der Unwuchten und Erfüllung der Ungleichung (1) ist $\alpha = 0°$. Bei gleicher Drehrichtung der Unwuchten und entgegengesetzter Ungleichung (1) ist $\alpha = 180°$. Bei entgegengesetzter Drehrichtung der Unwuchten, womit $\varphi_2 = -(\Omega t + \alpha)$ wird, ist $\alpha = 180°$.

Zu 1.1):

Zunächst sind die Modellannahmen zu prüfen, auf denen die angegebenen Synchronisationsbedingungen beruhen: Es ist ein ebenes Problem, die Unwuchten sind gleich groß und im gleichen Abstand zum Schwerpunkt montiert und die Drehachsen liegen parallel zu einer Hauptachse des Schwingtisches.

Für die freien ungedämpften Schwingungen des Tisches gelten die Bewegungsgleichungen:

$$\begin{bmatrix} m & 0 & 0 \\ 0 & m & 0 \\ 0 & 0 & J \end{bmatrix} \begin{bmatrix} \ddot{y} \\ \ddot{z} \\ \ddot{\varphi}_x \end{bmatrix} + \begin{bmatrix} 4c_h & 0 & -4c_h l_{yz} \\ 0 & 4c_v & 0 \\ -4c_h l_{yz} & 0 & 4c_h l_{yz}^2 + 4c_v l_{zy}^2 \end{bmatrix} \begin{bmatrix} y \\ z \\ \varphi_x \end{bmatrix} = \begin{bmatrix} 0 \\ 0 \\ 0 \end{bmatrix}. \qquad (3)$$

7.5 Selbstsynchronisation von Unwuchterregern an einem Schwingtisch

Mit den gegebenen Parameterwerten ergeben sich die Eigenfrequenzen zu

$$f_1 = 5{,}1\,\text{Hz}, \quad f_2 = 10{,}5\,\text{Hz}, \quad f_3 = 11{,}9\,\text{Hz}.$$

Bei einer Erregerfrequenz von 50 Hz ist die Bedingung einer tiefen Abstimmung erfüllt.

Zu 1.2):

Nach Prüfung der Bedingung (1), die mit $9{,}3\,\text{kg}\,\text{m}^2 > 8\,\text{kg}\,\text{m}^2$ erfüllt ist, folgt für die gleiche Drehrichtung der Unwuchtrotoren eine gleichphasige Rotation der Unwuchten ($\alpha = 0°$), die zu einer Kreisschiebung des Vibrationstisches führt.

Bei einer gegenläufigen Drehung der Unwuchten wird eine Phasenlage von $\alpha = 180°$ erwartet, die zu einer gerichteten vertikalen Schwingung des Tisches führt.

Zu 2):

Das Schwingungssystem wird in einem Mehrkörper-Simulationsprogramm aufgebaut. Zur Vergleichbarkeit werden die vereinfachten Geometrien beibehalten.

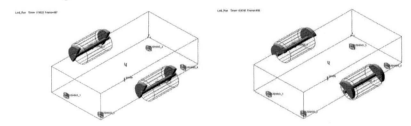

(a) gleichläufige Rotationsrichtung (b) gegenläufige Rotationsrichtung

Bild 4: Numerische Simulation, Momentaufnahmen der Phasenlagen der Unwuchten

Tisch und Federelemente werden mit den entsprechenden Programmelementen aufgebaut (siehe Bild 4). Der Tisch hat sechs Freiheitsgrade, die Unwuchtrotoren haben je einen Rotationsfreiheitsgrad gegenüber dem Tisch. Bei den vier Federelementen unter dem Tisch wird für eine moderate Dämpfung gesorgt, damit infolge der Anfangsbedingungen angeregte Eigenschwingungen abklingen können. Die Unwuchtrotoren mit je zwei halbkreisförmigen Unwuchtkörpern (Radius 0,06 m, Dicke 0,02 m, Stahl) werden über ein Motormoment der Form

$$M_{\text{an}} = 2 M_K \frac{s_K s}{s_K^2 + s^2}, \quad \text{mit} \quad s = 1 - \frac{\dot{\varphi}}{\Omega} \tag{4}$$

und den Parameterwerten $M_K = 8\,\text{Nm}$, $s_K = 0{,}15$ und $\Omega = 314\,\text{s}^{-1}$ angetrieben. Die Simulation startet aus dem Stand mit dem Hochfahren der Unwuchtrotoren. In der numerischen Simulation würde auch erkannt werden, wenn die Motoren zu schwach wären, um die Resonanzstelle zu passieren. Bei den gewählten Antriebsparametern ist das jedoch nicht der Fall.

Bild 4 zeigt das Modell mit den festen Phasenlagen der Unwuchten im eingeschwungenen synchronisierten Zustand, d. h. Eigenschwingungen aus Anfangsbedingungen sind abgeklungen, die Unwuchten haben die gleiche Drehzahl und die Phasenlage der Unwuchten zueinander ist stabil. Bei der gleichen Drehrichtung der Unwuchten (Bild 4a) ist eine gleichphasige Rotation der Unwuchten zu sehen, der synchrone Phasenwinkel beträgt $\alpha \approx 0°$ (Bild 5). Bei gegenläufiger Rotation der Unwuchten (Bild 4b) beträgt der synchrone Phasenwinkel $\alpha = 180°$. Es wird eine gerichtete vertikale Schwingung angeregt. Die numerischen Simulationen und die Anwendung der analytischen Synchronisationsbedingungen ergeben also annähernd gleiche Ergebnisse.

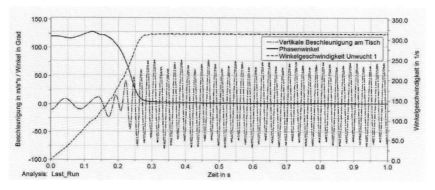

Bild 5: Simulationsergebnisse für die gleiche Rotationsrichtung der Unwuchten, Startbedingung der Unwuchten aus der Ruhe mit 120° Phasenversatz

Zu 3):

Es werden räumlich 4 Unwuchterreger am Tisch angebracht (siehe Bild 6), wobei jeweils das vordere und das hintere Paar Gegenläufer bilden und die Drehrichtung an den Seiten gleich ist. Zur Erzeugung einer gerichteten vertikalen Schwingung sind die Erreger möglichst weit außen anzubringen.

Zur Plausibilitätsprüfung kann herangezogen werden, dass für stabile synchrone Phasenlagen der Unwuchten die gemittelte LAGRANGEsche Funktion des Systems minimiert wird. In der LAGRANGEschen Funktion sind kinetische und potentielle Energie enthalten. Da für das tief abgestimmte System die potentielle Energie eine untergeordnete Rolle spielt, ist demnach die kinetische Energie zu minimieren. So sind mögliche Phasenlagen der Unwuchten, die eine vollständige Kompensation der Erregerkräfte beinhalten, sehr wahrscheinlich Synchronlagen, da so keine Schwingbewegungen erregt werden. Für das untersuchte System ist eine vollständige Auslöschung der Erregerkräfte nicht möglich. Bei der Anbringung der Vibratoren

7.5 Selbstsynchronisation von Unwuchterregern an einem Schwingtisch

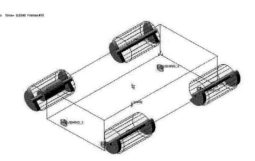

Bild 6: Modell mit 4 Unwuchterregern

weit außen, also mit großen Hebelarmen zum Schwerpunkt, beinhaltet die vertikale Translationsschwingung gegenüber möglichen Dreh- oder Kippschwingungen weniger kinetische Energie.

Die Selbstsynchronisation von Unwuchterregern an Schwingungssystemen beruht auf der Rückwirkung des Schwingungssystems auf die Unwuchtrotoren. Für einfache Systeme, wie einen elastisch gelagerten starren Vibrationstisch mit zwei Unwuchterregern, sind analytische Lösungen zur synchronen Phasenlage bekannt. Komplexe Aufgabenstellungen zur Selbstsynchronisation können mit numerischen Simulationsmodellen gelöst werden, wobei die Rotorwinkel als freie Koordinaten einzuführen sind.

Weiterführende Literatur

[10] Blekhman, I. I.: *Vibrational Mechanics*. Singapore: World Scientific Pub Co, 2000.

[68] Sperling, L.: „Selbstsynchronisation statisch und dynamisch unwuchtiger Vibratoren". In: *Technische Mechanik* (1994) Band 14. Heft 1, S. 61-76; Heft 2, S. 85-96.

7.6 Höhere Harmonische bei einem unwuchterregten Versuchsstand

Auf einem Versuchsstand, der zur Untersuchung von Schwingungsisolatoren diente, wurden im stationären Antwortsignal (Schwinggeschwindigkeit der Aufliegermasse) höhere Harmonische festgestellt, obwohl wegen des verwendeten Unwuchterregers eigentlich nur harmonische Schwingungen mit dessen Drehfrequenz erwartet wurden. Wie ist dies erklärbar? [‡]

Um die Ursachen für das beobachtete Verhalten zu finden, wird als Arbeitshypothese davon ausgegangen, dass die Rückwirkung des Schwingers auf den Antriebsmotor die entscheidende Rolle spielt, d. h. dass die Drehgeschwindigkeit schwankt. Dazu soll ein Modell eines nichtlinearen, unwuchterregten Schwingers mit zwei Freiheitsgraden untersucht werden, vgl. Bild 1.

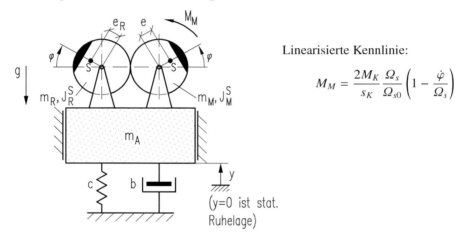

Linearisierte Kennlinie:
$$M_M = \frac{2M_K}{s_K} \frac{\Omega_s}{\Omega_{s0}} \left(1 - \frac{\dot\varphi}{\Omega_s}\right)$$

Bild 1: Modell des Versuchsstandes

Der zum Antrieb der beiden gegenläufigen Rotoren eingesetzte Motor kann für den stationären Zustand mittels einer linearisierten Kennlinie berücksichtigt werden, wobei die jeweilige synchrone Drehfrequenz mittels Frequenzumrichter einstellbar sei.

Da die gemessenen Schwingungsausschläge im Hundertstelmillimeter-Bereich lagen, konnten nichtlineare Eigenschaften des untersuchten Schwingungsisolators ausgeschlossen werden, weshalb dieser als lineares Feder-Dämpfer-Element modelliert wird. Es kann eine spielfreie, starre Verzahnung der beiden Rotoren angenommen werden.

[‡] Autor: Ludwig Rockhausen

7.6 Höhere Harmonische bei einem unwuchterregten Versuchsstand

Gegeben:

$m_A = 1000\,\text{kg}$ — Aufliegermasse

$m_M = 0{,}8\,\text{kg}$
$m_R = 0{,}4\,\text{kg}$
$J_M^S = 1{,}2 \cdot 10^{-4}\,\text{kg}\,\text{m}^2$
$J_R^S = 0{,}1 \cdot 10^{-4}\,\text{kg}\,\text{m}^2$ — Massen und Trägheitsmomente der Rotoren

$e = 0{,}015\,\text{m}$
$e_R = e \cdot m_M / m_R$ — Schwerpunktexzentrizitäten der Rotoren

$c = 4{,}4 \cdot 10^5\,\text{N/m}$
$b = 2100\,\text{N} \cdot \text{s/m}$ — Steifigkeit und Dämpferkonstante des Isolators

$g = 9{,}81\,\text{m/s}^2$ — Fallbeschleunigung

$s_K = 0{,}22;\ M_K = 1{,}7\,\text{Nm}$ — Kippschlupf und Kippmoment des Motors

Die ursprüngliche synchrone Drehzahl des Asynchronmotors beträgt $\Omega_{s0} \sim n_{s0} = 750\,\text{min}^{-1}$ und aktuelle synchrone Drehkreisfrequenzen sind $\Omega_s = 7\,\text{s}^{-1};\ 10{,}5\,\text{s}^{-1};\ 14\,\text{s}^{-1};\ 21\,\text{s}^{-1};\ 42\,\text{s}^{-1}$.

Gesucht:

1) Bewegungsgleichungen für $\boldsymbol{q} = [q_1, q_2]^\text{T} = [y/e,\ \varphi - \tau]^\text{T}$ mit $\tau = \Omega_s t$ als dimensionslose Zeitvariable

2) Überführung der Bewegungsgleichungen in ein System erster Ordnung

3) Lösung $\boldsymbol{q}(\tau)$, $\boldsymbol{q}'(\tau) \equiv \mathrm{d}\boldsymbol{q}(\tau)/\mathrm{d}\tau$ für den stationären Zustand (numerische Integration) bei den vorgegebenen synchronen Drehkreisfrequenzen

4) Interpretation und Schlussfolgerungen hinsichtlich der Ursachen

Lösung:

Zu 1):

Ausgangspunkt sind die kinetische Energie, die potentielle Energie und die virtuelle Arbeit der nicht über W_pot erfassten eingeprägten Kraftgrößen:

$$\begin{aligned}
2W_\text{kin} &= m_A \dot{y}^2 + m_M\left((\dot{y} + e\dot{\varphi}\cos\varphi)^2 + (-e\dot{\varphi}\sin\varphi)^2\right) + J_M^S \dot{\varphi}^2 \\
&\quad + m_R\left((\dot{y} + e_R\dot{\varphi}\cos\varphi)^2 + (-e_R\dot{\varphi}\sin\varphi)^2\right) + J_R^S \dot{\varphi}^2 \\
&= (m_A + m_M + m_R)\dot{y}^2 + 2(m_M e + m_R e_R)\dot{y}\dot{\varphi}\cos\varphi \\
&\quad + (J_M^S + J_R^S + m_M e^2 + m_R e_R^2)\dot{\varphi}^2 \\
&= m\dot{y}^2 + 4 m_M e \dot{y}\dot{\varphi}\cos\varphi + J\dot{\varphi}^2 \\
&= m e^2 \dot{q}_1^2 + 4 m_M e^2 \dot{q}_1 (\dot{q}_2 + \Omega_s)\cos(q_2 + \Omega_s t) + J(\dot{q}_2 + \Omega_s)^2 \,.
\end{aligned} \quad (1)$$

Hierbei wurden zur Abkürzung die Größen

$$m = m_A + m_M + m_R,$$
$$J = J_M^S + J_R^S + m_M e^2 (1 + m_M/m_R) \tag{2}$$

unter Beachtung von $m_R e_R = m_M e$ (vgl. gegebene Größen) eingeführt.

$$2W_{\text{pot}} = cy^2 = ce^2 q_1^2, \tag{3}$$
$$\delta W^{(e)} = -by\delta y + M_m \delta\varphi - (m_M e + m_R e_R)g \cos\varphi \delta\varphi$$
$$= -be^2 \dot{q}_1 \delta q_1 + (M_M - 2m_M eg \cos(q_2 + \Omega_s t)) \delta q_2. \tag{4}$$

In der virtuellen Arbeit $\delta W^{(e)}$ wurde hinsichtlich der Gewichtskräfte der unwuchtigen Rotoren nur deren Momentenwirkung berücksichtigt, da $y = 0$ als statische Ruhelage des Systems definiert wurde, also die nur statisch wirkenden Gewichtskräfte bereits mit einer statischen Federkraft im Gleichgewicht stehen. Des weiteren ist zu beachten, dass zwar $\dot\varphi = \dot q_2 + \Omega_s$ ist, aber wegen $\delta t \equiv 0$ (Zeit wird bei virtuellen Größen nicht variiert) die Relation $\delta\varphi = \delta q_2$ gilt. Die Anwendung der LAGRANGEschen Gln. 2. Art liefert nun die beiden gekoppelten nichtlinearen Bewegungsgleichungen für q_1 und q_2:

$$me^2 \ddot q_1 + 2m_M e^2 \left(\ddot q_2 \cos(q_2 + \Omega_s t) - (\dot q_2 + \Omega_s)^2 \sin(q_2 + \Omega_s t) \right) + c e^2 q_1 = -b e^2 \dot q_1, \tag{5a}$$

$$2m_M e^2 \cos(q_2 + \Omega_s t) \ddot q_1 + J\ddot q_2 = M_M - 2m_M g e \cos(q_2 + \Omega_s t). \tag{5b}$$

Mit

$$M_M = \frac{2M_K}{s_K} \frac{\Omega_s}{\Omega_{s0}} \left(1 - \frac{\dot\varphi}{\Omega_s}\right) = -\frac{2M_K}{s_K} \frac{\Omega_s}{\Omega_{s0}} \frac{\dot q_2}{\Omega_s} \tag{6}$$

folgen aus (5) nach Division durch $me^2 \Omega_s^2$ und bei Nutzung der *dimensionslosen Zeit*

$$\tau = \Omega_s t \tag{7}$$

sowie der Ableitungen nach τ (mit Strich gekennzeichnet)

$$(\ldots)^{\cdot} = \frac{d(\ldots)}{d\tau}\Omega_s = (\ldots)'\Omega_s, \quad (\ldots)^{\cdot\cdot} = \frac{d^2(\ldots)}{d\tau^2}\Omega_s^2 = (\ldots)''\Omega_s^2 \tag{8}$$

die dimensionslosen Bewegungsgleichungen:

$$q_1'' + 2\frac{m_M}{m}\cos(q_2+\tau) q_2'' - 2\frac{m_M}{m}\sin(q_2+\tau)\cdot(q_2'+1)^2 + \frac{b}{m\Omega_s}q_1' + \frac{c}{m\Omega_s^2}q_1 = 0, \tag{9a}$$

$$2\frac{m_M}{m}\cos(q_2+\tau) q_1'' + \frac{J}{me^2}q_2'' + 2\frac{m_M}{m}\frac{g}{e\Omega_s^2}\cos(q_2+\tau) + \frac{2M_K}{s_K me^2 \Omega_s \Omega_{s0}}q_2' = 0. \tag{9b}$$

7.6 Höhere Harmonische bei einem unwuchterregten Versuchsstand

Werden zweckmäßigerweise noch das Abstimmungsverhältnis

$$\eta = \frac{\Omega_s}{\sqrt{c/m}} \tag{10}$$

($\omega_0 = \sqrt{c/m}$ ist die Eigenkreisfrequenz des dämpfungsfreien Systems bei feststehenden Rotoren, also bei $\dot{\varphi} \equiv 0$, vgl. (5)) und die dimensionslosen Kennzahlen

$$\left.\begin{array}{l} D = \dfrac{b}{2m\omega_0} = \dfrac{b}{2\sqrt{mc}} \approx 0{,}05; \\[2mm] \mu = \dfrac{m_M}{m} \approx 7{,}99 \cdot 10^{-4}; \quad \alpha = \dfrac{J}{me^2} \approx 2{,}974 \cdot 10^{-3} \\[2mm] \kappa_1 = \dfrac{mg}{ec} \approx 1{,}488; \quad \kappa_2 = \dfrac{2M_K}{s_K e^2 \Omega_{s0} \sqrt{mc}} \approx 0{,}0417 \end{array}\right\} \tag{11}$$

eingeführt, so ergibt sich schließlich aus (9):

$$q_1'' + 2\mu \cos(q_2 + \tau) q_2'' - 2\mu \sin(q_2 + \tau) \cdot (q_2' + 1)^2 + \frac{2D}{\eta} q_1' + \frac{q_1}{\eta^2} = 0, \tag{12}$$

$$2\mu \cos(q_2 + \tau) q_1'' + \alpha q_2'' + 2\mu \frac{\kappa_1}{\eta^2} \cos(q_2 + \tau) + \frac{\kappa_2}{\eta} q_2' = 0. \tag{13}$$

Dieses gekoppelte System zweier nichtlinearer Differentialgleichungen 2. Ordnung kann mit Hilfe mathematischer Software für ein vorgegebenes Ω_s (und damit η) numerisch integriert werden. Die Anfangsbedingungen,

$$\left.\begin{array}{ll} q_1(\tau = 0) = (q_1)_0, & q_1'(\tau = 0) = (q_1')_0, \\ q_2(\tau = 0) = (q_2)_0, & q_2'(\tau = 0) = (q_2')_0, \end{array}\right\} \tag{14}$$

können zunächst willkürlich angenommen werden (in der Größenordnung von 10^{-3}). Oder es werden die unter Punkt 3 hergeleiteten Näherungslösungen für den stationären Zustand genutzt und $\tau = 0$ gesetzt. Infolge von Motorkennlinie und Dämpfung stellt sich schon nach wenigen Rotorumdrehungen eine fast periodische Lösung ein. Mit den Endwerten von $\boldsymbol{q}$ und $\boldsymbol{q}'$ dieser Rechnung als neue Anfangsbedingungen kann dann z. B. in einer Zweitrechnung für den selben Parametersatz die stationäre Lösung bestimmt werden.

<u>Zu 2):</u>

Oft erfordert die verfügbare Software eine Überführung der Bewegungsgleichungen in ein System erster Ordnung, was z. B. mit der Definition neuer Variablen (*Zustandsvektor*) gemäß

$$\boldsymbol{z} = [z_1, z_2, z_3, z_4]^\mathrm{T} = [q_1, q_2, q_1', q_2']^\mathrm{T} = \begin{bmatrix} \boldsymbol{q} \\ \boldsymbol{q}' \end{bmatrix} \tag{15}$$

möglich ist. Es ergibt sich bei Differentiation nach τ:

$$\mathbf{z}'(\tau) = \begin{bmatrix} z_1'(\tau) \\ z_2'(\tau) \\ z_3'(\tau) \\ z_4'(\tau) \end{bmatrix} = \begin{bmatrix} \mathbf{q}'(\tau) \\ \mathbf{q}''(\tau) \end{bmatrix} = \begin{bmatrix} z_3(\tau) \\ z_4(\tau) \\ q_1''(z,\tau) \\ q_2''(z,\tau) \end{bmatrix}. \tag{16}$$

Dies bedeutet, dass das gekoppelte System (12) und (13) nach $\mathbf{q}'' = [q_1'', q_2'']^T$ aufzulösen ist und q_1, q_1', q_2, q_2' durch die Elemente von $\mathbf{z}$ gemäß (15) ausgedrückt werden müssen:

$$\begin{bmatrix} q_1''(z,\tau) \\ q_2''(z,\tau) \end{bmatrix} = \frac{-1}{\alpha - 4\mu^2 \cos^2(z_2 + \tau)} \begin{bmatrix} \alpha & -2\mu \cos(z_2 + \tau) \\ -2\mu \cos(z_2 + \tau) & 1 \end{bmatrix}$$
$$\cdot \begin{bmatrix} \dfrac{2D}{\eta} z_3 + \dfrac{1}{\eta^2} z_1 - 2\mu \sin(z_2 + \tau)(1 + z_4)^2 \\ \dfrac{\kappa_2 z_4 + 2\mu\kappa_1 \cos(z_2 + \tau)}{\eta^2} \end{bmatrix}. \tag{17}$$

Einsetzen dieser Beziehungen in (16) liefert dann das zur numerischen Integration benötigte System erster Ordnung. Zuzuordnen sind dann nur noch die Anfangsbedingungen (14), die ebenfalls entsprechend der Definition (15) als $\mathbf{z}(\tau = 0)$ vorzugeben sind.

Zu 3):

Die Ergebnisse der Simulationsrechnungen für $q_1(\tau), q_1'(\tau)$ bei den vorgegebenen synchronen Drehkreisfrequenzen zeigen die Bilder 2 und 3. Die sich recht schnell einstellenden periodischen Verläufe der Vertikalschwingungen (von den kleinen Anfangsstörungen abgesehen) sind über ca. 6 Rotorumläufe dargestellt. Dabei sind die unterschiedlichen Skalierungen der Ordinaten zu beachten! Für die Schwankung der Winkelgeschwindigkeit $q_2'(\tau)$ wurden nur zwei Verläufe (Bild 4) ausgewählt, da diese sich bei allen η-Werten als rein sinusförmig herausstellten, vgl. auch die Betrachtungen weiter unten.

In den Verläufen von $q_1 = y/e$ bzw. $q_1' = y'/e$ ist deutlich zu erkennen, dass bei $\Omega_s = 7\,\text{s}^{-1}$ ($\Rightarrow \eta \approx 1/3$) die dritte und bei $\Omega_s = 10{,}5\,\text{s}^{-1}$ ($\Rightarrow \eta \approx 1/2$) die zweite Harmonische bezüglich einer Rotorumdrehung auftritt (12 bzw. 8 Maxima oder Minima bei 4 Umdrehungen ($4 \cdot 2\pi \approx 25$)). Bei $\Omega_s = 14\,\text{s}^{-1}$ ($\Rightarrow \eta \approx 2/3$) sind höhere Harmonische wegen der erkennbaren Abweichung vom Sinusverlauf zwar zu vermuten, sind aber nicht unmittelbar herauslesbar. Eine FOURIER-Analyse des Verlaufs von $q_1'(\tau)$ ergab in diesem Fall für die beiden ersten Harmonischen die Werte $1{,}249 \cdot 10^{-3}$ und $3{,}115 \cdot 10^{-4}$, alle anderen Harmonischen waren um mindestens zwei Größenordnungen kleiner (also evtl. ein numerisch bedingter Fehler).

7.6 Höhere Harmonische bei einem unwuchterregten Versuchsstand

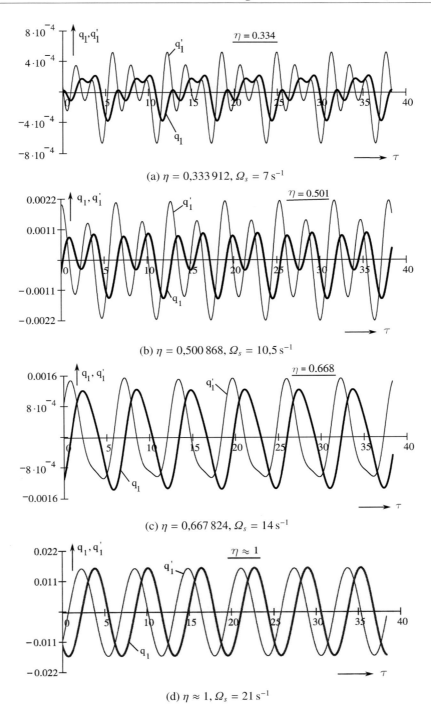

(a) $\eta = 0{,}333\,912$, $\Omega_s = 7\,\text{s}^{-1}$

(b) $\eta = 0{,}500\,868$, $\Omega_s = 10{,}5\,\text{s}^{-1}$

(c) $\eta = 0{,}667\,824$, $\Omega_s = 14\,\text{s}^{-1}$

(d) $\eta \approx 1$, $\Omega_s = 21\,\text{s}^{-1}$

Bild 2: Simulationsergebnisse (Zeitverläufe)

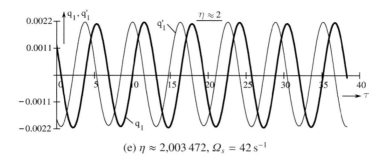

(e) $\eta \approx 2{,}003\,472,\ \Omega_s = 42\,\text{s}^{-1}$

Bild 3: Simulationsergebnisse (Zeitverläufe)

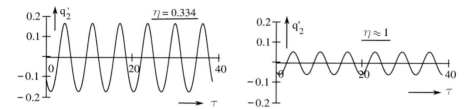

Bild 4: Simulationsergebnisse (Zeitverläufe)

Bei $\Omega_s = 21\,\text{s}^{-1}$ ($\Rightarrow \eta \approx 1$) und bei $\Omega_s = 42\,\text{s}^{-1}$ ($\Rightarrow \eta \approx 2$) sind höhere Harmonische visuell nicht erkennbar. Auch eine FOURIER-Analyse zeigte, dass die Drehfrequenz deutlich dominiert.

Subharmonische konnten für den eingeschwungenen Zustand nicht festgestellt werden. Bei ungünstig gewählten Anfangsbedingungen schien es, dass für $\eta \approx 2$ solche mit der halben Drehfrequenz auftreten. Es zeigte sich jedoch bei längerer Integration, dass es sich dabei offenbar um angeregte, langsam abklingende Eigenschwingungen handelte.

Zu 4):

Ursache für das Auftreten höherer Harmonische ist offenbar die quasi sinusförmige Schwankung der Rotorwinkelgeschwindigkeit (nur erste Harmonische) um einen Mittelwert. Dieser liegt wegen der Dämpfung geringfügig unter Ω_s. Die Berücksichtigung eines Reibmomentes bei den Rotoren würde diesen Mittelwert noch etwas senken.

Die Schwankung von $\dot\varphi$ (bzw. $\varphi' = q_2' + 1$) wird durch die mit dem Winkel φ veränderlichen Hebelarme von $m_M g$ und $m_R g$ hervorgerufen, und zwar umso stärker, je „weicher" die linearisierte Motorkennlinie ist (quantitativ durch M_K/s_K bestimmt).

Mit einer einfachen Abschätzung lässt sich dieser Sachverhalt quantitativ begründen.

Wird zunächst vorausgesetzt, dass $q_2 \equiv 0$ (also $\varphi = \Omega_s t$) gilt, folgt aus der (mit η^2

7.6 Höhere Harmonische bei einem unwuchterregten Versuchsstand

multiplizierten) Gleichung (12) die Bewegungsgleichung eines Einfachschwingers bei Unwuchterregung mit konstanter Winkelgeschwindigkeit:

$$\eta^2 q_1'' + 2D\eta\, q_1' + q_1 = 2\mu\, \eta^2 \cdot \sin\tau. \tag{18}$$

Hieraus folgt

$$\hat{q}_1'' = \frac{2\mu\eta^2}{\sqrt{(1-\eta^2)^2 + (2D\eta)^2}} \lessapprox 1{,}6 \cdot 10^{-2} \tag{19}$$

als Amplitude der „Beschleunigung" im stationären Zustand.

Wegen $\hat{q}_1'' \ll \kappa_1/\eta^2 \approx 1{,}448/\eta^2$ für den hier betrachteten Drehzahlbereich ($\eta \leq 2$) kann nun (13) (auch mit η^2 multipliziert) mit der jetzt getroffenen Voraussetzung $0 \leq |q_2| \ll 1$, also $\cos(q_2 + \tau) \approx \cos\tau$, $\sin(q_2 + \tau) \approx \sin\tau$, vereinfacht werden:

$$\eta^2 \alpha\, q_2'' + \eta\, \kappa_2\, q_2' = -2\mu\, \kappa_1 \cos\tau. \tag{20}$$

Sie hat die stationäre Lösung

$$q_2(\tau) = \frac{2\mu\, \kappa_1}{(\alpha\eta)^2 + \kappa_2^2}\left(\alpha\, \cos\tau - \frac{\kappa_2}{\eta}\sin\tau\right); \qquad q_2''(\tau) = -q_2(\tau) \tag{21}$$

mit der Amplitude

$$\hat{q}_2 = \hat{q}_2' = \frac{2\mu\, \kappa_1}{\eta}\, \frac{1}{\sqrt{(\alpha\eta)^2}} + \kappa_2^2. \tag{22}$$

Ihr Verlauf ist in Bild 5 gezeigt. Für $\eta \approx 1/2$ wird z. B. $\hat{q}_2' \approx 0{,}112\,11$ erhalten, was mit dem Ergebnis der numerischen Integration (vgl. Bild 4) sehr gut übereinstimmt (gilt auch für alle anderen η-Werte). Wird nun die Näherungslösung (21) in (12) eingesetzt, ergibt sich mit der getroffenen Voraussetzung eine lineare Bewegungsgleichung für $q_1(\tau)$ mit periodischer Erregung (erste bis dritte Harmonische):

$$\begin{aligned}
\eta^2 q_1'' + 2D\eta\, q_1' + q_1 &= 2\mu\, \eta^2 \left(\sin\tau \cdot (q_2'(\tau) + 1)^2 - \cos\tau \cdot q_2''(\tau)\right) \\
&= 2\mu\, \eta^2 \left\{\sin\tau\left(1 - \frac{2\mu\, \kappa_1\, \cos\tau - \alpha\, \eta^2 \cdot q_2(\tau)}{\eta\kappa_2}\right)^2 + \cos\tau \cdot q_2(\tau)\right\} \\
&= \frac{2\mu\, \eta^2}{(\alpha^2\eta^2 + \kappa_2^2)^2} \cdot \sum_{k=0}^{3}\Big(A_k \cos(k\tau) + B_k \sin(k\tau)\Big)
\end{aligned} \tag{23}$$

mit

$$\left.\begin{aligned}
A_0 &= -\alpha\mu\kappa_1 \cdot (\alpha^2\eta^2 + \kappa_2^2), & A_1 &= 2\alpha\mu^2\kappa_1^2\, \kappa_2/\eta, \\
A_2 &= 3\alpha\mu\kappa_1 \cdot (\alpha^2\eta^2 + \kappa_2^2), & A_3 &= -A_1, \\
B_1 &= (\alpha^2\eta^2 + \kappa_2^2)^2 + \mu^2\kappa_1^2 \cdot (3\alpha^2 + \kappa_2^2/\eta^2), \\
\hat{B}_2 &= -3\mu\, \kappa_1\, \kappa_2/\eta \cdot (\alpha^2\eta^2 + \kappa_2^2), \\
B_3 &= -\mu^2\kappa_1^2 \cdot (\alpha^2 - \kappa_2^2/\eta^2).
\end{aligned}\right\} \tag{24}$$

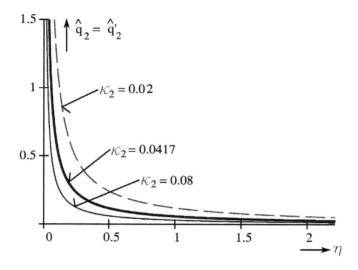

Bild 5: Amplitude $\hat{q}_2$ in Abhängigkeit von η und κ_2

Diese Koeffizienten werden erhalten, wenn die Lösung (21) in die rechte Seite der zweiten Zeile von (23) eingesetzt und das Ganze mit einem Computer-Algebra-System in die gewünschte Form einer FOURIER-Reihe gebracht wird. Damit können die höheren Harmonischen in den numerischen Lösungen recht gut erklärt bzw. begründet werden. Dass diese ab $\eta \approx 3/4$ so gut wie nicht mehr in Erscheinung treten, liegt daran, dass die Schwankung der Winkelgeschwindigkeit mit wachsendem η und ansteigendem Verhältnis M_K/s_K ($\sim \kappa_2$) stark abnimmt, vgl. Bild 5.

Bei Schwingern mit Unwuchterregung können durch Schwankungen der Rotorwinkelgeschwindigkeit höhere Harmonische in der stationären Schwingungsantwort auftreten. Ursache für solche Schwankungen sind bei entsprechender Anordnung der unwuchtigen Rotoren im Schwerefeld die veränderlichen Hebelarme ihrer Gewichtskräfte. Durch den Einsatz leistungsstarker Motoren lässt sich dieser Effekt weitestgehend unterdrücken.

Weiterführende Literatur

[28]   Fischer, U. und W. Stephan: *Mechanische Schwingungen*. 3. Aufl. Fachbuchverlag Leipzig, 1993.

7.7 Periodische Bewegungen eines Bodenverdichters

Bodenverdichter werden in unterschiedlichen Ausführungsformen im Tief- und Straßenbau eingesetzt. Durch das Abheben und Wiederaufsetzen des Verdichters auf dem Boden entstehen nichtlineare Bewegungsverhältnisse. Im vorliegenden Beispiel wird ein einfaches Berechnungsmodell mit einem Freiheitsgrad verwendet, dessen Bewegungsgleichung abschnittsweise gelöst wird. [‡]

Die schematische Darstellung im Bild 1a zeigt den Bodenverdichter mit der Gesamtmasse m, der durch zwei mit konstanter Winkelgeschwindigkeit Ω gegensinnig umlaufende Unwuchten mit jeweils der Masse $1/2\, m_u$ und einem Schwerpunktabstand r_u erregt wird. Für ein einfaches Modell soll der Stoß auf den Boden als vollplastisch angesehen sowie die Bodenverformung und Stoßzeit vernachlässigt werden. Von Interesse sind die Bewegungen des Verdichters, insbesondere mögliche periodische Bewegungen, die in der Frequenz mit der Umlaufbewegung der Unwuchten übereinstimmen.

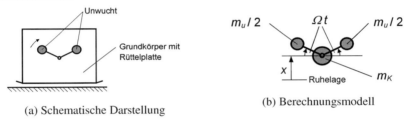

(a) Schematische Darstellung (b) Berechnungsmodell

Bild 1: Darstellung des Bodenverdichters

Gegeben:

- m_K Masse des Grundkörpers mit Rüttelplatte
- m_u Gesamte Unwuchtmasse (auf zwei gegenläufige Unwuchten verteilt)
- m Gesamtmasse des Verdichters, $m = m_K + m_u$
- r_u Unwuchtradius
- Ω Erregerkreisfrequenz
- g Erdbeschleunigung

Gesucht:

1) Bewegungsgleichung
2) Bedingung für die Zeit des Auftreffen
3) Bedingung für die Stabilität der Bewegungsform

[‡] Autor: Jörg-Henry Schwabe, Quelle [34, Aufgabe 30]

Lösung:

Zu 1):

Das System ist in der Flugphase konservativ. Beim Aufsetzen auf den Boden (plastischer Stoß) wird der gesamte aus der Schwerpunktbewegung des Verdichters stammende Anteil der kinetischen Energie umgewandelt. Die Periodizitätsbedingung erfordert, dass in jeder Umlaufperiode der Unwuchtmassen ein Absprung des Verdichters aus der Ruhelage und ein Aufsetzen auf dem Boden erfolgen.

Zur Aufstellung der Bewegungsgleichungen in der Flugphase werden die LAGRANGEschen Gleichungen 2. Art genutzt:

$$\frac{d}{dt}\left(\frac{\partial L}{\partial \dot{q}}\right) - \frac{\partial L}{\partial q} = 0. \tag{1}$$

Dabei ist $q = x$ die generalisierte Koordinate und

$$L = W_{\text{kin}} - W_{\text{pot}} \tag{2}$$

die LAGRANGEsche Funktion. Die kinetische Energie ergibt sich zu:

$$\begin{aligned} W_{\text{kin}} &= \frac{1}{2}(m - m_u)\dot{x}^2 + 2 \cdot \frac{1}{2}\frac{m_u}{2}\left((\dot{x} + r_u\Omega \cos\Omega t)^2 + (r_u\Omega \sin\Omega t)^2\right) \\ &= \frac{1}{2}m\dot{x}^2 + \frac{1}{2}m_u r_u^2 \Omega^2 + m_u r_u \dot{x} \Omega \cos\Omega t. \end{aligned} \tag{3}$$

Mit dem Energieniveau $W_{\text{pot}} = 0$ bei der Ruhelage $x = 0$ beträgt die potentielle Energie:

$$W_{\text{pot}} = mgx + m_u g r_u \sin\Omega t. \tag{4}$$

Mit Anwendung der LAGRANGEschen Gleichungen (1) ergibt sich die Bewegungsgleichung:

$$m\ddot{x} - m_u r_u \Omega^2 \sin\Omega t + mg = 0 \quad \text{bzw.} \quad \ddot{x} = \frac{m_u r_u \Omega^2}{m}\sin\Omega t - g. \tag{5}$$

Zu 2):

Der Absprung soll zum Zeitpunkt t_0 erfolgen. Zu diesem Zeitpunkt befindet sich der Verdichter noch in Ruhe, aber die Beschleunigung wird positiv und wächst weiter an. Mit der Beschleunigung und dem Ruck zum Zeitpunkt t_0

$$\ddot{x} = 0 \quad \text{und} \quad \dddot{x} > 0 \tag{6}$$

ergibt sich aus (5)

$$t_0 = \frac{1}{\Omega}\arcsin\frac{mg}{m_u r_u \Omega^2}, \tag{7}$$

7.7 Periodische Bewegungen eines Bodenverdichters

wobei Ωt_0 zwischen 0 und $\pi/2$ liegt.

Mit den Anfangsbedingungen

$$x(t_0) = 0, \quad \dot{x}(t_0) = 0 \tag{8}$$

kann die Differentialgleichung (5) integriert werden:

$$\dot{x}(t) = \frac{m_u r_u \Omega}{m}(\cos \Omega t - \cos \Omega t_0) - g(t - t_0), \tag{9}$$

$$x(t) = \frac{m_u r_u}{m}(\sin \Omega t_0 - \sin \Omega t + \Omega(t - t_0) \cos \Omega t_0) - \frac{1}{2}g(t - t_0)^2. \tag{10}$$

Der Zeitpunkt t_1 des Wiederauftreffens des Verdichters nach der Flugphase ergibt sich aus Gleichung (10) durch die Bedingung $x(t_1) = 0$. Mit Gleichung (7) ist zudem eine Eliminierung von g möglich, womit folgende Bedingung zur Bestimmung von t_1 bevorzugt numerisch auszuwerten ist:

$$\sin \Omega t_0 - \sin \Omega t_1 + \Omega(t_1 - t_0) \cos \Omega t_0 - \frac{1}{2}\Omega^2(t_1 - t_0)^2 \sin \Omega t_0 = 0. \tag{11}$$

Zu 3):

Als eine erste Bewegungsform des Verdichters soll ein Bewegungsablauf verstanden werden, bei dem sich der Verdichter vor dem erneuten Absprung mindestens einen Augenblick in Ruhe befindet (siehe Bild 2).

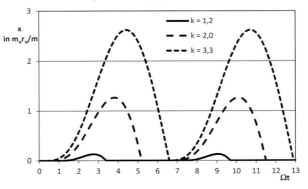

Bild 2: Beispiele für die Bewegungsverläufe im Zeitbereich

Die Periodizitätsbedingung lautet dafür:

$$\Omega t_1 - \Omega t_0 < 2\pi. \tag{12}$$

Vorteilhaft kann eine Kenngröße k eingeführt werden, die das Verhältnis der Amplitude der Unwuchtkraft zur Gewichtskraft des Verdichters angibt:

$$k = \frac{m_u r_u \Omega^2}{mg}. \tag{13}$$

Mit einer Vorgabe von k wird der Teil des Bildes 3 für die erste Bewegungsform erhalten, indem aus Gleichung (7) t_0 und aus Gleichung (11) t_1 ermittelt wird. Die erste Bewegungsform ist für ein Verhältnis k zwischen 1 und 3,297 möglich.

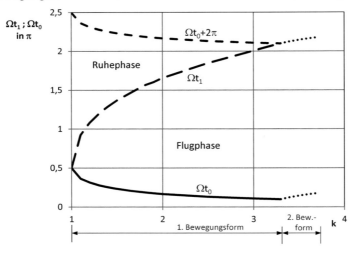

Bild 3: Parameter der Bewegungsformen des Verdichters

Als eine zweite Bewegungsform des Verdichters ist denkbar, dass der Verdichter nach jedem Aufsetzen sofort wieder abspringt. In diesem Fall gilt:

$$\Omega t_1 - \Omega t_0 = 2\pi . \tag{14}$$

Die Beschleunigung $\ddot{x}$ nach Gleichung (5) ist dann zum Absprungzeitpunkt t_0 im Allgemeinen nicht Null, sondern positiv. Gleichung (14) in die weiterhin gültige Gleichung (10) eingesetzt und mit der Bedingung $x(t_1) = 0$ aufgelöst ergibt für die zweite Bewegungsform:

$$\cos \Omega t_0 = \frac{\pi}{k} . \tag{15}$$

Eine wichtige Frage ist, ob die ermittelten Bewegungsformen auch stabil sind. An dieser Stelle soll nur die Stabilität der Bewegung gegen eine Störung der Anfangsparameter, ausgedrückt durch eine infinitesimale Änderung der Absprungzeit t_0, untersucht werden.

Für die erste Bewegungsform ist die Stabilität gegeben, da bei einer Änderung von t_0 sich die Auftreffzeit t_1 zwar ändert, es jedoch durch die Ruhephase keine Auswirkungen auf den nächsten Zyklus gibt.

Bei der zweiten Bewegungsform soll die Auswirkung der Änderung von t_0 um dt_0 auf die Auftreffzeit t_1 und damit gleichzeitig neue Absprungzeit für den nächsten

7.7 Periodische Bewegungen eines Bodenverdichters

Zyklus betrachtet werden. Die Koordinate $x(t_0 + 2\pi/\Omega)$ nach Gleichung (10) ändert sich um:

$$dx\bigg|_{t_0+2\pi/\Omega} = \frac{\partial x}{\partial t_0}\bigg|_{t_0+2\pi/\Omega} dt_0 = -\frac{2\pi}{\Omega}\left(\frac{m_u r_u \Omega^2}{m}\sin\Omega t_0 - g\right) dt_0 \,. \tag{16}$$

Die Änderung von t_1 wird aus dx und der Geschwindigkeit nach Gleichung (9) zu dem Zeitpunkt berechnet:

$$\dot{x}(t_0 + 2\pi/\Omega) = -2\pi g/\Omega \,, \tag{17}$$

$$dt_1 = -\frac{dx}{\dot{x}}\bigg|_{t_0+2\pi/\Omega} = -\left(\frac{m_u r_u \Omega^2}{mg}\sin\Omega t_0 - 1\right) dt_0 = -(k\sin\Omega t_0 - 1)\,dt_0 \,. \tag{18}$$

Stabil ist die zweite Bewegungsform dann, wenn dt_1 als Zeitverschiebung für den nächsten Zyklus gegenüber dt_0 nicht weiter anwächst. Dazu muss der Quotient

$$\left|\frac{dt_1}{dt_0}\right| = |k\sin\Omega t_0 - 1| \leq 1 \tag{19}$$

sein, was mit $k \leq 3{,}724$ erfüllt wird.

Die Stabilitätsbetrachtungen ergeben, dass die zweite Bewegungsform nur für ein k zwischen 3,297 und 3,724 auftritt, wie im Bild 3 dargestellt.

Das einfache Modell des Bodenverdichters zeigt, dass zwei Bewegungsformen mit und ohne Ruhephase möglich sind. Komplexere Modelle des Bodenverdichters sollten insbesondere auch die Bodeneigenschaften enthalten und können gegebenenfalls den Verdichter als Mehrmassensystem aus Rüttelplatte, Federn und Maschinenrahmen wiedergeben.

Weiterführende Literatur

[45]   Lohr, W.: *Untersuchungen zum Schwingungsverhalten von Vibrationsplatten mit Hilfe der Mehrkörperdynamik.* Shaker Verlag, 2005.

[56]   Mohsin, S. H.: *Beitrag zur theoretischen Erfassung von Stampfsystemen.* Diss. TU Dresden, 1965.

7.8 Stabilität der Gleichgewichtslagen eines Rührwerkes

Es wird das Lösungsverhalten der nichtlinearen Differentialgleichung, welche die stationäre Bewegung eines Rührwerkes beschreibt, untersucht. Die drei möglichen statischen Gleichgewichtslagen sind herauszufinden und die Stabilität kleiner Auslenkungen um diese Lagen zu bewerten. Mit Hilfe der Stabilitätskriterien und mit realistischen Systemparametern können somit zu erwartende Betriebszustände vorhergesagt werden. ‡

Flüssigkeiten in Transportcontainern müssen vor dem Auspumpen durchmischt werden, um sedimentierte Anteile mit auszutragen. Spezielle Rührwerke besitzen klappbare Rührorgane zum Einbringen durch die kleine Standardöffnung der Container. Die Drehzahl wird adaptiv je nach Viskosität des Mediums eingestellt. Das in Bild 1a vereinfacht dargestellte Rührwerk wird durch einen Motor mit der Drehzahl n angetrieben. Das Gelenk G ist als Scharnier ausgeführt, so dass es nur in einer Ebene senkrecht zum Scharnierbolzen ausschlagen kann.

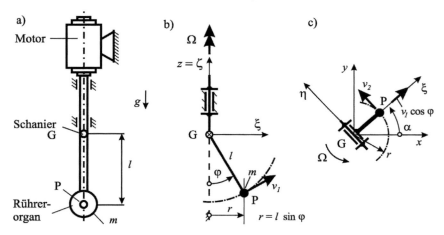

Bild 1: Darstellung des Rührwerkes, (a) Schema, (b) ξ-ζ-Ebene, (c) x-y-Ebene

Die Bilder 1b und 1c zeigen das Berechnungsmodell, sowie die dazugehörige Parametrisierung in beliebig ausgelenkter Lage. Das x-y-z-Koordinatensystem ist ein Inertialsystem, während das ξ-η-ζ-Koordinatensystem ein mit Winkel α und Winkelgeschwindigkeit Ω um die z- bzw. ζ-Achse mitdrehendes System darstellt. Die Winkelkoordinate φ beschreibt die Bewegung des Rührwerkes in der ξ-ζ-Ebene. Die Bolzenachse entspricht der η-Achse. Bild 1c veranschaulicht diese Drehung, aber entspricht nicht der Draufsicht zu Bild 1b.

---

‡Autor: Thomas Thümmel, Quelle [34, Aufgabe 24]

7.8 Stabilität der Gleichgewichtslagen eines Rührwerkes

Es wird nur der stationäre Betrieb mit konstanter Drehzahl betrachtet, weshalb gilt:

$$\Omega = \dot{\alpha} = \frac{\pi n}{30} = \text{const} \quad \text{und} \quad \alpha = \Omega t. \tag{1}$$

Die Funktion $\alpha = \Omega t$ stellt eine kinematische Vorgabe dar, die hier wie eine feste Randbedingung betrachtet wird. Es handelt sich deshalb um ein Modell mit *einem* Freiheitsgrad (Minimalkoordinate φ). Weiterhin wird die Trägheit des Rührers als Punktmasse im Punkt P modelliert. Durch diese Vereinfachungen bleiben die Drehträgheiten der Körper (z. B. das Massenträgheitsmoment des Motors) unberücksichtigt. Auch die Dämpfung in den Gelenken und die Wechselwirkung mit dem Fluid werden für diese Aufgabe vernachlässigt.

Gegeben:

$m = 2\,\text{kg}$ Masse des Schwenkteils mit Rührorgan
$l = 0{,}3\,\text{m}$ Abstand zwischen Gelenk G und Punktmasse P des Rührers
$g = 9{,}81\,\text{m/s}^2$ Erdbeschleunigung
$n_{1,2,3} = 16{,}4;\ 41{,}0;\ 58{,}7\,\text{min}^{-1}$ Drehzahlen des Motors

In der Aufgabe sollen folgende Substitutionen für die Eigenkreisfrequenz ω_0 bei $\Omega = 0$ und das Abstimmungsverhältnis η genutzt werden:

$$\omega_0^2 = \frac{g}{l} \quad \text{und} \quad \eta = \frac{\Omega}{\omega_0}. \tag{2}$$

Gesucht:

Für das Rührwerk sind die Beziehungen zwischen den Parametern m, l, g (bzw. ω_0) und Ω gesucht, welche die Stabilität kleiner Schwingungen um die statischen Gleichgewichtslagen sichern, dafür gilt das Modell nach Bild 1:

1) LAGRANGEsche Funktion und Bewegungsgleichung sowie Eigenkreisfrequenz ω_0 bei $\Omega = 0$ und die entsprechende Resonanzdrehzahl n_0

2) Statische Gleichgewichtslagen φ_i^* des Systems in allgemeiner Form und Drehzahl für eine Gleichgewichtslage $\varphi^* = 60°$

3) Differentialgleichungen (DGL) für *kleine* Störungen ψ um die Gleichgewichtslagen φ_i^* (Störungsrechnung)

4) Stabilitätskriterien für die Gleichgewichtslagen

5) Stabilitätsuntersuchung der Gleichgewichtslage $\varphi^* = \varphi_1^* = 0$, Skizze der komplexen Polebene (Pole $\lambda = \pm j\omega_i^*$) in Abhängigkeit von η und mit den speziellen Punkten für $\eta = 0;\ 0{,}3;\ 0{,}75;\ 1{,}0$ und $2{,}0$ sowie Zahlenwerte für mögliche Kreisfrequenzen ω_1^* bei den Motordrehzahlen n_1, n_2 und n_3 und für $\eta = 2$

6) Stabilitätsuntersuchung der nach oben stehenden Gleichgewichtslage $\varphi^* = \varphi_2^* = \pi$ ohne Zahlenwerte und der seitlichen Gleichgewichtslage $\varphi^* = \varphi_3^*$ in Abhängigkeit von η und mit den speziellen Punkten für $\eta = 0;\ 0{,}3;\ 0{,}75;\ 1{,}0$ und 2,0 sowie Zahlenwerte für Winkellagen φ_3^* und mögliche Kreisfrequenzen ω_3^* bei den Motordrehzahlen n_1, n_2 und n_3 und für $\eta = 2$

7) Diskussion der Betriebszustände

Lösung:

Zu 1):

Für die kinetische Energie $W_{\text{kin}} = \frac{1}{2} m v^2$ setzt sich die Geschwindigkeit v der Masse m aus zwei Anteilen zusammen, siehe Bild 1. In der ξ-ζ-Ebene entsprechend Bild 1b führt die Masse eine Kreisbewegung mit dem Radius l um den Gelenkpunkt G aus, und besitzt die Geschwindigkeit

$$v_1 = l \dot{\varphi}. \tag{3}$$

Aufgrund der Drehbewegung der Motorwelle mit der konstanten Winkelgeschwindigkeit Ω bewegt sich die Masse m außerdem in der x-y-Ebene auf einer Kreisbahn um die z- bzw. ζ-Achse mit dem Radius $r = l \sin \varphi$, siehe Bild 1c. Für den zweiten Geschwindigkeitsanteil gilt somit

$$v_2 = \Omega\, l \sin \varphi. \tag{4}$$

Da v_1 und v_2 senkrecht aufeinander stehen, folgt:

$$v = \sqrt{v_1^2 + v_2^2}. \tag{5}$$

Die potentielle Energie W_{pot} infolge Schwerkraft ergibt sich bezüglich der Bezugslinie im Ursprung des Inertialsystems, vgl. Bild 1b, in der Form:

$$W_{\text{pot}} = m g z \quad \text{mit} \quad z = -l \cos \varphi. \tag{6}$$

Aus den Gleichungen (3) bis (6) folgt die LAGRANGEsche Funktion zu:

$$L = W_{\text{kin}} - W_{\text{pot}} = \frac{1}{2} m l^2 (\dot{\varphi}^2 + \Omega^2 \sin \varphi^2) + m g l \cos \varphi. \tag{7}$$

Die kinetische Energie W_{kin} hängt nicht nur von $\dot{\varphi}$ sondern explizit auch von der Lagekoordinate φ ab: $W_{\text{kin}} = W_{\text{kin}}(\varphi, \dot{\varphi})$. Mit Hilfe der LAGRANGE'schen Gleichungen 2. Art ergibt sich mit $\omega_0^2 = g/l$ die Bewegungsgleichung:

$$\ddot{\varphi} + (\omega_0^2 - \Omega^2 \cos \varphi) \sin \varphi = 0. \tag{8}$$

Diese nichtlineare Bewegungsgleichung vom Typ $\ddot{q} + h(q) = 0$ ist konservativ, da die Funktion h nur von q und nicht von $\dot{q}$ abhängt und liefert

7.8 Stabilität der Gleichgewichtslagen eines Rührwerkes

- für $\Omega = 0$ die Eigenfrequenz (mathematisches Pendel):

$$\underline{\omega_0 = \sqrt{g/l} = 5{,}72\,\text{s}^{-1}} \quad \text{bzw.} \quad \underline{f_0 = 0{,}91\,\text{Hz}}.$$

- Entsprechende Resonanzdrehzahl zu ω_0: $\quad \underline{n_0 = 54{,}6\,\text{min}^{-1}}$.

- Mit ω_0 und den gegebenen Drehzahlen n_1, n_2 und n_3 ergeben sich nach (2) die Abstimmungsverhältnisse $\eta_1 = 0{,}3$, $\eta_2 = 0{,}75$ und $\eta_3 = 1{,}075$.

Zu 2):

Die möglichen Gleichgewichtslagen φ^* sind durch die folgende Vorschrift definiert:

$$\varphi = \varphi^* = \text{const} \quad \text{und} \quad \dot{\varphi}^* = 0, \quad \ddot{\varphi}^* = 0. \tag{9}$$

Eingesetzt in die (8) folgt die Bedingung:

$$0 = (\omega_0^2 - \Omega^2 \cos \varphi^*) \sin \varphi^*. \tag{10}$$

Aus (10) können nun direkt die Gleichgewichtslagen φ^* bestimmt werden. Dazu wird eine Fallunterscheidung vorgenommen:

Fall I: $\quad 0 = \sin \varphi^* \quad \Leftrightarrow \quad \varphi^* = n \cdot \pi \quad$ für beliebige ganze Zahl n

$$\implies \varphi_1^* = 0 \quad \text{und} \quad \varphi_2^* = \pi \tag{11}$$

Der Teillösung $\varphi_2^* = \pi$ (der Rührer steht senkrecht nach oben) ist praktisch wenig sinnvoll, sie soll aber der Vollständigkeit halber mit untersucht werden.

Fall II: $\quad 0 = \omega_0^2 - \Omega^2 \cos \varphi^* \quad \Leftrightarrow \quad \cos \varphi_3^* = \dfrac{\omega_0^2}{\Omega^2} = \dfrac{1}{\eta^2}$

$$\implies \varphi_3^* = \arccos\left(\frac{1}{\eta^2}\right) \tag{12}$$

Damit φ_3^* existiert, muss $1/\eta^2$ im Definitionsbereich $D = [-1, 1]$ der arccos-Funktion liegen. Dies führt auf die Existenzbedingung:

$$\eta^2 \geq 1 \quad \text{bzw.} \quad \omega_0^2 \leq \Omega^2. \tag{13}$$

Diese Lösung ist nur möglich, wenn die Winkelgeschwindigkeit des Motors größer ist als die Eigenkreisfrequenz des Pendels. Dieser Betriebszustand wird als überkritisch bezeichnet.

Insgesamt gibt es somit drei verschiedene Werte für φ^*, für welche (10) Bewegungen mit konstantem Winkelausschlag zulässt:

$$\underline{\underline{\varphi_1^* = 0, \quad \varphi_2^* = \pi \quad \text{und} \quad \varphi_3^* = \arccos\left(\frac{1}{\eta^2}\right), \quad \text{falls } \eta^2 \geq 1.}} \tag{14}$$

Aus (12) kann mit den Gleichungen (1) und (2) eine Formel zur Berechnung der Drehzahl n_3^* in Abhängigkeit der gewünschten Gleichgewichtslage φ_3^* hergeleitet werden:

$$n_3^* = \frac{30\,\omega_0}{\pi\,\sqrt{\cos \varphi_3^*}} \quad [\text{min}^{-1}]. \tag{15}$$

Für $\varphi_3^* = 60°$ und $\omega_0 = 5{,}72\,\text{s}^{-1}$ ergibt sich mit (15) die gesuchte Drehzahl n_3^*:

$$n_3^* = \frac{30 \cdot 5{,}72\,\text{s}^{-1}}{\pi\,\sqrt{\cos 60°}} = \underline{\underline{77{,}2\,\text{min}^{-1}}}. \tag{16}$$

Zu 3):

Die Auslenkung setzt sich aus der Gleichgewichtslage φ^* und der überlagerten kleinen Störung ψ zusammen.

$$\varphi = \varphi^* + \psi. \tag{17}$$

Weiterhin gilt wegen (9):

$$\dot{\varphi} = \dot{\psi} \quad \text{und} \quad \ddot{\varphi} = \ddot{\psi}. \tag{18}$$

Werden (17) und (18) in (8) eingesetzt, so entsteht die DGL für die Störung:

$$\ddot{\psi} + \left[\omega_0^2 - \Omega^2(\cos(\varphi^* + \psi))\right]\sin(\varphi^* + \psi) = 0. \tag{19}$$

Für kleine Störungen $\psi \ll 1$ gilt $\cos \psi \approx 1$ und $\sin \psi \approx \psi$. Additionstheoreme führen zu weiteren Vereinfachungen. Wegen $\psi \ll 1$ gilt $\psi^2 \to 0$ und infolge der Bedingung für Gleichgewichtslagen entsprechend (10) ergibt sich die gesuchte Differentialgleichung:

$$\underline{\underline{\ddot{\psi} + \left[\omega_0^2 \cos \varphi^* - \Omega^2(\cos^2 \varphi^* - \sin^2 \varphi^*)\right]\psi = 0}}. \tag{20}$$

Zu 4):

Die Gleichung (20) beschreibt die Dynamik kleiner Störungen um die Gleichgewichtslagen, deren Stabilitätsverhalten jetzt zu prüfen ist. Dazu werden im Folgenden immer Differentialgleichungen (DGL) vom Typ

$$\ddot{\psi} + k\psi = 0 \tag{21}$$

untersucht. Diese haben abhängig von k folgende Lösungen:

$$\begin{aligned}
k > 0: \quad &\psi(t) = A \sin \sqrt{k}\,t + B \cos \sqrt{k}\,t, \quad &&\text{(grenz-)stabile Lösung,} \\
k = 0: \quad &\psi(t) = A\,t + B, \quad &&\text{instabile Lösung,} \\
k < 0: \quad &\psi(t) = A\,e^{\sqrt{k}\,t} + B\,e^{-\sqrt{k}\,t}, \quad &&\text{instabile Lösung.}
\end{aligned} \tag{22}$$

7.8 Stabilität der Gleichgewichtslagen eines Rührwerkes

Somit ist das Stabilitätsverhalten der DGL (21) vollständig aus dem Vorzeichen von k bestimmbar. Die Pole $\lambda = \pm \mathrm{j}\sqrt{k} = \pm \mathrm{j}\omega_i^*$ werden auch *Wurzeln* genannt. Die drei Gleichgewichtslagen des Rührwerkes werden nun anhand der jeweiligen Ausdrücke für k in der Gleichung (20) untersucht.

Zu 5):

Für $\varphi^* = 0$ folgt aus (20) der Term $k = (\omega_0^2 - \Omega^2)$ und die DGL

$$\ddot{\psi} + \left(\omega_0^2 - \Omega^2\right)\psi = 0. \tag{23}$$

Für $\Omega^2 < \omega_0^2$ entstehen [grenz-]stabile Lösungen in Form einer harmonischen Schwingung

$$\psi(t) = A \cos \omega_1^* t + B \sin \omega_1^* t \quad \text{mit} \tag{24}$$

$$\underline{\underline{\omega_1^* = \sqrt{\omega_0^2 - \Omega^2} = \omega_0 \sqrt{1 - \eta^2}}}. \tag{25}$$

Für $\Omega^2 > \omega_0^2$ bzw. $\eta > 1$ ergibt sich ein negativer Term $k = (\omega_0^2 - \Omega^2)$ und die Gleichgewichtslage $\varphi_1^* = 0$ wird instabil. Die Pole $\lambda = \pm \mathrm{j}\sqrt{\omega_0^2 - \Omega^2} = \pm \mathrm{j}\omega_1^*$ besitzen dann keinen Imaginärteil und einer der Pole hat einen positiven Realteil.

Das Rührwerk dreht in diesem Fall überkritisch, wachsende Amplituden führen aber bald in den Bereich einer der folgenden Gleichgewichtslagen.

Zusammenfassend gilt für $\varphi_1^* = 0$ die Bedingung:

$$\underline{\underline{\Omega < \omega_0 \quad \text{bzw.} \quad \eta < 1}}. \tag{26}$$

Für spezielle Zahlenwerte von $\eta = \Omega/\omega_0$ ergeben sich verschiedene Punkte in der Polebene, der komplexen Ebene der Wurzeln, wie in Bild 2 veranschaulicht. Die rechte Halbebene beschreibt den instabilen Bereich. Die komplexen Zahlenwerte für $\lambda_{1,2} = \lambda_{1,2}(\eta)$ enthält Tabelle 1. Die Tabellenzeile für $\lambda_{1,2} = \pm \mathrm{j}\omega_1^*$ liefert gleichzeitig die konkreten Werte von ω_1^* mit $\omega_0 = 5{,}72 \text{ s}^{-1}$.

Tabelle 1: Komplexe Zahlenwerte für $\lambda_{1,2} = \lambda_{1,2}(\eta)$

η	0	0,3	0,75	1,0	1,075	2,0
$\lambda_{1,2}$	$\pm 1{,}0\,\mathrm{j}\omega_0$	$\pm 0{,}95\,\mathrm{j}\omega_0$	$\pm 0{,}66\,\mathrm{j}\omega_0$	$\pm \cdot 0$	$\pm 0{,}394\,\omega_0$	$\pm 1{,}73\,\omega_0$
	λ komplex $\Rightarrow$ Schwingung			λ reell $\Rightarrow$ keine Schwingung		
f_1^* [Hz]	0,91	0,86	0,60	0	0	0
n [1/min]	0	16,4	41	54,6	58,7	109,2

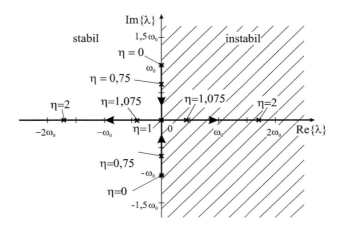

Bild 2: Darstellung der Wurzeln $\lambda_{1,2}(\eta)$ in der komplexen Polebene für $\varphi_1^* = 0$

Zu 6):

Die Untersuchung der nach oben stehenden Gleichgewichtslage $\varphi^* = \varphi_2^* = \pi$ liefert nach Einsetzen in (20):

$$\ddot{\psi} - \left(\omega_0^2 + \Omega^2\right)\psi = 0. \tag{27}$$

Da der Term $k = -(\omega_0^2 + \Omega^2)$ immer negativ ist, bleibt diese Gleichgewichtslage mit aufrecht stehendem Pendel grundsätzlich instabil.

Die Untersuchung der Stabilität der Lösung $\varphi_3^* = \arccos(1/\eta^2)$ geht ebenfalls von der allgemeinen Gleichung (20) aus. Umformung ergibt

$$\ddot{\psi} + \left[\omega_0^2 \cos\varphi^* - \Omega^2(2\cos^2\varphi^* - 1)\right]\psi = 0. \tag{28}$$

Durch Einsetzen der Gleichgewichtslage $\cos\varphi_3^* = 1/\eta^2$ ergibt sich

$$\ddot{\psi} + \Omega^2\left(1 - \frac{1}{\eta^4}\right)\psi = 0. \tag{29}$$

Diese Gleichgewichtslage existiert entsprechend (13) nur für $\eta > 1$. Daraus folgt, dass der Term $k = \Omega^2\left(1 - 1/\eta^4\right)$ immer größer als Null ist.

Zusammenfassend gilt für $\varphi_3^* = 0$ die Bedingung:

$$\underline{\underline{\omega_0 < \Omega \quad \text{bzw.} \quad \eta > 1}}. \tag{30}$$

Somit bewegt sich das Rührwerk um die Gleichgewichtslage φ_3^* mit einer [grenz-]-stabilen harmonischen Schwingung. Die zugehörige Kreisfrequenz lautet

$$\underline{\underline{\omega_3^* = \sqrt{\Omega^2\left(1 - \frac{1}{\eta^4}\right)} = \omega_0\,\eta\,\sqrt{1 - \frac{1}{\eta^4}}}}. \tag{31}$$

7.8 Stabilität der Gleichgewichtslagen eines Rührwerkes

Die seitliche Gleichgewichtslage φ_3^* existiert nicht bei allen vorgegebenen Drehzahlen, sondern nur für Drehzahlen größer als die Resonanzdrehzahl n_0. Es verbleiben nur die Drehzahlen 58,7 bzw. 109,2 min^{-1}, die den Abstimmungsverhältnissen $\eta = 1{,}075$ bzw. $\eta = 2$ entsprechen.

Die Winkel φ_3^* für diese Gleichgewichtslage nach (14) betragen 30,1° für 58,7 min^{-1} und 75,5° für 109,2 min^{-1}. Für die Kreisfrequenzen ergeben sich $\omega_3^* = 0{,}539\omega_0$ bei der Drehzahl von 58,7 min^{-1} und $\omega_3^* = 1{,}93\omega_0$ bei 109,2 min^{-1}. Der kleine Winkel $\psi(t)$ schwingt dementsprechend mit $f_3^* = 0{,}59$ Hz bzw. $f_3^* = 2{,}12$ Hz.

Für die anderen Drehzahlen 16,4 bzw. 41 min^{-1} sind die Pole $\lambda = \pm j\omega_3^*$ rein reell (ω_3^* wird rein imaginär) und es ergibt sich keine schwingende Bewegung.

Zu 7):

Die Ausdrücke (26) und (30) sind die gesuchten Stabilitätsbedingungen.

Ist (26) erfüllt ($\eta < 1$), d.h. im konkreten Fall für Drehzahlen kleiner als $n_0 = 54{,}6$ min^{-1}, so ist die Gleichgewichtslage $\varphi_1^* = 0$ stabil und kleine Schwingungen, die durch Störungen dieser Gleichgewichtslage verursacht werden können, verschwinden infolge der real immer vorhandenen Dämpfung nach gewisser Zeit wieder. Dieser Betriebszustand ist somit *unbrauchbar*, da das Rührpendel in einer nach unten hängenden Stellung verharren und nicht rühren würde.

Wenn (26) nicht erfüllt ist ($\eta > 1$), d.h. im konkreten Fall für Drehzahlen größer als $n_0 = 54{,}6$ min^{-1}, dann gilt (30). In diesem Fall stellt sich zwischen Motorwelle und Rührer ein konstanter Winkel $\varphi_3^* = \arccos(1/\eta^2)$ ein. Diese Bewegung des Rührers ist ebenfalls stabil und schwingt mit einer Frequenz entsprechend (31). Nur dieser Betriebszustand sichert die gewünschte Funktion des Rührwerkes. In der Praxis variiert der stufenlos regelbare Servoantrieb über die Drehzahl die stationäre Winkellage des pendelnden Rührorgans.

Zusammenfassend kann festgestellt werden, dass sich in jedem Fall genau ein stabiler Bewegungszustand für den Rührer ergibt, da die instabile aufrechtstehende Gleichgewichtslage $\varphi_2^* = \pi$ bloß einen mathematischen Spezialfall darstellt, der real nicht auftreten wird.

Die Aufgabe zeigt, dass es nicht immer genügt, die Lösung der Bewegungsgleichung anzugeben. Es kommt vielmehr auch auf das Lösungsverhalten, auf die verschiedenen Gleichgewichtslagen und die Stabilität an. Speziell kann das Container-Rührwerk nur bei solchen Parametern, bei denen eine stabile seitliche Gleichgewichtslösung mit φ_3^* existiert, seine Funktion erfüllen.

7.9 Vergleich zweier Dämpfungsansätze

Zur Erfassung der Energiedissipation freier und erzwungener Schwingungen von Maschinenbauteilen wird oft der lineare viskose Ansatz für Dämpfungskräfte benutzt. Als Alternative kommt der nichtlineare Ansatz der COULOMBschen Reibung in Betracht. Das Dämpfungsverhalten soll an Hand eines Beispiels verglichen werden. [‡]

Bild 1 zeigt kinematisch erregte Berechnungsmodelle, bei denen ein Körper über eine Feder angetrieben wird, der am Abtrieb an einer Kontaktfläche gleitet. Im Fall 1a wird der Weg $x = vt$ und bei Fall 1b der von einer raumfesten Basis aus gemessene Winkel $\psi = \Omega t$ vorgegeben, wobei die Federn zu Beginn um q_0 bzw. φ_0 vorgespannt sind. Die Arretierung wird zur Zeit $t = 0$ gelöst. Die Koordinaten q und φ beschreiben die jeweiligen Federdeformationen.

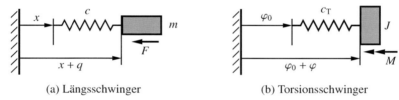

(a) Längsschwinger (b) Torsionsschwinger

Bild 1: Berechnungsmodelle eines Antriebs mit kinematischer Erregung

Gegeben:

$m = 1\,\text{kg}$	Masse
$c = 10\,000\,\text{N/m}$	Federkonstante
$b = 8\,\text{Ns/m}$	Dämpfungskonstante bei Variante A
$F_R = 20\,\text{N}$	konstanter Reibkraftbetrag bei Variante B
$q_0 = -50\,\text{mm}$	Anfangsweg
$v = 1{,}0\,\text{m/s}$	Antriebsgeschwindigkeit

Für die zwischen der Masse m und der Gleitfläche wirkende Widerstandskraft F werden zwei Ansätze verglichen. Haften sei ausgeschlossen.

- Variante A: Viskose Dämpfung (KELVIN-VOIGT)

$$F = b(\dot{x} + \dot{q}) \qquad (1)$$

- Variante B: Trockene Reibung (COULOMB)

$$F = F_R \, \text{sign}(\dot{x} + \dot{q}) \qquad (2)$$

Analoge Ansätze gelten für den Torsionsschwinger.

[‡] Autor: Hans Dresig

7.9 Vergleich zweier Dämpfungsansätze

Gesucht:

1) Bewegungsgleichungen für den Längsschwinger
2) Bewegungsgleichungen in dimensionsloser Form
3) Verläufe von Weg und Geschwindigkeit für den Längsschwinger und für die dimensionslose Fassung der Bewegungsgleichungen
4) Vergleich der Ausschwingvorgänge und Interpretation der Ergebnisse

Lösung:

Zu 1):

Es wird zunächst das translatorisch bewegte System von Bild 1a betrachtet. Bild 2 zeigt die wirkenden Kräfte an der Masse m: die Rückstellkraft der Feder, die dem Relativweg proportional ist, die Trägheitskraft der Masse, welche der absoluten Beschleunigung proportional ist und die Widerstandskraft an einer Kontaktfläche.

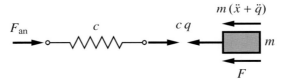

Bild 2: Kräftebild am frei geschnittenen System von Bild 1a

Die Bewegungsgleichungen folgen beim Längsschwinger bei Berücksichtigung von (1) und (2) aus dem Kräftegleichgewicht:

$$\text{Variante A}: \quad m(\ddot{x} + \ddot{q}) + cq + b(\dot{x} + \dot{q}) = 0, \tag{3}$$

$$\text{Variante B}: \quad m(\ddot{x} + \ddot{q}) + cq + F_R \operatorname{sign}(\dot{x} + \dot{q}) = 0. \tag{4}$$

Anfangsbedingungen sind gemäß der Aufgabenstellung

$$q(0) = q_0, \qquad \dot{q}(0) = 0. \tag{5}$$

Zu 2):

Am Federende des Längsschwingers wirkt die Antriebskraft $F_{an} = -cq$, vgl. Bild 2. Die beiden Systeme in Bild 1 haben dieselbe Struktur. Für die jeweils zugehörigen Bewegungsgleichungen und deren Lösungen gelten analoge Ausdrücke, weil alle Parameter von Bild 1a und Bild 1b vergleichbar sind:

$$\begin{aligned} x &\triangleq \psi, & q &\triangleq \varphi, & q_0 &\triangleq \varphi_0, & v &\triangleq \Omega, \\ m &\triangleq J, & c &\triangleq c_T, & b &\triangleq b_T, & F_R &\triangleq M_R. \end{aligned} \tag{6}$$

Für den Gesamtweg wird unter Nutzung der Eigenkreisfrequenz ω_0 eine dimensionslose Koordinate z sowie die dimensionslose Zeit τ eingeführt. Die Ableitung nach der dimensionslosen Zeit τ wird mit einem Strich gekennzeichnet:

$$\omega_0^2 = \frac{c}{m} = \frac{c_T}{J}, \quad z = (x+q)\frac{\omega_0}{v} = (\varphi_0 + \varphi)\frac{\omega_0}{\Omega}, \quad \tau = \omega_0 t, \quad \frac{d(\,)}{d\tau} = (\,)'.$$

Damit gilt

$$\dot{x} + \dot{q} = vz', \quad \ddot{x} + \ddot{q} = v\omega_0 z'', \quad q = z\frac{v}{\omega_0} - x = (z-\tau)\frac{v}{\omega_0}. \tag{7}$$

Einsetzen dieser Ausdrücke in (3) und (4) und Division dieser Gleichungen durch das Produkt $(m\omega_0 v)$ liefert dann nach kurzen Umformungen die Bewegungsgleichungen in dimensionsloser Form, die sowohl für den Längsschwinger als auch für den Torsionsschwinger gültig sind. Es ist möglich, die folgenden Gleichungen so zu deuten, dass sie auch für andere Schwinger gelten, die nur einen Freiheitsgrad haben.

Variante A: $\quad z'' + z + \pi_1 z' = \tau,$ (8)

Variante B: $\quad \underline{\underline{z'' + z + \pi_2 \,\text{sign}(z') = \tau}}.$ (9)

Durch einen Koeffizientenvergleich wurden die Ähnlichkeitskennzahlen π_1 und π_2 erhalten, die mit den Daten der Aufgabenstellung folgende Zahlenwerte haben:

$$\pi_1 = 2D = \frac{b}{\sqrt{cm}} = 0{,}08, \quad \pi_2 = \frac{F_R}{v\sqrt{cm}} = 0{,}2. \tag{10}$$

Die Kennzahl π_1 ist identisch mit dem doppelten LEHRschen Dämpfungsgrad, während π_2 ein Kennwert zur Bewertung der COULOMBschen Reibkraft ist. Für den Torsionsschwinger von Bild 1b ergeben sich wegen der in (6) genannten Analogie die folgenden dimensionslosen Ähnlichkeitskennzahlen:

$$\pi_1 = 2D = \frac{b_T}{\sqrt{c_T J}}, \quad \pi_2 = \frac{M_R}{\Omega\sqrt{c_T J}}. \tag{11}$$

Die aus (5) folgenden Anfangswerte der dimensionslosen Koordinate sind

$$z(\tau=0) = z_0 = \frac{q_0}{v}\sqrt{\frac{c}{m}} = \frac{\varphi_0}{\Omega}\sqrt{\frac{c_T}{J}} = -5, \quad z'(\tau=0) = 1. \tag{12}$$

Hierbei wurde vorausgesetzt, dass Parameter- und Anfangswerte des Torsionsschwingers dieselben dimensionslosen Zahlen liefern wie beim Längsschwinger. Ein Torsionsschwinger gemäß Bild 1b verhält sich physikalisch so wie der Längsschwinger (Bild 1a), wenn beide Systeme identische Ähnlichkeitskennzahlen haben und gleiche Anfangswerte vorliegen.

Zu 3):

Die Lösung der Bewegungsgleichung (3) bei den Anfangsbedingungen (5) lautet für

7.9 Vergleich zweier Dämpfungsansätze

Variante A mit $x = vt$ und mit $\omega = \omega_0 \sqrt{1 - D^2}$:

$$x(t) + q(t) = \left(q_0 + 2D\frac{v}{\omega_0}\right) e^{-D\omega_0 t} \left[\cos \omega t + D\frac{\omega_0}{\omega} \sin \omega t\right] - 2D\frac{v}{\omega_0} + vt, \quad (13)$$

$$\dot{x}(t) + \dot{q}(t) = -\left(q_0 + 2D\frac{v}{\omega_0}\right) \frac{\omega_0^2}{\omega} e^{-D\omega_0 t} \sin \omega t + v. \quad (14)$$

In dimensionsloser Form ergibt sich

$$z(\tau) = (z_0 + 2D) e^{-D\tau} \left[\cos\left(\sqrt{1 - D^2}\,\tau\right) + \frac{D}{\sqrt{1 - D^2}} \sin\left(\sqrt{1 - D^2}\,\tau\right)\right] \\ - 2D + \tau, \quad (15)$$

$$z'(\tau) = -(z_0 + 2D) \frac{1}{\sqrt{1 - D^2}} e^{-D\tau} \sin\left(\sqrt{1 - D^2}\,\tau\right) + 1. \quad (16)$$

Die durch die Auslenkung q_0 und den Anfahrvorgang angeregte Schwingung klingt infolge der viskosen Dämpfung ab. In Bild 3 ist neben Weg und Geschwindigkeit auch die obere Hüllkurve des Geschwindigkeitsverlaufs eingetragen. Es zeigt sich, dass die Geschwindigkeit der Masse den Wert der Antriebsgeschwindigkeit $v = 1$ m/s asymptotisch erreicht. Der Wegverlauf der Masse konvergiert gegen $x = vt - 2Dv/\omega_0$.

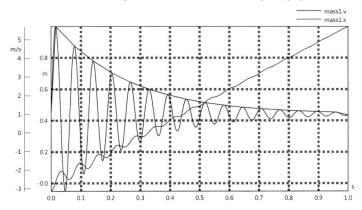

Bild 3: Verlauf des Gesamtweges $x(t) + q(t)$ und der Geschwindigkeit $\dot{x}(t) + \dot{q}(t)$ bei Modellvariante A

Die Bewegungsgleichung des Reibschwingers für Variante B lässt sich analytisch etappenweise lösen. Hier wird sie aber numerisch mit Hilfe des Programms SimulationX gewonnen. Die Lösung wird zweimal berechnet (mit den ursprünglichen Parametern und zusätzlich mit den dimensionslosen Kenngrößen für die Koordinate z), was zur Ergebniskontrolle dienen kann. Dem Zeitbereich $0 \leq t \leq 1$ s entspricht für die dimensionslose Zeit der Bereich $0 \leq \omega_0 t = \tau \leq 100$.

Bild 4 zeigt die Verläufe der Lösungen für Absolutweg und –geschwindigkeit bei COULOMBscher Reibung mit den Parameterwerten der Aufgabenstellung.

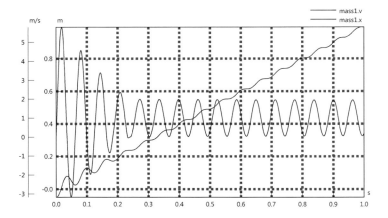

Bild 4: Verlauf des Gesamtweges $x(t) + q(t)$ und der Geschwindigkeit $\dot{x}(t) + \dot{q}(t)$ bei Modellvariante B (Coulomb)

Die Verläufe in Bild 5 stellen denselben physikalischen Ablauf wie in Bild 4 dar. Die Zahlenwerte können mit Hilfe der Beziehungen (15) ineinander umgerechnet werden.

Die Bewegung der Masse m verläuft anfangs gedämpft, wobei die Amplituden - im Gegensatz zur viskosen Dämpfung - angenähert linear mit der Zeit abnehmen. Etwa ab dem Zeitpunkt $t_K \approx 0{,}37$ s wird ein stationärer Zustand erreicht, vgl. Bild 4. Die Masse m bewegt sich ab $t > t_K$ vorwärts mit veränderlicher Geschwindigkeit, die um den Mittelwert der Antriebsgeschwindigkeit von 1 m/s schwankt. Nur im Bereich $t < t_K \approx 0{,}37$ s, wo in diesem Beispiel $v + \dot{q} > 2$ m/s ist, bewegt sich die Masse zeitweise rückwärts und verursacht dort eine Reibkraftumkehr.

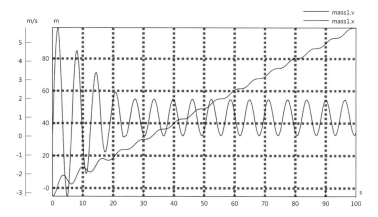

Bild 5: Verlauf der Koordinate $z(\tau)$ und deren Ableitung $z'(\tau)$ der Modellvariante B

7.9 Vergleich zweier Dämpfungsansätze

Zu 4):

Bei der viskosen Dämpfung (Modellvariante A) sinken die Schwingungsamplituden asymptotisch gegen null, vgl. Bild 3. Die Widerstandskraft F wechselt nach der Zeit $t > t_K \approx 0{,}37\,\text{s}$ nicht mehr ihre Richtung gegenüber der absoluten Geschwindigkeit. Sie hat einen zeitlich veränderlichen Betrag. Die viskose Dämpferkraft wirkt proportional zum Betrag der momentanen Geschwindigkeit und vermindert die Amplituden der vorhandenen Schwingung.

Bei der COULOMBschen Reibung (Modellvariante B), bei der die Verläufe entstehen, die in Bild 4 und Bild 5 dargestellt sind, wechselt etwa ab $t_K \approx 0{,}37\,\text{s}$ die Absolutgeschwindigkeit nicht mehr ihr Vorzeichen, denn sie bleibt danach immer positiv. Die Masse m gleitet mit harmonisch veränderlicher Geschwindigkeit weiter vorwärts. Die Widerstandskraft F wirkt ab $t > t_K$ zwar immer entgegengesetzt zur Richtung der Geschwindigkeit, aber die konstante Reibkraft dämpft die Schwingung nicht, im Gegensatz zu dem Verlauf in Bild 3. Sie verursacht Reibungsverluste, die der Antrieb überwindet. Die anfangs angeregte Schwingung klingt zunächst ab, aber es verbleibt eine Restschwingung $z = [1 + \cos \omega_0 (t - t_K)]$.

In Bild 3 ist erkennbar, dass zu den Zeiten $t > t_K$ keine Rückwärtsbewegung eintritt. Restschwingungen sind nicht mehr gedämpft und der Transportbewegung überlagert, welche die Geschwindigkeit v hat. Schwingungen werden dann am stärksten gedämpft, wenn sich die Richtungen von Reibkraft und -geschwindigkeit einander abwechseln.

Ausblick

In der Realität gibt es verschiedene Ursachen für mechanische Energieverluste, so dass zur Berechnung je nach Anwendungsfall eine Kombination von Ansätzen in Betracht zu ziehen ist. Die viskose Dämpfung und die COULOMBsche Reibung sind nicht die einzigen Möglichkeiten für die Modellierung. Die Abhängigkeit der Dämpfungsparameter von der nichtharmonischen Belastung [19], von der Bewegungsrichtung (Bürsteneffekt) [27], der Verweilzeit [30] zwischen Bewegungsetappen u. a. Effekte behandelt die spezielle Fachliteratur.

Weiterführende Literatur

[19] Dresig, H. und J. Vulfson: „Zur Dämpfungstheorie bei nichtharmonischer Belastung". In: *VDI-Berichte 1082*. VDI-Verlag, Düsseldorf, 1993, S. 141–156.

[30] Grudzinski, K., W. Kissing und M. Zaplata: „Numerische Untersuchungen von Parametereinflüssen des dynamischen Systems auf selbsterregte Reibungsschwingungen". In: *Technische Mechanik* (1999) 19, S. 29–44. Magdeburg.

7.10 Kontrolle des Superpositionsprinzips an einem Beispiel

Infolge der stets vorhandenen Dämpfungseinflüsse kommen freie Schwingungen in der Realität immer in endlicher Zeit zur Ruhe. Beim mathematischen Ansatz einer viskosen Dämpfung nehmen die Amplituden im Falle eines linearen Systems exponentiell ab, d. h. die Schwingung endet theoretisch nie. In der Realität ist jedoch meist ein Anteil „nichtviskoser Dämpfung" beteiligt. Für einen Schwinger mit einem Freiheitsgrad soll geprüft werden, ob das Superpositionsprinzip erfüllt ist, wenn seine Energiedissipation sowohl mit viskoser Dämpfung als auch mit COULOMBscher Reibung im Berechnungsmodell erfasst wird. Das Superpositionsprinzip ist erfüllt, wenn die Wirkung (die Reaktion) der Summe von Einzelursachen (Aktionen) identisch ist mit der Summe der Wirkungen der Einzelursachen. [‡]

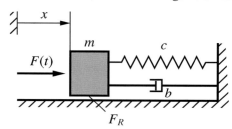

Bild 1: Schwingungssystem des betrachteten Beispiels

Gegeben:

m	$= 1\,\text{kg}$	Masse
c	$= 10\,000\,\text{N/m}$	Federkonstante
b	$= 2\,\text{Ns/m}$	Dämpferkonstante
F_R	$= 4\,\text{N}$	konstanter Reibkraftbetrag (Haften und Gleiten)
$\hat{F}_1$	$= 10\,\text{N}$	Amplitude der ersten Erregerkraft
$\hat{F}_2$	$= 5\,\text{N}$	Amplitude der zweiten Erregerkraft
f_1	$= 1\,\text{Hz}$	Erregerfrequenz der ersten Erregerkraft ($\Omega_1 = 2\pi f_1$)
f_2	$= 10\,\text{Hz}$	Erregerfrequenz der ersten Erregerkraft ($\Omega_2 = 2\pi f_2$)
x_0	$= 50\,\text{mm}$	Anfangsauslenkung

Gesucht:

1) Ausschwingvorgang für eine Bewegung aus der Ruhe heraus mit dem Anfangsweg x_0

2) Numerische Lösung der Bewegungsgleichung (stationärer Zustand)

[‡] Autor: Hans Dresig

7.10 Kontrolle des Superpositionsprinzips an einem Beispiel

2.1) Weg-Zeit-Verlauf bei harmonischer Erregung sowohl mit $F(t) = F_1(t) = \hat{F}_1 \sin \Omega_1 t$ als auch mit $F(t) = 5 \cdot \hat{F}_1 \sin \Omega_1 t$

2.2) Weg-Zeit-Verlauf bei harmonischer Erregung mit $F(t) = F_2(t) = \hat{F}_2 \sin \Omega_2 t$

2.3) Weg-Zeit-Verlauf bei biharmonischer Erregung mit $F(t) = F_1(t) + F_2(t)$

3) Vergleich aller Weg-Zeit-Verläufe; Prüfung der Ergebnisse hinsichtlich der Gültigkeit des Superpositionsprinzips

Lösung:

Zu 1):

Die Bewegungsgleichung des in Bild 1 gezeigten Schwingungssystems folgt aus dem Kräftegleichgewicht und lautet

$$m\ddot{x} + b\dot{x} + F_R \operatorname{sign}(\dot{x}) + cx = F(t). \tag{1}$$

Infolge der Signumfunktion ist es eine nichtlineare Differentialgleichung. Zur Modellberechnung wird das Programm SimulationX benutzt. Bild 2 zeigt das verwendete Strukturbild. Die in Bild 3 dargestellten freien Schwingungen, die nach dem Aus-

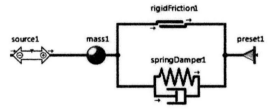

Bild 2: Modelldarstellung in SimulationX

lenken der Masse aus der Ruhelage entstehen, zeigen, dass die Schwingungen nach einer endlichen Zeit von etwa $t = 1,1$ s abgeklungen sind. Der große Einfluss der Reibung ist daran erkennbar, dass anfangs die Amplituden nahezu linear absinken, aber die leichte Krümmung der Einhüllenden deutet darauf hin, dass auch viskose Dämpfung beteiligt ist.

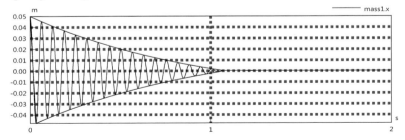

Bild 3: Ausschwingvorgang

Zu 2.1):

Im Bild 4 sind die stationären Weg-Zeit-Verläufe für zwei harmonische Erregerkräfte dargestellt, die beide mit der Erregerfrequenz $f_1 = 1$ Hz wirken, aber deren Amplituden sich um den Faktor 5 unterscheiden. Die Kurve mit dem größeren Ausschlag entspricht der größeren Erregerkraftamplitude.

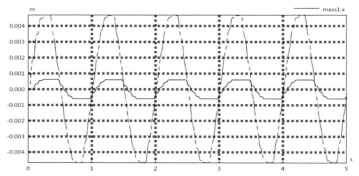

Bild 4: Weg-Zeit-Verlauf bei Erregung mit $F_1 = 10 \sin \Omega_1 t$ N; $F_2 = 50 \sin \Omega_1 t$ N

Der Verlauf mit dem größeren Maximalweg sieht nahezu harmonisch aus, aber er ist wegen des Reibkrafteinflusses im Vergleich zu einer Sinuskurve verzerrt. Der Verlauf der Schwingung mit den kleineren Ausschlägen ist nicht harmonisch, aber periodisch. Bei dem stufenförmigen Verlauf werden höhere Harmonische sichtbar. Das Betragsmaximum des Weges beträgt bei der Kraftamplitude von 50 N im stationären Zustand $|x|_{max} = 4{,}69$ mm und $|x|_{max} = 0{,}60$ mm bei der Kraftamplitude von 10 N, d. h. das Verhältnis der maximalen Wege ist etwa 7,8 bei einem Verhältnis von 5 der Kraftamplituden. Die Wirkung (Wegamplitude) ist also der Ursache (Kraftamplitude) nicht proportional. Verantwortlich für diese offensichtliche „Nicht-Proportionalität" ist die nichtlineare COULOMBsche Reibkraft, die ihre Wirkrichtung sprunghaft an den Nulldurchgängen der Geschwindigkeit wechselt.

Zu 2.2):

Bild 5a zeigt den Wegverlauf, der bei einer Erregerkraft $F(t) = 5 \sin \Omega_2 t$ N entsteht, wenn diese im Ruhezustand beginnt. Es stellt sich ein periodischer Wegverlauf ein, der nahezu sinusförmig verläuft. Der FOURIER-Koeffizient der ersten Harmonischen beträgt $c_1 = 0{,}66$ mm. Dies ist kein Widerspruch zum Maximalwert $|x|_{max} = 0{,}581$ mm, da höhere Harmonische an dem Wegverlauf beteiligt sind.

Zu 2.3):

Bei Anwendung einer FOURIER-Reihe wird oft vorausgesetzt, dass die Reaktion des Schwingers auf jede einzelne Erregerharmonische summiert werden kann. Um zu prüfen, ob dies bei diesem Beispiel berechtigt ist, sind im Bild 5a und Bild 5b die Verläufe dargestellt, die sich infolge jeweils einer einzigen harmonischen Erregerkraft

7.10 Kontrolle des Superpositionsprinzips an einem Beispiel

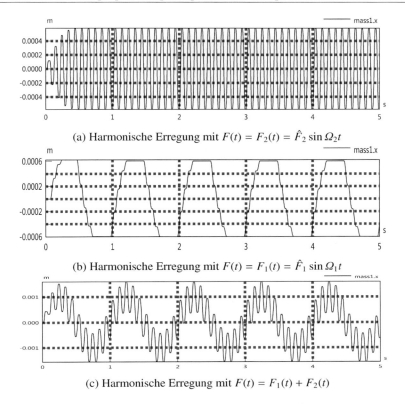

Bild 5: Berechnete Weg-Zeit-Verläufe

ergeben. Bild 5c zeigt zum Vergleich den Weg-Zeit-Verlauf, wenn beide Erregerkräfte gleichzeitig wirken. Offensichtlich ist hierbei das Superpositionsprinzip verletzt, denn der Verlauf von Bild 5c ist nicht die Summe der Verläufe von Bild 5a und Bild 5b. Aus dem Verlauf des Mittelwertes ist mit bloßem Auge zu erkennen, dass sich eine niederfrequente und eine hochfrequente Bewegung überlagern, die qualitativ mit Bild 5a und Bild 5b vergleichbar sind.

Zu 3):

Der Maximalwert von $|x|_{max} = 0{,}603$ mm entsteht bei der Erregung mit einer einzigen Kraftkomponente der Erregerfrequenz $f_1 = 1$ Hz von $F(t) = F_1(t) = \hat{F}_1 \sin \Omega_1 t$. Dem entspricht eine erste Harmonische $c_1 = 0{,}707$ mm, vgl. Bild 5b. Bei der biharmonischen Erregung verursacht dieselbe Komponente $c_1 = 1{,}00$ mm, vgl. Bild 5c. Der Fourierkoeffizient der Frequenz von 1 Hz hat sich aber bei der biharmonischen Erregung gegenüber demjenigen der Einzelerregung erhöht. Auch der Maximalwert bei der biharmonischen Erregung ($|x|_{max} = 1{,}598$ mm) ist folglich größer als die Summe der Maximalwerte der Einzelerregungen, die (0,581 + 0,603 =) 1,184 mm beträgt.

Es wurde bei der biharmonischen Erregung Energie aus der Komponente mit 10 Hz übertragen in die niederfrequente Komponente von 1 Hz. Diesen Effekt gibt es bei linearen Schwingern nicht. Die Amplitude der Komponente mit $f_1 = 1$ Hz wurde bei der biharmonischen Erregung größer, wenn zusätzlich die höhere Harmonische einwirkt. Eine Summation der Fourierkoeffizienten der einzelnen Effekte ist also bei der Berechnung der Wirkung beim nichtlinearen Schwinger nicht zulässig.

Zusammenfassung

Die hier für die biharmonische Erregung gezeigten Zusammenhänge gelten sinngemäß auch bei periodischen Erregungen, also z. B. auch bei der Anwendung von FOURIER-Reihen. Experimentelle Ergebnissen zeigen, dass bei manchen realen Objekten, die sich bei statischen Belastungen linear verhalten, bei zeitlich veränderlichen Belastungen das Superpositionsprinzip verletzt ist, vgl. [5, 57]. Das Superpositionsprinzip ist nur bei linearen Systemen gültig. Falls experimentelle Ergebnisse bei dynamischen Belastungen zeigen, dass es verletzt wird, dann werden in der Ingenieurpraxis für die Modellberechnung nichtlineare Dämpfungsansätze benötigt.

Weiterführende Literatur

[5] Barutzki, F.: *Ermittlung des Übertragungs- und Temperaturverhaltens von Elastomer-Kupplungen bei Schwingungsanregung mit mehreren Frequenzen.* Diss. TU Berlin, 1992.

[57] Ottl, D. und J. Maurer: *Nichtlineare Dämpfung in Raumfahrtstrukturen: Sammlung u. Auswertung von experimentellen Ergebnissen.* Fortschritt-Berichte VDI : Reihe 11. Düsseldorf: VDI-Verlag, 1985.

8 Geregelte Systeme (Systemdynamik/Mechatronik)

8.1 Stehendes Pendel

Das stehende Pendel ist ein Beispiel für ein mechanisches System, das nur mit Hilfe von Regelung stabilisiert werden kann. Es ist ein stark vereinfachtes Modell z. B. für eine Rakete, die stehend zur Startrampe gefahren wird oder ein Regalbediengerät in einem Hochregallager. [‡]

Das Berechnungsmodell besteht aus zwei Körpern: dem Wagen mit der Masse M, der sich nur entlang der x-Achse bewegen kann und dem Pendel, das drehbar am Wagen gelagert ist. Das Pendel wird als homogener Stab der Masse m und der Länge $2l$ betrachtet. Der Wagen kann durch einen Antrieb an den Rädern bewegt werden, der vereinfacht als äußere Kraft F dargestellt wird.

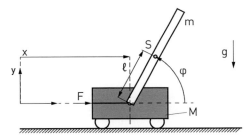

Bild 1: Parameter am Berechnungsmodell des bewegten stehenden Pendels

Gegeben:

Vorgegeben ist lediglich $M = 2m$, alle anderen Größen lassen sich durch geeignete dimensionslose Darstellung aus den Gleichungen entfernen.

Gesucht:

1) Bewegungsgleichung

2) Gleichgewichtslagen für $F = 0$ und Linearisierung um die Gleichgewichtslagen

3) Linearisiertes System im Zustandsraum

4) Eigenwerte und Eintragung der Eigenwerte in die komplexe Ebene

5) Entwurf eines Zustandsreglers zur Stabilisierung der senkrechten Stellung

---

[‡] Autor: Michael Beitelschmidt

Lösung:

Zu 1):

Als Minimalkoordinaten werden die Verschiebung des Wagens in x-Richtung sowie der Drehwinkel des Pendels φ ausgehend von der x-Achse verwendet. Die kinetische Energie des Wagens ist

$$W_{\text{kinW}} = \frac{1}{2} M \dot{x}^2. \tag{1}$$

Für die Bildung der kinetischen Energie des Pendels muss zunächst der Ortsvektor zum Pendelschwerpunkt S im x-y-Koordinatensystem

$$\boldsymbol{r}_{OS} = \begin{bmatrix} x + l\cos\varphi \\ l\sin\varphi \end{bmatrix} \tag{2}$$

aufgestellt werden, der zur Schwerpunktgeschwindigkeit

$$\boldsymbol{v}_S = \begin{bmatrix} \dot{x} - l\dot{\varphi}\sin\varphi \\ l\dot{\varphi}\cos\varphi \end{bmatrix} \tag{3}$$

abgeleitet werden kann. Daraus ergibt sich

$$v_S^2 = |\boldsymbol{v}_S|^2 = v_{Sx}^2 + v_{Sy}^2 = \dot{x}^2 - 2l\dot{\varphi}\dot{x}\sin\varphi + l^2\dot{\varphi}^2 \tag{4}$$

und damit die kinetische Energie

$$W_{\text{kinP}} = \frac{1}{2}\left[m(\dot{x}^2 - 2l\dot{\varphi}\dot{x}\sin\varphi + l^2\dot{\varphi}^2) + J\dot{\varphi}^2\right], \tag{5}$$

die mit $J = {}^4\!/_3\, ml^2$ für den homogenen Balken der Länge $2l$ zu

$$W_{\text{kinP}} = \frac{1}{2}m\left(\dot{x}^2 - 2l\dot{\varphi}\dot{x}\sin\varphi + \frac{4}{3}l^2\dot{\varphi}^2\right) \tag{6}$$

zusammengefasst werden kann. Die gesamte kinetische Energie lautet $W_{\text{kin}} = W_{\text{kinW}} + W_{\text{kinP}}$. Die potentielle Energie des Systems entsteht durch das Schwerepotential des Pendels und wird durch

$$W_{\text{pot}} = -mgl\sin\varphi \tag{7}$$

beschrieben. Die virtuelle Arbeit der äußeren Kraft wird durch

$$\delta W = F\delta x \tag{8}$$

angegeben. Damit können die Lagrangeschen Gleichungen

$$\frac{\mathrm{d}}{\mathrm{d}t}\left(\frac{\partial W_{\text{kin}}}{\partial \dot{x}}\right) - \frac{\partial W_{\text{kin}}}{\partial x} + \frac{\partial W_{\text{pot}}}{\partial x} = F, \tag{9}$$

$$\frac{\mathrm{d}}{\mathrm{d}t}\left(\frac{\partial W_{\text{kin}}}{\partial \dot{\varphi}}\right) - \frac{\partial W_{\text{kin}}}{\partial \varphi} + \frac{\partial W_{\text{pot}}}{\partial \varphi} = 0 \tag{10}$$

8.1 Stehendes Pendel

für die beiden Freiheitsgrade ausgewertet werden. Das Ergebnis lautet:

$$(m + M)\ddot{x} - ml\ddot{\varphi} \sin \varphi - ml\dot{\varphi}^2 \cos \varphi = F, \tag{11}$$

$$-ml \sin \varphi \, \ddot{x} + \frac{4}{3}ml^2 \ddot{\varphi} - mgl \cos \varphi = 0. \tag{12}$$

Zu 2):

Gleichgewichtslagen, beschrieben durch x_G und φ_G, sind Zustände, bei denen bei $F = 0$ keine Zustandsänderung stattfindet, d. h. es gilt $\ddot{x}_G = 0$, $\dot{x}_G = 0$, $\ddot{\varphi}_G = 0$ und $\dot{\varphi}_G = 0$ und die Gleichung (11) ist immer erfüllt. Aus (12) ergibt sich

$$mgl \cos \varphi_G = 0, \tag{13}$$

was auf die Lösungen $\varphi_G = \pm \frac{1}{2}\pi$ führt.

Die Lösung $\varphi_G = -\frac{1}{2}\pi$ beschreibt das senkrecht nach unten hängende Pendel, $\varphi_G = +\frac{1}{2}\pi$ das senkrecht stehende Pendel. Da die Lage x sowie die Geschwindigkeit $\dot{x}$ in der Bewegungsgleichung nicht explizit vorkommen, sind alle Zustände mit $\varphi_G = \pm \frac{1}{2}\pi$, $\dot{\varphi} = 0$ und konstanter Geschwindigkeit des Wagens Gleichgewichtslagen.

Da x_G beliebig ist, kann x auch als Koordinate für kleine Abweichungen von der Gleichgewichtslage verwendet werden. Für die Winkelauslenkung soll $\varphi = \varphi_G + \psi$, $\dot{\varphi} = \dot{\psi}$ und $\ddot{\varphi} = \ddot{\psi}$ gelten. Werden die trigonometrischen Terme mit der Annahme $\psi \ll 1$ gebildet, ergibt sich

$$\cos \varphi = \cos \left(\psi \pm \frac{\pi}{2} \right) = \mp \psi \quad \text{und} \quad \sin \varphi = \sin \left(\psi \pm \frac{\pi}{2} \right) = \pm 1.$$

Zudem kann $\dot{\varphi}^2 \approx 0$ gesetzt werden.

Dies wird in die Gleichungen (11) und (12) eingesetzt. Die linearisierten Bewegungsgleichungen für die neuen Koordinaten lauten

$$(m + M)\ddot{x} \mp ml\ddot{\psi} = F, \tag{14}$$

$$\mp ml\ddot{x} + \frac{4}{3}ml^2\ddot{\psi} \mp mgl\psi = 0, \tag{15}$$

wobei das obere Vorzeichen jeweils für die Gleichgewichtslage oben und das untere für die Gleichgewichtslage unten steht. An dieser Stelle soll eine neue Koordinate $x_P = l\psi$ eingeführt werden, sie beschreibt bei kleinen Auslenkungen die x-Verschiebung des Pendelschwerpunkts gegenüber dem Drehgelenk am Wagen und ermöglicht die Elimination der Größe l aus den Gleichungen.

Die Gleichungen (14) und (15) vereinfachen sich für $M = 2m$:

$$3m\ddot{x} \mp m\ddot{x}_p = F, \tag{16}$$

$$\mp ml\ddot{x} + \frac{4}{3}ml\ddot{x}_p \mp mgx_p = 0. \tag{17}$$

Nun wird die Gleichung (16) durch m und die Gleichung (17) durch ml dividiert und es ergibt sich

$$3\ddot{x} \mp \ddot{x}_p = \frac{F}{m}, \tag{18}$$

$$\mp \ddot{x} + \frac{4}{3}\ddot{x}_p \mp \omega_0^2 x_p = 0, \tag{19}$$

wobei $\omega_0 = \sqrt{g/l}$ die Eigenkreisfrequenz eines mathematischen Pendels der Länge l ist. Zuletzt wird eine dimensionslose Zeit $\tau = \omega_0 t$ eingeführt und für die Ableitungen gilt $\ddot{x} = \omega_0^2 x''$ mit der durch Hochstriche gekennzeichneten Ableitung nach der dimensionslosen Zeit. Nach Division durch ω_0^2 ergibt sich

$$3x'' \mp x_p'' = \frac{F}{m\omega_0^2} = f, \tag{20}$$

$$\mp x'' + \frac{4}{3}x_p'' \mp x_p = 0 \tag{21}$$

als dimensionslose Bewegungsgleichung des Pendels. Diese lautet in Vektor-Matrix-Notation:

$$\begin{bmatrix} 3 & \mp 1 \\ \mp 1 & \frac{4}{3} \end{bmatrix} \begin{bmatrix} x'' \\ x_p'' \end{bmatrix} + \begin{bmatrix} 0 & 0 \\ 0 & \mp 1 \end{bmatrix} \begin{bmatrix} x \\ x_p \end{bmatrix} = \begin{bmatrix} f \\ 0 \end{bmatrix}. \tag{22}$$

Zu 3):

Für die Darstellung im Zustandsraum werden die Lagen und Geschwindigkeiten zum Zustandsvektor

$$\mathbf{y} = [x, x_p, x', x_p']^\mathrm{T} \tag{23}$$

zusammengefasst. Des Weiteren wird Gleichung (22) durch Multiplikation mit der Inversen der Massenmatrix

$$\begin{bmatrix} 3 & \mp 1 \\ \mp 1 & \frac{4}{3} \end{bmatrix}^{-1} = \frac{1}{3}\begin{bmatrix} \frac{4}{3} & \pm 1 \\ \pm 1 & 3 \end{bmatrix} \tag{24}$$

nach den dimensionslosen Beschleunigungen aufgelöst:

$$\begin{bmatrix} x'' \\ x_p'' \end{bmatrix} = \begin{bmatrix} 0 & +\frac{1}{3} \\ 0 & \pm 1 \end{bmatrix}\begin{bmatrix} x \\ x_p \end{bmatrix} + \begin{bmatrix} \frac{4}{9} \\ \pm \frac{1}{3} \end{bmatrix} f. \tag{25}$$

Damit kann die Bewegungsgleichung (22) in der Form $\mathbf{y}' = \mathbf{A}\mathbf{y} + \mathbf{B}\mathbf{u}$ angegeben

8.1 Stehendes Pendel

werden:

$$\begin{bmatrix} x' \\ x'_p \\ x'' \\ x''_p \end{bmatrix} = \underbrace{\begin{bmatrix} 0 & 0 & 1 & 0 \\ 0 & 0 & 0 & 1 \\ 0 & +\frac{1}{3} & 0 & 0 \\ 0 & \pm 1 & 0 & 0 \end{bmatrix}}_{A} \begin{bmatrix} x \\ x_p \\ x' \\ x'_p \end{bmatrix} + \underbrace{\begin{bmatrix} 0 \\ 0 \\ \frac{4}{9} \\ \pm\frac{1}{3} \end{bmatrix}}_{B} f \quad . \tag{26}$$

Zu 4):

Die Dynamik des Systems ergibt sich aus einer Eigenwertanalyse der Systemmatrix A. Bei der Darstellung im Zustandsraum werden die Eigenwerte mit der Formel $\det(A - \lambda E) = 0$ gewonnen, was im vorliegenden Fall, abhängig von der Linearisierungsstellung, zu folgendem Ergebnis führt:

- Pendel oben: $\lambda_{1,2,3,4} = \{0, 0, 1, -1\}$
- Pendel unten: $\lambda_{1,2,3,4} = \{0, 0, j, -j\}$

Die Pole sind in Bild 2 eingetragen. Bei reellen Systemmatrizen A treten ausschließlich reelle oder konjugiert komplexe Eigenwerte auf. Reelle Eigenwerte λ führen zu Lösungsanteilen mit der Zeitfunktion $e^{\lambda t}$. Konjugiert komplexe Eigenwertpaare $\lambda = \delta \pm j\omega$ führen zu Lösungen vom Typ $e^{\delta t}\cos\omega t$ und $e^{\delta t}\sin\omega t$.

Daraus lässt sich schließen, dass ein System nur dann stabil sein kann, wenn es ausschließlich Eigenwerte besitzt, die einen negativen Realteil δ besitzen. Andernfalls würde die Exponentialfunktion mit positivem Exponenten für $t \to \infty$ über alle Grenzen anwachsen. Einen Sonderfall stellt der doppelte Nulleigenwert dar: Er zeigt an, dass das System ungefesselt ist. Der Wagen lässt sich entlang der x-Achse frei verschieben.

Da in dieser Aufgabe eine Zeitnormierung durchgeführt wurde, sind die Eigenwerte dimensionslos und können durch die Multiplikation mit ω_0 wieder expandiert werden. So lauten die Zeitfunktionen eigentlich $e^{\lambda \tau} = e^{\lambda \omega_0 t}$ und analog für die schwingungsfähigen Lösungen.

Für den Fall des nach unten hängenden Pendels sind die von Null verschiedenen Eigenwerte rein imaginär. Sie zeigen an, dass das System mit dem nach unten hängenden Pendel eine ungedämpfte harmonische Schwingung ausführen kann. Da der dimensionslose Eigenwert genau dem imaginären Einheitswert $\pm j$ entspricht, hat die zugehörige Schwingung die Eigenkreisfrequenz ω_0.

Beim nach oben gerichteten Pendel ist ein Eigenwert positiv reell, das System ist instabil. Das entspricht auch der Anschauung: Bei der kleinsten Störung wird das Pendel die Gleichgewichtslage verlassen und umkippen. Dass dabei keine beliebig große Auslenkung erreicht wird, liegt daran, dass die linearisierte Bewegungsgleichung eben nur für kleine Auslenkungen um die Gleichgewichtslage gültig ist. Nimmt die Auslenkung von der senkrechten größere Werte an, muss auf die nichtlinearen Bewegungsgleichungen (11) und (12) zurückgegriffen werden.

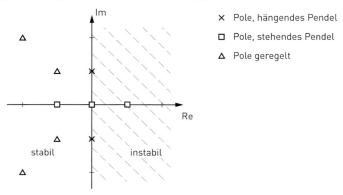

Bild 2: Pol-Nullstellen-Diagramm

Zu 5):

Soll das Pendel in der oberen, senkrechten Stellung stabilisiert werden, ist ein Regler erforderlich. Als Stelleingriff ins System dient der Antrieb mit der normierten Kraft f. Als Messgrößen sollen dem Regler alle Zustände des Systems, d. h. Lage und Geschwindigkeit des Wagens sowie der Pendeldrehung zur Verfügung stehen. Damit ist die Auslegung eines sogenannten Zustandsreglers möglich.

In der Praxis wird es in der Regel nicht möglich sein, alle Zustände eines Systems zu messen, weswegen der reine Zustandsregler eine theoretische Idealisierung ist. Mit Hilfe von sog. Zustandsbeobachtern kann dieses Problem gelöst werden. An dieser Stelle soll auch darauf verzichtet werden, zu untersuchen, ob der Stelleingriff das System überhaupt stabilisieren kann (*Steuerbarkeit*) oder ob die Messungen den Zustand erfassen können (*Beobachtbarkeit*). Hier sei auf regelungstechnische Fachliteratur z. B. [48] verwiesen.

Der Zustandsregler hat eine einfache Struktur. Die gemessenen Abweichungen zwischen Soll- und Istzustand werden mit einer Wichtungsmatrix **R** multipliziert und ergeben die Stelleingriffe. Im vorliegenden Fall ist die Wichtungsmatrix eine 1 × 4-Matrix, da vier Zustandsabweichungen zur Verfügung stehen, aber nur ein Stelleingriff, die Kraft F, generiert wird.

$$f = \boldsymbol{R}\,(\boldsymbol{y}_{\text{soll}} - \boldsymbol{y})\,. \tag{27}$$

Ist das Ziel die Stabilisierung der Gleichgewichtslage, lautet das Regelgesetz

$$f = \boldsymbol{R}\,\boldsymbol{y}\,, \tag{28}$$

da $\boldsymbol{y}_{\text{soll}} = 0$ gilt. Bei dem vorliegenden Regler handelt es sich um ein *multiple input – single output* System, kurz MISO-System. Die in der klassischen Regelungstechnik verwendeten Verfahren, z. B. zur Auslegung von PID-Reglern, sind nur in der

8.1 Stehendes Pendel

Lage, SISO-Regler, also single input – single output Systeme, zu berechnen. Mit Zustandsreglern sind auch Systeme mit mehreren Stelleingriffen, d. h. MIMO-Systeme auslegbar.

Wird die Reglergleichung (28) in die Bewegungsgleichung (26) eingesetzt, entsteht

$$\dot{y} = (A - BR)y \qquad (29)$$

mit der neuen Systemmatrix $A^* = (A - BR)$ des geschlossenen Regelkreises. Ziel der Reglerauslegung ist nun die Wichtungsmatrix R so zu bestimmen, dass die neue Systemmatrix A^* die gewünschten Eigenschaften hat.

Ein besonders einfaches Verfahren zur Auslegung eines Zustandsreglers ist, R so zu bestimmen, dass die Eigenwerte von A^* an gewünschten Orten in der Polebene liegen. Dieses Verfahren wird Polvorgabe oder pole-placement genannt. Die entsprechenden Regeln sind vielfältig und in der Literatur zur Regelungstechnik zu finden.

Hier sollen die Pole an folgende Stellen gelegt werden:

$$\lambda_1 = -1 + j, \quad \lambda_2 = -1 - j, \quad \lambda_3 = -2 + 2j, \quad \lambda_4 = -2 + 2j. \qquad (30)$$

Die Pole sind konjugiert komplex, stark gedämpft (Dämpfungsmaß $D = \sqrt{2}$) und nicht zu weit von der natürlichen Eigenfrequenz des hängenden Pendels entfernt. In Bild 2 sind die Pole ebenfalls eingetragen.

Die Bestimmung von R ist numerisch möglich. Das Software-Paket Matlab bietet eine Funktion an, die das Problem unmittelbar löst. Mit der Funktion `acker`

```
R = acker(A,B,[-1+I,-1-I,2*(-1+I),2*(-1-I)]);
```

wird unter Angabe der Systemmatrix A^*, der Steuerungsmatrix B und den gewünschten Polen die Wichtungsmatrix R berechnet.

Für diese Aufgabe ergibt sich $R = [-48, 121, -72, 114]$.

Zum Test des Reglers wird im Bild 3 das Simulationsergebnis dargestellt, bei dem der Wagen zum Zeitpunkt $t = 0$ an der Position $x = 1$ m ist und das Pendel senkrecht steht. Innerhalb von 5 dimensionslosen Zeiteinheiten gelingt es, den Wagen an die Zielposition $x = 0$ m zu verschieben und zu stabilisieren. Die dafür erforderliche normierte Stellkraft ist auf dem unteren Teil der Grafik dargestellt. Um diese Grafiken in die tatsächlichen physikalischen Größen umzurechnen, wären jetzt die tatsächliche Länge l, die mit der Erdbeschleunigung die Kreisfrequenz ω_0 ergibt, sowie die Masse m des Pendels erforderlich. Bei dieser Auslegung des Reglers bleibt die erforderliche Stellkraft oder Leistung des Antriebs gänzlich unberücksichtigt. Sie kann, bei leichtfertiger Festlegung stark gedämpfter Pole, sehr groß werden und im System realisierbare Stellantriebe überfordern. Dies kann z. B. durch die Simulation realer Bewegungsvorgänge, sinnvollerweise mit den nichtlinearen Bewegungsgleichungen (11) und (12), überprüft werden. Ein deutlich günstigeres Entwurfsverfahren stellt der linear-quadratische (LQ-)Regler dar, bei dem die Schnelligkeit der Ausregelung für jeden Zustand einzeln sowie die erforderliche Stellenergie in einem Optimierungsverfahren gewichtet werden [12, 49].

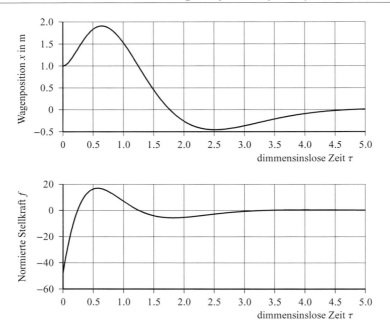

Bild 3: Simulationsergebnis: Wagenposition x (oben) und die hierfür erforderliche normierte Stellkraft $f = F/(m\omega_0^2)$ (unten)

Das Verhalten mechanischer Systeme kann durch regelungstechnische Eingriffe grundsätzlich verändert werden. So lassen sich beispielsweise instabile Gleichgewichtspunkte stabilisieren. Für den Entwurf der Regelung stehen vielfältige Verfahren zur Verfügung. Wichtiges Werkzeug ist dabei die Linearisierung des Systems und die Bestimmung der Eigenwerte oder Pole des Systems sowie deren Verschiebung in der komplexen Ebene. Ein System ist dann stabil, wenn alle Pole in der linken Halbebene liegen, d. h. einen negativen Realteil haben.

Weiterführende Literatur

[12] Bremer, H.: *Dynamik und Regelung mechanischer Systeme*. Stuttgart: Teubner, 1988.

[17] Dorf, R. C. und R. H. Bishop: *Moderne Regelungssysteme*. 10. überarbeitete Auflage. Addison-Wesley Verlag, 1. Aug. 2005.

8.2 Magnetgelagerte Werkzeugspindel

Eine aktive Magnetlagerung bietet für Werkzeugspindeln in der Hochgeschwindigkeitsbearbeitung mehrere Vorteile: Durch eine geeignete Regelung können sowohl Störkräfte ausgeglichen als auch beliebige Bahnkurven mit der Spindel im Lager durchfahren werden. Außerdem werden je nach Anwendungsfall sehr hohe Drehzahlen bis weit oberhalb von 100 000 min^{-1} bei weitestgehender Wartungs- und Verschleißfreiheit erreicht, [33]. Die Programmierung des Reglers und das Verhalten des Werkzeuges wird an einem Simulationsmodell vorgenommen bzw. überprüft. [‡]

Die horizontal liegende starre Schleifspindel mit der Masse m, dem Trägheitsmoment J und der Schwerpunktsexzentrizität ε in Bild 1 wird von zwei identischen aktiven 8-poligen Radialmagnetlagern geführt und mit dem Drehmoment M angetrieben. Die Positionen $s_{jW} = x_{jW}, y_{jW}$ des geometrischen Mittelpunkts W der Spindel in den Lagern $j = 1, 2$ (ausgehend von der Lagermitte O) werden mit Sensoren erfasst und dem PID-Regler übergeben. Dieser berechnet daraus zunächst die Regelabweichung $\Delta s_j = s_{jW} - s_{j,\text{soll}}$ und anschließend aus dem Regelgesetz

$$i_{js} = k_P \Delta s_j + k_D \Delta \dot{s}_j + k_I \int_0^t \Delta s_j \, d\tau \qquad (1)$$

mit den Reglerkonstanten k_P, k_D und k_I den erforderlichen Spulenstrom i_{js} zur Erreichung der Zielposition einzeln für jede der beiden orthogonalen Richtungen s_j in den zwei Magnetlagern.

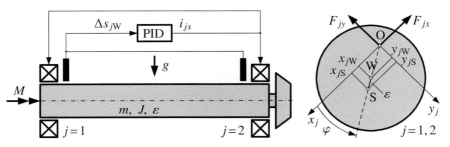

Bild 1: Prinzipskizze des Spindel-Magnetlager-Systems (links) und ausgelenkte Spindel in jeder Magnetlagerebene $j = 1, 2$ (rechts)

Die vier Elektromagnete der Magnetlager sind gleichmäßig am Umfang des Stators verteilt, so dass jeweils zwei sich gegenüber liegende Magnete in einer Richtung auf den Rotor einwirken. Zur Reduktion der Nichtlinearitäten werden die Magnetlager mit Vormagnetisierung und Differenzansteuerung betrieben. Die rückstellende Kraft F_{js} eines solchen Magnetlagers für positive Rotorauslenkungen beträgt in

---

[‡]Autorin: Katrin Baumann

Abhängigkeit vom Regelstrom i_{js} und von der aktuellen Auslenkung s_{jW} nach [33]

$$F_{js} = k_{ML} \left[\left(\frac{i_V + i_{js}}{s_0 + s_{jW}} \right)^2 - \left(\frac{i_V - i_{js}}{s_0 - s_{jW}} \right)^2 \right] \qquad (2)$$

für $s_{jW} = x_{jW}$, y_{jW} und $j = 1, 2$ sowie begrenzte Ströme $|i_{js}| \leq i_V$.

Die Magnetlagerkonstante k_{ML}, der Nennspalt s_0 sowie der Vormagnetisierungsstrom i_V sind Kenngrößen des Magnetlagersystems. In der Regel werden die Elektromagnete unter 45° zur Vertikalen angeordnet, um das Gewicht des Rotors möglichst gleichmäßig auf beide Richtungen zu verteilen. Zur Veranschaulichung der wesentlichen Zusammenhänge werden in dieser Aufgabe nur die für die Funktion unbedingt erforderlichen Bauelemente berücksichtigt. Weitere in der Praxis notwendige Elemente wie die Messtechnik (Filter, Verstärker, ...), die Leistungselektronik oder die Fanglager, die den Rotor bei abgeschaltetem Strom aufnehmen, werden vernachlässigt. Weitere Informationen zu Magnetlagern finden sich auch in [66] und [29, Kapitel 18].

Gegeben:

$m = 3,6$ kg	Masse der Spindel
$J = 500$ kg mm²	Trägheitsmoment der Spindel
$|\varepsilon| = 2$ µm	Schwerpunktsexzentrizität der Spindel
$g = 9,81$ m/s²	Erdbeschleunigung
$M = 2$ N m für $t \geq 1$ s	Antriebsmoment
$s_0 = 0,8$ mm	Nennspalt des Magnetlagers
$k_{ML} = 2,6$ Nmm²/A²	Magnetlagerkonstante
$i_V = 2,5$ A	Vormagnetisierungsstrom
$k_P = 10\,000$ A/m	Proportionalfaktor des Reglers
$k_I = 15\,000$ A/ms	Integralfaktor des Reglers
$k_D = 6$ As/m	Differentialfaktor des Reglers

Gesucht:

1) Bewegungsdifferentialgleichungen für x_W, y_W und φ

2) Eigenfrequenz und kritische Drehzahl des Rotor-Magnetlager-Systems

3) Simulation (z. B. mit Matlab/Simulink, Scilab/Xcos):

   • Anheben des Rotors aus der Ruhelage in eine zentrierte Position

   • Hochlauf mit einem konstanten Antriebsmoment für $t \geq 1$ s

4) Abschätzung der Schwingfrequenzen beim Einschwingen und bei der Resonanzdurchfahrt aus der Simulation und Diskussion

8.2 Magnetgelagerte Werkzeugspindel

Lösung:

Zu 1):

Bei Vernachlässigung einer möglichen Kippbewegung der Spindel sind die Auslenkungen in beiden Magnetlagern stets gleich groß. Dadurch sind auch die Kräfte und Ströme in den beiden Lagern identisch, so dass auf die Indizierung mit der Lagernummer $j = 1, 2$ verzichtet werden kann und sich die entsprechend Bild 1 (rechts) auf die Spindel einwirkenden Lagerkräfte auf $2F_x$ bzw. $2F_y$ addieren.

Damit lauten der Kräfte- und der Momentensatz an der ausgelenkten Spindel zur Herleitung der Bewegungs-DGLn

$$\begin{aligned} m\ddot{x}_S + 2F_x &= mg\sin(\pi/4) \\ m\ddot{y}_S + 2F_y &= mg\cos(\pi/4) \\ J\ddot{\varphi} &= 2F_y\, x_S - 2F_x\, y_S + M\,. \end{aligned} \qquad (3)$$

Mit den kinematischen Beziehungen

$$x_S = x_W + \varepsilon \cos\varphi, \quad y_S = y_W + \varepsilon \sin\varphi \qquad (4)$$

und deren Ableitungen

$$\begin{aligned} \dot{x}_S &= \dot{x}_W - \varepsilon\dot{\varphi}\sin\varphi, & \ddot{x}_S &= \ddot{x}_W - \varepsilon\ddot{\varphi}\sin\varphi - \varepsilon\dot{\varphi}^2\cos\varphi, \\ \dot{y}_S &= \dot{y}_W + \varepsilon\dot{\varphi}\cos\varphi, & \ddot{y}_S &= \ddot{y}_W + \varepsilon\ddot{\varphi}\cos\varphi - \varepsilon\dot{\varphi}^2\sin\varphi \end{aligned} \qquad (5)$$

werden die Bewegungs-DGLn in Matrixschreibweise zu

$$\begin{bmatrix} m & 0 & 0 \\ 0 & m & 0 \\ 0 & 0 & J \end{bmatrix} \begin{bmatrix} \ddot{x}_W \\ \ddot{y}_W \\ \ddot{\varphi} \end{bmatrix} = \begin{bmatrix} -2 & 0 & 0 \\ 0 & -2 & 0 \\ -2(y_W + \varepsilon\sin\varphi) & 2(x_W + \varepsilon\cos\varphi) & 1 \end{bmatrix} \begin{bmatrix} F_x \\ F_y \\ M \end{bmatrix} \\ + mg \begin{bmatrix} \sin(\pi/4) \\ \cos(\pi/4) \\ 0 \end{bmatrix} + m\varepsilon \begin{bmatrix} \ddot{\varphi}\sin\varphi + \dot{\varphi}^2\cos\varphi \\ -\ddot{\varphi}\cos\varphi + \dot{\varphi}^2\sin\varphi \\ 0 \end{bmatrix}. \qquad (6)$$

Zu 2):

Für die Berechnung der Eigenfrequenz des Rotor-Magnetlager-Systems muss zunächst die Steifigkeit der Magnetlager c_{ML} ermittelt werden. Sie beschreibt die Abhängigkeit der rückstellenden Kraft eines Magnetlagers von der Auslenkung $\Delta s = s_W - s_{\text{soll}}$ aus dem Arbeitspunkt (s_{soll}, i_H), wobei $i_H = i(s = s_{\text{soll}})$ der für das Halten des Rotors an der Sollposition erforderliche Strom entsprechend des Regelgesetzes (1) ist.

Zur Abschätzung der Magnetlagersteifigkeit wird die Magnetlagerkraft (2) in eine TAYLORreihe bis zum linearen Term entwickelt (siehe auch [6]),

$$F_{ML} \approx F_{ML}(s_{\text{soll}}, i_H) + \left.\frac{\partial F_{ML}}{\partial s_W}\right|_{s_{\text{soll}}, i_H} (s_W - s_{\text{soll}}) + \left.\frac{\partial F_{ML}}{\partial i_s}\right|_{s_{\text{soll}}, i_H} (i_s - i_H) \quad (7)$$

$$= k_{ML}\left[\left(\frac{i_V + i_H}{s_0 + s_{\text{soll}}}\right)^2 - \left(\frac{i_V - i_H}{s_0 - s_{\text{soll}}}\right)^2\right]$$

$$- 2k_{ML}\left[\frac{(i_V + i_H)^2}{(s_0 + s_{\text{soll}})^3} + \frac{(i_V - i_H)^2}{(s_0 - s_{\text{soll}})^3}\right](s_W - s_{\text{soll}}) \quad (8)$$

$$+ 2k_{ML}\left[\frac{i_V + i_H}{(s_0 + s_{\text{soll}})^2} + \frac{i_V - i_H}{(s_0 - s_{\text{soll}})^2}\right](i_s - i_H)$$

$$\stackrel{!}{=} F_{ML}(s_{\text{soll}}, i_H) - k_s(s_W - s_{\text{soll}}) + k_i(i_s - i_H). \quad (9)$$

Die Faktoren $-k_s$ und k_i werden als *negative Eigensteifigkeit* und als *Strom-Kraft-Konstante* des Magnetlagers bezeichnet. Nach Einführung des Zusammenhangs $s_W - s_{\text{soll}} = \Delta s$ sowie Einsetzen des Regelgesetzes (1) für i_s ergibt sich

$$F_{ML} \approx F_{ML}(s_{\text{soll}}, i_H) + (k_i k_P - k_s)\Delta s_W + k_i k_D \Delta \dot{s}_W + k_i k_I \int_0^t \Delta s_W \, d\tau - k_i i_H. \quad (10)$$

Damit beträgt die Magnetlagersteifigkeit als Proportionalitätsfaktor zwischen der Magnetlagerkraft F_{ML} und der Auslenkung aus der Sollposition Δs

$$c_{ML} = k_i k_P - k_s$$
$$= 2k_{ML}\left[\frac{i_V + i_H}{(s_0 + s_{\text{soll}})^2} + \frac{i_V - i_H}{(s_0 - s_{\text{soll}})^2}\right]k_P - 2k_{ML}\left[\frac{(i_V + i_H)^2}{(s_0 + s_{\text{soll}})^3} + \frac{(i_V - i_H)^2}{(s_0 - s_{\text{soll}})^3}\right]. \quad (11)$$

Die Gleichung (11) verdeutlicht, dass die Steifigkeit eines Magnetlagers (und auch die Dämpfung als Proportionalitätsfaktor zwischen Kraft und Auslenkungsgeschwindigkeit $\Delta \dot{s}$ in Gleichung (10)) nicht konstant ist, sondern von den Reglerparametern, von der Sollposition s_{soll} sowie (über den zum Halten des Rotors nötigen Strom i_H) von der Lagerlast abhängt.

Für die hier eingesetzten Magnetlager und den vorgegebenen Arbeitspunkt in der Lagermitte bei $s_{\text{soll}} = 0$ sowie unter Annahme von $i_H = 0$ für eine geringe Lagerlast ergibt sich

$$c_{ML} = 4k_{ML}\left[\frac{i_V}{s_0^2}k_P - \frac{i_V^2}{s_0^3}\right] = 2{,}8 \cdot 10^5 \, \text{N/m}. \quad (12)$$

Nun kann die Eigenkreisfrequenz des Rotor-Magnetlager-Systems abgeschätzt werden; es gilt

$$\omega_0 = \sqrt{\frac{2c_{ML}}{m}} \approx 394 \, \text{s}^{-1}. \quad (13)$$

8.2 Magnetgelagerte Werkzeugspindel

Dies entspricht einer Eigenfrequenz f_0 bzw. einer kritischen Drehzahl n_0 von

$$f_0 = \frac{\omega_0}{2\pi} \approx 62{,}7\,\text{Hz} \quad \text{und} \quad n_0 = f_0\,\frac{60\,\text{s}}{1\,\text{min}} = 3762\,\text{min}^{-1}. \tag{14}$$

Zu 3):

Die für die Simulation benötigten Anfangsbedingungen ergeben sich aus der Ruhelage der Spindel in den nicht bestromten Magnetlagern zu

$$\begin{aligned}
&x_0 = s_0 \cos(\pi/4), \quad y_0 = s_0 \sin(\pi/4), \\
&\varphi_0 = 0, \quad \dot\varphi_0 = 0 \quad \text{und} \\
&i_{js0} = 0.
\end{aligned} \tag{15}$$

Die zentrierte Zielposition der Spindel liefert die Sollwerte

$$x_\text{soll} = 0 \quad \text{und} \quad y_\text{soll} = 0. \tag{16}$$

Die Modell-Gleichungen (2) und (6) werden für die Simulation zusammen mit den Systembeziehungen entsprechend Bild 1 und dem Regelgesetz (1) in einem Matlab/Simulink-Modell umgesetzt, siehe Bild 2.

Dabei wurden hier zur Veranschaulichung der Möglichkeiten die Bewegungs- und Kraftgleichungen als *Fcn*-Blöcke realisiert, der Regler aber im Signalfluss aufgeschlüsselt. Ein wichtiges Element des Reglers ist die Strombegrenzung entsprechend Gleichung (2). Als *Source*-Blöcke des Antriebsmomentes (hier als *step*-Block) sowie der Sollposition (16) (hier als Konstanten) können je nach Betriebsfall verschiedene (auch zeitabhängige) Funktionen ausgewählt werden. Die (konstanten) Systemparameter sowie die Anfangsbedingungen (15) werden zweckmäßigerweise über ein Initialisierungsskript (unter *File → Model Properties → Callbacks: Model Initialization Function*) hinterlegt. Es empfiehlt sich, für den Solver eine maximale Schrittweite (unter *Simulation → Configuration Parameters: Max Step Size*) von beispielsweise 0,001 s vorzugeben, um eine gute zeitliche Auflösung der zu berechnenden Schwingungen zu erreichen.

Die berechnete Auslenkung, die Drehzahl und das Antriebsmoment sind für das Anheben der Spindel und den nachfolgenden Hochlauf ab $t \geq 1\,\text{s}$ in Bild 3 dargestellt. Zu Beginn der Simulation befindet sich die Spindel in einer ausgelenkten Lage. Mit Hilfe der aktiven Magnetlager wird sie innerhalb kürzester Zeit in die zentrierte Lage verschoben. Dabei findet ein Einschwingvorgang statt, der aufgrund der Dämpfung in den Magnetlagern schnell abklingt. Nach Zuschalten des Antriebsmomentes läuft die Spindel hoch, wobei sie bei etwa $t = 1{,}1\,\text{s} \ldots 1{,}2\,\text{s}$ eine Resonanz durchfährt.

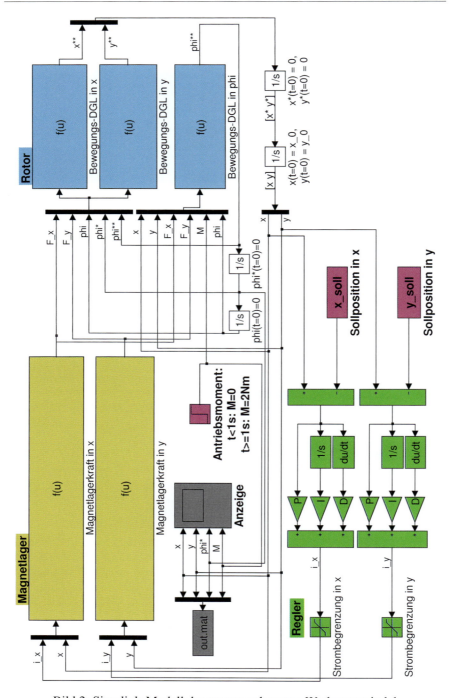

Bild 2: Simulink-Modell der magnetgelagerten Werkzeugspindel

8.2 Magnetgelagerte Werkzeugspindel

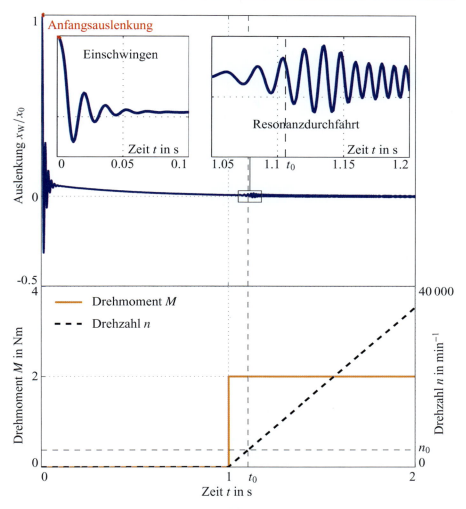

Bild 3: Auslenkung, Drehzahl und Drehmoment beim Anheben ($0 \leq t < 1$ s) und Hochfahren ($t \geq 1$ s) der Werkzeugspindel

Zu 4):

Die Frequenz beim Einschwingen und während der Resonanzdurchfahrt kann aus der in Bild 3 abgelesenen Dauer T_N für N ganze Schwingungen aus dem Zusammenhang

$$f = \frac{N}{T_N} \tag{17}$$

ermittelt werden. Für das Einschwingen ergibt sich eine Frequenz von

$$f_{\text{Einschwingen}} = \frac{5}{0{,}084 \text{ s}} = \underline{\underline{59{,}5 \text{ Hz}}} \tag{18}$$

und für die Resonanz von

$$f_{\text{Resonanz}} = \frac{2}{1{,}148\,\text{s} - 1{,}120\,\text{s}} = \underline{71{,}4\,\text{Hz}}\,. \tag{19}$$

Die Frequenz des Einschwingens stimmt näherungsweise mit der vorn berechneten Eigenfrequenz f_0 des Rotor-Magnetlager-Systems überein. Die Abweichung resultiert aus der Näherung für die Magnetlagersteifigkeit. Aufgrund der sehr großen Anfangsauslenkung entspricht die aus der Linearisierung der Magnetlagerkraft ermittelte Magnetlagersteifigkeit beim Einschwingen nicht mehr dem realen Wert.

Bei der Resonanzdurchfahrt liegt die Frequenz oberhalb der berechneten Eigenfrequenz. In Bild 3 ist zudem deutlich erkennbar, dass das Resonanzmaximum erst nach dem zur kritischen Drehzahl n_0 gehörenden Zeitpunkt t_0 auftritt. Dieser Effekt resultiert daraus, dass der Rotor aufgrund seiner Trägheit eine gewisse (wenn auch nur sehr kurze) Zeit benötigt, um die größeren Resonanzamplituden auszubilden. Währenddessen wird er jedoch weiter (schnell) hochgefahren, so dass die Drehzahl und damit auch die Schwingfrequenz weiter zunehmen. Dabei wird die Eigenfrequenz schnell überschritten und die Schwingungen klingen wieder ab. So kommt es bei schnellen Hochläufen zu einem kleineren Resonanzmaximum bei einer etwas höheren Frequenz als der Eigenfrequenz, vergleiche dazu auch [22, Kapitel 5.2.2]. Bei Ausläufen tritt das kleinere Resonanzmaximum entsprechend erst bei niedrigeren Drehzahlen auf.

Das dynamische Verhalten mechatronischer Systeme wird nicht nur von den mechanischen Eigenschaften, sondern auch von elektrotechnischen Parametern sowie dem Regler beeinflusst. Insbesondere muss sichergestellt werden, dass die gewählten Reglerparameter nicht zu instabilen Schwingungen führen, siehe dazu beispielsweise [63] und [72]. Die Modellierung und die Simulation mechatronischer Systeme dienen deshalb in der Praxis als Werkzeug zur Auslegung von Systemkomponenten und zur Vorausberechnung des Systemverhaltens.

Weiterführende Literatur

[6] Baumann, K.: *Dynamische Eigenschaften von Gleitlagern in instationären An- und Auslaufvorgängen.* Shaker Verlag Aachen, 2011.

[29] Gasch, R., R. Nordmann und H. Pfützner: *Rotordynamik.* 2. Auflage. Berlin Heidelberg New York: Springer-Verlag, 2006.

[33] Hoffmann, K.-J.: *Integrierte aktive Magnetlager.* GCA-Verlag Herdecke, 1999.

[63] Schmidt, G.: *Grundlagen der Regelungstechnik.* Berlin: Springer-Verlag, 1987.

[66] Schweitzer, G., A. Traxler und H. Bleuler: *Magnetlager.* Berlin Heidelberg: Springer Verlag, 1993.

[72] Unbehauen, H.: *Regelungstechnik I-III.* Berlin: Springer-Verlag, 2007, 2008, 2011.

8.3 Fliehkraftregelung einer Schleifmaschine mit Luftmotor

Damit die mittels Luftmotor (Turbine) angetriebene Schleifmaschine in einem engen Drehzahlbereich effektiv arbeiten kann, ist eine Regelung der aktuellen Drehzahl erforderlich, da der zufließende Massestrom (Luft) bzw. das Lastmoment schwanken kann. Eine wesentliche Voraussetzung für eine wirksame Regelung ist deren Stabilität gegenüber kleinen äußeren Störungen. ‡

Der zufließende Massestrom $\dot{m}$ treibt eine Turbine an, durch welche die benötigte Drehzahl des Arbeitsorgans erzeugt wird. Kleinere Abweichungen der Drehgeschwindigkeit werden durch einen Fliehkraftregler dadurch korrigiert, dass der Zustrom der Luft mittels einer Änderung des Strömungsquerschnitts über die axiale Bewegung der Hülse realisiert wird, vgl. Bild 1. Diese axiale Verschiebung wird dabei durch das Zusammenspiel von Feder- und axialer Strömungskraft einerseits sowie den infolge der im Teller geführten, rotierenden Kugeln auftretenden Fliehkräften andererseits verursacht.

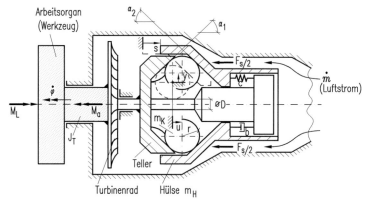

Bild 1: Prinzip- und Modellbild des Antriebs mit Fliehkraftregler (gestrichelt: unausgelenktes System)

Der im Berechnungsmodell entsprechend Bild 1 parallel zur vorgespannten Druckfeder c angeordnete Dämpfer b soll alle Dämpfungs- und Reibungseinflüsse näherungsweise erfassen. Die Eigendrehträgheit der 6 kugelförmigen Fliehkörper kann gegenüber derjenigen der Welle vernachlässigt werden, d. h. es wird nur deren Masse berücksichtigt.

Für das am Turbinenrad angreifende, durch den Massestrom hervorgerufene Antriebsmoment M_a sowie für die resultierende axiale Strömungskraftkomponente F_s können für kleine Schwankungen um ihre bei Nenndrehzahl wirkenden Mittelwerte

---

‡ Autor: Ludwig Rockhausen

$\overline{M}_a, \overline{F}_s$ die Näherungen

$$M_a = M_a(s) = \overline{M}_a - \frac{\hat{M}_a}{r}(s - \overline{s}), \tag{1a}$$

$$F_s = F_s(s) = \overline{F}_s - \frac{\hat{F}_s}{r}(s - \overline{s}) \tag{1b}$$

genutzt werden. Dabei sind $\overline{s}$ die mittlere Verschiebung der Hülse bei Nenndrehzahl sowie $\hat{M}_a$ und $\hat{F}_s$ die dazugehörigen Schwankungskennwerte. $M_L(t) = \overline{M}_L + M(t)$ ist das am Arbeitsorgan (Schleifscheibe) angreifende Lastmoment, welches sich aus einem stationären Anteil $\overline{M}_L$ und einer zeitabhängigen, klein vorausgesetzten Störung $M(t)$ zusammensetzt.

Gegeben:

m_K	Masse eines Fliehkörpers
r	Fliehkörperradius
c	Steifigkeit der Druckfeder
$D/(2r) = 0{,}94$	Durchmesserverhältnis
$J_T = 1{,}21 \cdot 10^5 \, m_K r^2$	Trägheitsmoment des kompletten Turbinenläufers (inklusive Hülse) bez. seiner Drehachse
$m_H = 5{,}3 \, m_K$	Hülsenmasse
$c/m_K = \omega^2 = 2{,}72 \cdot 10^6 \, \text{s}^{-2}$	Quadrat der Bezugskreisfrequenz
$\alpha_1 = \alpha_2 = \pi/4$	Schrägungswinkel von Teller und Hülse
$F_0 = 2{,}15 \, c \, r$	Vorspannkraft der Druckfeder
$\overline{F}_s = 4{,}5 \, c \, r$	mittlere axiale Strömungskraft
$\overline{M}_a$	mittleres Antriebsmoment
$\hat{F}_s = 0{,}6 \, c \, r$	Schwankungskennwert der axialen Strömungskraft
$\hat{M}_a = 10 \, c \, r^2$	Schwankungskennwert des Antriebsmoments
$n = 16\,200 \, \text{min}^{-1}$	Nenndrehzahl der Turbinenwelle ($\Omega \sim n$)

Gesucht:

1) Zwangsbedingungen zwischen den Lagekoordinaten φ (Drehwinkel der Welle), s (Verschiebung der Hülse), y und u (radiale und axiale Verschiebung der Kugeln) (die Nullpunkte von s, y, u entsprechen der unausgelenkten Lage) sowie die Bewegungsgleichungen für die generalisierten Koordinaten
$\boldsymbol{q} = [q_1, q_2]^T = [\varphi, y/r]^T$
(Voraussetzung: kein Kontaktverlust der Kugeln mit Teller bzw. Hülse)

2) Stationäres Lastmoment $\overline{M}_L$ und mittlere, auf r bezogene radiale Auslenkung $\overline{q}_2 = \overline{y}/r$ der Fliehkörper (der Verschiebung $\overline{s}$ zugeordnet) für die konkrete stationäre Lösung $\boldsymbol{q}_{\text{stat}}(t) = [\Omega t, \overline{q}_2]^T$ der nichtlinearen Bewegungsgleichungen, wenn lediglich das stationäre Lastmoment $M_L(t) = \overline{M}_L$ wirkt (d. h. $M(t) \equiv 0$ ist)

3) Überführung der nach den Beschleunigungen $\ddot{q}_1$ und $\ddot{q}_2$ aufgelösten Bewegungsgleichungen in den Zustandsraum (Zustandsvektor: $\boldsymbol{x} = [q_1, q_2, \dot{q}_1, \dot{q}_2]^T$) und die Systemmatrix $\boldsymbol{A}$ des bez. des gegebenen stationären Zustandes $\overline{\boldsymbol{x}}(t) = [\Omega t, \overline{q}_2, \Omega, 0]^T$ linearisierten Systems, wobei $\boldsymbol{z}(t)$ die klein vorausgesetzten Phasenkoordinaten der Zusatzbewegungen seien ($\boldsymbol{x} = \overline{\boldsymbol{x}} + \boldsymbol{z}$, $\dot{\boldsymbol{z}} = \boldsymbol{A}\boldsymbol{z} + \boldsymbol{B}\boldsymbol{u}(t)$)

4) Mindestgröße b_G der Dämpferkonstante dafür, dass das System stabil arbeitet (Anwendung des HURWITZ-Kriteriums, vgl. [12]) sowie numerische Überprüfung der Stabilität für zwei Varianten der Dämpfung: $b_I = 0{,}95\, b_G$; $b_{II} = 1{,}1\, b_G$

Lösung:

Zu 1):

Da das als Starrkörpersystem modellierte Schleifgerät zwei Freiheitsgrade besitzt (die Drehung der Welle ist kinematisch unabhängig von den Verschiebungen von Hülse und Kugeln), sind zwischen den vier in Bild 1 definierten Lagekoordinaten φ, y, s, u zwei Zwangsbedingungen zu formulieren. Zur besseren Veranschaulichung der Zusammenhänge wurde in Bild 2, welches eine ausgelenkte Lage einer Kugel mit Hülse relativ zur Ausgangslage (gestrichelt dargestellt) zeigt, noch die Hilfskoordinate l eingeführt, so dass nunmehr drei Zwangsbedingungen benötigt werden, die aus Bild 2 abgelesen werden können:

$$\left.\begin{array}{l} \tan\alpha_1 = y/u \\ \tan\alpha_2 = y/l \\ e + s = u + l + e \end{array}\right\} \Rightarrow \left\{\begin{array}{l} \dot{u} = r\dot{q}_2/\tan\alpha_1, \\ \dot{l} = r\dot{q}_2/\tan\alpha_2, \\ \dot{s} = (1/\tan\alpha_1 + 1/\tan\alpha_2)\, r\dot{q}_2 = \kappa \cdot r\dot{q}_2. \end{array}\right. \quad (2)$$

Hierbei wurde die Abkürzung κ eingeführt:

$$\kappa = 1/\tan\alpha_1 + 1/\tan\alpha_2. \quad (3)$$

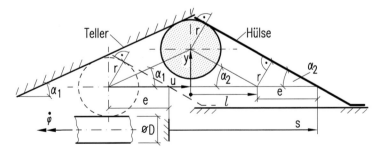

Bild 2: Geometrische Verhältnisse bei einer ausgelenkten Lage (Winkel α_1, α_2 beliebig gezeichnet)

Die Summe der Energien aller massebehafteten bewegten Körper (Rotationsenergie von Welle und Hülse, Translationsenergie von Hülse und Kugeln) ergibt die gesamte

kinetische Energie:

$$2W_{\text{kin}} = J_T \dot{\varphi}^2 + m_H \dot{s}^2 + 6m_K \left[(D/2 + r + y)^2 \dot{\varphi}^2 + \dot{y}^2 + \dot{u}^2 \right] . \tag{4}$$

Die Einführung der in der Aufgabenstellung definierten generalisierten Koordinaten liefert dann mit der Identität $1 + 1/\tan^2 \alpha_1 = 1/\sin^2 \alpha_1$ sowie den Abkürzungen

$$\mu_1 = \frac{J_T}{m_K r^2}, \quad \mu_2 = \frac{m_H}{m_K} \kappa^2 + \frac{6}{\sin^2 \alpha_1}, \quad \gamma = 1 + \frac{D}{2r}, \tag{5}$$

dafür den Ausdruck

$$\begin{aligned} 2W_{\text{kin}} &= J_T \dot{\varphi}^2 + m_H r^2 \kappa^2 \dot{q}_2^2 + 6 m_K r^2 \left[(\gamma + q_2)^2 \dot{q}_1^2 + \dot{q}_2^2 / \sin^2 \alpha_1 \right] \\ &= m_K r^2 \left[\left(\mu_1 + 6(\gamma + q_2)^2 \right) \dot{q}_1^2 + \mu_2 \dot{q}_2^2 \right] . \end{aligned} \tag{6}$$

Die vorgespannte Druckfeder wird zweckmäßigerweise über ihre potentielle Energie berücksichtigt:

$$2W_{\text{pot}} = c \left(\frac{F_0}{c} + s \right)^2 = cr^2 \left(\frac{F_0}{cr} + \kappa q_2 \right)^2 . \tag{7}$$

Zur Erfassung der im System wirkenden und am Energiehaushalt beteiligten weiteren eingeprägten Kräfte und Momente wird deren virtuelle Arbeit aufgeschrieben:

$$\begin{aligned} \delta W^{(e)} &= (M_a - M_L(t)) \delta \varphi - (b\dot{s} + F_s) \delta s \\ &= \left(\overline{M}_a - \hat{M}_a \kappa (q_2 - \overline{q}_2) - M_L(t) \right) \delta q_1 - \left(br\kappa \dot{q}_2 + \overline{F}_s + \hat{F}_s \kappa (q_2 - \overline{q}_2) \right) \kappa r \delta q_2 . \end{aligned} \tag{8}$$

Hierbei wurden die linearen Näherungen nach (1) berücksichtigt, und $\overline{q}_2 = \overline{y}/r$ ist die zu $\overline{s}$ gehörende, auf r bezogene radiale Verschiebung der Fliehkörper.

Die Anwendung der LAGRANGEschen Gln. 2. Art führt nun unter Beachtung der hier zutreffenden Relation

$$6(\gamma + q_2)^2 \ll \mu_1 \tag{9}$$

auf die zwei gekoppelten Differentialgleichungen

$$m_K r^2 \left(\mu_1 \ddot{q}_1 + 12 (\gamma + q_2) \dot{q}_1 \dot{q}_2 \right) = \overline{M}_a - \hat{M}_a \kappa (q_2 - \overline{q}_2) - M_L(t) , \tag{10}$$

$$\begin{aligned} m_K r^2 \mu_2 \ddot{q}_2 - 6 m_K r^2 (\gamma + q_2) \dot{q}_1^2 + cr^2 \kappa \left(\frac{F_0}{cr} + \kappa q_2 \right) \\ = -\kappa r \cdot \left(br\kappa \dot{q}_2 + \overline{F}_s + \hat{F}_s \kappa (q_2 - \overline{q}_2) \right) . \end{aligned} \tag{11}$$

Division durch $m_K r^2$ sowie Nutzung der in der Aufgabenstellung definierten Bezugskreisfrequenz ω liefert schließlich nach wenigen Umstellungen die nichtlinearen Bewegungsgleichungen für die beiden generalisierten Koordinaten q_1 und q_2:

$$\mu_1 \ddot{q}_1 = \frac{\omega^2}{cr^2} \left(\overline{M}_a - M_L(t) - \hat{M}_a \kappa (q_2 - \overline{q}_2) \right) - 12(\gamma + q_2) \dot{q}_1 \dot{q}_2 , \tag{12a}$$

$$\mu_2 \ddot{q}_2 = 6(\gamma + q_2) \dot{q}_1^2 - \kappa^2 \omega^2 \left(\frac{b}{c} \dot{q}_2 + q_2 \right) - \frac{\kappa \omega^2}{cr} \left(\overline{F}_s + F_0 + \hat{F}_s \kappa (q_2 - \overline{q}_2) \right) . \tag{12b}$$

Zu 2):

Die stationäre Lösung $q_{\text{stat}}(t) = [\Omega t, \bar{q}_2]^T$ muss für $M_L(t) = \overline{M}_L$ die nichtlinearen Bewegungsgleichungen (12) erfüllen.

Einsetzen der stationären Lösung $q_{\text{stat}}(t)$ in die nichtlinearen Bewegungsgleichungen (12) liefert die noch unbekannten Größen $\overline{M}_L$ und $\bar{q}_2$. Es folgt aus (12a)

$$\overline{M}_L = \overline{M}_a \tag{13}$$

und mit

$$\eta^2 = \Omega^2/\omega^2 \tag{14}$$

entsprechend aus der Gleichung (12b)

$$\bar{q}_2 = \frac{6\gamma\eta^2 - \kappa(F_0 + \overline{F}_s)/(cr)}{\kappa^2 - 6\eta^2} \approx 0{,}419. \tag{15}$$

Zu 3):

Die nach den Beschleunigungen aufgelösten nichtlinearen Bewegungsgleichungen lauten:

$$\ddot{q}_1 = -\frac{1}{\mu_1}\left[\frac{\omega^2}{cr^2}\left(M_L(t) - \overline{M}_a + \hat{M}_a \kappa (q_2 - \bar{q}_2)\right) + 12(\gamma + q_2)\dot{q}_1 \dot{q}_2\right]$$
$$\equiv \chi_1(q_2, \dot{q}_1, \dot{q}_2, M_L), \tag{16a}$$

$$\ddot{q}_2 = \frac{1}{\mu_2}\left[6(\gamma + q_2)\dot{q}_1^2 - \kappa^2\omega^2\left(\frac{b}{c}\dot{q}_2 + q_2\right) - \frac{\kappa\omega^2}{cr}\left(\overline{F}_s + F_0 + \hat{F}_s\kappa(q_2 - \bar{q}_2)\right)\right]$$
$$\equiv \chi_2(q_2, \dot{q}_1, \dot{q}_2). \tag{16b}$$

Mit dem in der Aufgabenstellung definierten Zustandsvektor

$$\boldsymbol{x} = [x_1,\ x_2,\ x_3,\ x_4]^T = [q_1,\ q_2,\ \dot{q}_1,\ \dot{q}_2]^T, \quad \dot{\boldsymbol{x}} = [\dot{q}_1,\ \dot{q}_2,\ \ddot{q}_1,\ \ddot{q}_2]^T \tag{17}$$

lassen sich die nichtlinearen Bewegungsgleichungen (16) als Differentialgleichungssystem erster Ordnung gemäß

$$\dot{\boldsymbol{x}} = \boldsymbol{g}(\boldsymbol{x}, M_L) = \begin{bmatrix} x_3 \\ x_4 \\ \chi_1(x_2, x_3, x_4, M_L) \\ \chi_2(x_2, x_3, x_4) \end{bmatrix} \tag{18}$$

schreiben.

Die lineare Zustandsraumbeschreibung $\dot{z} = Az + Bu(t)$ wird durch eine Linearisierung von Gleichung (18) um den stationären Punkt (Arbeitspunkt oder stationäre Lösung) $\overline{x}(t) = [\Omega t, \overline{q}_2, \Omega, 0]^T$ bei $M_L(t) = \overline{M}_L$ erhalten. Dabei beschreibt $z = z(t)$ den Zustandsvektor der Zusatzbewegungen des um diesen Arbeitspunkt linearisierten Systems, und A ist die Systemmatrix sowie B die Steuermatrix und $u(t)$ der Steuervektor. Es gilt

$$\dot{x} = \dot{\overline{x}} + \dot{z}(t) = g(\overline{x} + z(t), \overline{M}_L + M(t))$$
$$\approx g(\overline{x}, \overline{M}_L) + \left.\frac{\partial g(x, M_L)}{\partial x}\right|_{x(t)=\overline{x}} \cdot z(t) + \left.\frac{\partial g(x, M_L)}{\partial M_L}\right|_{M_L(t)=\overline{M}_L} \cdot M(t). \quad (19)$$

Unter Beachtung von $\dot{\overline{x}} = g(\overline{x}, \overline{M}_L)$ (stationärer Zustand) folgt daraus das linearisierte System

$$\dot{z} = \left.\frac{\partial g(x, M_L)}{\partial x}\right|_{x(t)=\overline{x}} \cdot z(t) + \left.\frac{\partial g(x, M_L)}{\partial M_L}\right|_{M_L(t)=\overline{M}_L} \cdot M(t) = Az(t) + Bu(t). \quad (20)$$

Für das hier behandelte System ergibt sich also für die Systemmatrix

$$A = \left.\frac{\partial g(x, M_L)}{\partial x}\right|_{x(t)=\overline{x}} = \left[\frac{\partial g}{\partial x_1}, \frac{\partial g}{\partial x_2}, \frac{\partial g}{\partial x_3}, \frac{\partial g}{\partial x_4}\right]_{x=\overline{x}}$$
$$= \begin{bmatrix} 0 & 0 & 1 & 0 \\ 0 & 0 & 0 & 1 \\ 0 & \partial\chi_1/\partial x_2 & \partial\chi_1/\partial x_3 & \partial\chi_1/\partial x_4 \\ 0 & \partial\chi_2/\partial x_2 & \partial\chi_2/\partial x_3 & \partial\chi_2/\partial x_4 \end{bmatrix}_{x=\overline{x}} \quad (21)$$

sowie für Steuermatrix B und Steuervektor u (dieser besitzt hier nur ein Element)

$$B = \left.\frac{\partial g(x, M_L)}{\partial M_L}\right|_{M_L(t)=\overline{M}_L} = [0, 0, -\frac{\omega^2}{\mu_1 c r^2}, 0]^T, \quad u = [M(t)]. \quad (22)$$

Die für (21) notwendigen partiellen Ableitungen ergeben folgende Ausdrücke:

$$\frac{\partial \chi_1}{\partial x_2} = -\frac{1}{\mu_1}\left(\frac{\omega^2 \kappa}{cr^2}\hat{M}_a + 12 x_3 x_4\right), \quad \frac{\partial \chi_2}{\partial x_2} = \frac{1}{\mu_2}\left(6 x_3^2 - \kappa^2 \omega^2\left(1 + \frac{\hat{F}_s}{cr}\right)\right),$$
$$\frac{\partial \chi_1}{\partial x_3} = -\frac{12}{\mu_1}(\gamma + x_2) x_4, \quad \frac{\partial \chi_2}{\partial x_3} = \frac{12}{\mu_2}(\gamma + x_2) x_3, \quad (23)$$
$$\frac{\partial \chi_1}{\partial x_4} = -\frac{12}{\mu_1}(\gamma + x_2) x_3, \quad \frac{\partial \chi_2}{\partial x_4} = -\frac{\kappa^2}{\mu_2}\frac{\omega^2 b}{c}.$$

Einsetzen des stationären Zustands $\overline{x}$ liefert dann die Systemmatrix gemäß (21) unter

8.3 Fliehkraftregelung einer Schleifmaschine mit Luftmotor

Verwendung von (14) und der Abkürzung $\beta = \gamma + \overline{q}_2$:

$$\boldsymbol{A} = \begin{bmatrix} 0 & 0 & 1 & 0 \\ 0 & 0 & 0 & 1 \\ 0 & -\dfrac{\omega^2 \kappa}{\mu_1} \dfrac{\hat{M}_a}{cr^2} & 0 & -\dfrac{12\beta}{\mu_1}\Omega \\ 0 & \left(6 - \dfrac{\kappa^2}{\eta^2}\left(1 + \dfrac{\hat{F}_s}{cr}\right)\right)\dfrac{\Omega^2}{\mu_2} & \dfrac{12\beta}{\mu_2}\Omega & -\dfrac{\kappa^2}{\mu_2}\dfrac{\omega^2 b}{c} \end{bmatrix}. \quad (24)$$

Zu 4):

Mit dem hier zweckmäßigen Lösungsansatz (Eigenwert λ ist dimensionslos)

$$z(t) = \boldsymbol{v} \cdot \exp(\lambda \Omega t), \quad \dot{z}(t) = \lambda \Omega \boldsymbol{v} \cdot \exp(\lambda \Omega t) \quad (25)$$

wird das zu (20) gehörige lineare autonome System $\dot{z} = \boldsymbol{A}z$ nach Division durch Ω in das lineare algebraische homogene Gleichungssystem (Eigenwertproblem für die Matrix $\Omega^{-1}\boldsymbol{A}$)

$$\left(\Omega^{-1}\boldsymbol{A} - \lambda \boldsymbol{E}\right)\boldsymbol{v} = \boldsymbol{0} \quad (26)$$

überführt. Für das Auftreten nichttrivialer Lösungen muss

$$\det\left(\Omega^{-1}\boldsymbol{A} - \lambda \boldsymbol{E}\right) = 0 \quad (27)$$

erfüllt sein. Einsetzen der Matrix $\boldsymbol{A}$ (vgl. Gl. (24)) und Entwicklung der Determinante nach der ersten Spalte liefert:

$$\lambda \cdot \left(\lambda^3 + a_2 \lambda^2 + a_1 \lambda + a_0\right) = 0. \quad (28)$$

Dabei ergeben sich die Polynomkoeffizienten zu

$$\left.\begin{aligned} a_0 &= \frac{12\kappa\beta}{\mu_1\mu_2\eta^2}\frac{\hat{M}_a}{cr^2} \approx 1{,}332 \cdot 10^{-4} > 0, \\ a_1 &= \frac{6\eta^2\left(24\beta^2 - \mu_1\right) + \kappa^2\mu_1\left(1 + \dfrac{\hat{F}_s}{cr}\right)}{\mu_1\mu_2\eta^2} \approx 1{,}6662 \cdot 10^{-3} > 0, \\ a_2 &= \frac{\kappa^2}{\mu_2\eta^2}\frac{b\Omega}{c} > 0. \end{aligned}\right\} \quad (29)$$

Nach (28) ist ein Eigenwert $\lambda_1 = 0$, der entsprechend (25) lediglich einen konstanten Lösungsanteil bedingt und damit die schwingungsfreie Rotation des Systems beschreibt. Für das Stabilitätsverhalten sind also die drei restlichen Eigenwerte (Nullstellen des verbleibenden kubischen Polynoms) maßgebend. Ihre direkte Ermittlung ist dafür aber nicht zwingend erforderlich, denn nach HURWITZ und STODOLA (vgl. z. B. [12]) kann die Frage, ob Eigenwerte mit positivem Realteil (also exponentiell aufklingende Lösungen) auftreten oder nicht, über die Polynomkoeffizienten beantwortet werden: Das System bleibt stabil, d. h. alle Lösungen klingen ab, wenn

$$a_0, a_1, a_2 > 0 \quad \text{und} \quad \begin{vmatrix} a_2 & 1 \\ a_0 & a_1 \end{vmatrix} = a_1 a_2 - a_0 > 0 \tag{30}$$

erfüllt sind. Die Polynomkoeffizienten sind gemäß (29) größer null. Und aus der zweiten Bedingung von (30) ergibt sich dann bei Auflösung nach der Dämpferkonstante deren untere Grenze:

$$b > b_G = \frac{12\beta\mu_2\eta^2}{\kappa\left(6\eta^2\left(24\beta^2 - \mu_1\right) + \kappa^2\mu_1\left(1 + \frac{\hat{F}_s}{cr}\right)\right)} \frac{\hat{M}_a}{cr^2} \frac{c}{\Omega} \approx 0{,}7021 \frac{c}{\Omega}. \tag{31}$$

Es ist zu erkennen: je größer die Steifigkeit c und der bezogene Schwankungskennwert des Antriebsmomentes werden, desto größer muss auch die im System vorhandene Dämpfung sein, damit es nicht zu Instabilitäten kommt.

Der Einfluss der anderen Systemparameter ist nicht so einfach nachvollziehbar. Hierfür wäre es erforderlich, wiederholte Berechnungen mit leicht geänderten Parametern vorzunehmen (*Sensitivitätsanalyse*), was bei Nutzung entsprechender Mathematik-Software relativ unproblematisch ist, würde aber hier den Rahmen sprengen.

Zur numerischen Überprüfung wird das Eigenwertproblem (26) entsprechend Aufgabenstellung für die beiden Varianten

$$b = b_I = 0{,}95 b_G \quad \text{sowie} \quad b = b_{II} = 1{,}1 b_G \tag{32}$$

mittels Mathematik-Software gelöst. Die Ergebnisse sind in der folgenden Tabelle (Tabelle 1) zusammengefasst (ohne $\lambda_1 = 0$).

Tabelle 1: Eigenwerte

Eigenwerte	Variante I	Variante II
λ_2	$4{,}3998 \cdot 10^{-4} + j\, 0{,}0416$	$-7{,}2825 \cdot 10^{-4} + j\, 0{,}0392$
λ_3	$4{,}3998 \cdot 10^{-4} - j\, 0{,}0416$	$-7{,}2825 \cdot 10^{-4} - j\, 0{,}0392$
λ_4	$-0{,}0768$	$-0{,}0865$

Variante I liefert Eigenwerte mit positivem Realteil, was entsprechend (25) exponentiell anwachsende Lösungen bedingt.

Bei Variante II sind alle Realteile negativ, so dass abklingende Bewegungen bei einer auftretenden Störung des stationären Zustandes entstehen, sich das System also wieder beruhigt und damit stabil arbeitet.

Bei geregelten Systemen ist zu prüfen, ob es infolge der Rückkopplung zu Instabilitäten kommen kann bzw. wo die Stabilitätsgrenze liegt. Im betrachteten Beispiel besteht die Gefahr, dass es bei zu geringer Systemdämpfung zum Aufschaukeln kleiner Störungen und damit zum unkontrollierten Betrieb der Maschine kommen kann.

Für die Untersuchung des Stabilitätsverhaltens sind die (i. Allg.) nichtlinearen Systemgleichungen für einen stationären Zustand zu linearisieren und die Eigenwerte der zugeordneten Systemmatrix zu bestimmen.

Weiterführende Literatur

[12] Bremer, H.: *Dynamik und Regelung mechanischer Systeme*. Stuttgart: Teubner, 1988.

[59] Pfeiffer, F.: *Einführung in die Dynamik*. Stuttgart: Vieweg & Teubner, 1989.

Autorenbiographien

Dr.-Ing. Katrin Baumann

1999-2004 Studium Maschinenbau/Angewandte Mechanik an der TU Chemnitz; 2004-2012 Wissenschaftliche Mitarbeiterin am Fachgebiet Strukturdynamik der TU Darmstadt, 2005 & 2006 Forschungsaufenthalte in Rio de Janeiro und Campinas (Brasilien), 2010 Promotion über Gleitlagerdynamik. Seit 2012 Projektingenieurin bei der ICS Engineering GmbH in Dreieich.

Prof. Dr.-Ing. Michael Beitelschmidt

1987-1992 Studium Maschinenwesen an der TU München; 1992-1998 Wiss. Assistent am Lehrstuhl B für Mechanik der TU München, 1998 Promotion; 1998-2005 erst Entwicklungsingenieur, dann Leiter „Mechanische Systeme" bei Sulzer Innotec in Winterthur (Schweiz); 2005-2010 Professur für Fahrzeugmodellierung und -simulation an der TU Dresden. Seit 2010 Professur für Dynamik und Mechanismentechnik an der TU Dresden.

Prof. Dr.-Ing. habil. Hans Dresig

1954-1960 Studium Maschinenbau an der TH Dresden; 1960-1965 Wiss. Mitarbeiter an der TU Dresden, 1965 Promotion; 1965-1969 Kranbau Eberswalde; 1970 Habilitation an der TU Dresden; 1970-1978 Dozent an der TH Karl-Marx-Stadt, 1976 Zusatzstudium Moskauer Textilinstitut; 1978-2002 Professor für Technische Mechanik, Lehrstuhl Maschinendynamik/Schwingungslehre an der TH K.-M.-Stadt /TU Chemnitz; 2010-2013 Gastprofessur Nanjing Agricultural University (China).

Dr.-Ing. Ludwig Rockhausen

1971-1975 Studium Angewandte Mechanik an der TH Karl-Marx-Stadt; 1975-1979 Wiss. Mitarbeiter an der TH K.-M.-Stadt, 1980 Promotion; 1979-1983 Problemanalytiker im Forschungszentrum Werkzeugmaschinen K.-M.-Stadt; 1983-1986 Lehrer im Hochschuldienst an der TH K.-M.-Stadt. Seit 1986 Wiss. Mitarbeiter an den Lehrstühlen und Professuren Maschinendynamik/Schwingungslehre, Strukturdynamik, Technische Mechanik/Dynamik der TU Chemnitz.

Prof. Dr.-Ing. habil. Michael Scheffler

1987-1992 Studium Maschinenbau/Angewandte Mechanik an der TU Dresden; 1992-1996 Wiss. Mitarbeiter am Forschungszentrum Rossendorf; 1996-1999 Graduiertenstipendiat an der TU Dresden, Promotion 2001; 1999-2004 Tätigkeit in verschiedenen Dresdner Firmen; 2004-2015 Wiss. Mitarbeiter an der TU Dresden, 2011 Habilitation. Seit 2015 Professor für Maschinendynamik an der Westsächsischen Hochschule Zwickau.

Dr.-Ing. Uwe Schreiber

1981-1986 Studium Technische Mechanik an der TU Dresden; 1986-1991 Entwicklungsingenieur in der Werkzeugmaschinenfabrik Mikromat, Dresden. 1992 Wissenschaftlicher Mitarbeiter, später Applikationsingenieur bei der ITI GmbH in Dresden, seit 2000 Abteilungsleiter Engineering. 2015 Promotion zur Modellbildung von Antriebssystemen an der TU Dresden.

Prof. Dr.-Ing. Jörg-Henry Schwabe

1988-1993 Studium Maschinenbau/Angewandte Mechanik an der TU Chemnitz; 1993-2010 Wissenschaftlicher Mitarbeiter und ab 2006 Forschungsbereichsleiter am Institut für Fertigteiltechnik und Fertigbau Weimar e.V.; 2002 Promotion an der TU Chemnitz. Seit 2010 Professor für Getriebetechnik und Maschinendynamik an der Ernst-Abbe-Hochschule Jena.

PD Dr.-Ing. habil. Thomas Thümmel

1976-1981 Studium Maschinenbau/Angewandte Mechanik an der TH Karl-Marx-Stadt, 1984-1989 Abteilungsleiter im Textilmaschinenbau bei TEXTIMA K.-M.-Stadt; 1985 Promotion an der TH K.-M.-Stadt und 2012 Habilitation an der TU München zur Mechanismendynamik. Seit 1990 Akademischer Direktor am Lehrstuhl für Angewandte Mechanik an der TU München, September 2003 Forschungsaufenthalt in Tokyo (Japan).

Literatur

[1] Ahrens, R.: „Innere Freiheitsgrade in linear-viskoelastischen Schwingungssystemen". In: *Dämpfung und Nichtlinearität*. VDI Berichte 1082. Düsseldorf: VDI-Verlag, 1993.

[2] Aurich, H. und W. Weidauer: „Schwingungen an Waschvollautomaten". In: *Wiss. Zeitschr. der TH Karl-Marx-Stadt 14* (1972) 2, S. 197–211.

[3] Autorenkollektiv ITI: *Handbuch SimulationX*. Dresden, 2015. www.simulationx.com.

[4] Balke, H.: *Einführung in die Technische Mechanik: Kinetik*. 2. Aufl. Berlin: Springer Verlag, Aug. 2009.

[5] Barutzki, F.: *Ermittlung des Übertragungs- und Temperaturverhaltens von Elastomer-Kupplungen bei Schwingungsanregung mit mehreren Frequenzen*. Diss. TU Berlin, 1992.

[6] Baumann, K.: *Dynamische Eigenschaften von Gleitlagern in instationären An- und Auslaufvorgängen*. Shaker Verlag Aachen, 2011.

[7] Baumann, K., E. Böpple, R. Markert und W. Schwarz: „Einfluss der inneren Dämpfung auf das dynamische Verhalten von elastischen Rotoren". In: *VDI-Berichte Nr. 2003. Schwingungsdämpfung*. Wiesloch, Jan. 2007, S. 55–69.

[8] Beitz, W. und K.-H. Grote, Hrsg.: *DUBBEL - Taschenbuch für den Maschinenbau*. 19. Aufl. Berlin: Springer Verlag, 1997.

[9] Bernert, K., R. Markert und H. I. Weber: „Influence of Internal Damping on Run-up and Run-down Processes of Rotors". In: *Proceedings of the 7th IFToMM International Conference on Rotor Dynamics: September 25 - 28, 2006, Vienna, Austria; TU Vienna*. Paper-ID 115. 2006, S. 1–10.

[10] Blekhman, I. I.: *Vibrational Mechanics*. Singapore: World Scientific Pub Co, 2000.

[11] Blochwitz, T., S. Bittner, U. Schreiber und A. Uhlig: *ISOMAG 2.0 - Software für optimale Schwingungsisolierung von Maschinen und Geräten*. 1. Auflage. Dortmund: Bundesanstalt für Arbeitsschutz und Arbeitsmedizin, 2013.

[12] Bremer, H.: *Dynamik und Regelung mechanischer Systeme*. Stuttgart: Teubner, 1988.

[13] Chucholowski, C.: *Simulationsrechnung der Kolbensekundärbewegung*. Diss. TU München, 1985.

[14] Danek, O., G. Nickl und H. Berthold: *Selbsterregte Schwingungen an Werkzeugmaschinen*. Berlin: VEB Verlag Technik, 1962.

[15] DIN EN ISO 5349-1: *Messung und Bewertung der Einwirkungen von Schwingungen auf das Hand-Arm-System des Menschen*. Norm.

[16] DIN ISO 1940-1: *Mechanische Schwingungen - Anforderungen an die Auswuchtgüte von Rotoren in konstantem (starrem) Zustand - Teil 1: Festlegung und Nachprüfung der Unwuchttoleranz (ISO 1940-1:2003)*. Norm. 2004.

[17] Dorf, R. C. und R. H. Bishop: *Moderne Regelungssysteme*. 10. überarbeitete Auflage. Addison-Wesley Verlag, 1. Aug. 2005.

[18] Dresig, H. und L. Rockhausen: *Aufgabensammlung Maschinendynamik*. Fachbuchverlag Leipzig-Köln, 1994.

[19] Dresig, H. und J. Vulfson: „Zur Dämpfungstheorie bei nichtharmonischer Belastung". In: *VDI-Berichte 1082*. VDI-Verlag, Düsseldorf, 1993, S. 141–156.

[20] Dresig, H.: *Analyse „Flug auf das Limbacher Kirchendach"*. 2014. URL: www.dresig.de.

[21] Dresig, H.: *Analyse von ebenen Seilschwingungen und Schwingungen von Riementrieben*. Techn. Ber. Literaturbericht (75 S.), Auerswalde, Juni 2014.

[22] Dresig, H. und F. Holzweißig: *Maschinendynamik*. 11. Aufl. Berlin; Heidelberg: Springer-Verlag GmbH, 2013.

[23] Dresig, H. und I. I. Vul'fson: *Dynamik der Mechanismen*. VEB Deutscher Verlag der Wissenschaften Berlin und Springer Verlag Wien, 1989.

[24] Duditza, F.: *Kardangelenkgetriebe und ihre Anwendungen*. VDI Verlag, 1973.

[25] Eicher, N.: „Zur Berechnung der stationären Lösungen von rheonichtlinearen Schwingungssystemen". In: *VDI-Zeitschrift* 124 (1982) 22, S. 860–862.

[26] Ewins, D. J.: *Modal testing: theory, practice and application*. Research studies press Baldock, 2000.

[27] Fidlin, A. und H. Dresig: *Schwingungen mechanischer Antriebssysteme*. 3. Aufl. Berlin; Heidelberg: Springer-Verlag, 2014.

[28] Fischer, U. und W. Stephan: *Mechanische Schwingungen*. 3. Aufl. Fachbuchverlag Leipzig, 1993.

[29] Gasch, R., R. Nordmann und H. Pfützner: *Rotordynamik*. 2. Auflage. Berlin Heidelberg New York: Springer-Verlag, 2006.

[30] Grudzinski, K., W. Kissing und M. Zaplata: „Numerische Untersuchungen von Parametereinflüssen des dynamischen Systems auf selbsterregte Reibungsschwingungen". In: *Technische Mechanik* (1999) 19, S. 29–44. Magdeburg.

[31] Hempel, W.: *Ein Beitrag zur Dynamik des Kurbeltriebs in komplan bewegten Bezugssystemen*. Diss. TU Berlin, 1965.

[32] Hermann, M.: *Numerik gewöhnlicher Differentialgleichungen: Anfangs- und Randwertprobleme*. München, Wien: Oldenbourg Verlag, 2004.

[33] Hoffmann, K.-J.: *Integrierte aktive Magnetlager*. GCA-Verlag Herdecke, 1999.

[34] Holzweißig, F., H. Dresig, U. Fischer und W. Setphan: *Arbeitsbuch Maschinendynamik/Schwingungslehre*. 2. Aufl. Fachbuchverlag Leipzig, 1987.

[35] Jörn, R. und G. Lang: *Schwingungsisolierung mittels Gummifederelementen*. Fortschritt-Berichte VDI Zeitschrift, Reih 11 6. Düsseldorf: VDI-Verlag, 1968.

[36] Jürgens, R.: *Dynamische Belastungen des Nadelfußes einer Strickmaschinennadel*. Diss. TH Karl-Marx-Stadt, 1982.

[37] Karlsson, F. und A. Persson: *Modelling Non-Linear Dynamics of Rubber Bushings - Parameter Identification and Validation*. Master's Dissertation. Division of Structural Mechanics, LTH, Lund University, 2003.

[38] Kluth, O.: „Elastomere und Luftfedern als Isolationselemente für Fundamentlagerungen". In: *VDI-Berichte* (1993) Nr. 1082, S. 157–177.

[39] Kuch, H., J.-H. Schwabe und U. Palzer: *Herstellung von Betonwaren und Betonfertigteilen*. Düsseldorf: Verlag Bau+Technik, 2009.

[40] Kücükay, F.: *Dynamik der Zahnradgetriebe: Modelle, Verfahren, Verhalten*. Berlin Heidelberg: Springer Verlag, 1987.

[41] Langer, P.: *Dynamische Wechselwirkungen der Teilsysteme einer Digitaldruckmaschine*. Diss. Technische Universität Dresden, 2004.

[42] Laschet, A.: *Simulation von Antriebssystemen. Modellbildung der Schwingungssysteme und Beispiele aus der Antriebstechnik*. Berlin, Heidelberg: Springer-Verlag, 1988.

[43] Lehr, E.: *Schwingungstechnik. Ein Handbuch für Ingenieure. Band 2: Schwingungen eingliedriger Systeme mit ständiger Energiezufuhr*. Berlin: Verlag von Julius Springer, 1934.

[44] Link, M.: *Finite Elemente in der Statik und Dynamik*. 3. Aufl. B. G. Teubner-Verlag, 2002.

[45] Lohr, W.: *Untersuchungen zum Schwingungsverhalten von Vibrationsplatten mit Hilfe der Mehrkörperdynamik*. Shaker Verlag, 2005.

[46] Luck, K. und K.-H. Modler: *Getriebetechnik*. 2. Aufl. Berlin, Heidelberg: Springer Verlag, 1995.

[47] Lüder, R.: *Zur Synthese periodischer Bewegungsgesetze von Mechanismen unter Berücksichtigung von Elastizität und Spiel*. Fortschritt-Berichte VDI, Reihe 11, Nr. 225. VDI-Verlag Düsseldorf, 1995.

[48] Lunze, J.: *Regelungstechnik 1: Systemtheoretische Grundlagen, Analyse und Entwurf einschleifiger Regelungen*. 2. Aufl. Springer Verlag Berlin Heidelberg New York, 1999.

[49] Lunze, J.: *Regelungstechnik 2: Mehrgrößensysteme, Digitale Regelung*. 5. Aufl. Springer Verlag Berlin Heidelberg New York, 2008.

[50] Magnus, K., K. Popp und W. Sextro: *Schwingungen*. 8. Aufl. Stuttgart: B. G. Teubner Verlag, 2008.

[51] Makris, N. und M. C. Constantinou: *Viscous Dampers: Testing, Modeling and Application in Vibration and Seismic Isolation*. Techn. Ber. NCEER-90-0028, 20. Dez. 1990.

[52] Markert, R.: *Resonanzdurchfahrt unwuchtiger biegeelastischer Rotoren*. Fortschrittberichte der VDI-Zeitschriften. Reihe11, Nr. 11. Düsseldorf VDI-Verlag, 1980. Diss., TU Berlin.

[53] Markert, R., H. Pfützner und R. Gasch: „Mindestantriebsmoment zur Resonanzdurchfahrt von unwuchtigen elastischen Rotoren". In: *Forschung im Ingenieurwesen*. Bd. 46 (1980) Nr. 2. 1980, S. 33–68.

[54] Mertens, H. und B. Sauer: „Schwingungen von Keilriemengetrieben". In: *Antriebstechnik* 30 (1991) 12, S. 68–72.

[55] Milberg, J.: *Werkzeugmaschinen - Grundlagen: Zerspantechnik, Dynamik, Baugruppen und Steuerungen*. 2. Aufl. Berlin Heidelberg: Springer Verlag, 1995.

[56] Mohsin, S. H.: *Beitrag zur theoretischen Erfassung von Stampfsystemen*. Diss. TU Dresden, 1965.

[57] Ottl, D. und J. Maurer: *Nichtlineare Dämpfung in Raumfahrtstrukturen: Sammlung u. Auswertung von experimentellen Ergebnissen*. Fortschritt-Berichte VDI : Reihe 11. Düsseldorf: VDI-Verlag, 1985.

[58] Ottl, D.: *Schwingungen mechanischer Systeme mit Strukturdämpfung*. VDI-Forschungsheft: Verein Deutscher Ingenieure. VDI-Verlag, 1981.

[59] Pfeiffer, F.: *Einführung in die Dynamik*. Stuttgart: Vieweg & Teubner, 1989.

[60] Pfleiderer, C. und H. Petermann: *Strömungsmaschinen*. 7. Aufl. Berlin: Springer-Verlag, 2005.

[61] Sauer, B.: *Stationäre Schwingungen von Keilriemen im Frequenzbereichbis 240 Hz*. VDI-Fortschrittberichte , Reihe 1, Nr. 160. Düsseldorf: VDI-Verlag, 1988.

[62] Scheffler, M.: *Grundlagen der Fördertechnik - Elemente und Triebwerke*. Fördertechnik und Baumaschinen. Vieweg Verlagsgesellschaft, 1994.

[63] Schmidt, G.: *Grundlagen der Regelungstechnik*. Berlin: Springer-Verlag, 1987.

[64] Schneider, H.: *Auswuchttechnik*. (VDI-Buch). Deutsch. 7., neu bearb. Aufl. Springer Verlag, 2007.

[65] Schwabe, J.-H.: „Vorrichtung zur Herstellung von Formteilen aus einem verdichtungsfähigen Gemenge, Rütteltisch und Schwingungserreger". DE10062530C1. 2000. Patentschrift.

[66] Schweitzer, G., A. Traxler und H. Bleuler: *Magnetlager*. Berlin Heidelberg: Springer Verlag, 1993.

[67] Seeliger, S.: *Lineare und nichtlineare Stabilitätsberechnung in der Rotordynamik*. VDI Fortschritt-Berichte, Reihe 11, Nr. 269. VDI-Verlag GmbH Düsseldorf, 1998.

[68] Sperling, L.: „Selbstsynchronisation statisch und dynamisch unwuchtiger Vibratoren". In: *Technische Mechanik* (1994) Band 14. Heft 1, S. 61-76; Heft 2, S. 85-96.

[69] Thümmel, T., M. Rossner, H. Ulbrich und D. Rixen: „Unterscheidung verschiedener Fehlerarten beim modellbasierten Monitoring". In: *Tagungsband SIRM 2015 in Magdeburg*. 2015, Paper–ID 57.

Literatur

[70] Tobias, S. A.: *Schwingungen an Werkzeugmaschinen*. München: Carl Hanser Verlag, 1961.

[71] Tschöke, H.: *Beitrag zur Berechnung der Kolbensekundärbewegung in Verbrennungsmotoren*. Diss. Universität Stuttgart, 1981.

[72] Unbehauen, H.: *Regelungstechnik I-III*. Berlin: Springer-Verlag, 2007, 2008, 2011.

[73] VDI-Richtlinie 2149: *Getriebedynamik, Blatt 1 - Starrkörper-Mechanismen*. Beuth Verlag. 2008.

[74] VDI-Richtlinie 2722: *Gelenkwellen und Gelenkwellenstränge mit Kreuzgelenken*. Norm. Beuth Verlag. 2003.

[75] VDI 2057 1-4: *Einwirkung mechanischer Schwingungen auf den Menschen*. Beuth-Verlag. Norm.

[76] Weck, M.: *Berechnung des statischen und dynamischen Verhaltens von Spindel-Lager-Systemen*. Techn. Ber. CAD-Berichte, Kernforschungszentrum Karlsruhe, 1978.

[77] Weck, M.: *Werkzeugmaschinen 2: Konstruktion und Berechnung*. 8. Aufl. VDI-Buch. Springer Vieweg, 2006.

[78] Weigand, A.: *Einführung in die Berechnung mechanischer Schwingungen*. Bd. 1. VEB Fachbuchverlag Leipzig, 1955.

[79] Werth, H.: „Antrieb für eine Drehvorrichtung." Auslegeschrift 25 09 644, int. Cl.: H 02 K 17/12. Bekanntmachungstag: 10. Februar 1977.

[80] Werth, H.: *Neuentwicklung- Eigenstabilisiertes Drehwerk*. Bd. Sonderheft zur Hannover-Messe 1975. 1975.

[81] Werth, H., M. Brendecke und H. Fischer: „Lastdrehvorrichtung". Patentschrift DE 2839 723 int. Cl., B 66C 13/08. Patenterteilung: 3. November 1983.

[82] Winkler, J. und H. Aurich: *Taschenbuch der Technischen Mechanik*. 8. Aufl. München Wien: Fachbuchverlag Leipzig im Carl Hanser Verlag, 2006.

Sachverzeichnis

A

Ableitung   33, *siehe auch* Differentiation
Abrollbedingung   282
Abschätzung   188, 189, 206, 208, 271, 294, 296
Abstimmung
 –, tiefe   138, 139, 331
Abstimmungsverhältnis   16, 20, 37, 123, 127, 225, 231, 337, 349, 351
Abtriebswelle   97
Additionstheorem   36, 37, 47, 59, 94, 111, 352
Amplitude
 –, komplexe   213
Amplitudenfrequenzgang   148
Amplitudenverhältnis   140, 142, 143, 163, 247
Anfangsbedingung   183, 284, 308, 337, 379
Anfangsgeschwindigkeit   185, 284
Anlaufvorgang   176, 178
Ansatz   17, 35, 47, 48, 123, 162, 214, 220, 229, 230, 260, 290, 309, 356, 362
Ansatzfunktion   191, 192
Anstoßen   90
Antriebsbewegung   119, 256, 258, 305, 307
Antriebskraft   183
Antriebsleistung   34, 37, 45, 53, 159
Antriebsmoment   49, 155, 198, 326
 –, konstantes   218, 222, 223, 376
Antriebsmotor   6, 77, 118, 159, 334
Antriebsstrang   160, 281, 287
Antriebswelle   187, 189, 293
Arbeit
 –, virtuelle   73, 119, 152, 157, 277, 321, 336, 368, 386
Arbeitsdiagramm   69
Asynchronmotor   69, 335
Aufprall   86, 90, 140
Aufstellung
 –, schwingungsisolierte   126
 –, starre   113
Ausgleich   99
 –, der 1. Harmonischen   55, 59, 60
 –, einzelner harmonischer   64
Ausgleichsbedingung   62, 66

Ausgleichsebene   93
Ausgleichsmasse   58, 61, 62, 67
Ausgleichstheorem   110
Ausschwingversuch   1
Ausschwingvorgang   363
Auswuchten   215
Auswuchtmaschine
 –, kraftmessende   92
Auswuchtung   55

B

Balance
 –, harmonische   316
Balkenelement   267, 268
Beobachtbarkeit   372
Berechnungsmodell   1–5, 15, 20, 35, 104, 117, 126, 129, 145, 187, 189, 194, 234, 241, 242, 248, 280, 289, 343, 348, 356, 362, 383
Bereich
 –, instabiler   311
 –, resonanzfreier   293, 296
 –, stabiler   311
Beschleunigung   80, 288, 292
Betriebsdrehzahl   214
Betriebszustand   348, 350
Bewegungsgleichung   152, 283, 349, 357, 367, 370, 372
 –, der starren Maschine   73
 –, nichtlineare   387
Biegelinie   206, 261
Biegeschwingung   195, 205
Biegeverformung   181
Blindleistung   37, 49, 50, 53
Bodenkraft   54, 60
Bodenverdichter   343, 347
Bremszeit   106

C

Campbell-Diagramm   173
Corioliskraft   207
Coulombsche Reibung   224, 356, 358, 362, 364
Cramersche Regel   291

D

Dämpferkonstante 19, 166, 316, 335, 362, 385, 390
Dämpferkraft 17, 28, 29, 361
Dämpfung
 –, äußere 217, 221
 –, innere 217, 218, 221–224
 –, modale 163, 166, 323, *siehe auch* RAYLEIGH-Dämpfung
 –, viskose 356
Dämpfungsgrad 1, 3, 4, 19, 34, 166, 177, 212, 213, 222, 257, 315, 358
 –, modaler 161, 171, 261
Dämpfungskoeffizient 28
Dämpfungsmaß 2, 373, *siehe auch* Dämpfungsgrad
Deviationsmomente 42
DGL *siehe auch* Differentialgleichung
DGL. erster Ordnung 17, 30, 166
DGLn 195, 196, 201, 202, 218, 222, 321, 322, 377
Differentialgleichung 183, *siehe auch* DGL
 –, partielle 207, 210
Differentiation 33
 –, partielle 277
Dissipation 34
Drallsatz 201, 250, 252
Drehbeschleunigung 218, 221, 222
Drehgelenk 85
Drehgeschwindigkeit 71, 74–77, 86, 90, 104, 105, 107, 155–157, 207, 211, 213, 217, 221, 334, 383, *siehe auch* Winkelgeschwindigkeit
Drehschwingung 280
Drehtransformation 229, 231
Drehwerk 103, 107
Drehzahl 204, 326
 –, Betriebs- 92
 –, biegekritische 92, 212
 –, kritische 214, 220, 319, 379
Drehzahlordnung 78, 98
Druckfarbe 281
Druckqualität 287
DUNKERLEY 187, 188

E

Effekt 97, 107, 155, 185, 225, 328, 342, 366, 382

Effektivwert 46, 49, 52, 119, 124
Eigenform 122, 143, 253, 273, 283, 284
Eigenfrequenz 237, 248, 253, 260, 272, 278, 293, 322, 371, 373, 379
Eigenschwingform 165, 238, 239, 254, 261, 278, 295
Eigenschwingung 239, 340
Eigenvektor 122, 238, 261, 278
Eigenverhalten 260, 266
Eigenwert 122, 237, 254, 260, 367, 371
Eigenwertproblem 43, 119, 122, 237, 253, 260, 272, 277, 283, 315, 389
Einflusszahl 182, 189, 243
Elektro-Außenvibrator 328
Energie
 –, kinetische 6–9, 151, 157, 193, 236, 244, 258, 270, 282, 295, 332, 333, 335, 344, 350, 368, 386
 –, potentielle 90, 118, 119, 144, 157, 192, 196, 235, 244, 258, 269, 276, 332, 335, 344, 350, 368
Energiebilanz 144
Energiedissipation 16, 34, 163, 356, 362
Energiesatz 140, 154
Erregerfrequenz 38, 136, 139, 145, 148, 209, 288, 289, 291, 292, 329, 331, 362, 364, 365
Erregerharmonische 123, 265, 274, 305
Erregerkraft 14, 16, 35, 145, 288, 314, 317, 362, 364
Erregerordnung 300
Erregung
 –, biharmonische 363, 365
 –, kinematische 160
Etappe 105, 182
Exzentrizität 205, 211, 215, 217

F

Fördergeschwindigkeit 37
Förderrinne 34
Fügestellendämpfung 218, 224
Führungsbahn 85, 87
Feder
 –, nichtlineare 314
Federelement 248, 251
Federkennlinie 129
 –, nichtlineare 130
Federkonstante 157, 181

Sachverzeichnis 403

Federkraft 192, 251
Federstütze 158
Federsteifigkeit 28, *siehe auch* Federkonstante
Flächenträgheitsmoment 212
Fliehkraft 92
Fliehkraftregler 383
Flugphase 185
Fluid 211, 215
FOURIER-Koeffizient 62, 64, 72, 120, 170, 364
FOURIER-Reihe 55, 58, 64, 71, 109, 118, 120, 169, 170, 342, 364, 366
Fräsmaschine 14, 274
Freiheitsgrad 6, 71, 119, 134–138, 150, 154, 225, 239, 248, 250, 255, 257, 259, 267, 274, 276, 349
Freischneiden 161
Frequenzgleichung 145, 146, 197, 202
Fundament 134, 138

G

Gaskräfte 69, 97
Gegenschwingmasse 314
Gehäuse 5, 7, 55, 118, 155, 159, 319, 320, 325
Geschwindigkeit 7, 35, 80, 86, 143, 156, 177, 178, 181–183, 185, 205, 206, 277, 308, 309, 311, 347, 350, 357, 359, 361, 364, 369, 370, 372
Gestellkraft 61
Getriebe 5
 –, ungleichförmig übersetzendes 180
Getriebewelle 187
Gleichgewicht 17, 74, 119, 141, 161, 182, 336
Gleichgewichtslage 253, 367, 369, 372
 –, statische 348, 349
Gleichtaktansatz 24, 136, 148, 164, 213
Gleitgeschwindigkeit 307
Gleitreibmoment 152
Grundschwingungsform 191, 206
Gummifeder 133, 314

H

Hängenbleiben 198, 223, 326
Haftbedingung 326
Haftreibung 152

Harmonische
 –, erste 55, 56, 58–62, 64, 66, 68, 125, 364, 365
 –, höhere 97, 170, 175, 306, 334, 338, 340, 342, 364, 366
 –, zweite 47, 48, 55, 56, 58, 60, 338
Hauptkoordinate 163, 166, 279, 316
Hauptträgheitsachse 42, 195, 196
Hauptträgheitsmoment 39, 43, 195, 197
Hochlauf 217, 319, 323
HURWITZ-Kriterium 385
Hysterese 144

I

Impulssatz 229, 230, 250, 252
instabil 195, 203, 371
Instabilitätsgrenze 198
Integration 104, 105
 –, numerische 335, 338
Integrationskonstante 30, 131
Isolationsgrad 139
Isolator 135
Isolierwirkung 113

K

Kardangelenk 300
Kardanwelle 299, 300, 303
KELVIN-VOIGT-Modell 28–31
Kenngröße 47, 345, 359, 376
Kennlinie 74, 131, 132
 –, des Motors 45
 –, linearisierte 69, 334
 –, nichtlineare 130, 144, 178
Kippschlupf 335
Kippschwingung 273
Koeffizienten-Determinante 142, 163, 197, 202, 237
Koeffizientenvergleich 95, 157, 309
Kolben 78, 85, 87, 91, 97
Kolbenbeschleunigung 57
Kolbenverdichter 54, 69
Kontaktkraft 91, 325
Kontaktsteifigkeit 85
Kontinuum 188
Koordinate
 –, generalisierte 251, 268, 276
 –, komplexe 199, 213
 –, mitrotierende 195, 196, 199, 218

–, modale 173, 174, 258, 261, 286, *siehe auch* Hauptkoordinate
Koordinatensystem 40–42, 44, 218, 225, 250, 301, 348, 368
 –, körperfestes 92, 225, 248, 249
 –, mitrotierendes 195, 198
 –, raumfestes 198, 225, 250, 299
Koordinatenvektor 122, 250, 268, 283
Kräftebild 16, 35, 74, 88, 146, 152, 308, 357
Kräftesatz 213, 219, 377
Kröpfungswinkel 99, 108, 109
Kraft
 –, modale 163, 164, 262
Kran 103, 140
Kreisel 196, 204, 288
Kreiselmoment 288, 292
Kreiselpumpe 211, 217
Kreuzgelenk 299
Kugelgewindespindel 274
Kupplung 154, 176, 270, 271
Kurbelpresse 45
Kurbelschwinge 61
Kurbelverhältnis 86, 109, *siehe auch* Pleuelstangenverhältnis
Kurbelwelle 54, 55, 78, 98, 108
Kurvengetriebe 169, 172, 175, 180

L

Längsschwingung 279
Lösung
 –, analytische 284
 –, geschlossene 284
 –, numerische 167
 –, periodische 337
 –, stationäre 17, 75, 148, 163, 206, 263, 337, 341, 384, 387
Lösungsansatz 35, 122, 123, 146, 197, 202, 206, 208, 209, 283, 389
Lagefunktion 56
Lagekoordinaten 71, 118, 276
Lageranordnung 272
Lagerkräfte 216
Lagersteifigkeit 204, 234, 238
Lagerung
 –, anisotrop elastische 200, 204
Lagrange-Funktion 141, 344, 350
Lagrangesche Gln. 2. Art 119, 152, 196, 258, 321, 336, 344, 368

Landau-Notation 141
Laufkatze 140, 143
Laval-Rotor 211, 217, 225
Linearisierung 382, 388
Linearkombination 197
Luftfeder 133

M

Magnetlager 375–377, 379
Masse
 –, modale 163, 166, 174, 227, 284, 285, 295
Massenausgleich 54, 61, 83
Massenkräfte 54, 55, 78
Massenmatrix 6, 236, 254, 258, 282, 283, 370
Massenmoment 109, 110
Massenträgheitsmoment 1, 10, 11, 45, 46, 49, 51–53, 85, 151, 177, 217, 289, 299, 319, 320, 349
 –, reduziertes 45, 69–77, 161
Matlab 221, 254, 260, 373
Matlab/Simulink-Modell 376, 379
Maximalwert 286, 365
Maxwell-Modell 28–31
Minimalmodell 134, 160, 188, 312
Modalmatrix 23, 122, 172, 238, 246, 254, 261, 278, 283–285, 293, 294
Modaltransformation 172, 261
Momentensatz 219, 377
Motoraufstellung 113
Motorblock 39, 40, 248, 255
Motorkennlinie 45, 47, 51, 71, 74–76, 337, 340
Motorläufer 106
Motormoment 46, 69, 74, 75, 103, 331

N

Näherung 87, 194, 341
Nähmaschine 117
Nachgiebigkeit 272
Nachgiebigkeitsmatrix 236
Nadelbarre 256
Nadelstangengetriebe 117, 119
Nenndrehzahl 69, 117, 124
Nichtlinearität 314, 315, 317, 318
Normierung 49, 163, 254, 279, 295

O

Orbit 215, 225, 231, 233
Ordnung
 –, der Erregung 158
 –, halbe 97
orthotrop 251

P

Parameteränderung 293, 318
Parametereinflüsse 296
Parameteridentifikation 31, 33
Partikulärlösung 263
Pendel 10, 140, 143, 369
Pendelverfahren 10
Periodendauer 2, 3, 10–13, 176, 177, 179, 185
Periodizitätssbedingung 263
Phasenlage
 –, synchrone 328, 333
Phasenverschiebung 28, 30–32, 98
Phasenwinkel 34–36, 94, 164, 330, 332
PID-Regler 375
Planetengetriebe 155, 156
Plausibilitätskontrolle 188, 194
Pleuel 85, 87, 88, 91
Pleuelstangenverhältnis 86, 109, *siehe auch* Kurbelverhältnis
Pole 353, 371
Polebene 220, 353
Positioniergenauigkeit 308, 311–313
Positionierung 103
Prellschlag 151
Puffer 140, 141
Pufferkraft 140, 143

R

Rührwerk 348
Rüttelplatte 343, 347
Rast-Umkehr-Bewegung 258
Rastphase 264
RAYLEIGH 187, 188
RAYLEIGH-Dämpfung 22, 23, 166, 169, 316
RAYLEIGH-Quotient 191–193
Realsystem 1, 3, 55, 61, 69, 103, 117, 126, 241, 266, 288, 343, 348
Regelkreis 373
Regelung 367

Regression 31
Reibkennzahl 28
Reibkraft 312, 356, 358, 361, 362, 364
Reibmoment 69, 77, 151, 340
Reibung
 –, trockene 356
Reibungsschwingung 307, 311
Reihenmotor 78, 98, 108
Resonanz 117, 124, 125, 265, 324, 327
 –, höherer Ordnung 274
Resonanzdrehzahl 349
Resonanzdurchfahrt 215, 223, 379, 381, 382
Restschwingung 361
Riemen 180, 205, 275
Riemengeschwindigkeit
 –, kritische 209
Roboter 5
Rollen
 –, reines 11
Rollkontakt 281
Rotor 200, 211, 319, 327
 –, anisotroper vertikaler 200
 –, elastischer 230
 –, gegenläufiger 334
 –, starrer 92, 200, 319
 –, unwuchtiger 336
Rotorauslenkung 215, 219
Rotorbiegung 227
Ruhelage
 –, statische 119, 132, 213, 253, 336
Rutschen 326
Rutschkupplung 151

S

Schützenantrieb 180
Schlag 180, 206, 225–227
Schlagstock 180, 181
Schleifmaschine 383
Schleifspindel 375
Schneidemaschine 61
Schnittprinzip 146
Schubkurbel 85, 87, 118, 120
Schwerpunkt 7, 11, 39, 85, 225
Schwerpunktexzentrizität 335
Schwerpunktlage 13
Schwinger
 –, nichtlinearer 129, 366

Schwingerkette 283, 285
Schwingförderer 34, 35
Schwingform 166, 167, 209, 257, 258, 265, 279, 322, 328
–, erzwungene 265
Schwingtisch 328
Schwingung 355, 371
–, erzwungene 123, 199, 222, 223, 225, 227, 258, 263
–, freie 199, 284
–, harmonische 371
–, instabile 204, 224
–, selbsterregte 217, 224, 308, 312, 313
–, stationäre 123, 257, 318
–, Stick-Slip- 313
Schwingungserreger 34
Schwingungsisolator 117, 126
Schwingungsisolierung 113, 128, 133, 134, 138, 139
Schwingungsknoten 285
Schwingungstilgung 155, 158
Schwungrad 45, 51, 53, 103, 104, 151
Selbstsynchronisation 328, 333
Selbstzentrierung 216
Sensitivitätskoeffizient 294–297
Simulation 338, 373
SimulationX 316, 317, 322, 363
Software 19, 31, 44, 64, 71, 75, 122, 161, 246, 254, 260, 263, 268, 270, 272, 278, 308, 337, 373, 390
Sollzustand 372
Sommerfeld-Effekt 324, 327
Spektrum 97, 228, 300, 305
Spiel 69, 85–87, 89, 274
Spindel 151, 234, 274, 275
Spindelpresse 151
Störungsrechnung 349
Stützfeder 155, 159
Stabilität 195, 196, 200, 202, 217, 346–348, 383
Stabilitätsbedingung 201, 203, 355
Stabilitätsgrenzdrehzahl 218, 220, 222, 223
Stabilitätsgrenze 223
Stabilitätsgrenzfrequenz 198
Stabilitätskarte 218, 220, 221
Stabilitätskriterien 348, 349
Stabilitätsverhalten 389
Starrkörper 267, 270

Starrkörper-Mechanismus 45, 55
Starrkörperbewegung 166
Starrkörpersystem 323
Startmodell 297
Stator 103, 104
Steifigkeit
–, der Magnetlager 377
–, dynamische 28, 30, 32
–, eines Trums 276
–, modale 163, 284
Steifigkeitsmatrix 236, 251, 254, 257, 258, 271, 282
Steuerbarkeit 372
Stick-Slip 311, 313
Stoßkraft 85, 91
Strömungsmaschine 215, 216
Streckenlast 191, 206
Superpositionsprinzip 362, 363, 365, 366
Symmetrieebene 41, 42
Synchrondrehzahl 69
Synthese 150
Systemmatrix 371, 385, 388

T

Tabellenkalkulation 99, 176
Tangentialkraft 325
TAYLORreihe 56, 378
Teilsystem 161, 189
Tilgung 159
Tilgungsfrequenz 145, 147
Torsionsschwingung 176, 178, 306
Totlage 87
Trägheitskraft 57, *siehe auch* Massenkraft
Trägheitsmoment 5, 83, 104, 190
–, reduziertes 70
Trägheitstensor 39
Transformationsmatrizen 260
Transportband 281
Transversalschwingung 207
Trum 205, 275
Turbine 383

U

Übergangsbedingung 263
überkritisch 319
Übersetzung 5–7, 9, 160, 167, 299, 300, 303, 305, 320, 321
Übersetzungsverhältnis 160, 162

Sachverzeichnis

Übertragungsfunktion 136, 137
Ungleichförmigkeitsgrad 46, 48, 300
Unwucht 10, 34, 82, 93, 225–227, 289, 319, 327
Unwuchterreger 35, 314, 334
Unwuchterregung 222, 233, 341
Unwuchtkräfte 81, 216

V

Verbrennungsmotor 78, 85, 97
Verdichtungskraft 76
Vergrößerungsfunktion 135, 137, 138, 225
Verlustenergie
 –, mechanische 16, 17
Verlustleistung 45, 46, 50, 53
Versuchsstand 241
Verzahnungsfehler 160
Vibrationsschutz 54
Vibrationstisch 314
Viskodämpfer 28
Vorspannkraft 185, 205, 210, 308

W

Webmaschine 180
Welle
 –, rotierende 195, 199
 –, unrunde 195, 199
Wellengeschwindigkeit 208
Wellensteifigkeit 212
Werkstoffdämpfung 218, 224
Werkzeugspindel 375
Widerstandskraft 357, 361

Winkelgeschwindigkeit 45, 47, 48, 51, 55, 61, 78, 82, 83, 85, 118, 151, 155, 156, 160, 169, 195, 198, 200, 225, 256, 288, 289, 292, 299, 300, 303–305, 329, 338, 340–343, 348, 350, 351, *siehe auch* Drehgeschwindigkeit
Wippdrehkran 103
Wippe 113
Wirkleistung 37
Wurzeln 43, 142, 146, 150, 185, 197, 203, 260, 353, 354

Z

Zündwinkel 98, 99
Zahneingriffsfrequenz 160, 168
Zahnradgetriebe 168
Zahnradstufe 160, 165
Zahnriemen 274
Zeitschrittintegration 176, 177
Zentripetalkraft 80
Zustand 372
 –, stationärer 14, 16, 30, 45, 69, 71, 75, 76, 119, 136, 145, 148, 161, 163, 164, 209, 213, 262, 334, 335, 337, 341, 362, 364, 385, 388, 390, 391
Zustandsraum 367, 371, 385
Zustandsregler 367, 372
Zustandsvektor 337, 370, 385, 387
Zwangsbedingung 11, 56, 62, 70, 71, 118–120, 152, 156, 157, 165, 228, 229, 242, 243, 276, 282, 384, 385
Zweimassensystem 35, 135, 137, 138, 145
Zylinder 44, 97, 98, 108, 111, 288

Printed in Poland
by Amazon Fulfillment
Poland Sp. z o.o., Wrocław